U0382761

山地土地利用/覆被遥感监测

李爱农 雷光斌 边金虎 等 著

科学出版社

北京

内 容 简 介

山地土地利用/覆被遥感监测针对山地国土空间的遥感监测技术难点和区域应用特点专门开展特色研究。本书是作者在该领域近年研究成果的集成，分上下两篇。上篇为山地土地利用/覆被遥感监测方法篇，详细介绍了遥感数据处理、分类系统定义、样本库构建、自动制图、变化检测、精度评估等创新成果。下篇为山地土地利用/覆被变化分析应用篇，以我国西南地区川、渝、黔、滇、藏 5 个省级行政区和三峡库区等典型山区为例，分析了土地利用/覆被空间格局、变化过程、驱动力系统及其对国土空间管理的启示；此外，还介绍了退耕还林、城镇化、天然林退化、生态系统受威胁状况的遥感监测、空间模拟、综合评估等山地特色专题应用研究，进一步展示了监测数据的应用价值。

本书资料翔实，方法创新，图文并茂，可供从事山地资源与环境、国土空间优化与管理，以及遥感、地理信息科学等相关领域的科研、教学及生产单位有关人员参考使用。

GS (2021) 5817 号

图书在版编目 (CIP) 数据

山地土地利用/覆被遥感监测/李爱农等著. —北京：科学出版社，2021.9

ISBN 978-7-03-069731-8

Ⅰ. ①山⋯　Ⅱ. ①李⋯　Ⅲ. ①山地–土地利用调查–遥感地面调查　Ⅳ. ①F301.24-39

中国版本图书馆 CIP 数据核字(2021)第 180086 号

责任编辑：朱　丽　董　墨　李嘉佳 / 责任校对：何艳萍
责任印制：吴兆东 / 封面设计：无极书装

科学出版社 出版
北京东黄城根北街 16 号
邮政编码：100717
http://www.sciencep.com

北京捷迅佳彩印刷有限公司 印刷
科学出版社发行　各地新华书店经销

*

2021 年 9 月第 一 版　　开本：787×1092　1/16
2021 年 9 月第一次印刷　　印张：24 1/2　插页：1
字数：584 000
定价：198.00 元
(如有印装质量问题，我社负责调换)

主 要 作 者

主　笔

李爱农　雷光斌　边金虎

其他作者

谭剑波　张正健　南　希

靳华安　谢　瀚　景金城

蒋锦刚　严　冬　何炳伟

制　图

南　希　雷光斌

序

 土地利用/覆被变化是人类活动和陆地表层系统相互作用的结果,成为研究自然与人文过程的理想切入点,也与全球气候变化、生物多样性减少、生态环境演变等密切相关,是全球变化研究的热点领域。山地是各类资源和生物多样性的富集区,在保障国家生态环境安全与可持续发展等方面作用巨大,但山地也是生态环境的敏感区与脆弱区,更是社会经济发展的薄弱区。监测山地土地利用/覆被变化,分析其对生态环境及人类活动的潜在影响意义重大,也是遥感在山地应用研究中最具挑战和最有价值的方向之一。

 中国科学院、水利部成都山地灾害与环境研究所数字山地与遥感应用中心(原名遥感与地图研究室)早在 20 世纪 70 年代就首先在西南地区开展土地利用遥感调查与制图研究。筚路蓝缕,探索求新,历经数年总结了一套针对山地复杂地形地貌、气候和植被的卫星图像土地利用/覆被综合分类和制图的技术路线和方法。此后近 30 年,连续 4 次承担国家科技攻关和 2 次承担中科院知识创新重大项目,开展西南地区(含三峡库区)土地利用遥感调查和动态变化遥感监测,取得了一批重要数据成果,有力支撑了多个国家科研任务。李爱农博士作为我的学生从 1997 年就开始参与这项工作,在科研实践中快速成长成才。

 2010 年,李爱农博士从美国马里兰大学学成归来,入选了中国科学院"百人计划"(A 类)择优支持项目,并先后承担了中科院 A 类战略性先导科技专项、全国生态十年调查专项、中科院科技服务网络计划项目、国家重点研发计划项目,以及多个国家自然科学基金项目研究任务,持续开展了山地土地利用/覆被遥感自动制图与变化检测等一系列方法创新和理论探索。通过应用遥感大数据和机器学习等新技术和新方法,将山地遥感影像处理、样本库构建、土地利用/覆被自动识别、变化检测、数据分析应用等技术方法大幅提升到一个新水平,研究聚焦西南山地遥感监测难点解决方案,广度、深度和高度得到了显著拓展。研究成果具有鲜明的山地特色,数据产品已经成功得到应用,并有力支持了相关政府的管理、规划和决策。

 本书科学系统地集成了作者团队这些年的研究成果,是我国第一部全面介绍山地土地利用/覆被遥感监测理论、技术和方法及其在西南地区退耕还林还草、城镇化、天然林退化、生态系统受威胁状况评估等领域应用的著作,将在"绿水青山"和"美丽乡村"等国家绿色发展战略决策中发挥积极作用。

 杰作付梓,甚感欣慰,值得由衷祝贺!

2021 年 8 月于成都

前　言

土地利用/覆被变化（land use and land cover change，LUCC）是人类活动和地球表层系统各自然要素相互作用的结果。它不仅影响人类生存与发展的自然基础，如气候、土壤、植被、水资源与生物多样性等，也影响地球生物化学圈层的结构、功能以及地球系统能量与物质循环等方面，从而与全球气候变化、生物多样性减少、生态环境演变等密切相关，是国内外研究的热点领域。

山地约占全球陆地总面积的 24%。我国山地更占到陆地国土空间约 65%，是大江大河的源区，对社会经济整体发展起着至关重要的生态安全屏障作用；同时，山地也是我国生态环境的敏感区和脆弱区，更是社会经济发展的薄弱区和"脱贫攻坚"的核心区。西南地区，行政上包括四川省、重庆市、贵州省、云南省、西藏自治区共五个省（自治区/直辖市）；海拔跨度大，河谷纵横，地形复杂，气候多样，生物多样性丰富，少数民族聚居，土地利用方式独特。在气候变化和人类干扰双重作用下，近年来山区土地利用/覆被发生了剧烈变化，如水电资源开发、山区城镇化、高原湖泊扩张等。遥感监测将有助于人们准确、及时地理解山区土地利用与土地覆被的变化过程和驱动机制，分析其对生态环境及人类社会的潜在影响，为生态环境保护、灾害风险防范、"绿水青山就是金山银山"理念践行、"美丽山区"建设等提供监测方法、数据和技术支撑。

然而，山地地形起伏，气象条件多变，云、雪覆盖频率高，地形阴影面积大，遥感成像辐射和几何畸变显著，难以获得归一化、时空连续的遥感观测。地形、河流等的阻隔，增加了野外考察的可达性和采样难度，样本数量、空间和属性代表性也都很不足。加之，山地具有浓缩的环境梯度和复杂多样的景观类型，遥感影像"同物异谱，异物同谱"现象较为普遍，缺少可遵循的通用知识用以指导遥感分类和变化检测建模。上述这些特殊的困难，共同导致了山地土地利用/覆被变化遥感监测在数据处理、分类系统、自动制图、变化检测、精度验证、分析应用等方面比平原地区面临更多方法和技术挑战。

中国科学院、水利部成都灾害与环境研究所数字山地与遥感应用中心（原名遥感与地图研究室）于 20 世纪 70 年代开始就负责我国西南地区土地利用调查与评价研究。2010 年以来，在中国科学院 A 类战略性先导科技专项"应对气候变化的碳收支认证及相关问题"子课题"西南地区固碳参量遥感监测（2011～2015 年）"、全国生态环境十年（2000～2010 年）变化遥感调查与评估项目"西南地区土地覆盖遥感监测"课题（2011～2013 年）、中国科学院科技服务网络计划（STS）项目"西南生物多样性评估与产业开发策略"课题（2014～2016 年）和"西南地区土地覆被地面调查与遥感监测"课题（2017～2018 年）、国家重点研发计划子课题"基于多源遥感的西南地区土地覆被数据集构建"（2016～2020 年）、第二次青藏高原综合科学考察研究课题"青藏高原南部土地覆被地面调查与历史数据重构与验证"(2020~2024年),以及多个国家自然科学基金项目支持下,持续开展了山地土地利用/覆被变化遥感自动制图与监测研究,面向山地监测技术挑战,结合遥感大数据、机器学习等新兴科技发展,提出了一系列创新方法,其研究成果成功应用于我国西南地区、青藏高原、"一带一路"经济廊道等山地区域土地资源监测和生态环境综合评估实践,有力支撑了相关政府决策,也培养了一批优秀青年骨干人才。

当前,国内外有关土地利用/覆被变化研究主题的科学文献已经很多,但还没有一部专门反映山地土地利用/覆被遥感监测的学术专著。我们在已有研究基础上,总结归纳山地解决方案,集册成书,全面介绍作者团队近年来在山地土地利用/覆被遥感监测领域取得的阶段性成果,希望能为丰富和完善土地利用/覆被变化科学体系贡献微薄之力,助力于山地土地利用/覆被遥感监测精度提升和数据产品应用推广,更好地服务西南地区乃至全国山区的国土空间信息化、生态保护、遥感监测和优化管理。我们同时也希望藉此书,与相关领域科研同行和研究生们学习交流,以达到互鉴提高的目的。

本书分上、下两篇,共17章。上篇为山地土地利用/覆被遥感监测方法篇(1~7章)。下篇为山地土地利用/覆被变化分析应用篇(8~17章)。

第1章为绪论。界定了土地利用与土地覆被之间的关系,综述了土地利用/覆被变化遥感监测研究进展,并归纳了山区遥感监测研究的特殊性和困难。

第2章为山地土地利用/覆被遥感监测数据源及处理技术。从常见几种卫星数据源入手,分析了典型光学卫星遥感影像山地几何畸变特征,介绍了国产环境减灾卫星影像地形校正、构建时空连续的归一化遥感观测数据集等方面的技术创新。

第3章为山地土地利用/覆被分类系统。分析了土地利用/覆被分类系统设计常用的指标,列举了山地土地利用/覆被分类系统设计指标的界定方案。

第4章为山地土地利用/覆被样本库。介绍了常用的土地利用/覆被样本获取方式,针对山地土地利用/覆被样本采集和管理面临的问题,构建了山地土地利用/覆被样本野外采样系统和样本管理系统。

第5章为山地土地利用/覆被遥感制图方法。详细介绍了山地土地利用/覆被自动制图领域的几种创新方法,将多源异构信息、时相信息、地学知识、面向对象、物元模型、多分类器集成、迭代分类等纳入决策建模过程,提高了分类精度。

第6章为山地土地利用/覆被变化遥感检测方法。详细介绍了山区土地利用/覆被变化检测的几种新方法和新思路,将机器学习算法、多时相协同检测、多指标耦合决策等引入检测模型,提高了变化检测精度。

第7章为山地土地利用/覆被产品精度评估方法。从直接精度评估和间接精度评估两个方面,介绍了土地利用/覆被精度验证方法,对我国西南地区监测产品质量进行了评估。

第8~12章分5个章节分别分析了四川省、重庆市、贵州省、云南省和西藏自治区5个省级行政单元的土地利用/覆被变化状况。以2015年为基准,分析了各省级行政单元及其所辖的各市/州/地区的土地利用/覆被空间结构、地形分布特征,以及近25年

（1990～2015 年）变化过程、驱动力系统，初探了对未来国土空间管理的启示。

第 13 章对三峡库区土地利用/覆被变化进行了遥感监测，对比了三峡水利枢纽修建前后库区土地利用/覆被变化及其影响。

第 14 章围绕西南地区退耕还林还草工程遥感监测，分析了退耕前后西南各省级行政单元耕地格局及其变化，重点分析了坡耕地变化。

第 15 章聚焦山区城镇化监测，分析了西南地区城镇化格局及过程，介绍了岷江上游典型山区城镇化过程时空模拟与预测方法，对比浅析了成都市新旧城区热环境特征。

第 16 章针对天然林退化监测与风险模拟，分析了西双版纳天然林 1973～2015 年的时空动态变化特征，考虑气候变化和社会经济影响，构建了 SD-MaxEnt-CA 耦合模型，模拟和预测了天然林退化过程和未来退化风险。

第 17 章为西南地区生态系统多样性受威胁风险综合评估。提出了基于多源数据和知识的生态系统类型制图方法，以 IUCN 生态系统受威胁状况评估标准为基础，构建了多尺度评估框架，系统评估了西南地区不同尺度上各生态系统受威胁状况。

全书由李爱农提出写作目标、设计章节、组织多轮修改并统稿，李爱农、雷光斌、边金虎主笔撰写，李爱农最终审定。南希负责主要图件的制作和审定，雷光斌负责全书出版事宜。各章主笔和主要贡献人：第 1 章，李爱农、雷光斌；第 2 章，边金虎、李爱农、雷光斌；第 3 章，雷光斌、李爱农；第 4 章，李爱农、雷光斌、谢瀚、景金城、靳华安；第 5 章，李爱农、雷光斌、蒋锦刚；第 6 章，雷光斌、张正健、李爱农；第 7 章，雷光斌、李爱农；第 8～12 章，雷光斌、李爱农、边金虎、南希；第 13 章，雷光斌、张正健、李爱农、南希；第 14 章，雷光斌、李爱农；第 15 章，李爱农、雷光斌、严冬、何炳伟；第 16 章，李爱农、谭剑波、雷光斌；第 17 章，李爱农、谭剑波、雷光斌。土地利用/覆被遥感监测是个很复杂、综合的研究，参加人员众多，除了上述作者外，衷心感谢成都理工大学于欢教授、贵州师范大学杨广斌教授、西南大学李月臣教授、成都信息工程大学冯文兰教授、生态环境部卫星环境应用中心侯鹏教授、四川省生态环境科学研究院杨渺高工、西藏自治区环境监测中心站德吉央宗高工以及各省环保、国土部门同仁的帮助和协作。感谢王继燕、曹小敏、张伟（大）、赵志强、郭文静、刘倩楠、张伟（小）、姜琳、李刚、宁凯、夏浩铭、王庆芳、杨勇帅、张帅旗、孙明江、荀剑宇、黄盼、彭洁、何丽、刘芙蓉、赵辉、闫贺、张露露、杨玉婷等所有参与了此项工作的研究生们，他们是朝气蓬勃的生力军。

本书能顺利付梓，离不开一路走来各位前辈恩师的指导和鼓励。感谢中国科学院、科学技术部、国家自然科学基金委员会等对此项研究的持续支持！感谢曾给予我和团队关怀、指导和支持的各位尊敬的领导、师长和朋友们！感谢恩师周万村先生 23 年前带领我进入土地利用遥感监测领域！特别致谢中国科学院空天信息创新研究院吴炳方先生及其团队对西南地区土地利用/覆被遥感监测研究的大力支持！

由于我们学识有限，本书内容可能存在疏漏、不当甚至错误之处，恳切希望读者朋友们谅解，并谨请批评指正。

本书的撰写和出版得到了国家自然科学基金重点项目"典型山地生态参量遥感反

演建模及其时空表征能力研究"（41631180）、国家重点研发计划项目"全球气候数据集生成及气候变化关键过程和要素监测"（2016YFA0600100）及中国科学院 A 类战略性先导科技专项"地球大数据科学工程"（XDA19000000）的资助。

山峦之巅光璀璨，地大物博色斑斓，遥测山地构体系，感为人先勇登攀。"关注山地，支撑未来"，谨以《山地遥感》系列之此书向中国共产党百年华诞献礼！

2020 年 12 月

目　　录

下篇 山地土地利用/覆被变化分析应用篇

上 篇

山地土地利用／覆被遥感
监测方法篇

第1章 绪　　论

1.1　土地利用/覆被概念

20 世纪以来，一系列全球性重大环境问题，如全球气候变暖、生物多样性降低、森林锐减、土地退化、极端灾害事件频发等（Turner et al.，1995），对人类的生存与发展构成严重威胁，引起政府、科学界和公众的广泛关注。从地球系统科学的角度看，一般认为，除了日地系统的周期性节律影响外，全球性环境问题的产生主要是地球表层系统中大气圈、水圈、生物圈、岩石圈与人类活动相互作用的后果。土地利用/覆被是地球表层系统中最突出的景观标志，土地利用/覆被变化（land use and land cover change，LUCC）是人类活动和地球表层系统各自然要素相互作用的结果（刘纪远等，2011）。因此，LUCC 成为研究自然与人文过程的理想切入点，也是全球变化研究的热点领域。

土地利用与土地覆被之间既有区别又有联系。狭义的土地利用是指对地球表层的耕地、林地、草地的利用，即农业的土地利用（吴传钧，1979）。广义的土地利用是指人类有目的地开发利用土地资源的一切活动，如农业、工业、交通、居住等都是土地利用的概念。土地覆被是随着遥感技术的兴起而出现的新概念，主要指地表自然形成的或人为改造的覆被状况，如耕地、林地、草地、道路、建筑及土壤、冰雪和水体等。国际地圈-生物圈计划（international geosphere-biosphere programme，IGBP）和全球变化人文领域计划（international human dimension programme，IHDP）将土地覆被定义为"地球陆地表层和近地面层的自然状态，是自然过程和人类活动共同作用的结果"（Turner et al.，1995）。美国全球环境变化委员会（United States of Global Climate Research，USSGCR）将其定义为"覆盖着地球表面的植被及其他特质"（US-SGCR/CENR，1996）。另有学者称土地覆被为"具有一定地形起伏的覆盖着植被、雪、冰川或水体，包含土壤在内的陆地表层"（Graetz，1993）。

土地利用与土地覆被的关系如图 1.1 所示。首先，土地利用是人类根据一定的社会经济目的，采取一定的生物、技术手段，对土地资源进行长期性或周期性的开发利用、改造和保护等经营活动，也就是把土地的自然状态改变为人工状态的过程，侧重于土地的社会属性。土地覆被是指覆盖地表的自然物体和人工构筑物，它反映的是地球表层的自然状况，侧重于土地的自然属性。其次，土地利用是土地覆被变化最重要的影响因素，土地覆被变化又反作用于土地利用。土地利用的结果是土地覆被渐变和土地覆被转型。前者是指土地覆被状态发生变化，但土地覆被类型并没有改变，过程较为缓慢的土地覆被变化；后者是指一种土地覆被类型被另一种土地覆被类型所替代。最后，土地利用/覆被是一个事物的两个方面，前者是发生在地球表面的过程，后者则是各种过程的产物。

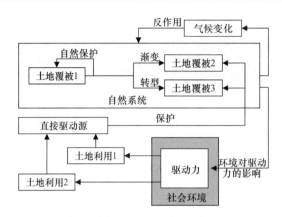

图 1.1　人类活动、土地利用、土地覆被的联系（Turner et al., 1995）

1.2　土地利用/覆被变化研究进展

近现代早期的土地利用研究可以追溯到 19 世纪前期德国农业经济学家冯·杜能的工作。20 世纪 90 年代以来，土地利用研究具有了新内涵。1990 年 IHDP 第一次学术会议将 LUCC 确定为六大研究方向之一。1995 年，由隶属于国际科学联合会（International Council for Science，ICSU）的 IGBP 和隶属于国际社会科学联合会（International Social Science Council，ISSC）的 IHDP 共同拟定了为期 10 年的"LUCC 科学研究计划"，并将其列为全球变化研究的一项核心计划（Turner et al., 1995）。该研究计划的主要内容可概括为以下 5 个科学问题。

（1）过去 300 年间土地覆被是怎样被人类利用而改变的？

（2）在不同的地理单元和历史时期，土地利用变化的主要人为因素是什么？

（3）未来 50～100 年土地利用变化将怎样改变土地覆被？

（4）突发性人为活动和生物物理动态变化怎样影响土地利用类型的持续性？

（5）全球环境变化怎样影响土地利用/覆被，反过来又是怎样？

围绕以上 5 个科学问题，制定了三个研究主题。

（1）土地利用变化动态研究。通过区域性案例的对比研究，分析土地利用方式变化的主要驱动因子，建立区域性的土地利用/覆被变化的经验模型。

（2）土地覆被变化监测研究。利用遥感技术监测土地覆被的时空变化过程，并将其与驱动因子相联系，建立解析土地覆被时空变化及预测未来可测性变化的经验诊断模型。

（3）区域和全球模型。建立宏观尺度上的，包括与土地利用有关的各经济部门在内的土地利用/覆被变化动态机制模型，根据驱动因子的变化来推断土地覆被未来的变化趋势，为制定相应对策和全球环境变化研究服务。

除了 LUCC 科学研究计划外，一些国际组织与国家也先后实施了大量与土地利用/覆被变化相关的研究项目，如联合国环境规划署（United Nations Environment Programme，UNEP）1994 年启动的土地覆被的评价与模拟项目（Land Cover Assessment and Monitoring，LCAM）（UNEP-EAPAP，1995）；国际应用系统与分析研究所（International

Institute for Applied Systems Analysis，IIASA）1995 年启动的土地利用变化项目（IIASA，1998）以及国际地理联合会（International Geography Union，IGU）的土地利用/覆被变化研究项目等。

持续十余年的 LUCC 研究计划结束后，LUCC 研究又转入了新的阶段，IGBP 和 IHDP 又新设立了全球土地计划（Global Land Project，GLP）（GLP，2005）。该计划是在 IGBP 核心研究计划——"全球环境变化与陆地生态系统"（Global Change and Terrestrial Ecosystem，GCTE）计划和"LUCC 科学研究计划"基础上的又一项国际性土地利用/覆被变化研究计划（傅伯杰和张立伟，2014）。它主要研究土地系统变化的原因和本质、土地系统变化的后果，以及土地可持续性的综合分析和模拟。GLP 将土地系统与社会、生态与环境系统高度耦合，建立土地可持续性的综合分析与模拟体系，从而揭示土地系统与社会-生态-环境系统的相互作用机制。

2004 年，《美国科学院院刊》刊发"发展土地变化科学——挑战与方法问题"（Rindfuss et al.，2004），将 LUCC 研究提升到土地变化科学（Land Change Science，LCS）层面。2007 年《美国科学院院刊》刊发了美国科学院院士、克拉克大学教授 Turner，原 LUCC 研究计划主席、比利时鲁汶大学教授 Lambin 和现 GLP 研究计划主席、哥本哈根大学教授 Reenberg 共同撰写的"全球环境变化和可持续性背景下的土地变化科学"一文，将 LUCC 研究和全球变化与可持续发展联系在一起，进一步强调了土地利用/覆被变化在全球环境变化和可持续发展研究中的重要作用（Turner et al.，2007）。

随着 LUCC 研究的不断深入，其研究内容也从 LUCC 观测与监测技术、驱动机制、建模研究，扩展到 LUCC 的气候、资源、生态和环境效应、LUCC 的可持续性评价等诸多方面（刘纪远等，2020）；其研究目标也由单纯关注土地利用/覆被变化的途径和规律演变为在全球生态系统视角下关注土地利用/覆被的变化；研究方法也更加注重多学科的交叉，重视机理研究、格局和过程耦合作用研究等。土地利用/覆被遥感监测是 LUCC 研究的基础，它以遥感影像为基础数据，通过构建自动制图与变化检测模型，获取时空连续的土地利用/覆被数据集，进而分析区域乃至全球尺度的 LUCC 时空分异规律。其中，土地利用/覆被遥感制图和变化检测是土地利用/覆被遥感监测的关键环节。

1.2.1　国内外土地利用/覆被遥感制图研究进展

土地利用/覆被遥感制图主要是利用各土地利用/覆被类型在遥感影像不同波段中所表现出的光谱、纹理、几何形状、空间结构等方面的差异，按照某种规则或算法确定影像中每一个像元/对象/场景所对应的土地利用/覆被类型（李爱农等，2003）。土地利用/覆被制图的过程可形式化地表达为

$$y=f\left(x_1,\ x_2,\ \cdots,\ x_n\right) \tag{1.1}$$

式中，y 为待确定的土地利用/覆被类型，包括两种形式：一种是离散的类型，即森林、草地、农田、湿地等土地利用/覆被类型，用于全要素土地利用/覆被制图；另一种是连续型的数值类型，代表归属于某种土地利用/覆被类型的概率，用于单一要素土地利用/覆被制图；x 为参与土地利用/覆被遥感制图的各类数据源，可同时包括多种数据，即有

多个维度，用 x_n 表达；f 为制图模型，如简单的判别函数，最大似然法中的最大后验概率，决策树算法构建的规则集，神经网络学习后形成的网络结构，支持向量机构建的最优超平面等。f 的功能是建立输入数据源与土地利用/覆被类型之间的对应关系，是整个土地利用/覆被遥感制图的核心。

伴随着遥感数据源 x 的扩展和制图模型 f 的发展，土地利用/覆被遥感制图研究不断向前推进。遥感数据源从最初的全色影像走向了多光谱再到高光谱影像，从低空间分辨率、中空间分辨率影像到高空间分辨率和超高空间分辨率影像，从可见光影像到近红外影像再到热红外、微波影像、LiDAR 点云，时间分辨率从月尺度逐步走向了日尺度。制图模型从目视判读到计算机半自动、自动分类，从基于像元到面向对象，从基于统计的最大似然法、迭代自组织数据分类法（Iterative Self-organizing Data Analysis Technique，ISODATA）到基于人工智能的人工神经网络、支持向量机、决策树等算法，再到深度学习算法，每一种新的分类策略或算法的提出或引入都为土地利用/覆被遥感制图研究带来了新的动力（雷光斌等，2016）。

在土地利用/覆被制图研究发展的初期，受可获取的影像数据及计算机性能的限制，土地利用/覆被制图研究更多利用有限的卫星或航空遥感数据和人工目视判读的方法。该阶段主要依靠制图人员对遥感影像的解译，根据不同地物在颜色、大小、纹理、形状、位置、色调、阴影、模式和相关关系上的差异，从而判读地物类型信息（周万村，1985；王一谋，1986）。相对而言，人工目视判读方法所使用的人力和物力成本高，制图周期长，对制图人员的综合判读能力要求高，但由于制图人员先验知识的影响，制图精度相对较高（颜长珍等，1999）。该阶段为土地利用/覆被遥感自动制图研究积累了丰富的影像判读经验，并培养了大批经验丰富的制图人员。

随着遥感影像类型的增多、遥感影像数据的积累，以及计算机技术的普及和计算机分析、处理、存储能力的逐步提升，一些半自动、全自动的土地利用/覆被制图方法不断被提出和采用，最大似然法、ISODATA 法是其典型代表（张树文和薄立群，2000）。这些半自动、全自动的土地利用/覆被制图方法主要使用了遥感影像的光谱信息，缺乏对影像纹理、形状、相关关系等信息的充分利用（李仁东和李劲峰，1998）；同时，部分算法（如最大似然法）对于训练样本的概率分布也有一定的要求（正态分布）（张增祥等，2009）。总体来看，该阶段的土地利用/覆被制图效率显著提高。

随着人工智能技术的发展，人工神经网络、支持向量机、遗传算法、决策树、模糊集等人工智能算法被成功引入遥感自动制图领域（Mountrakis et al.，2011；Belgiu and Drăguţ，2016）。该阶段的土地利用/覆被遥感制图研究克服了传统自动分类方法对于训练数据概率分布的要求，可以将多种不同类型的数据（如栅格、矢量、三维点云数据等）应用到土地利用/覆被制图的决策过程中，并能更加充分地利用遥感影像中蕴含的丰富信息（光谱、纹理、几何形状、相关关系等信息）（张增祥等，2016），一定程度上提高了土地利用/覆被制图的精度和自动化程度。

深度学习技术的出现，为土地利用/覆被遥感自动制图注入了新的活力。相比于传统的人工智能算法，深度学习能够自动地从数据源（遥感影像和相关辅助数据）中挖掘出有利于区分各土地利用/覆被类型的特征集，减少了人为构建特征集可能存在的片面性和主观性（Ma et al.，2019），从而提高土地利用/覆被类型识别精度。然而深度学习算法对于计算资源、训练样本的要求相对较高，当前仍然处于探索阶段，距离全面应用到区域和全球尺度土地利用/覆被制图研究中尚有差距（Parente et al.，2019）。

依托全球性土地利用/覆被研究计划、丰富的遥感数据源以及较为成熟的自动分类方法，当前已生产了多套覆盖全球的土地覆被产品，如 IGBP-DISover、UMD、GLC2000、MOD12Q1、GlobCover、FROM-GLC、GlobeLand30 等（Hansen et al.，2000；Loveland et al.，2000；Friedl et al.，2002；Gong et al.，2013）。这些产品的应用大大促进了土地利用/覆被自动制图方法的发展，也为众多领域提供了可用的土地利用/覆被数据。

当前，土地利用/覆被制图研究正处于人工智能分类阶段，并随着遥感技术、计算机技术、人工智能技术、深度学习技术的发展而不断发展。展望未来，土地利用/覆被制图研究大体呈现出如下的发展趋势。

1. 数据源由单一光学遥感影像向多源遥感影像转变

不同类型的遥感数据对土地利用/覆被类型的识别能力存在差异，例如，可见光-近红外遥感影像在识别植被类别方面具有优势，微波遥感影像善于识别水体（Robson et al.，2015；Torbick et al.，2016）。因此，多源遥感数据耦合使用能够实现不同遥感数据的优势互补，整体提高土地利用/覆被遥感制图的精度（杜培军等，2016）。耦合多源遥感数据用于土地利用/覆被制图常常采用以下三种方式：①空谱融合，即高空间分辨率数据和多光谱遥感数据进行融合，典型的有 SPOT5 数据与 Landsat TM 数据进行融合，该方式常用于提取精细土地利用/覆被类型，如城市内部的道路、居住地等（Kamal et al.，2015）。②时空融合，即高时间分辨率和高空间分辨率数据进行耦合。其中 Landsat TM 影像与 MODIS 影像融合最为常见（Zhang et al.，2013），主要用于对物候变化敏感的土地利用/覆被类型的提取，如桉树、耕地等（Jia et al.，2014）。③光学、微波及 LiDAR 数据耦合。如，Gessner 等（2015）利用 MODIS、ASAR 和 TanDEM-X/TerraSAR-X 数据开展西非 250m 分辨率土地覆被制图工作；Qin 等（2015）利用 PALSAR、Landsat、MODIS 和其他辅助数据制作完成了 2010 年中国森林覆被图。随着更多样化的遥感卫星的发射和数据获取，多源遥感信息耦合使用以提高土地利用/覆被制图精度将会越来越普遍（俞乐等，2014）。

2. 多时相以及时间序列遥感数据集在土地利用/覆被制图中应用不断增多

不同植被类型的物候特征常存在差异，这些差异成为有效区分不同植被类型的重要手段（Yan and Roy，2016）。多时相或时间序列遥感数据集是蕴含物候信息的重要载体，基于多时相或时间序列遥感数据集的土地利用/覆被制图方法已成为当前该领域的热点研究方向之一（雷光斌等，2016）。其中，MODIS NDVI 时间序列数据集是最常被使用的数据源，已被用于诸如水稻、桉树自动识别研究中（le Maire et al.，2014）。中高空间分辨率的多时相或时间序列遥感数据集是另一种最常被利用的数据源。例如，Yan and Roy（2014）基于 WELD（Web Enabled Landsat Data）数据集（Roy et al.，2010）发展了自动提取耕地的方法；Löw 等（2015）利用多时相的 RapidEye 数据集提取了中亚灌溉区的耕地；雷光斌等（2014）利用多时相的 Landsat 和 HJ 影像集发展了自动提取森林的常绿和落叶特征的方法。受数据质量和数据获取难度的影响，当前基于中空间分辨率时间序列数据集开展大区域土地利用/覆被制图的相关研究仍然有限。基于多源数据或通过时空融合算法构建中分辨率时间序列数据集（Bian et al.，2015），并将其用于土地利用/覆被遥感制图研究是该领域的重要发展方向之一。

3. 先验知识在土地利用/覆被遥感制图中的作用越来越被关注

陆地表层系统中土地利用/覆被的空间分布并不是杂乱无章的，而是遵循一定的地学规律，这些规律的使用将有助于提升土地利用/覆被遥感制图的能力。例如，Chen 等（2015）在制作全球 30m 尺度土地覆被产品 GlobeLand30 的过程中，将知识分为三类：基于自然环境的知识、基于社会文化的知识和时相约束的知识，并利用这些知识来提高 GlobeLand30 的质量。总体而言，受表达方式的限制，地学知识在土地利用/覆被遥感自动制图研究中的应用还需要继续深入探索（Li et al.，2012；Lei et al.，2016）。

4. 面向对象制图方法在中高分辨率土地利用/覆被制图中获得普遍认可

从分类执行的最小单元来看，土地利用/覆被遥感制图方法可分为基于像元制图方法和面向对象制图方法两类。基于像元土地利用/覆被制图所处理的最小制图单元是像元，影像光谱特征是其分类的基础，遥感影像的纹理、几何形状和空间相关关系等特征比较难以充分应用于基于像元制图方法中。虽然一些分类工作也采用邻域（如 3×3，5×5 等）的策略将邻近像元间的关系加入到分类决策过程中，但仍然难以准确地刻画真实地理环境中各土地利用/覆被类型间的相互关系（Zhou et al.，2009）。面向对象土地利用/覆被制图方法的出现弥补了基于像元制图方法的以上不足。它采用分割算法首先将遥感影像分割为具有一定语义特征的同质对象，这些同质对象成为最小的制图单元，能够更加便利地利用遥感影像蕴含的光谱、纹理、几何形状、空间相关关系等特征，从而有效地提高了土地利用/覆被制图精度（Benz et al.，2004）。另外，面向对象方法也能一定程度地避免基于像元制图方法产生的"椒盐噪声"（Yu et al.，2006）。

面向对象土地利用/覆被制图方法在高分辨率土地利用/覆被自动制图中被普遍采用。近年来，该方法也被逐步推广到中分辨率土地利用/覆被制图研究中（廖安平等，2014；吴炳方等，2014）。面向对象土地利用/覆被制图方法成为了该领域关注的热点和广泛使用的方法之一。

5. 土地利用/覆被遥感制图方法更加自动化、智能化

土地利用/覆被遥感制图研究先后经历了人工目视解译阶段、自动分类与人工判读相结合的阶段以及基于人工智能的自动分类阶段。从其发展历程来看，未来土地利用/覆被遥感制图方法将朝着更加自动化、智能化、精准化的方向发展，制图过程中将更大程度地减少制图人员的参与。受训练样本数量和代表性的影响，当前所有人工智能算法的决策过程，均存在易陷入局部最优而非全局最优的风险（Zhang et al.，2019），进而造成土地利用/覆被类型的错分。改进现有人工智能算法或提出新算法以适应土地利用/覆被遥感制图的需要,以及提高训练样本在空间上和统计上的代表性成为土地利用/覆被遥感制图方法最重要的突破口之一（宫鹏,2009）。

深度学习是近年来随着大数据、云计算的兴起而出现的新学习算法,目前被广泛应用于语音识别、计算机视觉等领域,也被成功引入到遥感自动分类、目标识别、场景理解等研究中（张兵,2018）。相对于以往的学习算法,基于深度学习的分类方法能够自动从原始影像中挖掘出有利于分类的深层次特征,不再需要制图人员事先构建分类的特征集,避免了由于制图人员的主观性和片面性而遗漏掉重要影像特征的问题,将有助于提高土地利用/覆被遥感分类的精度。当前基于深度学习的土地利用/覆被遥感制图研究尚处于探索阶段,但其优越的性能必定会成为未来土地利用/覆被遥感制图重要的研究方向之一（Zhang et al.,2016；龚健雅,2018）。

1.2.2　国内外土地利用/覆被变化遥感检测研究进展

土地利用/覆被变化遥感检测是利用不同时期遥感影像中地物光谱特征的差异,采用图像处理或模式识别方法提取出变化区域,进而确定变化类型的一种技术手段（刘纪远等,2020）。从研究内容来看,它包括变化区域识别和变化类型确定两部分工作。变化区域识别是土地利用/覆被变化检测的核心,变化类型确定可采用自动分类的方法。变化区域识别的过程可以形式化地表示为

$$y_c=f_c(x_1, x_2, \cdots, x_n) \tag{1.2}$$

式中, y_c 为土地利用/覆被类型是否发生了变化,其取值为"是"或"否"; x_n 为检测影像与基准影像之间的各类变化特征,可以是两个时期遥感影像各波段的差值、比值或其他变化指标; f_c 是变化检测算法,可以划分为单指标检测算法和多指标检测算法。单指标变化检测算法通常仅利用一个变化指标,基于阈值法判定土地利用/覆被类型是否发生变化。多指标变化检测算法则通过对多个变化指标的综合决策,建立变化检测模型以判定土地利用/覆被类型是否发生了变化。大部分人工智能算法均能用于变化检测模型的构建。

土地利用/覆被变化遥感检测研究至少需要两个时期（基准时期和待检测时期）的遥感影像,形成影像对,对影像对的质量和时相一致性要求较高（李德仁,2003）。两期影像的几何或辐射偏差均可能导致识别结果中包含"伪变化"图斑,影响检测精度。受可用数据源少且获取成本高的限制,早期土地利用/覆被变化检测研究大多采用单一时相的遥感影像对,且难以保证基准影像和检测影像的时相一致性,因此,给土地利用/覆被变化检测研究带来了极大挑战,也影响了变化检测的精度（张增祥等,2016）。随着卫星传感器的不断研制与发射,以及遥感数据的积累与开放共享,当前土地利用/覆被变化遥感检测研究在数据源上有了更多的选择,也能大致确保参与检测的遥感影像对的时相一致性（吴炳方等,2017；刘纪远等,2020）。同时,参与变化检测的遥感影像对的数量也出现了变化,两个或多个时相的影像对开始出现在大区域土地覆被变化检测中,甚至部分工作开始基于时间序列遥感数据集开展变化检测研究（Jin et al.,2013；董金玮等,2017）。

从土地利用/覆被变化检测关注的对象来看，可分为单一土地利用/覆被类型的变化检测和全要素的土地利用/覆被变化检测。前者主要关注某一类土地利用/覆被类型是否发生变化，例如不透水面的变化（Li et al.，2015）、森林变化（Huang et al.，2010；Kennedy et al.，2010）、湿地变化（牛振国等，2012；Wang et al.，2014）等；后者则期望提取区域所有的土地利用/覆被类型的变化情况（Jin et al.，2013）。单一土地利用/覆被类型的变化检测由于关注目标单一，通过构建变化指标集就可实现对其的动态检测。全要素的土地利用/覆被变化检测关注的变化类型更加多样，单纯依赖变化指标集能否胜任变化检测任务还需进一步探索。

除了利用光谱特征构建变化指标的变化检测方法外，分类后变化检测也是一类常用的土地利用/覆被变化检测方法。该方法需要完成两次土地利用/覆被制图工作，即基准影像和待检测影像的土地利用/覆被制图工作。由于两期土地利用/覆被制图产品中均可能存在制图错误，分类后变化检测方法存在将制图错误引入到变化检测结果的风险，导致制图错误的积累，增大变化检测结果的不确定性（刘纪远，1997；宫鹏等，2006）。因此，在开展区域或国家尺度土地利用/覆被变化遥感检测研究时，大多采用基于光谱特征构建变化检测模型的方法（Jin et al.，2013）。

当前，遥感技术、人工智能技术的不断发展，为土地利用/覆被变化检测研究带来了许多新的思想、方法和技术手段，近年来土地利用/覆被变化遥感检测领域呈现如下发展趋势。

1. 参与变化检测的指标更加多样化

传统的变化检测方法大多采用一个指标和阈值来决定像元/对象的土地利用/覆被类型是否发生变化。例如，Xian 等（2009）基于变化矢量（Change Vector，CV）指数和预设的阈值完成了美国 2001～2006 年土地覆被变化检测工作。采用单一阈值的变化检测方法，很容易导致一些对指数不敏感的土地利用/覆被变化类型的漏判，从而增加土地利用/覆被变化检测的不确定性。为了弥补单一指标变化检测的不足，越来越多的土地利用/覆被变化研究开始采用多个变化指标，利用变化指标间的优势互补关系，综合判定土地利用/覆被类型是否发生变化（Zhu，2017）。如何耦合多个变化指标，从而最大限度地发挥各个变化指标在土地利用/覆被变化检测中的优势，将会成为一个关注点。

2. 用于变化检测的影像时相逐渐增多

随着越来越多的遥感卫星的发射和遥感影像的积累，可用于土地利用/覆被变化检测的数据源逐渐增多，数据源不再是土地利用/覆被变化检测的关键瓶颈。为了尽可能地减少由于时相不一致带来的土地利用/覆被变化误判，在土地利用/覆被变化检测研究中开始采用双时相影像对（一组生长季的遥感影像对和一组非生长季的遥感影像对）甚至是多时相影像对或时间序列遥感影像集作为数据源（张良培和武辰，2017）。利用多时相或时间序列遥感影像，通过追踪影像像元/对象的变化轨迹来判定是否发生变化已逐步成为土地利用/覆被变化检测的研究热点之一（Zhu et al.，2012；Zhu and Woodcock，2014），但当前该类研究还局限于单个土地利用/覆被类型的变化检测，如森林扰动、不透水面的扩张等，要实现对全要素的变化检测还需进一步的研究和完善。

3. 先验知识在土地利用/覆被变化检测中的作用逐渐被重视

土地利用/覆被变化并不是随机发生的，而是受地理环境或人为驱动因素的综合影响。例如，短期内常绿阔叶林可能被砍伐而转变成灌木林、草地或耕地等，但不太可能转变为常绿针叶林、落叶阔叶林等类型；陡坡（坡度大于 30°）区域草地大面积转变为耕地的概率一般很小。如果将这些知识加入到变化检测的决策过程中，将会减少土地利用/覆被变化检测的错误（Wu et al.，2017）。

4. 面向对象的土地利用/覆被变化检测开始出现

随着面向对象方法在遥感制图领域的广泛应用，近年来面向对象方法也被引入到土地利用/覆被变化检测研究中（Chen et al.，2012；Hussain et al.，2013）。该方法能够更充分地发挥遥感影像本身蕴含的纹理、形状等信息，从而提高土地利用/覆被变化检测的准确度。当前面向对象的土地利用/覆被变化检测多以高空间分辨率遥感影像为数据源（Wen et al.，2016），其研究区域大多为单景遥感影像覆盖的小区域，对区域乃至国家尺度的中空间分辨率遥感影像的应用案例相对较少。

1.3　山地土地利用/覆被遥感监测研究的特殊性

1. 山地土地利用/覆被自动制图的特殊性

虽然当前土地利用/覆被遥感制图研究在分类方法、数据使用和产品质量等方面取得了长足的进步，但相对于近年来各类卫星传感器获取的海量遥感数据，当前被利用的遥感影像的比例仍然较小（宫鹏，2012）。同时，不同区域土地利用/覆被遥感制图研究的关注程度也存在明显的"冷热不均"现象。城市、农业区等人类活动频繁的地区被持续不断地研究（Yu et al.，2014），大量制图方法和策略也是基于这些区域提出的。相对而言，远离人类活动中心的山地区域，其土地利用/覆被制图研究的重视程度远远不及前者。

山地土地利用/覆被遥感制图除了上文所述的缺乏关注这一客观事实外，还面临以下四个方面的挑战：

（1）山地地表起伏大，造成了水、温、光、热等环境要素在空间上分布极为不均，进而形成了多样的局部小气候类型（Wu et al.，2013）。这些多样的局部小气候孕育了山地地表复杂的土地利用/覆被类型和高度异质性的景观格局（Chen et al.，2013）。众所周知，地表异质性是遥感尺度效应产生的根本原因之一，地表异质性高的区域在遥感影像上表现出大量的混合像元，这是导致土地利用/覆被遥感制图不确定性的重要因素之一。山地是陆地表层景观异质性最为显著的区域之一，客观上造就了山地土地利用/覆被遥感制图的困难。

（2）受地形起伏的影响，山地不同坡度、不同坡向地表所接收到的太阳辐射和散射存在较大的差异，在遥感影像上则表现出明显的地形效应和"同物异谱、异物同谱"现象（周万村等，1987）。这些现象提高了各土地利用/覆被类型光谱特征的复杂程度，从而导致土地利用/覆被遥感自动制图中大量的错分和漏分（李爱农等，2016）。

（3）山区多变的气象条件导致该区域光学遥感影像被云、雾、季节性积雪等因子干扰的概率增加。这一方面造成可用于山地土地利用/覆被遥感制图的数据源大量减少；另一方面也导致山地各土地利用/覆被类型的光谱信息在空间和时间维度上存在明显的不连续现象（边金虎等，2016）。

（4）山区地形、河流等的阻隔作用，加大了开展野外土地利用/覆被实地调查工作的难度（谢瀚等，2016）。野外土地利用/覆被遥感调查是认识和了解区域土地利用/覆被状况的重要手段，也是土地利用/覆被自动制图中训练和验证样本获取的重要来源之一（Lei et al.，2020）。山区受地形、河流等的阻隔，所获取的土地利用/覆被样本大多集中分布在道路两侧一定范围内，可达性差，对样本分布的空间代表性有显著影响。

针对山地土地利用/覆被类型多样且相互混杂的问题，已有学者在分类方法上做了有益的探索。例如，Li等（2012）将山地土地覆被分类问题看作不相容问题，引入物元模型和概率转换函数有效提高了山地土地覆被制图的精度。通过引入纹理特征和面向对象的分类方法，也可以有效提高山地土地覆被分类精度（Liu et al.，2013）。

针对山地地形辐射畸变影响问题，一些研究采用地形辐射校正的方法对影像进行地形校正，从而提高山地土地覆被分类的精度（Vanonckelen et al.，2013；Moreira and Valeriano，2014）。然而，对于地形起伏巨大的山区，地形辐射校正的效果往往不甚理想，存在不同程度的"过校正"和"欠校正"现象（王少楠和李爱农，2012）。此外，针对山地地形起伏形成的地形阴影，首先利用影像光谱特征识别出地形阴影，再基于多时相遥感影像填补阴影区也是一种有效的处理方法（Dorren et al.，2003）。

以上策略和方法从多个角度尝试提出了解决山地土地利用/覆被遥感制图难题的技术方案，并应用到土地利用/覆被遥感制图实践中。我们期望通过引入更多源的信息、更高效的山地地形校正模型、新的智能化分类方法和山区土地利用/覆被空间分布知识，进一步提高山地土地利用/覆被制图的精度。

2. 山地土地利用/覆被变化检测的特殊性

山地LUCC与平原地区有一些相似的地方，但也有其特殊性。山地LUCC的特殊性主要体现在以下三方面（雷光斌，2016）：①通常来说，山地受人类干扰的强度明显低于平原地区，LUCC发生的概率和强度相对较小。②山区LUCC是全球变化的重要组成部分，一些LUCC与全球气候变化关系密切，如全球平均气温上升与冰川消融加速密切相关（Yao et al.，2012），从而成为监测全球变化的重要指示器而被广泛关注。③山地LUCC突发性和随机性大，且这些突发的LUCC不易监测且更易成灾，给当地人民的生命财产带来极大的威胁。山区地形起伏大，道路通达性差，客观上限制了调查人员到达LUCC发生地开展实地调查工作，遥感具备快速、周期性地获取大区域地表信息的能力，成为开展山区LUCC监测最重要的技术手段（Li and Deng，2017）。

相对于一般的土地利用/覆被变化遥感检测研究，山地土地利用/覆被变化遥感检测研究呈现出更大的复杂性，主要表现在以下四个方面：

（1）与土地利用/覆被遥感制图研究一样，受山地遥感影像突出的地形效应和"同物异谱、异物同谱"现象的影响，再加上观测条件、气象条件的差异，很容易导致同一地物在不同时期遥感影像上表现出不同的光谱特征，从而增加了山地 LUCC 被误判的概率（Chance et al.，2016）。山地遥感影像几何位置畸变严重，增加了影像几何配准的难度（边金虎等，2014），倘若影像几何纠正质量不能保证，产生了几何位置偏移的像元也易被检测为伪变化。

（2）参与变化检测的两期遥感影像的时相差异对变化检测的影响大。在山地环境下，不同的时相意味着太阳高度角不一致，也意味着山地阴影区的范围会出现变化，这些变化的阴影区十分容易被判定为土地利用/覆被变化区（Tan et al.，2013）。另外，不同时相遥感影像中云雾的位置和范围的变动也是造成土地利用/覆被变化状况被误判的重要原因之一。

（3）山地土地利用/覆被类型多样且破碎，导致土地利用/覆被类型之间的变化更为复杂，自动化检测出所有的土地利用/覆被变化类型困难重重，特别是一些光谱特征较为相似的土地利用/覆被类型之间的变化很难检测。

（4）山地土地利用/覆被类型变化的面积相对较小，在空间分布上随机性大，进一步加大了山地土地利用/覆被变化遥感检测的难度。

1.4　本书章节安排

西南地区，是我国七大自然地理分区之一，东邻华中地区、华南地区，北依西北地区，包括四川省（川）、重庆市（渝）、贵州省（黔）、云南省（滇）、西藏自治区（藏）共五个省级行政区（图 1.2）。海拔跨度大，河谷纵横，地形复杂，主要包括四川盆地及其周边山地、云贵高原中高山山地丘陵区、青藏高原高山山地区等地形单元。气候类型多样，形成了独特的植被分布格局，是世界上生物多样性最丰富的地区之一。该地区受季风环流和复杂地理环境的影响，常发生局部强降水；加之，地质构造活跃，山地灾害频发。同时，西南地区还是我国少数民族最多的地区，是实施"西部大开发战略"的重要发展区域，水能资源和水电资源开发强度都是全球之最，更是"退耕还林""天然林保护""生物多样性保护""生态功能区"等生态环境保护政策实施的重要区域。综上所述，西南地区因其典型多样的山地地貌、复杂的自然和人文景观以及独特的社会经济发展特点，成为我国乃至全球最具代表性的典型山区之一（李爱农等，2016）。

我们以西南山地为研究对象，围绕山地土地利用/覆被变化遥感监测所面临的主要问题，在数据源、分类系统、自动制图、变化检测、精度评估等方面开展了系统探索，应用于包括我国西南地区（川、渝、黔、滇、藏五个省级行政区）、青藏高原南缘山地（如尼泊尔、不丹等国）、"一带一路"经济廊道（如中巴经济走廊、孟中印缅经济走廊）等国内外山地土地利用/覆被变化遥感监测实践中，并对三峡库区、退耕还林、山区城镇化、天然林退化、生态系统评估等方面开展了专题应用研究，这些工作是完成本书的基础。

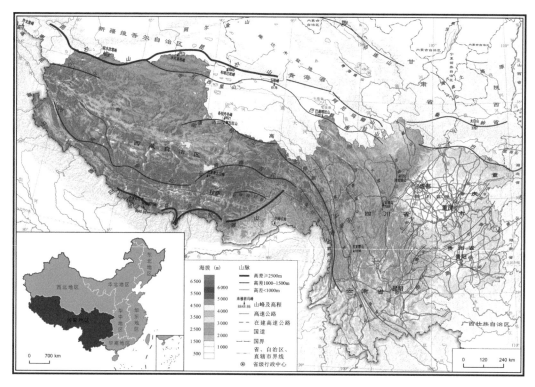

图 1.2　西南地区地形、区位概况

　　本书分上、下两篇。上篇为山地土地利用/覆被遥感监测方法篇,系统介绍团队在山地土地利用/覆被遥感监测数据源(第 2 章)、土地利用/覆被分类系统(第 3 章)、山地土地利用/覆被样本库(第 4 章)、山地土地利用/覆被遥感制图方法(第 5 章)、山地土地利用/覆被变化遥感检测方法(第 6 章)和山地土地利用/覆被产品精度评估方法(第 7 章)等方面的创新研究工作。

　　下篇为山地土地利用/覆被变化分析应用篇,对我国西南地区川、渝、黔、滇、藏 5 个省级行政区土地利用/覆被进行遥感监测,系统分析了土地利用/覆被空间格局、25 年(1990~2015 年)变化过程、驱动力及其对国土空间管理的启示(第 8~第 12 章)。在此基础上,该篇还介绍了三峡库区土地利用/覆被变化遥感监测(第 13 章)、西南地区退耕还林遥感监测(第 14 章)、西南地区城镇化过程监测与空间模拟(第 15 章)、西双版纳天然林退化模拟与风险评估(第 16 章)以及西南地区生态系统多样性受威胁风险综合评估(第 17 章)等专题研究内容,从应用的视角阐释了土地利用/覆被遥感监测数据集的价值。

参 考 文 献

边金虎, 李爱农, 雷光斌, 等. 2014. 环境减灾卫星多光谱 CCD 影像自动几何精纠正与正射校正系统. 生态学报, 34: 7181-7191.

边金虎, 李爱农, 王少楠, 等. 2016. 基于 MODIS NDVI 的 LandsatTM 影像地形阴影区光谱信息恢复方法研究. 遥感技术与应用, 31: 12-22.

董金玮, 匡文慧, 刘纪远. 2017. 遥感大数据支持下的全球土地覆盖连续动态监测. 中国科学:地球科学,

48: 259-260.

杜培军, 夏俊士, 薛朝辉, 等. 2016. 高光谱遥感影像分类研究进展. 遥感学报, 20: 236-256.

傅伯杰, 张立伟. 2014. 土地利用变化与生态系统服务:概念、方法与进展. 地理科学进展, 33: 441-446.

宫鹏. 2009. 基于全球通量观测站的全球土地覆盖图精度检验. 自然科学进展, 19: 754-759.

宫鹏. 2012. 拓展与深化中国全境的环境变化遥感应用. 科学通报, 57: 1379-1387.

宫鹏, 黎夏, 徐冰. 2006. 高分辨率影像解译理论与应用方法中的一些研究问题. 遥感学报, 10: 1-5.

龚健雅. 2018. 人工智能时代测绘遥感技术的发展机遇与挑战. 武汉大学学报(信息科学版), 43: 1788-1796.

雷光斌. 2016. 山地土地覆被遥感自动制图与监测方法研究. 北京: 中国科学院大学.

雷光斌, 李爱农, 边金虎, 等. 2014. 基于阈值法的山区森林常绿、落叶特征遥感自动识别方法研究—— 以贡嘎山地区为例. 生态学报, 34: 7210-7221.

雷光斌, 李爱农, 谭剑波, 等. 2016. 基于多源多时相遥感影像的山地森林分类决策树模型研究. 遥感技术与应用, 31: 31-41.

李爱农, 边金虎, 靳华安, 等. 2016. 山地遥感. 北京: 科学出版社.

李爱农, 边金虎, 张正健, 等. 2016. 山地遥感主要研究进展、发展机遇与挑战. 遥感学报, 20: 1199-1215.

李爱农, 江小波, 马泽忠, 等. 2003. 遥感自动分类在西南地区土地利用调查中的应用研究. 遥感技术与应用, 18: 282-285, 353.

李德仁. 2003. 利用遥感影像进行变化检测. 武汉大学学报(信息科学版), 28: 7-12.

李仁东, 李劲峰. 1998. 湖北省土地资源的遥感宏观分析. 资源科学, 20: 50-55.

廖安平, 陈利军, 陈军, 等. 2014. 全球陆表水体高分辨率遥感制图. 中国科学:地球科学, 44: 1634-1645.

刘纪远. 1997. 国家资源环境遥感宏观调查与动态监测研究. 遥感学报, 1: 225-230.

刘纪远, 邵全琴, 延晓冬, 等. 2011. 土地利用变化对全球气候影响的研究进展与方法初探. 地球科学进展, 26: 1015-1022.

刘纪远, 张增祥, 张树文, 等. 2020. 中国土地利用变化遥感研究的回顾与展望——基于陈述彭学术思想的引领. 地球信息科学学报, 22: 680-687.

牛振国, 张海英, 王显威, 等. 2012. 1978~2008 年中国湿地类型变化. 科学通报, 57: 1400-1411.

王少楠, 李爱农. 2012. 地形辐射校正模型研究进展. 国土资源遥感, 2012: 1-6.

王一谋. 1986. 彩色红外航空像片解译方法在现代沙漠化环境监测中的应用. 中国沙漠, 6: 51-59.

吴炳方, 包安明, 陈劲松, 等. 2017. 中国土地覆被. 北京: 科学出版社.

吴炳方, 苑全治, 颜长珍, 等. 2014. 21 世纪前十年的中国土地覆盖变化. 第四纪研究, 34: 723-731.

吴传钧. 1979. 开展土地利用调查与制图为农业现代化服务. 自然资源, 1: 39-47.

谢瀚, 李爱农, 汤家法, 等. 2016. 山地地表覆被野外采样系统研究及应用. 遥感技术与应用, 31: 430-437.

颜长珍, 冯毓苏, 王建华, 等. 1999. 西北地区土地资源类型 TM 影像解译标志的建立. 中国沙漠, 19: 9-12.

俞乐, 王杰, 李雪草, 等. 2014. 基于多源数据集成的多分辨率全球地表覆盖制图. 中国科学:地球科学, 44: 1646-1660.

张兵. 2018. 遥感大数据时代与智能信息提取. 武汉大学学报(信息科学版), 43: 1861-1871.

张良培, 武辰. 2017. 多时相遥感影像变化检测的现状与展望. 测绘学报, 46: 1447-1459.

张树文, 薄立群. 2000. 遥感图像生态土地分类法在农作物种植面积提取中的应用. 地理科学: 569-572.

张增祥, 汪潇, 王长耀, 等. 2009. 基于框架数据控制的全国土地覆盖遥感制图研究. 地球信息科学学报, 11: 216-224.

张增祥, 汪潇, 温庆可, 等. 2016. 土地资源遥感应用研究进展. 遥感学报, 20: 1243-1258.

周万村, 1985. 遥感数字图像处理在山地研究中的应用. 山地研究, 3: 189-192.

周万村, 孙育秋, 邹仁元, 等. 1987. 三峡库区地表覆盖环境容量遥感分析. 长江三峡工程对生态与环境影响及其对策研究论文集. 中国科学院三峡工程生态与环境科研项目领导小组. 北京: 科学出版社: 1072-1089.

Belgiu M, Drăguţ L. 2016. Random forest in remote sensing: A review of applications and future directions. ISPRS Journal of Photogrammetry and Remote Sensing, 114: 24-31.

Benz U C, Hofmann P, Willhauck G, et al. 2004. Multi-resolution, object-oriented fuzzy analysis of remote sensing data for GIS-ready information. ISPRS Journal of Photogrammetry and Remote Sensing, 58: 239-258.

Bian J H, Li A N, Wang Q F, et al. 2015. Development of Dense Time Series 30m Image Products from the Chinese HJ-1A/B Constellation: A Case Study in Zoige Plateau, China. Remote Sensing, 7: 16647-16671.

Chance C M, Hermosilla T, Coops N C, et al. 2016. Effect of topographic correction on forest change detection using spectral trend analysis of Landsat pixel-based composites. International Journal of Applied Earth Observation and Geoinformation, 44: 186-194.

Chen C X, Tang P, Wu H G. 2013. Improving classification of woodland types using modified prior probabilities and Gaussian mixed model in mountainous landscapes. International Journal of Remote Sensing, 34: 8518-8533.

Chen G, Hay G J, Carvalho L M T, et al. 2012. Object-based change detection. International Journal of Remote Sensing, 33: 4434-4457.

Chen J, Chen J, Liao A P, et al. 2015. Global land cover mapping at 30 m resolution: A POK-based operational approach. ISPRS Journal of Photogrammetry and Remote Sensing, 103: 7-27.

Dorren L K A, Maier B, Seijmonsbergen A C. 2003. Improved Landsat-based forest mapping in steep mountainous terrain using object-based classification. Forest Ecology and Management, 183: 31-46.

Friedl M A, McIver D K, Hodges J C F, et al. 2002. Global land cover mapping from MODIS: algorithms and early results. Remote Sensing of Environment, 83: 287-302.

Gessner U, Machwitz M, Esch T, et al. 2015. Multi-sensor mapping of West African land cover using MODIS, ASAR and TanDEM-X/TerraSAR-X data. Remote Sensing of Environment, 164: 282-297.

GLP. 2005. Science Plan and Implementation Strategy. IGBP Report No.53 and IHDP Report No.19.

Gong P, Wang J, Yu L, Zhao Y C, et al. 2013. Finer resolution observation and monitoring of global land cover: first mapping results with Landsat TM and ETM+ data. International Journal of Remote Sensing, 34: 2607-2654.

Graetz D M. 1993. Land cover: Trying to make the task tractable. Proceeding of the Workshop on Global Land Use/Cover Modelling. New York.

Hansen M C, Defries R S, Townshend J R G, et al. 2000. Global land cover classification at 1km spatial resolution using a classification tree approach. International Journal of Remote Sensing, 21: 1331-1364.

Huang C Q, Coward S N, Masek J G, et al. 2010. An automated approach for reconstructing recent forest disturbance history using dense Landsat time series stacks. Remote Sensing of Environment, 114: 183-198.

Hussain M, Chen D M, Cheng A, et al. 2013. Change detection from remotely sensed images: From pixel-based to object-based approaches. ISPRS Journal of Photogrammetry and Remote Sensing, 80: 91-106.

IIASA. 1998. Modeling land-use and land-cover change in Europe and Northern Asia. 1999 Research Plan.

Jia K, Liang S L, Zhang N, et al. 2014. Land cover classification of finer resolution remote sensing data integrating temporal features from time series coarser resolution data. ISPRS Journal of Photogrammetry and Remote Sensing, 93: 49-55.

Jin S, Yang L, Danielson P, et al. 2013. A comprehensive change detection method for updating the National Land Cover Database to circa 2011. Remote Sensing of Environment, 132: 159-175.

Kamal M, Phinn S, Johansen K. 2015. Object-Based Approach for Multi-Scale Mangrove Composition Mapping Using Multi-Resolution Image Datasets. Remote Sensing, 7: 4753-4783.

Kennedy R E, Yang Z G, Cohen W B. 2010. Detecting trends in forest disturbance and recovery using yearly Landsat time series: 1. LandTrendr - Temporal segmentation algorithms. Remote Sensing of Environment, 114: 2897-2910.

Le Maire G, Dupuy S, Nouvellon Y, et al. 2014. Mapping short-rotation plantations at regional scale using MODIS time series: Case of eucalypt plantations in Brazil. Remote Sensing of Environment, 152: 136-149.

Lei G B, Li A N, Bian J H, et al. 2016. Land Cover Mapping in Southwestern China Using the HC-MMK Approach. Remote Sensing, 8: 305.

Lei G B, Li A N, Bian J H, et al. 2020. OIC-MCE: A Practical Land Cover Mapping Approach for Limited Samples Based on Multiple Classifier Ensemble and Iterative Classification. Remote Sensing, 12: 987.

Li A, Deng W. 2017. Land Use/Cover Change and Its Eco-environmental Responses in Nepal: An Overview. Land Cover Change and Its Eco-environmental Responses in Nepal. Li A, Deng W and Zhao W. Singapore, Springer: 1-13.

Li A, Jiang J, Bian J, et al. 2012. Combining the matter element model with the associated function of probability transformation for multi-source remote sensing data classification in mountainous regions. ISPRS Journal of Photogrammetry and Remote Sensing, 67: 80-92.

Li X C, Gong P, Liang L. 2015. A 30-year (1984-2013) record of annual urban dynamics of Beijing City derived from Landsat data. Remote Sensing of Environment, 166: 78-90.

Liu E Q, Zhou W C, Zhou J M, et al. 2013. Combining spectral with texture features into object-oriented classification in mountainous terrain using advanced land observing satellite image. Journal of Mountain Science, 10: 768-776.

Loveland T R, Reed B C, Brown J F, et al. 2000. Development of a global land cover characteristics database and IGBP DISCover from 1 km AVHRR data. International Journal of Remote Sensing, 21: 1303-1330.

Löw F, Conrad C, Michel U. 2015. Decision fusion and non-parametric classifiers for land use mapping using multi-temporal RapidEye data. ISPRS Journal of Photogrammetry and Remote Sensing, 108: 191-204.

Ma L, Liu Y, Zhang X, et al. 2019. Deep learning in remote sensing applications: A meta-analysis and review. ISPRS Journal of Photogrammetry and Remote Sensing, 152: 166-177.

Moreira E P, Valeriano M M. 2014. Application and evaluation of topographic correction methods to improve land cover mapping using object-based classification. International Journal of Applied Earth Observation and Geoinformation, 32: 208-217.

Mountrakis G, Im J, Ogole C. 2011. Support vector machines in remote sensing: A review. ISPRS Journal of Photogrammetry and Remote Sensing, 66: 247-259.

Parente L, Taquary E, Silva A P, et al. 2019. Next Generation Mapping: Combining Deep Learning, Cloud Computing, and Big Remote Sensing Data. Remote Sensing, 11: 2881.

Qin Y, Xiao X, Dong J, et al. 2015. Forest cover maps of China in 2010 from multiple approaches and data sources: PALSAR, Landsat, MODIS, FRA, and NFI. ISPRS Journal of Photogrammetry and Remote Sensing, 109: 1-16.

Rindfuss R R, Walsh S J, Turner B L, et al. 2004. Developing a science of land change: Challenges and methodological issues. Proceedings of the National Academy of Sciences of the United States of America, 101: 13976-13981.

Robson B A, Nuth C, Dahl S O, et al. 2015. Automated classification of debris-covered glaciers combining optical, SAR and topographic data in an object-based environment. Remote Sensing of Environment, 170: 372-387.

Roy D P, Ju J C, Kline K, et al. 2010. Web-enabled Landsat Data (WELD): Landsat ETM plus composited mosaics of the conterminous United States. Remote Sensing of Environment, 114: 35-49.

Tan B, Masek J G, Wolfe R, et al. 2013. Improved forest change detection with terrain illumination corrected Landsat images. Remote Sensing of Environment, 136: 469-483.

Torbick N, Ledoux L, Salas W, et al. 2016. Regional Mapping of Plantation Extent Using Multisensor Imagery. Remote Sensing, 8: 236.

Turner B L, Lambin E F, Reenberg A. 2007. The emergence of land change science for global environmental change and sustainability. Proceedings of the National Academy of Sciences of the United States of America, 104: 20666-20671.

Turner B L, Skole D, Sanderson S. 1995. Land-use and land-cover change science/research plan. Stockholm, IGBP.

UNEP-EAPAP. 1995. Land cover assessment and monitoring, volume 1-A, Overall Methodological Framework and Summary. Bankok, UNEP-EAPAP.

US-SGCR/CENR. 1996. Our changing plant, the FY 1996 U.S. global change research program. Washington. D.C., US-GCRIO.

Vanonckelen S, Lhermitte S, Van Rompaey A. 2013. The effect of atmospheric and topographic correction methods on land cover classification accuracy. International Journal of Applied Earth Observation and Geoinformation, 24: 9-21.

Wang J D, Sheng Y W, Tong T S D. 2014. Monitoring decadal lake dynamics across the Yangtze Basin downstream of Three Gorges Dam. Remote Sensing of Environment, 152: 251-269.

Wen D W, Huang X, Zhang L P, et al. 2016. A Novel Automatic Change Detection Method for Urban High-Resolution Remotely Sensed Imagery Based on Multiindex Scene Representation. IEEE Transactions on Geoscience and Remote Sensing, 54: 609-625.

Wu C, Du B, Cui X, et al. 2017. A post-classification change detection method based on iterative slow feature analysis and Bayesian soft fusion. Remote Sensing of Environment, 199: 241-255.

Wu Y H, Li W, Zhou J, et al. 2013. Temperature and precipitation variations at two meteorological stations on eastern slope of Gongga Mountain, SW China in the past two decades. Journal of Mountain Science, 10: 370-377.

Xian G, Homer C, Fry J. 2009. Updating the 2001 National Land Cover Database land cover classification to 2006 by using Landsat imagery change detection methods. Remote Sensing of Environment, 113: 1133-1147.

Yan L, Roy D P. 2014. Automated crop field extraction from multi-temporal Web Enabled Landsat Data. Remote Sensing of Environment, 144: 42-64.

Yan L, Roy D P. 2016. Conterminous United States crop field size quantification from multi-temporal Landsat data. Remote Sensing of Environment, 172: 67-86.

Yao T D, Thompson L, Yang W, et al. 2012. Different glacier status with atmospheric circulations in Tibetan Plateau and surroundings. Nature Climate Change, 2: 663-667.

Yu L, Liang L, Wang J, et al. 2014. Meta-discoveries from a synthesis of satellite-based land-cover mapping research. International Journal of Remote Sensing, 35: 4573-4588.

Yu Q, Gong P, Clinton N, et al. 2006. Object-based detailed vegetation classification with airborne high spatial resolution remote sensing imagery. Photogrammetric Engineering and Remote Sensing, 72: 799.

Zhang C, Sargent I, Pan X, et al. 2019. Joint Deep Learning for land cover and land use classification. Remote Sensing of Environment, 221: 173-187.

Zhang L P, Zhang L F, Du B. 2016. Deep Learning for Remote Sensing Data A technical tutorial on the state of the art. Ieee Geoscience and Remote Sensing Magazine, 4: 22-40.

Zhang W, Li A, Jin H, et al. 2013. An Enhanced Spatial and Temporal Data Fusion Model for Fusing Landsat and MODIS Surface Reflectance to Generate High Temporal Landsat-Like Data. Remote Sensing, 5: 5346-5368.

Zhou W Q, Huang G L, Troy A, et al. 2009. Object-based land cover classification of shaded areas in high spatial resolution imagery of urban areas: A comparison study. Remote Sensing of Environment, 113: 1769-1777.

Zhu Z. 2017. Change detection using landsat time series: A review of frequencies, preprocessing, algorithms, and applications. ISPRS Journal of Photogrammetry and Remote Sensing, 130: 370-384.

Zhu Z, Woodcock C E. 2014. Continuous change detection and classification of land cover using all available Landsat data. Remote Sensing of Environment, 144: 152-171.

Zhu Z, Woodcock C E, Olofsson P. 2012. Continuous monitoring of forest disturbance using all available Landsat imagery. Remote Sensing of Environment, 122: 75-91.

第 2 章　山地土地利用/覆被遥感监测数据源及处理技术

土地利用/覆被遥感监测中常使用的数据源包括卫星遥感数据和辅助数据两大类。卫星遥感数据包括可见光-近红外遥感、微波、LiDAR 数据等；辅助数据包括各类专题图（如植被类型图、土壤类型图、地形图等）、野外调查数据和与土地利用/覆被相关的各类文献记录等。其中，卫星遥感数据是土地利用/覆被遥感监测数据源的主体。山地土地利用/覆被遥感监测的对象是山地，受地形起伏、传感器外方位元素等多种因素影响，山地区域的卫星影像像元会产生像点位移，需开展几何校正等预处理后才能应用于山地土地利用/覆被遥感监测。此外，受云及其阴影、传感器故障等多种因素的影响，单一时相的卫星影像常常存在不连续问题，需要利用多源、多时相影像的互补信息，生成时空连续的融合影像集，才能更好地满足山地土地利用/覆被遥感监测对数据源的需求。本章将介绍山地土地利用/覆被遥感监测常用的数据源、光学卫星遥感山地几何畸变特征以及山地遥感影像几何精纠正与正射校正方法、山地遥感影像时空融合方法等数据处理技术。

2.1　山地土地利用/覆被遥感监测常用卫星数据源

在土地利用/覆被遥感监测研究中，最常用的卫星遥感数据是可见光-近红外影像。近年来，已有越来越多的研究探索将微波、LiDAR 等遥感数据用于土地利用/覆被遥感监测方法的构建，但投入大区域实用还需要做更多的探索。

对于山地土地利用/覆被遥感监测来说，山区多样且破碎的土地利用/覆被格局需要空间分辨率更高的卫星遥感影像作为支撑。图 2.1 展示典型山区不同空间分辨率遥感影像对山地土地利用/覆被状况的表征能力。其中，500m 分辨率的遥感影像能从宏观上反映整个区域的土地利用/覆被状况[图 2.1（a）]；30m 分辨率遥感影像[图 2.1（b）]能够清晰地识别山区耕地、林地等土地利用/覆被类型，但其内部细节仍然难以表达；8 m 分辨率遥感影像[图 2.1（c）]能够直观地表达山区道路以及分散分布的建筑物等土地利用/覆被类型，其描述的土地利用/覆被细节更加丰富。可以看出，空间分辨率的提升有利于山地土地利用/覆被类型的识别。

为了尽可能减少山区复杂多变的气象条件影响，山地土地利用/覆被监测需要卫星遥感影像具有更高的时间分辨率，以提高获取到空间连续卫星遥感影像的概率，获得更多空间连续的数据源。在综合分析现有卫星遥感影像特征基础上，结合山地土地利用/覆被遥感监测对卫星遥感数据源时间和空间分辨率的需求，我们在山地土地利用/覆被遥感监

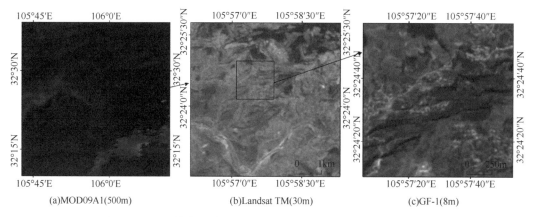

图 2.1 不同分辨率遥感影像对山地土地利用/覆被状况的表征能力

测实践中常用的数据源主要包括美国系列陆地卫星（Landsat）影像、国产环境卫星（HJ-1A/B）影像、欧洲哨兵卫星（Sentinel-2）影像、国产高分系列卫星（GF）影像等。本节对这些卫星影像特征予以简要介绍。

1. Landsat 系列

Landsat 系列卫星从 1972～2020 年共发射了 8 颗，其中 Landsat-6 发射失败，目前 Landsat-7 和 Landsat-8 在轨运行。Landsat-7 自 2003 年出现了条带噪声问题后，其使用受到了较大影响。Landsat-8 于 2013 年发射，为拥有 40 年辉煌历史的 Landsat 系列计划注入了新鲜血液。Landsat-5 卫星在轨运行了 27 年，于 2011 年 11 月 18 日停止卫星接收，是目前光学遥感卫星中在轨运行时间最长的一颗。各卫星传感器和数据参数请参考《山地遥感》（李爱农等，2016）相关介绍。Landsat 系列卫星遥感影像最大的优势在于拥有超过 40 年的数据积累，并最大限度地平衡了空间分辨率和时间分辨率之间的矛盾，加之其适中的幅宽和丰富的光谱信息，因此成为山地土地利用/覆被遥感监测最常用的数据源。

2. Sentinel-2 卫星

Sentinel-2 卫星观测系统是一个由两颗卫星组成的陆地监测星座（Sentinel-2A/B），是欧空局（European Space Agency，ESA）哥白尼计划系列中的一组光学遥感地球观测卫星（Drusch et al.，2012）。Sentinel-2 A/B 两颗卫星运行于同一条轨道上，相位相差 180°。两颗卫星联合工作，可以在 5 天时间内完成对赤道附近的完全覆盖，极大地提高了重访周期，也提高了山区空间连续遥感影像的获取能力。Sentinel-2A/B 具有从可见光和近红外到短波红外段的 13 个光谱波段，且包含了 3 个植被红边波段，更有利于捕捉不同植被类型间光谱的细微差异，从而提高不同植被类别之间的区分能力。从空间分辨率的角度来看，Sentinel-2A/B 有 4 个波段（Band2/3/4/8），空间分辨率达到了 10m，更有利于山地复杂地表的土地利用/覆被类型的提取。总体来看，Sentinel-2 A/B 卫星影像无论从时间分辨率、空间分辨率还是光谱分辨率都适合于山地土地利用/覆被遥感监测。

3. SPOT 卫星系列

SPOT 卫星系列地球观测系统由法国国家空间研究中心设计制造，欧盟、意大利、比利时、瑞典等多国参与，截至目前已经发射了 7 颗卫星。SPOT1~3 搭载 2 台高分辨率可见光扫描仪 HRV（High Resolution Visible Sensor），其有 2 种工作方式，即全色单波段模式和多光谱模式。SPOT4 则搭载了 2 台高分辨率可见光-红外扫描仪 HRVIR (High Resolution Visible InfraRed)和 1 台宽视域植被探测仪 Vegetation（VGT）（Baudoin，1999）。SPOT5 星上载有 2 台高分辨率几何成像传感器 HRG（High Resolution Geometric）、1 台高分辨率立体成像装置 HRS（High Resolution Stereoscopic）和 1 台宽视域植被探测仪 Vegetation 2（VGT 2）。SPOT6 和 SPOT7 分别装载 2 台 NAOMI（New AstroSat Optical Modular Instrument）传感器（Mattar et al.，2014）。SPOT 卫星首次采用了推扫式扫描技术和线性阵列传感器，有两种观测模式，即垂直和倾斜观测，且拥有旋转式平面镜，能够获取倾斜图像，具备倾斜观测和立体成像能力，可以在卫星运行的不同轨道，从不同的观测角度记录地球表面同一位置的图像，组成一个或多个立体相对，以获得三维空间数据。由于 SPOT 卫星具备倾斜观测能力，大大缩短了重访观测周期。

4. 国产环境减灾卫星

为了满足环境与灾害监测预报的需求，我国于 2008 年 9 月 6 日发射了 HJ-1A/B 两颗卫星。HJ-1A 星和 B 星运行轨道完全相同，相位相差 180°。HJ-1A 星搭载了两台 CCD 相机，这两台相机以星下点对称放置，平分视场且可以并行观测，能够联合完成扫描宽度为 700km、像元分辨率为 30m 的 4 个多光谱波段的推扫成像（Wang et al.，2010）。由于 HJ-1A 和 HJ-1B 卫星进行了组网，其 CCD 相机组网后重访周期可缩短为两天，从而大大提高了山区空间连续遥感影像的获取能力（王桥等，2018），成为山地土地利用/覆被遥感监测重要的数据源，已被大规模应用于我国西南山地土地利用/覆被遥感监测研究。

5. 国产高分卫星系列

高分（GF）卫星是 2010 年我国实施的高分辨率对地观测系统重大专项（简称高分专项）发射的遥感卫星的统称，包含至少 7 颗卫星，分别编号为"高分一号"到"高分七号"（顾行发等，2016）。高分系列卫星覆盖了从全色、多光谱到高光谱，从光学到雷达，从太阳同步轨道到地球同步轨道等多种类型，构成了一个具有高空间分辨率、高时间分辨率和高光谱分辨率能力的对地观测系统（童旭东，2016）。对于山地土地利用/覆被遥感监测来说，高分系列卫星影像是最为理想的数据源，米级乃至亚米级的空间分辨率使得山区单木区分成为可能，高分卫星的凝视相机能够实现对地球的实时监控，具有对山区常见的堰塞湖、林火、山地灾害等具有快速变化特征的事件监测的能力。

6. 国产资源三号卫星系列

资源三号卫星是我国发射的民用三线阵立体测图卫星。该卫星配置了 2 台分辨率优于 3.5m，幅宽优于 50km 的前后视全色 TDI（time delay and integration）CCD 相机，1 台分辨率优于 2.1m，幅宽优于 50km 的正视 TDI CCD 相机和 1 台分辨率优于 5.8m 的多光谱相机（李德仁，2012）。截至 2020 年 8 月，我国已成功发射资源三号 01、02 和 03 星，服务了国家大比例尺地图修测与更新、国土调查、生态环境监测等多方面的应用需求。

7. 其他的中高分辨率卫星遥感数据

除了上述的卫星遥感影像之外，诸如中巴地球资源卫星（CBERS）影像、印度 IRS 卫星影像等也是山地土地利用/覆被遥感监测潜在的数据源。另外，一些商业化的卫星遥感影像，如长光卫星、IKONOS 卫星、WorldView 卫星等，以及诸如 Google Earth 等平台提供的高空间分辨率遥感卫星影像也可在山地土地利用/覆被遥感监测的样本获取方面发挥重要作用。

2.2　典型光学卫星遥感影像山地几何畸变特征

受中心投影及地面起伏等影响，不同像点根据其地面高程和距离星下观测的距离会产生不同程度的几何畸变。不同传感器，以及同一传感器不同观测时相和观测角度下获取的影像其山地几何畸变均有很大不同（Bian et al.，2013）。应用于山地土地利用/覆被遥感监测的卫星影像需要首先进行几何精纠正，以保持多时相影像之间的空间基准一致性。

按传感器感光元件构成来分，传感器可以分为线阵感光元件和面阵感光元件两种。其中，线阵感光元件构成的传感器（如 Landsat 的 TM、SPOT 的 HRG，HJ-1A/B 的 CCD 相机等）主要安装在极轨卫星平台上。该类传感器的构像过程是采用光学机械扫描，利用卫星平台绕地球两极的匀速飞行，在传感器位置和姿态随时间不断变化的情况下实现对地连续成像。与线阵传感器不同，面阵传感器的感光元件以面状矩阵排列，具有大区域快速成像的能力。我国高分四号高空间分辨率地球静止卫星的传感器即为面阵相机（练敏隆等，2016）。线阵传感器获得的遥感影像一般为多中心投影，即在某一条扫描线上影像成像规律符合中心投影特征，而影像整体则为多个中心投影（Gao et al.，2009）。与之相反，面阵相机获得的遥感影像是单中心投影，其影像几何畸变符合单中心投影畸变特征（王密等，2017）。本节分析几种代表性的国产光学卫星传感器山地影像的几何畸变特征，为读者理解后续国产光学卫星影像的几何精纠正与正射校正算法提供基础知识。

1. 线阵多中心投影垂直观测影像

多中心线阵影像中，每个像元均有其投影中心，且有各自不同的传感器位置和姿态与之对应。线阵相机多中心投影的成像特点给其影像几何纠正带来了一定的难度。图 2.2 给出了我国中巴四号资源卫星（CBERS-04）的卫星观测姿态，以及单景影像的几何构像特征示意。CBERS-04 上搭载了四种传感器，分别为全色相机（PAN）、红外多光谱扫描仪（IRS）、多光谱相机（MUX）以及宽视场成像仪（WFI），卫星为垂直对地观测，不具有侧视功能。卫星传感器均为线阵相机，由图 2.2（b）可知，线阵扫描相机影像符合多中心成像特征。

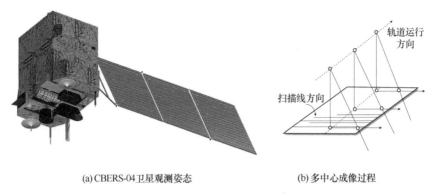

(a) CBERS-04卫星观测姿态　　　　　(b) 多中心成像过程

图 2.2　多中心垂直观测的影像特征

2. 线阵多中心投影侧视影像

卫星的侧视能力使得其能够对地观测更加灵活，可以在邻近轨道完成感兴趣区的数据快速获取。此外，相同传感器通过不同观测角度安装在同一卫星平台上同时进行对地观测，也能够实现快速、大范围对地重访能力（如 GF-1 号的四台宽视场相机）。以 HJ-1A/B 卫星 CCD 影像为例[图 2.3（a）]，该卫星星座由两颗相同的卫星 HJ-1A 和 HJ-1B 组成。每颗卫星上又分别装有设计原理完全相同，同底安装的两台 CCD 相机。两台相机间的夹角为 30°，能够实现对地 700km 的大幅宽观测。再如，我国高分卫星系列的 GF-1 号卫星[图 2.3（b）]，其采用四颗相同的相机利用不同观测角度能够实现大幅宽对地观测。

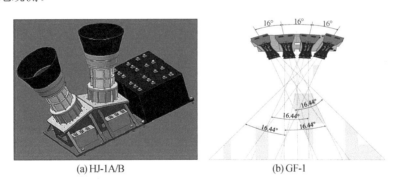

(a) HJ-1A/B　　　　　　　(b) GF-1

图 2.3　HJ-1A/B CCD 相机与 GF-1 WFV 相机对比

图 2.4 给出了 HJ-1A/B 卫星降轨工作时 CCD1 与 CCD2 构像特征。影像构像时，CCD1 和 CCD2 影像星下线相同，且星下线点位地形引起的几何误差最小（Bian et al., 2013）。沿着星下基线，降轨工作的 CCD1 影像位于星下基线右侧，地物坐标受地形影响自西向东误差逐渐增大，CCD2 的误差分布规律则相反。侧视影像的景中心位置与垂直观测的影像不同，降轨影像 CCD1 相机影像景中心位置偏左，CCD2 偏右，如图 2.4（b）红色虚线范围所示。卫星侧视观测时，其像主点偏离星下点，此时在不了解卫星观测特征或影像观测角度未知时，难以实现影像的几何精确校正（李爱农等，2016）。

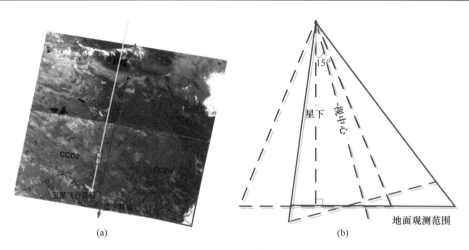

图 2.4　环境卫星构像特征

（a）为 4 景降轨 HJ 影像，影像获取时间均为 2009 年 8 月 31 日，轨道号分别为 17/72-CCD1、22/72-CCD2、17/76-CCD1
和 12/76-CCD2。（a）中黄色直线代表卫星飞行路径，蓝色直线代表卫星影像上的星下线位置；其中红框内的影像为本书中
的试验影像；（b）中红色实线代表 HJ CCD 侧视时的视场范围，黑色虚线代表垂直成像影像的视中心特征

3. 面阵单中心凝视相机影像

面阵 CCD 相机一般在航空摄影测量中应用较为广泛，在卫星平台上应用较少。我国第一颗高空间分辨率地球静止卫星 GF-4 号采用了面阵凝视相机技术实现对地的快速成像（图 2.5）。该卫星于 2015 年 12 月 29 日成功发射升空。卫星常驻在赤道上空 36000 km 的地球同步轨道上，相对于地面进行大范围监视。GF-4 卫星配置有一台可见光至近红外分辨率达 50m、中红外分辨率达 400m 的凝视相机，可实现全色、蓝、绿、红、近红外、中红外波段的同时成像。其影像几何畸变规律与航空摄影测量中采用的面阵相机畸变规律基本相同。

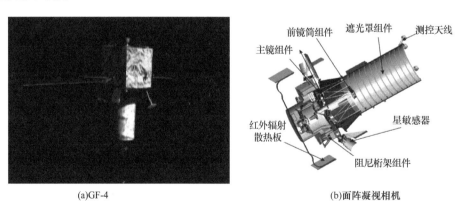

图 2.5　GF-4 号太空姿态模拟和面阵凝视相机模装示意图

2.3　国产环境减灾卫星影像的几何精纠正与正射校正

为了解决影像几何校正问题，自 20 世纪 80 年代开始，国内外学者如张祖勋和周月琴（1988）、李德仁（1988）、黄玉琪（1998）、王任享（2001）、Toutin（2004）、曹金山

等(2014)提出了多种遥感影像几何校正与正射校正模型。《山地遥感》（李爱农等，2016）也对山地卫星影像的几何与正射校正方法进行了系统总结。为避免赘述，本节面向山地土地利用/覆被遥感监测的关键数据源之一，国产环境减灾卫星 CCD 影像，重点介绍其影像的几何精纠正与正射校正实例。读者可参阅相关文献进一步了解几何精纠正与正射校正的算法原理。

2.3.1　环境减灾卫星影像几何精纠正与正射校正算法

HJ-1A/B CCD 影像是山地土地利用/覆被遥感监测的核心数据源之一。由于监测范围广，数据量大，开展 HJ-1A/B CCD 影像自动化的几何精纠正与正射校正是遥感监测研究的重要环节（唐娉等，2014）。由本章前文介绍可知，国产环境减灾卫星的 CCD 影像属于侧视成像，其单颗卫星影像的传感器 CCD1 和 CCD2 的夹角为 30°，因此其单台相机的侧视角度为 15°。两台相机的畸变规律相反，且卫星升、降轨时传感器位置相对地表会发生变化。因此，环境减灾卫星 CCD 相机的几何畸变规律非常复杂。

在实际应用中，我们采用经过精准校正后的 Landsat TM/ETM+影像为参考基准，结合 30m SRTM 数据对目标 HJ-1A/B 卫星影像进行自动几何纠正与正射校正。这两种数据基本上可以全球免费获取，并经过了多次精准校正，其几何精度已知（Gao et al., 2009）。图 2.6 给出了 HJ-1A/B 卫星影像自动几何纠正与正射校正算法基本流程。在中心投影影像上，地形起伏引起的像点位移指偏离像主点方向的距离。在高差为正值的情况下，地形起伏在中心投影影像上造成的像点位移是远离星下点向外移动的。因此准确估算 HJ-1A/B CCD 影像星下点基线位置是整个几何校正与正射校正过程的重要步骤。

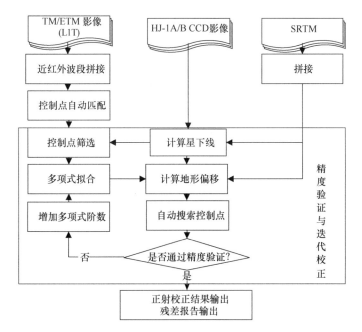

图 2.6　HJ-1A/B 卫星影像自动几何纠正与正射校正算法基本流程

星下基线方程的求解方法采用点斜式线性方程求解。其中，方程的斜率可利用影像边界像元拟合获得。在得出直线方程斜率后，再获得该直线方程通过一点的坐标值即可求得方程截距。该点可采用影像景中心位置对应的星下基线垂点确定，其中景中心位置可通过影像元数据文件获取（Bian et al.，2013）。

图 2.7 给出了本研究模拟的 HJ-1B CCD1 影像星下线从影像中心位置向右侧边界以截距 100 为步长的有效控制点筛选结果。可以看出，与垂直观测的影像不同，当星下线方程位于影像中心时，所筛选得出的有效控制点最少。而随着星下线方程向真实星下线逐渐移动，有效控制点也逐渐增加，而当星下线方程向影像边缘继续移动时，有效控制点又开始逐渐减少。该模拟结果表明，侧视影像的星下点选择十分重要。

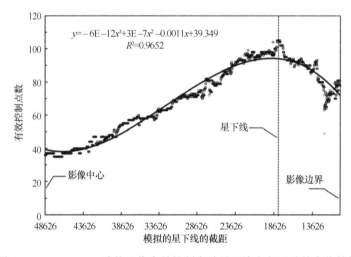

图 2.7　HJ-1B CCD1 降轨影像有效控制点随星下线方程平移的变化趋势

由于用于大面积山地土地利用/覆被监测的多时相卫星影像数据量巨大，本研究采用影像自动匹配的方法进行控制点的自动搜索。影像自动匹配法由于具有无需人工干预、自动化程度高的特点，在当前海量遥感卫星数据预处理时具有显著优势。常用的控制点自动搜索算法包括区域匹配法（Kennedy and Cohen，2003）、特征匹配法（Ali and Clausi，2002）、综合法（Bentoutou et al.，2005）等。基于灰度特征匹配的控制点选取方法利用影像局部窗口的灰度值统计量来度量参考基准影像和待校正影像之间的相似性，然后利用局部窗口滑动搜索的方式寻找出两幅影像间的同名控制点。采用相关系数作为灰度匹配的相似性测度（李爱农等，2012）。

该算法在完成初始的正射校正后，将再次采用区域匹配方法在基准影像和待校正影像间搜索验证点，并将验证点按照影像中心分为左上、右上、左下、右下四个象限，分别判断每个象限内同名地物点配准误差。当四个子区均有 60%的验证点精度均达到设定阈值要求（1 个像元）时，完成校正并输出正射校正结果。当校正结果精度未满足上述要求时，算法将增加多项式阶数，利用控制点对多项式系数进行重新拟合，再根据正射校正方法（Bian et al.，2013），进行正射校正。正射校正结束后，再次进行精度验证，当精度满足要求或多项式阶数达到设定的最高阶时，完成校正并输出精度报告。

2.3.2 算法实验与分析

1. 数据

1）HJ-1A/B

本节选择了 9 景不同云量特征的 HJ-1A/B 卫星 CCD 影像作为实验数据。与 Landsat TM 影像不同，HJ-1A/B 的大幅宽 CCD 相机设计幅宽为 360km，该影像具有 4 个波段，分别为蓝波段（0.43～0.52μm）、绿波段（0.52～0.60μm）、红波段（0.63～0.69μm）和近红外波段（0.76～0.90μm），空间分辨率为 30m。我们采用基于灰度匹配的控制点搜索算法，因此选择受大气干扰较小的近红外波段作为匹配波段。试验数据基本信息见表 2.1。

表 2.1 实验选择数据基本信息

No.	HJ-1A/B 卫星-传感器-轨道号-获取日期	Landsat TM 轨道号-获取日期
1	HJ-1B CCD1-17-76-20090831	130/037-19940626
2	HJ-1B CCD1-17-76-20100118	130/038-19940626
3	HJ-1B CCD2-17-76-20100206	131/037-20070925
4	HJ-1B CCD2-17-76-20100313	131/038-19940905
5	HJ-1A CCD1-17-76-20100517	132/037-20050910
6	HJ-1B CCD2-17-76-20110525	132/038-19941014
7	HJ-1B CCD2-17-76-20100816	
8	HJ-1B CCD1-17-76-20101204	
9	HJ-1B CCD2-17-76-20101223	

2）Landsat TM

本研究从美国马里兰大学 GLCF（Global Land Cover Facility）平台和美国地质调查局（United States Geological Survey，USGS）搜集获取了试验数据对应范围无云 TM 影像数据。由于环境减灾卫星的幅宽大于 TM 影像，我们将 6 景 TM 影像对应的近红外波段拼接后作为基准参考影像波段。

3）SRTM

本节选择了 90m 空间分辨率的 SRTM 数据作为基准地形数据。该数据的绝对垂直精度为 20m（置信度 90%），空间坐标精度为 90m，所有数据均转换为 UTM 投影。

2. 校正结果目视分析

图 2.8 给出了 2009 年 8 月 31 日获取的 HJ-1B CCD1（轨道号 17/76，降轨）影像正射校正前后的对比效果，原始 HJ 影像位于左侧，正射校正结果位于中间，TM 基准影像位于右侧。为了对比影像正射校正前后的效果，选择了 3 个 200×200 个像元的子区，并分别计算各子区距离星下线的平均距离和平均海拔。其中，子区 *A* 距离星下线

约 60km，平均海拔 3912m，其地形畸变相对较小且不明显。经计算，子区 A 由地形畸变引起的几何误差约 391.5m，约 13 个 30m 像元。子区 B 位于影像中心区域的右侧，距离星下线约 240km，平均海拔 4285m。经计算，子区 B 因地形畸变引起的几何误差最大可达到 1562m，约 50 个像元。从图 2.8（b）中可以看出，原始影像中子区 B 的山体被明显扭曲，而正射校正后的影像与基准影像较为一致。子区 C 距离星下线约 348km，平均海拔 3039m，原始影像中该子区内的像元存在十分明显的扭曲。经计算，子区 C 由地形畸变引起的几何误差达到 1768m，约 59 个像元。整体来看，校正后影像与基准影像的几何位置一致性较好。

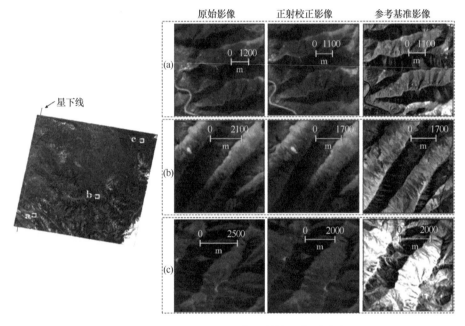

图 2.8　HJ-1B CCD1 影像正射校正前后对比

3. 精度定量评价

对基准影像和校正结果进行验证点搜索以独立验证校正精度。根据控制点统计得出校正前影像平均几何误差 188.40m，标准差 144.55m。影像校正后，残差呈随机分布的特点。统计得出校正结果验证点的误差范围为 2.24～98.85m，平均误差为 40.59m，标准差为 21.39m，校正精度小于 2 个像元，影像的几何精度有显著提高。

采用影像对影像的随机样点抽取方法，本研究手工选择了 100 个独立精度验证点，并从 SRTM 数据中提取了其对应的海拔，以验证正射校正前后的精度情况。根据不同海拔，研究以 500m 海拔差异为步长将所有验证点数据分为 7 组。如图 2.9 所示，可以看出，影像正射校正前，几何误差与海拔和距星下线的距离呈线性增加趋势，而当影像正射校正后，这些验证点的几何误差大大降低，且呈随机分布特点。影像正射校正前后的验证点与星下线距离的相关系数分别为 0.90 和-0.02。此外，影像残差也与海拔相关。统计得出，正射校正前后验证点与海拔的相关系数分别为 0.16 和 0.07，表明正射校正后的几何误差与地形没有相关性。统计得出，影像正射校正前，其平均几何误差为 1437.63m，标准差为 581.11m。而正射校正后，约 55%的验证点几何精度在 1 个像元以内，95%的精度在 2 个像元以内。

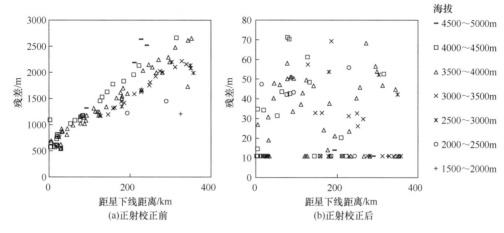

图 2.9　独立验证点误差与距星下线距离和海拔的关系

表 2.2 给出了 9 景不同影像残差与星下线距离的相关系数验证点统计，以及各象限内精度统计情况。表中影像编号与表 2.1 一致。统计得出，正射校正后，各景影像的几何残差与星下距离均小于 0.3，表明原始影像中残差与星下线距离的系统性误差已经得到很好的消除。统计得出几何校正的平均误差小于 60m，约 2 个像元。

表 2.2　验证点几何误差与星下线距离的相关系数及其分布

影像编号	相关系数 a	相关系数 b	残差均值	残差标准差	验证结果（通过验证点/总验证点）				
					总	左上	右上	左下	右下
1	−0.02	−0.09	36.3	19.1	1634/1802	794/831	270/300	411/488	159/183
2	−0.05	0.11	41.9	22.3	201/430	80/192	11/80	103/132	7/26
3	0.12	−0.08	40.2	20.3	248/502	32/61	124/164	17/96	75/181
4	−0.07	0.21	34.7	21.4	324/522	21/42	175/218	29/63	99/199
5	0.10	0.19	39.1	25.5	437/751	110/182	187/225	83/210	57/134
6	0.18	−0.16	39.4	23.4	245/515	14/39	116/174	30/98	85/204
7	0.14	−0.15	34.1	16.9	754/1043	70/98	147/269	183/220	354/456
8	0.13	−0.11	50.3	25.1	234/529	77/225	37/104	109/147	11/53
9	0.04	0.12	39.1	21.8	251/443	41/75	122/155	36/113	52/100

注：a 为验证点残差与星下距离的相关系数；b 为验证点残差与海拔的相关系数。

基于以上 100 个独立验证点，采用克里金插值法获取了影像正射校正前后的几何误差整体空间分布。可以看出，总体上，正射校正前，原始影像的几何误差自星下线向影像远端边缘逐渐增大，统计得出其误差范围为 479.65～2654.09m。影像正射校正后，残差范围为 12.27～89.33m，且空间分布比较均匀（图 2.10）。

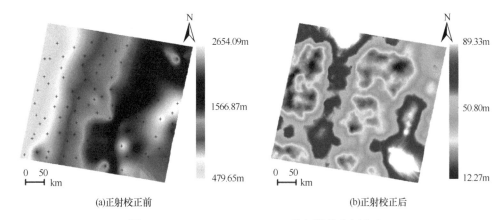

(a)正射校正前   (b)正射校正后

图 2.10　HJ- 1BCCD1-20090831 几何误差空间分布

其中（a）中的红色十字点代表独立验证点

2.3.3　系统平台实现

为了实现海量环境减灾卫星 CCD 影像的自动几何精纠正与正射校正，我们在以上 HJ-1A/B CCD 影像的校正方法的基础上，构建了几何精纠正与正射校正系统（边金虎等，2014）。该系统目标如下：

（1）构建一个 HJ-1A/B CCD 影像的几何精纠正与正射校正全自动化处理平台。该平台通过读取系统几何校正(Level 2)卫星产品，最终直接输出具有精确坐标的正射校正产品，完成全自动化处理；

（2）构建一套标准化的数据命名规范与数据精度的评价规则。该规则对 HJ-1A/B CCD 影像的几何精纠正、正射校正进行标准化命名分析，为后续发展更高级别卫星遥感产品提供参考。

1. 系统组成

遥感图像处理系统不同于一般的图像处理系统，具有以下几个特征：①遥感数据量大，影像往往是几百 MB 至几个 GB；②数据类型格式复杂，如 HDF、TIFF、IMG 等；③处理过程要求数据损失量小，数据处理精度高，否则无法满足后期应用的需求。本研究发展的自动几何精纠正与正射校正系统是高效处理 HJ-1A/B CCD 影像的构件式遥感影像预处理系统。系统能够高效、高精度的完成 HJ-1A/B CCD 影像的控制点自动选择、筛选、自动几何精纠正、影像飞行路径模拟、像元侧视误差估算、正射校正及精度验证等流程，最终为数据使用者提供高精度的科学数据。本系统组成如图 2.11 所示。主要包括遥感影像图形用户界面前端，后台数据处理中枢，精度验证与产品标准化输出三个部分。

为了满足跨平台的通用性和可移植性，本研究分别针对 Linux 和 Windows 两种操作系统开发了两个版本，在 Linux 系统下能够实现批量化处理，在 Windows 系统下能够实现互操作，满足了不同用户的需求。

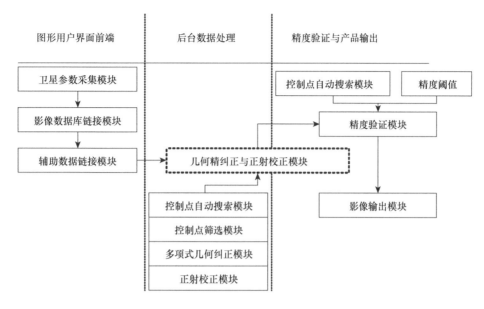

图 2.11　系统模块构成

2. 系统工作流程

按照本文前述的数据处理方式与系统开发思想，在.net 软件平台下实现了系统功能。本系统提供基本参数、高级参数设置、程序输出过程交互等功能，系统界面如图 2.12。本系统嵌入了美国地质调查局用于计算地图投影的 GCTP (General Cartographic Transformation Package)软件代码，并将其编译成为 DLL 动态链接库形式，能够实现基准影像与待校正影像投影不一致时的自动投影转换功能。同时能够处理 TIFF 格式与 BINARY 二进制格式数据。系统程序输出界面用于监视程序运行过程。

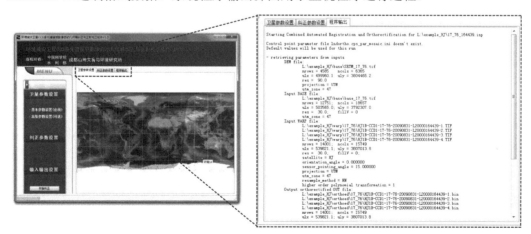

图 2.12　系统界面

系统参数设置如图 2.13 所示，包括基本参数设置与高级参数设置。基本参数主要包括卫星序号选择（A 星或 B 星）、传感器选择（CCD1 或 CCD2）、纠正波段选择（Band1～

4)、影像投影带输入（UTM 投影）、参考影像、输入影像、影像景中心位置等。同时可选择设置卫星高级参数，包括卫星高度与传感器侧视角度。参数设定完成后，系统自动将参数传递给后台数据处理中枢进行数据处理。通过精度验证模块与系统迭代次数设定进行精度验证与迭代处理，最终输出校正结果与残差报告。Linux 系统下系统参数与卫星参数由控制文件确定，后台程序直接运行，便于批处理实现。

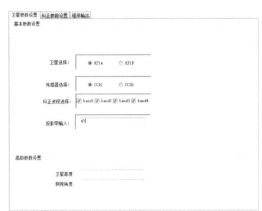

图 2.13　系统参数设置界面

3. 残差报告与日志文件

残差报告是了解影像正射校正精度的基本信息，是影像质量控制的关键环节之一。在海量遥感数据的处理中，为使用户了解每一景影像的残差情况，及时发现校正过程中的问题，生成每景影像的精度信息是自动化处理过程中的必备环节。本系统结合我国环境减灾卫星数据的特点，制定了残差报告基本格式。主要包括 3 部分：①基准影像信息（选用基准影像基本信息—轨道号、获取日期、传感器类型）与待校正影像信息（文件名、获取日期、轨道号），便于用户了解纠正该景影像选用的基准影像情况；②控制点信息，用户可将控制点导出至影像上，以验证控制点的分布规律与选取精度；③最终验证点信息，用户可根据验证点分析数据的残差分布规律。

4. 数据命名

数据命名是服务于数据集的检索与标准化管理，因此对正射校正后的影像文件名称采用统一的命名规则。为了便于以时间、卫星获取情况、CCD 类别为条件的数据检索，本系统生成的影像数据产品命名考虑了影像获取时间、卫星类型、轨道号、波段号等因素（表 2.3）。具体命名规则如下。

（1）遥感影像校正结果。采用[处理方式_卫星_轨道_日期_CCD 相机_波段]的编码方案。其中卫星来源编号包括 HJ-1A 和 HJ-1B。处理方式包括三种：几何精校正、正射校正和两种均包括，其对应的命名为：Reced, Orthoed, Both。卫星的轨道编号采用原始数据的轨道编号。获取日期采用年、月、日 8 位编码的形式。

表 2.3 HJ-1A/B 卫星数据校正残差报告基本格式

信息类型	名称	字段类型	格式	备注
待校正影像与基准影像信息	Date	Time	Fri.Dec 5,2011	影像处理日期
	Satellite	String	HJ-1A/B	卫星类型
	CCD	Enmum	CCD1/CCD2	CCD 类型
	Path/Row	String	42/76	轨道号
	Reference Image	String	131039	参考影像轨道号
	Acquisition Date	Date	2002-01-06	参考影像获取日期
控制点信息	GCP_X	Float		控制点 X
	GCP_Y	Float		控制点 Y
	GCP_Height	Float		控制点高程
	GCP_Across	Float		旁向误差
	GCP_Along	Float		航向误差
	GCP_Residual	Float		总误差
验证点信息	VP_X	Float		验证点 X
	VP_Y	Float		验证点 Y
	VP_Height	Float		控制点高程
	VP_Across	Float		旁向误差
	VP_Along	Float		航向误差
	VP_Residual	Float		总误差

（2）影像元数据。影像元数据参照其原始数据分发时的.XML 格式，将其文件名改为对应的影像名称，但不包括波段编号。

（3）残差报告文本数据。残差报告的文本文档命名采用与影像命名相同的格式，但不包括波段编号，采用.txt 格式存储，便于用户读取。

5. 系统功能测试

选取 5 景不同区域 HJ-1A/B CCD 影像进行系统测试。测试环境为：CPU Inter(R) Core(TM)2 Duo E8400 @3.00GHZ，内存 4.00GB，操作系统 Windows 7 专业版。结果如表 2.4 所示。本系统处理单景影像时间均在 40min 以内，效率较人工控制点选择大大提高。由于 HJ-1A/B 波段大小约 15000 行 14000 列，均大于 800MB，基准影像也在 200～600MB，本系统采用分区存储与分块索引技术，对数据进行分区存储和检索，大大提高了数据的处理能力。此外，如果使用高性能服务器（DELL PowerEdge R940 4U 80 核 160 线程），每景影像地形纠正的系统运行效率将大大提高（约 10min/景），运行时间将大大缩短。

表 2.4　系统运行测试结果

测试数据	影像大小（4 波段）	参考波段大小	DEM 影像大小	运行时间
HJ-1B CCD1-17-76-20090831	15749×14001	18657×12751	6365×4585	33′20″
HJ-1A CCD1-17-80-20110430	15923×13968	18657×12751	6365×4585	33′54″
HJ-1B CCD1-31-80-20110826	16072×13928	23971×23806	8193×8185	37′45″
HJ-1A CCD1-39-76-20110825	16460×14450	27084×29047	10402×13288	39′27″

2.4　国产环境减灾卫星影像时空融合

受云及其阴影、气溶胶、山地地形阴影、传感器故障（如 Landsat-7 ETM+ SLC-off）等多种因素的影响，单一时相的对地观测影像在空间上会存在不连续问题，而这种空间上的不连续也导致了多时相卫星影像的时空不连续。多时相卫星影像时空不连续将直接影响土地利用/覆被信息提取。早期的土地利用/覆被监测往往选择无云卫星影像作为基础数据源，但这也给所选影像的季相代表性带来了较大的不确定性。近年来，卫星影像的时空融合方法通过利用多源、多时相卫星影像之间的互补信息，能够实现影像的时相互补，最大化地表有效观测的可用信息。本节重点介绍卫星影像时空融合的相关方法，为提升土地利用/覆被遥感监测数据源的时空连续性提供参考。

2.4.1　多时相影像时空融合方法

遥感数据的融合可以理解为针对同一场景，通过对具有互补信息的多幅遥感数据或其他观测数据的综合处理、分析和决策，获得更高质量数据、更优化特征、更可靠知识的技术和框架系统（张良培和沈焕锋，2016）。遥感数据融合根据不同的数据类型，可以分为同质遥感数据融合、异质遥感数据融合、遥感与站点数据融合以及遥感和非观测数据融合。

同质遥感数据融合是指同一成像原理观测数据之间的融合。其中，可见光与可见光波段成像的光学遥感数据之间的融合最为常见。此类融合技术的主要目的是缓和遥感影像空间–时间–光谱分辨率之间的矛盾，获得最优的时–空–谱分辨率。遥感影像融合中发展最早的为全色–多光谱数据的空-谱融合，此外还包括多时相融合、时–空融合、时–空–谱一体化融合等。在不同的融合中，利用多时相的互补信息进行时空融合的主要目的是消除遥感数据中云的干扰，提升遥感影像的时空连续性，减少影像中缺失数据的影响。本节重点介绍基于多时相遥感影像的时空融合方法。

多时相影像融合一般通过设定不同的影像合成规则以选择一个合成时段内的最佳观测像元。融合规则一般包括最大归一化植被指数（NDVI）法（Holben，1986）、最小蓝波段反射率法（Vermote and Vermeulen，1999）、最大红波段差异法等（Luo et al.，2008），以及采用多种规则进行组合（Carreiras and Pereira，2005）。考虑到方向反射效应的影响，一般在融合时还需要考虑到由于地表方向反射导致的反射率变化，选择靠近星下的观测数据。也有算法通过将方向反射校正成星下观测以获取观测条件一致的像元，并利用校正后的全部像元进行融合（Schaaf et al.，2002）。本节重点介绍常用的几种多时相影像时空融合方法。

1. 植被指数最大值合成法

植被指数最大值合成法是根据研究需要，将植被指数按一定的时间间隔如 16 天、月、季或年数据中取最大值。由于植被指数是表征地表植被覆盖、生长状况的一个简单有效参数，植被指数最大值合成法获得的融合结果能够有效地反映植被的变化特征。

植被指数最大值合成法最早由 Holben（1986）提出，并采用归一化植被指数（NDVI）作为合成多时相 AVHRR 数据的选择准则。该方法具有形式简单、易于实现等特点，已被广泛应用于全球植被覆盖度变化监测研究。然而，在实际应用中，植被指数最大值合成法在纯净地表 NDVI 值较低而云的 NDVI 较高时往往会出现错误。例如，当 NDVI 为负值的水体上方有云出现时，植被指数最大值合成法往往倾向于选择云而非水体像元（Luo et al.，2008）。此外，还有学者指出植被指数最大值合成法倾向于选择远离星下点观测的数据（Cihlar et al.，1994），不利于保持合成数据的一致性。

2. 最小可见光波段反射率法

为了避免最大植被指数法在水体、积雪等低 NDVI 地表出现的问题，学者们提出了最小的可见光波段反射率法。常见的有最小红波段反射率和最小蓝波段反射率法（Vermote and Vermeulen，1999）。

在最小红波段反射率法中，由于云的反射率显著高于植被和水体等地表像元，而植被在红波段的吸收较强，因此选择时间序列影像中红波段反射率最小值在理论上能够有效地去除云的干扰。然而，由于云阴影的出现导致阴影区红波段或蓝波段的反射率均比正常的地表像元要低，因此，该方法尽管能够有效剔除云的干扰，但在云阴影出现时往往会产生误差。

3. 最大地表温度合成法

对于火烧后的地表来说，最大地表温度合成法能够准确地合成多时相卫星影像（Pereira et al.，1999）。这是因为过火后的地表温度远高于周围地表和未被影响的植被，同时由于云的温度和云阴影区地表温度较周围地表温度要低，因此也能够有效排除阴影的影响。但对高纬度地区冬季影像合成而言，由于冬季高纬度地表冰雪覆盖后地表温度也很低，该方法在去除云干扰方面的适用性较差。

4. 多权重综合法

对于大区域土地利用/覆被制图，一些学者提出了基于像元多权重综合的高空间分辨率影像合成算法。该算法的优势在于采用了目标像元合成周期内前后一年的数据，增加了像元的观测频率；同时通过计算各观测日期的综合权重，在合成像元的选择规则方面考虑了更多因素 （Griffiths et al.，2013）。

该算法通过实施一个参数加权方案评估每个观测像元在合成影像中的适用性，选择权重得分最高的像元作为输出。得分函数包括三个参数：①像元获得的年份（年度适应性）；②获得的日序（季节适应性）；③距离下一个云像元的距离（云干扰的残余风险）。然而，由于该方法采用了目标像元合成周期内前后一年的数据，合成影像的时间跨度较大。

5. 多规则综合法

由上述分析可知，单一规则的时相合成方法尽管能够在某一方面获得较好的效果，但仍具有其显著的局限性。因此，一些学者提出组合多种准则优势的遥感数据综合合成方法（Carreiras and Pereira，2005；Luo et al.，2008）。

多规则综合方法能够有效地克服传统单一规则的局限性。然而，值得指出的是，该类算法尽管能够达到较好的效果，但其依赖于地表分类数据和云及阴影掩膜数据的精度。此外，由于地表覆被状态具有季节性的变化特征，因此，在整个时间序列中对地表采用一种合成方法有时候也不是很合适。比如，对于水体来说，当冬季寒带地区的开阔水面冻结且被冰雪覆盖时，此时水体表面表现为积雪的光谱特征。

2.4.2　环境减灾卫星影像时空融合案例

2.4.1 节主要总结了已有的多时相遥感数据的时空融合方法及其适用性。本节在前文研究基础上，基于国产环境减灾卫星 HJ-1A/B CCD 数据，介绍一种 30m 空间分辨率，以 8 天、16 天以及月为时间间隔的 HJ-1A/B CCD 卫星影像合成方法及其应用实例（Bian et al.，2015）。该合成方法的优势在于能够提供时空连续的高空间分辨率密集卫星影像，降低或去除云的干扰，以服务高空间异质性地表土地利用/覆被遥感监测。

1. HJ-1A/B CCD 影像合成算法

本章 2.4.1 节已经系统介绍了多时相卫星影像时空融合方法的优缺点。由于 HJ-1A/B CCD 影像幅宽较大，且传感器具有 15° 的侧视角，因此影像边缘观测天顶角可达 35°，合成时必须考虑观测角度对地表反射特性的影响。HJ-1A/B CCD 影像合成算法的选择时参考了 MODIS 植被指数合成时约束观测天顶角的最大值合成法（CV-MVC）（Huete et al.，1999）。该算法首先对时间窗口内所有无云观测进行统计，当合成时间窗口内有大于 2 个以上的观测时，对比最接近天顶观测角的两个无云反射率对应的 NDVI，选择 NDVI 最大的反射率数据作为时间窗口内的合成结果。当合成时间窗口内只有 1 个无云观测时，则直接作为合成最优值；当合成窗口内全部为有云像元时，该像元反射率选择具有最大 NDVI 的像元进行替代，并在合成影像云掩膜中将该像元仍然标记为云像元。

2. 分块处理

从卫星轨道的运行规律和单个文件数据量两个方面考虑，采用 5000×5000 个像元大小的"瓦片"（tile）分块形式组织合成产品。选择以 tile 形式组织数据主要原因是考虑星座的轨道设计。

3. 数据与案例区

本章选择的案例区是我国青藏高原东缘的若尔盖高原湿地区域。该区域包含世界上最大的高原泥炭湿地。由于该区域降雨主要集中在夏季，夏季期间晴空影像较少，尤其针对重访周期较低的 Landsat 影像。此外，湿地区域水位梯度变化剧烈，空间异质性较强，区域在合成影像的质量评价方面具有较好的典型性。选择大小为 22500km^2（150km×150km）的区域为研究区（图 2.14），该区域基本覆盖了若尔盖湿地的大部分区域，主要的土地利用/覆盖类型包括草地、草甸、湿草甸和沼泽化草甸。

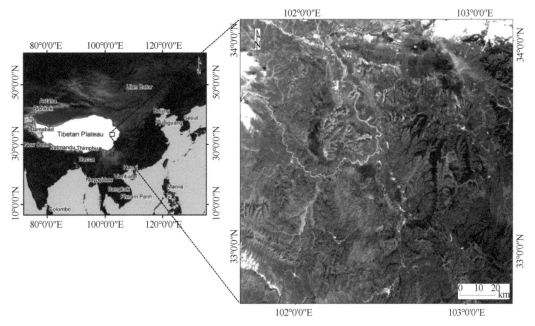

图 2.14　研究区位置示意图

位于右侧的卫星影像为 2010 年 8 月 16 日获取的 HJ-1B CCD2 影像，真彩色合成

本节采用我国 HJ-1A/B 的大幅宽 CCD 多光谱影像作为实验数据。由于 HJ-1A/B 卫星幅宽较大且相邻轨道重叠率较高，其相邻轨道的影像均可作为合成影像数据源。我们选择了 2010 年行号为 14～19，列号为 76 的研究区全部影像共计 183 景。

4. 实验与分析

1）去云效果

基于研究区 HJ-1A/B CCD 影像及以上合成算法与步骤，本节合成了以 8 天、16 天、月为时间步长的案例区时间序列 TOA 反射率影像集。其中，8 天合成影像一年共计 46 期，16 天合成影像一年共计 23 期。图 2.15 给出了影像合成前后云量的统计值。其中灰色方框代表了影像合成前 8 天内的云量均值及其最大值和最小值范围（灰色误差棒），蓝色圆点和红色菱形点和绿色三角点分别代表了 8 天、16 天和月合成影像残余云量情况。总体可以看出，合成影像的云量得到了很大程度的降低。统计得出，影像合成前，8 天内研究区影像平均云量为 46.25%，标准差为 33.41%。而在合成影像中，8 天合成结果的平均云量下降至 16.37%，标准差为 21.63%。由于增加了观测频率，16 天合成影像云量明显低于 8 天的合成结果，16 天合成影像的平均云量低至 4.79%，标准差为 8.24%。表明 16 天合成结果基本接近晴空条件。

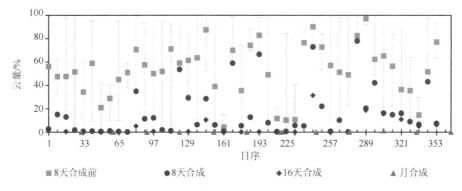

图 2.15　影像合成前后云量统计情况

图 2.16 给出了 2010 年 23 期 16 天合成的标准假彩色影像。总体而言，合成影像云量明显降低，影像能够清晰反映出湿地、泥炭地、沼泽化草甸、草甸及草原等土地利用/覆被类型的空间分布格局。不同时段的合成结果能够明显地反映出若尔盖区域植被的时间序列变化特征和物候空间差异。

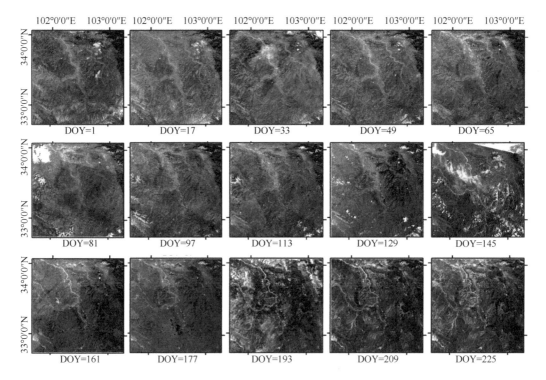

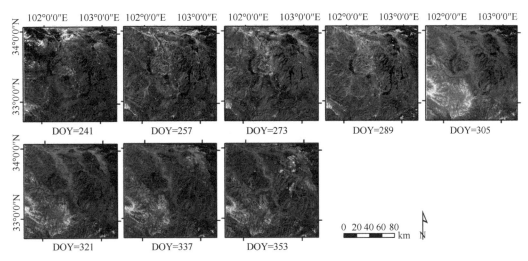

图 2.16 HJ-1A/B CCD 影像 16 天 TOA 反射率合成结果（标准假彩色合成，R:4,G:3,B:2）

2）时相曲线

合成影像的时间序列一致性对土地利用/覆被的提取十分重要。图 2.17 给出了 6 种典型土地利用/覆被类型，包括沙地、开阔水面、居住用地、泥炭地、草地和针叶林的月尺度合成影像的 NDVI 曲线。这六种土地覆被类型代表了不同的地表季相特征和复杂性。图中也给出了 Landsat WELD 月尺度合成产品（Roy et al.，2010）的 NDVI 曲线进行对比。

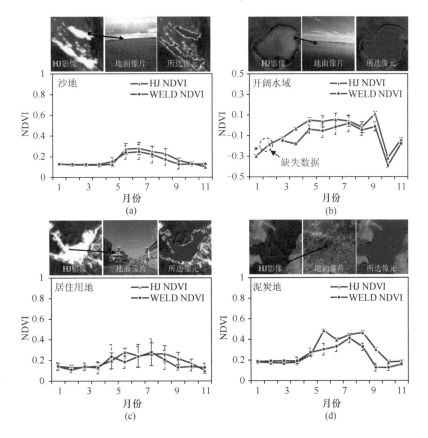

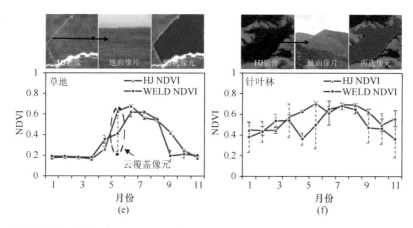

图 2.17 6 种典型地表覆被类型 WELD 和 HJ 的月合成影像的 TOA NDVI 曲线及其时间窗口内的标准差

总体上,NDVI 曲线的变化趋势非常明显。其中,HJ 的 NDVI 曲线和 WELD 的 NDVI 曲线对很多土地利用/覆被类型都比较一致。例如,沙地、居住用地和开阔水面的 NDVI 曲线非常接近。这种较高的一致性表明 HJ 合成影像与 WELD 有相似的模拟能力。在这两种数据集中,WELD 产品的 NDVI 值普遍较低。这种低值主要集中在生长季初期的泥炭地、草地和针叶林。验证表明,合成影像结果对参与合成影像的时相密度有较强的依赖性。此外,可以看出 WELD 时间序列曲线还有间隙存在。这是由于在合成日期内缺乏有效的观测导致的。另外,图中 WELD 有很明显的 NDVI 突降点,这种现象与植被生长趋势和物候特征相矛盾,主要是由于云像元的出现导致 NDVI 降低。综上,这些验证结果表明,HJ 合成影像能够提供质量更高的时相信息,并在山地不同土地利用/覆被类型识别中均表现出较好的应用效果。

2.5 小 结

当前,随着对地观测技术的不断发展,国产卫星影像数据在土地利用/覆被制图及变化监测方面具有巨大的应用潜力。然而,卫星观测获取的海量遥感数据在山地应用中仍面临巨大挑战,遥感影像的预处理方法与技术是限制山地遥感数据应用的主要环节之一。本章介绍了山地土地利用/覆被遥感监测常用遥感数据源,重点介绍了 HJ-1A/B 卫星影像的山区自动几何精纠正与正射校正方法、时空融合方法。该方法在山地海量 HJ-1A/B CCD 影像中的应用是后续开展基于多时相 HJ-1A/B CCD 影像土地利用/覆被遥感监测的重要基础。

参 考 文 献

边金虎, 李爱农, 雷光斌, 等. 2014. 环境减灾卫星多光谱CCD影像自动几何精度纠正与正射校正系统. 生态学报, 34: 7181-7191.

曹金山, 袁修孝, 龚健雅, 等. 2014. 资源三号卫星成像在轨几何定标的探元指向角法. 测绘学报, 43: 1039-1045.

顾行发, 余涛, 田国良, 等. 2016. 40 年的跨越——中国航天遥感蓬勃发展中的"三大战役". 遥感学报,

20: 781-793.

黄玉琪. 1998. 基于岭估计的 SPOT 影像外方位元素的解算方法. 解放军测绘学院学报, 15: 25-27.

李爱农, 边金虎, 靳华安, 等. 2016. 山地遥感. 北京: 科学出版社.

李爱农, 将锦刚, 边金虎, 等. 2012. 基于 AROP 程序包的类 Landsat 遥感影像配准与正射纠正试验和精度分析. 遥感技术与应用, 27: 23-32.

李德仁. 2012. 我国第一颗民用三线阵立体测图卫星——资源三号测绘卫星. 测绘学报, 41: 317-322.

李德仁, 程家瑜, 许妙忠, 等. 1988. SPOT 影象的解析摄影测量处理. 武汉测绘科技大学学报, 13: 28-36.

练敏隆, 石志城, 王跃, 等. 2016. "高分四号"卫星凝视相机设计与验证. 航天返回与遥感, 37: 32-39.

唐娉, 张宏伟, 赵永超, 等. 2014. 全球 30m 分辨率多光谱影像数据自动化处理的实践与思考. 遥感学报, 18: 231-253.

童旭东. 2016. 中国高分辨率对地观测系统重大专项建设进展. 遥感学报, 20: 775-780.

王密, 程宇峰, 常学立, 等. 2017. 高分四号静止轨道卫星高精度在轨几何定标. 测绘学报, 46: 53-61.

王桥, 杨一鹏, 赵少华, 等. 2018. 环境减灾卫星在我国生态环境中的应用. 国际太空, 9: 16-19.

王任享. 2001. 卫星摄影三线阵 CCD 影像的 EFP 法空中三角测量(一). 测绘科学, 26: 1-5, 2.

张良培, 沈焕锋. 2016. 遥感数据融合的进展与前瞻. 遥感学报, 20: 1050-1061.

张祖勋, 周月琴. 1988. SPOT 卫星图象外方位元素的解求. 武测科技, 2: 29-35, 43.

Ali M A, Clausi D A. 2002. Automatic registration of SAR and visible band remote sensing images. Geoscience and Remote Sensing Symposium, 2002. IGARSS'02. 2002 IEEE International, IEEE.

Baudoin A. 1999. The current and future SPOT program. Workshop of ISPRS Working Groups I/1, I/3 and IV/4: Sensors and Mapping from Space-Hanover.

Bentoutou Y, Taleb N, Kpalma K. 2005. An automatic image registration for applications in remote sensing. Ieee Transactions on Geoscience and Remote Sensing, 43: 2127-2137.

Bian J, Li A, Jin H, et al. 2013. Auto-registration and orthorecification algorithm for the time series HJ-1A/B CCD images. Journal of Mountain Science, 10: 754-767.

Bian J, Li A, Wang Q, et al. 2015. Development of dense time series 30m image products from the Chinese HJ-1A/B constellation: a case study in Zoige Plateau, China. Remote sensing, 7: 16647-16671.

Carreiras J M B, Pereira J M C. 2005. SPOT-4 VEGETATION multi-temporal compositing for land cover change studies over tropical regions. International Journal of Remote Sensing, 26: 1323-1346.

Cihlar J, Manak D, Diorio M. 1994. Evaluation of Compositing Algorithms for Avhrr Data over Land. Ieee Transactions on Geoscience and Remote Sensing, 32: 427-437.

Drusch M, Del Bello U, Carlier S, et al. 2012. Sentinel-2: ESA's Optical High-Resolution Mission for GMES Operational Services. Remote Sensing of Environment, 120: 25-36.

Gao F, Masek J G, Wolfe R E. 2009. Automated registration and orthorectification package for Landsat and Landsat-like data processing. Journal of Applied Remote Sensing, 3: 033515.

Griffiths P, van der Linden S, Kuemmerle T, et al. 2013. Pixel-Based Landsat Compositing Algorithm for Large Area Land Cover Mapping. Ieee Journal of Selected Topics in Applied Earth Observations and Remote Sensing, 6: 2088-2101.

Holben B N. 1986. Characteristics of Maximum-Value Composite Images from Temporal Avhrr Data. International Journal of Remote Sensing, 7: 1417-1434.

Huete A, Justice C, Leeuwen W V. 1999. MODIS vegetation index(MOD 13)algorithm theoretical basis document. version 3. Retrieved 5 Mar, 1999, from http://modis.gsfc.nasa.gov/data/abtd/abtd_mod13.pdf.

Kennedy R E, Cohen W B. 2003. Automated designation of tie-points for image-to-image coregistration. International Journal of Remote Sensing, 24: 3467-3490.

Luo Y, Trishchenko A P, Khlopenkov K V. 2008. Developing clear-sky, cloud and cloud shadow mask for producing clear-sky composites at 250-meter spatial resolution for the seven MODIS land bands over Canada and North America. Remote Sensing of Environment, 112: 4167-4185.

Mattar C, Hernández J, Santamaría-Artigas A, et al. 2014. A first in-flight absolute calibration of the Chilean

Earth Observation Satellite. ISPRS Journal of Photogrammetry and Remote Sensing, 92: 16-25.

Pereira J M, Sousa A M, Sá A C, et al. 1999. Regional-scale burnt area mapping in Southern Europe using NOAA-AVHRR 1 km data. Remote Sensing of Large Wildfires, Berlin: Springer: 139-155.

Roy D P, Ju J C, Kline K, et al. 2010. Web-enabled Landsat Data (WELD): Landsat ETM plus composited mosaics of the conterminous United States. Remote Sensing of Environment, 114: 35-49.

Schaaf C B, Gao F, Strahler A H, et al. 2002. First operational BRDF, albedo nadir reflectance products from MODIS. Remote Sensing of Environment, 83: 135-148.

Toutin T. 2004. Review article: Geometric processing of remote sensing images: models, algorithms and methods. International Journal of Remote Sensing, 25: 1893-1924.

Vermote E, Vermeulen A. 1999. Atmospheric correction algorithm: spectral reflectances (MOD09). ATBD version, 4.

Wang Q, Wu C, Li Q, et al. 2010. Chinese HJ-1A/B satellites and data characteristics. Science China Earth Sciences, 53: 7.

第 3 章　山地土地利用/覆被分类系统

3.1　引　　言

土地利用/覆被分类系统（land use/cover classification systems, LCCS）是土地利用/覆被科学数据集最显著的特征和标签，是对陆地表层系统抽象化的概括（Anderson，1976）。LCCS 的设计是土地利用/覆被数据集生产最基础的环节之一。LCCS 的全面性、合理性、详细程度将直接影响数据集的质量和用户的评价（张景华等，2011）。设计出具有普遍适用性的 LCCS，即分类系统能够不依赖特定的分类尺度、制图方法和地理区域，是该领域长期追求的目标（Di Gregorio，2005）。

到目前为止，国内外已先后提出了多种 LCCS，如美国 Anderson 土地利用/覆被分类系统（Anderson，1976）、中国土地资源分类系统（刘纪远等，2014）、中国土地覆被分类系统（张磊等，2014）、欧盟 CORINE（coordination of information on the environment）土地利用/覆被命名法（Gomarasca，2009）和联合国粮食及农业组织（FAO）LCCS，以上大部分 LCCS 的设计来源于实际的应用需求。然而，受应用需求的差异性、区域间土地利用/覆被的空间异质性以及数据源和分类方法的识别能力等因素的影响，当前仍难以形成一个统一、标准的 LCCS（Di Gregorio，2005）。

演绎和归纳是两种最常用的推理方法，它们同样适用于 LCCS 设计。演绎法通常从用户需求的角度出发，在综合考虑分类数据源和分类方法的基础上，逐步形成了满足应用需求的 LCCS。而归纳法则通过对现有 LCCS 的综合分析，归纳出分类系统设计时所考虑的一般性指标，从而指导形成更为综合的 LCCS。在土地利用/覆被研究初期，由于缺乏可参考的 LCCS，演绎法最常被采用。然而，由于应用需求、数据源、分类方法等方面的不同，不可避免会导致基于演绎法形成的各分类系统之间存在差异（Gomarasca，2009）。这些差异的存在进一步限制了土地利用/覆被数据集的对比分析与协同应用。归纳法需要已有 LCCS 作为基础，在土地利用/覆被研究的初期，尚不具备该条件。土地利用/覆被遥感监测研究的逐步深入，为归纳法的使用提供了越来越多可供参考的 LCCS。

山地 LCCS 既要参考已有 LCCS 蕴含的先验知识，也要考虑山地土地利用/覆被类型的特殊性。这样才能有效衔接已有土地利用/覆被数据集构建工作，也能满足山地相关研究对山地土地利用/覆被科学数据集的应用需求。即使是给定一套LCCS，也需要结合山地实际特点对分类系统中的具体类别给予针对性的界定和定义，有利于更好地指导山区土地利用/覆被监测工作。本章将综合分析当前常用的土地利用/覆被产品所采用的分类系统，基于归纳法发掘 LCCS 设计时常采用的一般性指标，讨论数据源和分类方法在 LCCS 设计中的作用，并结合作者在我国西南地区的实际工作，考虑山地土地利用/覆被类型的特殊性，给出常用 LCCS 的山区界定和定义。

3.2　土地利用/覆被分类系统设计常用的指标

当前，已有一系列不同尺度的土地利用/覆被遥感监测数据集被生产与使用，它们的分类系统是开展 LCCS 设计中常用指标分析的基础。本节综合考虑各土地利用/覆被数据集分类系统的代表性和可获得性，选择了 13 种土地利用/覆被数据集所采用的分类系统开展分析，以揭示 LCCS 设计时常用的指标（Lei et al.，2020）。

3.2.1　常用土地利用/覆被数据集特征

本节选择的具有代表性的土地利用/覆被数据集包括两个尺度：全球尺度和区域/国家尺度。

在全球尺度上，我们共选择了 9 种不同空间分辨率的土地利用/覆被数据集。在 1km 分辨率上，选择了 IGBP DISCover 土地覆被数据集（IGBP-DIS）（Loveland et al.，2000）、美国马里兰大学土地覆被数据集（UMD）（Hansen et al.，2000）以及为满足联合国千年生态系统评估，欧空局（European Space Agency，ESA）主导完成的 GLC2000 数据集（Bartholome and Belward，2005）。500m 分辨率上选择了 GLCNMO（global land cover by national mapping organizations）数据集（Tateishi et al.，2011）。300m 分辨率上选择了 ESA 主导完成的 GlobCover（Arino et al.，2008）和 CCI-LC 数据集（Defourny et al.，2016）。30m 分辨率上选择了由中国科学家生产的两套土地覆被产品：FROM-GLC（Gong et al.，2013）和 GlobeLand30（Chen et al.，2015）。10m 分辨率上选择了 FROM-GLC10 数据集（Gong et al.，2019）。

受地理空间异质性的影响，区域尺度土地利用/覆被数据集所采用的分类系统的差异往往更大。考虑到数据的可获取性和独特性，本节选择了 4 个代表性的区域/国家尺度土地利用/覆被数据集，分别是中国的 ChinaCover 数据集（吴炳方等，2017）和土地利用数据集（CLUD）（Liu et al.，2010），美国的 NLCD 数据集（Yang et al.，2018）和欧洲的 CORINE 数据集（Girard et al.，2018）。

一些土地利用/覆被数据集包含多个版本，并且不同版本所采用的分类系统常存在一些差异，为了便于分析，本节统一采用各数据集最新版本所使用的分类系统。13 种土地利用/覆被数据集的简略介绍如表 3.1 所示。

表 3.1　参与 LCCS 设计时常用指标分析的 13 种土地利用/覆被数据集特征

数据集	空间分辨率	时间	数据源	分类方法	类别数/个	精度
IGBP-DIS	1km	1992 年	逐月 AVHRR NDVI	非监督分类(K-means)	17	66.9%（Scepan，1999）
UMD	1km	1992 年	逐月 AVHRR NDVI	分类树	14	65%（Hansen et al.，2000）
GLC2000	1km	2000 年	逐月 SPOT-VGT NDVI	一般采用非监督分类(ISODATA)，但取决于合作伙伴	22	68.6%（Mayaux et al.，2006）
GLCNMO	500m	2003 年/2008 年/2013 年	16 天合成的 MCD43A4	监督分类，每种类别采用多种分类方法	20	74.8%（Kobayashi et al.，2017）
GlobCover	300m	2005 年/2009 年	MERIS	非监督聚类	22	77.9%（Arino et al.，2008）
CCI-LC	300m	1992~2015 年	MERIS(2003~2012 年)，AVHRR(1992~1999 年)，SPOT-VGT(1999~2013 年)，和 PROBA-V(2013~2015 年)	非监督时空聚类、机器学习分类	22	75.38%（Santoro et al.，2017）
GlobeLand30	30m	2000 年/2010 年	Landsat TM/ETM+	POK-based 方法	10	80.33%±0.2%（Chen et al.，2015）
FROM-GLC	30m	2010 年/2015 年/2017 年	Landsat TM/ETM+/OLI	最大似然(MLC)、J4.8 决策树、随机森林(RF)和支持向量机(SVM)	29	71.5%（Gong et al.，2013）
FROM-GLC10	10m	2017 年	Sentinel-2	随机森林	10	72.76%（Gong et al.，2019）
ChinaCover	30m	1990 年/2000 年/2005 年/2010 年/2015 年	HJ-1A/B、Landsat TM/ETM+/OLI	面向对象决策树分类	38	86%（吴炳方等，2017）
CLUD	30m	1990 年/2000 年/2005 年/2010 年/2015 年	Landsat TM/ETM+/OLI	目视解译	25	>90%（刘纪远等，2009）
CORINE	100m	1990 年/2000 年/2006 年/2012 年/2018 年	光学近红外卫星影像和 Sentinel-2	目视解译	44	>85%（Jaffrain et al.，2017）
NLCD	30m	2001 年/2004 年/2006 年/2008 年/2011 年/2013 年/2016 年	Landsat TM/ETM+/OLI	决策树	20	71%~97%（Yang et al.，2018）

3.2.2　土地利用/覆被类型细分策略

1. 林地

常用土地利用/覆被数据集的分类系统对于林地类型的细分大多采用以下三种策略：不细化、采用指标细分和混合类（表 3.2）。其中，细化方案主要采用叶型（阔叶/针叶）、物候（常绿/落叶）、郁闭度（郁闭/稀疏）等指标，从而形成不同的组合类型，如常绿阔叶林、稀疏针叶林等。遥感影像的尺度效应，导致混合像元现象普遍存在。以低空间分辨率遥感影像(≥300m)为数据源的土地利用/覆被数据集，更多关注林地与其他土地利用/覆被类型之间的混合，多采用混合类，如 GlobCover 数据集中的 Mosaic Forest/Shrubland（50%～70%）/Grassland（20%～50%）类别。以中空间分辨率遥感影像(10～300m)为数据源的土地利用/覆被数据集，则更加关注林地内部不同子类的混和，如针叶林与阔叶林的混交、常绿林与落叶林的混交等。

表 3.2　常用土地利用/覆被数据集的分类系统对林地类型的细分策略

数据集	指标			不细化	混合类
	叶型（阔叶/针叶）	物候（常绿/落叶）	郁闭度（郁闭/稀疏）		
IGBP-DIS	√	√			
UMD	√	√			
GLC2000	√	√	√		√
GLCNMO	√	√			
GlobCover	√	√	√		√
CCI-LC	√	√	√		
GlobeLand30				√	
FROM-GLC	√	√			
FROM-GLC10				√	
ChinaCover	√	√			√
CLUD				√	
CORINE	√				√
NLCD		√			√

2. 灌丛

常用土地利用/覆被数据集的分类系统对灌丛的细分策略与林地较为相似,主要采用叶型、物候和郁闭度三个指标进行区分,但也存在一些分类系统中仅包含灌丛大类,而不细分的情况（表 3.3）。从细分指标的角度来看,物候是使用频率最高的指标,因此常将灌丛划分为常绿灌丛和落叶灌丛。整体来看,低空间分辨率的数据集更多的从郁闭度和物候角度对灌丛进行区分,随着空间分辨率的提高,叶型等因素逐步被考虑。

表 3.3 常用土地利用/覆被数据集的分类系统对灌丛类别的细分策略

数据集	指标			不细化
	叶型（阔叶/针叶）	物候（常绿/落叶）	郁闭度（郁闭/稀疏）	
IGBP-DIS			√	
UMD			√	
GLC2000		√		
GLCNMO				√
GlobCover				√
CCI-LC		√		
GlobeLand30				√
FROM-GLC		√		
FROM-GLC10				√
ChinaCover	√	√		
CLUD				√
CORINE				√
NLCD				√

3. 草地

常用土地利用/覆被数据集的分类系统对草地的细分呈现两个趋势：空间分辨率高于100m 的土地利用/覆被数据集一般不细分草地，且常包含草地与其他类型的混合类别。空间分辨率低于 100m 的土地利用/覆被数据集常进一步细分草地，物候、人工干预程度、植被群落、覆盖度等指标均被用于细分草地类型（表 3.4）。如 CLUD 主要从覆盖度的角度将草地划分为高覆盖度草地、中覆盖度草地和低覆盖度草地。

表 3.4 常用土地利用/覆被数据集的分类系统对草地类别的细分策略

数据集	指标				不细化	混合类
	物候（常绿/落叶）	人为干预（天然/人工）	植被群落（草甸/草原/草丛）	覆盖度（高/中/低）		
IGBP-DIS					√	√
UMD					√	√
GLC2000					√	
GLCNMO					√	√
GlobCover					√	√
CCI-LC					√	√
GlobeLand30					√	
FROM-GLC	√	√				
FROM-GLC10					√	
ChinaCover			√			
CLUD				√		
CORINE		√				
NLCD		√				

4. 耕地

常用土地利用/覆被数据集的分类系统对耕地的细分方案如下（表 3.5）：①山区、农林过渡带、农牧过渡带的耕地斑块面积相对较小且破碎（Lei et al.，2016），也易与其他土地覆被类型混杂，它们在 1km 分辨率的遥感影像中常表现为混合像元，因此，空间分辨率为 1km 的土地利用/覆被数据集一般不细分耕地，也常包含耕地与其他土地利用/覆被类型的混合类。②从灌溉方式的角度将耕地细化为灌溉耕地和雨养耕地，多见于欧空局生产的空间分辨率为 300m 的土地覆被数据集。③从水需求量的角度将耕地划分为水田和旱地，常见于中国区域的土地利用/覆被产品（ChinaCover 和 CLUD）或中国科学家生产的土地利用/覆被数据集。④一些分类系统中将园地作为一种单独的土地利用/覆被类型，如 FROM-GLC、CORINE 和 ChinaCover，其中 ChinaCover 将园地进一步划分为乔木园地和灌木园地。

表 3.5　常用土地利用/覆被数据集的分类系统对耕地类别的细分策略

数据集	指标		园地	不细化	混合类
	灌溉方式（灌溉/雨养）	水需求（水田/旱地）			
IGBP-DIS				√	√
UMD				√	
GLC2000				√	√
GLCNMO		√			√
GlobCover	√				
CCI-LC	√				√
GlobeLand30				√	
FROM-GLC		√	√		
FROM-GLC10				√	
ChinaCover		√	√（乔木/灌木）		
CLUD		√			
CORINE	√		√		
NLCD				√	

5. 湿地

根据是否存在水淹的情况，湿地可大致分为常年有水的水体、季节性水淹的漫滩和有植被覆盖的沼泽三大类别。除 GLCNMO 外，常用土地利用/覆被数据集的分类系统将湿地至少划分为水体和沼泽两个类别，一些土地利用/覆被数据集还单独将漫滩划分为一个类别，如 FROM-GLC 和 CLUD 数据集（表 3.6）。从功能差异的角度将水体细分成河流、湖泊、水库等类型，主要出现在 30m 分辨率的土地利用/覆被数据集中，分辨率太粗时一般仅保留水体大类。垂直结构、水质、物候等是进一步细化沼泽的常用指标（侯婉和侯西勇，2018），但也有部分土地利用/覆被数据集不细化沼泽，如 IGBP-DIS、GlobeLand30、FROM-GLC10 和 CLUD。另外，一些特殊的湿地类型，如红树林被作为一个单独的类别存在于 GLCNMO 中。

表 3.6　常用土地利用/覆被数据集的分类系统对湿地类别的细分策略

数据集	不细化	水体		沼泽				漫滩
		不细化	功能（河流/湖泊/水库）	不细化	垂直结构（乔/灌/草）	水质（咸/淡）	物候（常绿/落叶）	
IGBP-DIS		√		√				
UMD		√						
GLC2000		√				√		
GLCNMO	√							
GlobCover		√				√		
CCI-LC		√				√		
GlobeLand30		√		√				
FROM-GLC			√				√	√
FROM-GLC10		√		√				
ChinaCover			√		√			
CLUD			√	√				√
CORINE			√			√		
NLCD		√			√			

6. 人工表面

常用全球尺度的土地利用/覆被数据集的分类系统对人工表面的处理方式几乎一致，仅包含人工表面一个类别，不对其细化（表 3.7）。区域/国家尺度的土地利用/覆被数据集的分类系统对人工表面的细分策略存在明显的差异。如 ChinaCover 和 CORINE 数据集将人工表面按其功能划分为建筑用地、交通用地和采矿场，同时将人工表面内部的绿地单独提取。NLCD 数据集则根据建筑密度，将人工表面划分为高、中、低、开阔四种类型。CLUD 则按照行政隶属关系，将人工表面划分为城镇和农村聚落两种形式。

表 3.7　常用土地利用/覆被数据集的分类系统对人工表面类别的细分策略

数据集	指标			绿地（乔/灌/草）	不细化
	密度（高/中/低/开阔）	功能（建筑/交通/采矿）	行政隶属（城镇/农村聚落）		
IGBP-DIS					√
UMD					√
GLC2000					√
GLCNMO					√
GlobCover					√
CCI-LC					√
GlobeLand30					√
FROM-GLC					√
FROM-GLC10					√
ChinaCover		√		√	
CLUD			√		
CORINE		√		√	
NLCD	√				

7. 裸露地

常用的土地利用/覆被数据集的分类系统对裸露地的细分方式差异较大，大致包括如下的细化方案（表 3.8）：①裸地普遍存在于各分类系统中，要么仅有裸地类别，要么按照质地，细分为硬质裸地/软质裸地或裸岩/裸土。②稀疏植被作为裸地与有植被覆盖地表的过渡类型，在部分土地利用/覆被数据被集中考虑，如 GLC2000、GLCNMO、GlobCover、CCI-LC、ChinaCover、CLUD，其中 CCI-LC 和 ChinaCover 还按照垂直结构，将稀疏植被进一步划分为稀疏林、稀疏灌丛、稀疏草地。③苔原作为高纬度和高寒地区的典型生态系统，出现在 30m 和 10m 分辨率的全球土地覆被数据集中。④冰川/积雪除了 UMD 外，其他常用的土地利用/覆被数据集中均包含，其中 FROM-GLC 还将其进一步细分为冰川和积雪。⑤一些特殊的裸露地类别在某些土地利用/覆被数据集中被考虑，如苔藓/地衣存在于 CCI-LC 和 ChinaCover 数据集中；盐碱地和沙地存在于 ChinaCover 和 CLUD 数据集中。

表 3.8　常用土地利用/覆被数据集的分类系统对裸露地类别的细分策略

数据集	不细化	质地（硬质/软质）	苔原	稀疏植被	冰川/积雪	其他
IGBP-DIS	√				√	
UMD	√					
GLC2000	√			√	√	
GLCNMO		√		√	√	
GlobCover	√			√		
CCI-LC		√		√（林/灌/草）	√	√（苔藓/地衣）
GlobeLand30	√		√		√	
FROM-GLC	√		√		√	
FROM-GLC10	√		√		√	
ChinaCover		√		√（林/灌/草）	√	√（苔藓/地衣、盐碱地、沙地）
CLUD	√			√		√（沙地、戈壁、盐碱地）
CORINE		√		√	√	
NLCD	√				√	

3.2.3　分类系统设计常用细分指标

从归纳分析结果来看，LCCS 设计中被较多考虑到的细分指标包括物候、覆盖度、垂直结构等。针对一些特定的土地利用/覆被类型，有些 LCCS 还采用了叶型、灌溉方式、功能、质地等指标。

物候是植物长期适应气候与环境的季节性变化而形成的生长发育节律（Wu et al.，2014）。不同植被类型的物候存在差异，因此，物候指标常被用于细分林、灌丛、草地、耕地等土地利用/覆被类型（Nguyen et al.，2018）。物候节律信息的获取需依托时间序列遥感数据集。通常情况下，低空间分辨率遥感影像的时间分辨率相对较高，以这些影像作为数据源的土地利用/覆被数据集常采用物候指标细分土地利用/覆被类型。中、高空间分辨率遥感影像受时间分辨率和云、雨等因素的限制，有效的物候信息难以直接提取（White et al.，2014），这也是一些中、高分辨率土地利用/覆被产品的分类系统未考虑物候的原因之一。

　　垂直结构指标主要用于区分林地、灌丛、草地等土地利用/覆被类型,也被用于沼泽、园地、绿地、稀疏植被等类型的细分。一般来说,光学遥感影像难以直接获取垂直结构信息,而 LiDAR 等技术手段能够利用回波信号的时间差反演获得植被的垂直结构信息。即使垂直结构信息能够获得,常用的 LCCS 对于垂直结构的使用也各不相同。以林地定义中树高阈值的使用为例,IGBP-DIS 中定义林地的高度需达到 2m,UMD 中设定为 5m,GLC2000 中为 3m(图 3.1)。当要对比和综合利用这些土地利用/覆被科学数据集时,就需要考虑这些定义上的差异带来的影响。

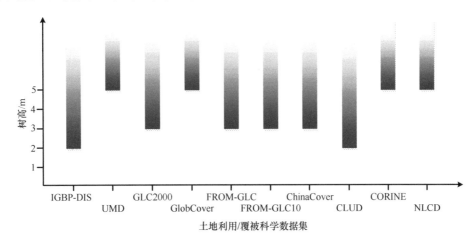

图 3.1　常用土地利用/覆被数据集的分类系统在林地定义中对树高阈值使用的差异

　　覆盖度是另一个最常被用于细分土地利用/覆被类型的指标,3.2.2 节的分析中可以看出,森林郁闭度、灌丛郁闭度、草地覆盖度、建筑物密度被用来细分森林、灌丛、草地和人工表面。在利用覆盖度指标细分土地利用/覆被类别时,不同的 LCCS 所采用的划分阈值也存在差别。以森林定义中郁闭度阈值的使用为例,IGBP-DIS 中林地的郁闭度需达到 60%才定义为林地,GlobeLand30 设定为 30%,FROM-GLC 为 15%(图 3.2),这些差异也会对不同土地利用/覆被数据集的对比与综合利用带来不利影响。

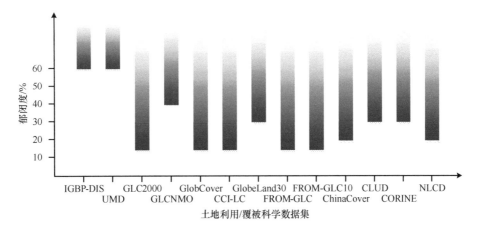

图 3.2　常用土地利用/覆被数据集的分类系统在林地定义中对森林郁闭度阈值使用的差异

3.3　数据源和分类方法在 LCCS 设计中的作用

3.3.1　数据源在 LCCS 设计中的作用

在分类系统设计阶段，数据源是需要考虑的重要因素之一。是否采用某一个细分指标依赖于相应的数据源的可获得性、有效性和质量。光学遥感影像是当前土地利用/覆被遥感监测最常采用的数据源。虽然微波和 LiDAR 分别在获取全天候遥感数据和提取垂直结构信息等方面具有优势（Zimble et al.，2003），但与光学影像相比，当前它们不论是在影像数据的获取能力还是数据处理的成熟度上均面临挑战，也导致以微波、LiDAR 为数据源的土地利用/覆被遥感监测研究多为局部区域的实验性研究工作（Yan et al.，2015）。未来，随着光学、微波与 LiDAR 的协同应用技术的不断成熟（Joshi et al.，2016），基于多源异构数据的土地利用/覆被遥感监测将成为潜在的热点方向，它不但有助于提高土地利用/覆被遥感监测的精度，也必将带动更多的细化指标参与到 LCCS 设计中。

空间、时间、光谱分辨率是光学遥感影像最基本的属性特征。一般来说，空间分辨率越高，意味着能捕捉更多土地利用/覆被的空间细节特征，更有利于在类型复杂、景观异质度高的区域开展遥感监测工作，山地就是这样的区域之一。通过对常用土地利用/覆被数据集分类系统的分析发现，随着土地利用/覆被产品空间分辨率的提升，分类系统的类别数呈增加趋势（图 3.3）。然而，影像空间分辨率的提升，通常情况下会降低影像的光谱分辨率和时间分辨率，也从客观上降低了一些土地利用/覆被类别的识别能力（Huang et al.，2018）。比如，10m 空间分辨率土地覆被产品 FROM-GLC10 的分类系统中仅有 10 个土地利用/覆被类型。高分辨率土地利用/覆被数据集生产所需的数据量、人力资源、计算资源巨大（Giri et al.，2013），减少类别的详细程度往往也就成为了一种实际工作的折中方案。

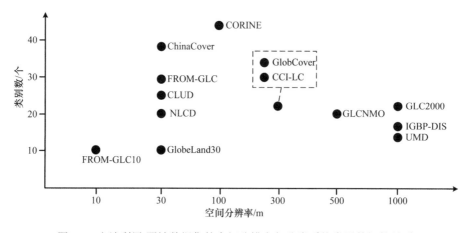

图 3.3　土地利用/覆被数据集的空间分辨率与分类系统类别数间的关系

遥感影像的时间分辨率指同一位置前后两次获取的遥感影像的时间间隔。时间分辨率越高就意味着同一位置在某一时段内被重复观测的次数就越多，越有利于提取物候信息，从而提高具有明显物候周期的土地利用/覆被类型的识别能力（Zhang et al.，2013）。通常情况下，遥感影像的空间分辨率越低，其时间分辨率就越高，反之亦然。低空间分辨率土地利用/覆被数据集由于其数据源的时间分辨率相对较高，因此，常采用物候指标来细化土地利用/覆被类型。而高空间分辨率土地利用/覆被数据集常常因为时间分辨度较低，难以构建时间序列遥感数据用于物候信息的提取，导致其分类系统也较少考虑物候指标来细化土地利用/覆被类型。

多源数据融合技术为遥感影像的空间分辨率、时间分辨率和光谱分辨率之间的平衡提供了一种有效的方式（Bian et al.，2015）。当前，基于多源数据融合技术生产了多种成熟的数据集，如 Landsat ARD（Analysis Ready Data）、WELD（Web-Enabled Landsat Data）和 HLS（Harmonized Landsat Sentinel-2）等（Roy et al.，2010；Claverie et al.，2018；Dwyer et al.，2018）。数据源的发展将提高一些分类系统类别细化指标的有效性，从而有助于在未来提高土地利用/覆被分类系统的丰富程度。

当前常见的土地利用/覆被数据集中，遥感影像是最主要的数据源（表 3.1）。事实上，许多定量遥感产品[如叶面积指数（LAI）、净初级生产力（NPP）、归一化植被指数（NDVI）、蒸散发（ET）等]、已有的专题图数据（植被图，土壤图，历史土地利用/覆被图等）、地球大数据（无线传感网数据，众源数据，网络抓取数据等）也有助于土地利用/覆被类型的精细识别（Guo，2017；Luo et al.，2019）。然而，常用的土地利用/覆被数据集大多没有将这些数据作为辅助数据源纳入到遥感监测工作中。数据的质量、尺度、可获得性可能限制了这些数据源在土地利用/覆被遥感监测中的应用（Giri et al.，2013）。未来，随着这些非遥感影像数据源不断成熟，它们将被逐步纳入到土地利用/覆被遥感监测工作中，这样不仅有利于提高土地利用/覆被类型的识别能力，也会进一步提高 LCCS 的丰富程度。

3.3.2　分类方法在 LCCS 设计中的作用

分类方法也是影响 LCCS 设计的重要因素之一。图 3.4 展示了常用土地利用/覆被产品的分类方法和分类系统的类别数之间的相关关系。早期的土地利用/覆被制图以目视解译方式为主。它可以充分挖掘人脑对遥感影像的综合判读能力，有助于识别复杂场景的土地利用/覆被类型，因此，该阶段所设计的 LCCS 一般较为复杂，土地利用/覆被类型数也更多。例 CORINE、CLUD 数据集的类别数均超过 20 个。根据是否采用训练样本，土地利用/覆被分类方法可划分为监督分类、非监督分类和监督/非监督混合分类三种（李爱农等，2003）。然而，不论采用何种方法，所构建的土地利用/覆被数据集的类别数没有显著的差异，这一结论也同样适用于面向对象分类和基于像元分类方法（图 3.4）。一方面，受分类方法的成熟度和计算资源的限制，一些先进的分类方法当前尚不满足开展大区域土地利用/覆被数据集生产的要求；另一方面，为了保证土地利用/覆被产品的精度，合并一些相互间容易混淆的土地利用/覆被类型是实际分类工作的折中方案。

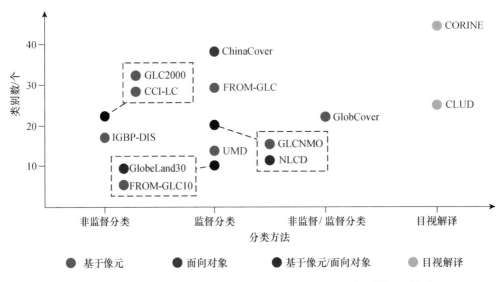

图 3.4　土地利用/覆被产品所用的分类方法与分类系统类别数间的关系

　　当前阶段，高性能计算和大容量存储技术的限制，以及 ARD 存档数据的不足是土地利用/覆被科学数据集生产面临的主要挑战（Wulder et al.，2018）。随着诸如Google Earth Engine（GEE）等云计算平台的不断涌现（Gorelick et al.，2017），越来越多的土地利用/覆被制图研究开始依赖于云计算平台（Massey et al.，2018；Gong et al.，2019），这为解决挑战提供了一种有效的策略。随着矢量数据、点云数据、文本数据、地理大数据等在土地利用/覆被制图研究中被越来越广泛地应用（董金玮等，2017），充分利用这些数据的优势，识别更多的土地利用/覆被类型，对土地利用/覆被遥感监测方法提出了新要求和更大挑战。总的来说，我们相信随着分类方法的发展和可用数据源的增加，未来土地利用/覆被数据集的分类系统会越来越丰富和多样化（张增祥等，2016）。

3.4　常用土地利用/覆被分类系统在山区的重新界定

　　在土地利用/覆被遥感监测研究中，为了保证土地利用/覆被产品的时空连续型，一般不针对单个地貌单元设计 LCCS，因此目前还缺少专门针对山地设计的 LCCS。我们在实际的山地土地利用/覆被遥感监测研究中，更多的是采用现有的 LCCS，结合山地实际特点对 LCCS 中具体类别给予有针对性的界定和定义，从而更好地指导山地土地利用/覆被监测工作。

　　本节以我们在开展西南地区土地利用/覆被制图工作时所使用的《中华人民共和国土地覆被地图集》（1∶1000000）（以下简称：《地图集》）的分类系统（表 3.9）为例，阐述我们对于部分土地利用/覆被类型给出的山地界定。

表 3.9　《中华人民共和国土地覆被地图集》采用的分类系统

序号	Ⅰ级分类	代码	Ⅱ级分类	指标
1	林地	101	常绿阔叶林	H=3～30，$C \geqslant 0.2$，常绿，阔叶
		102	落叶阔叶林	H=3～30，$C \geqslant 0.2$，落叶，阔叶
		103	常绿针叶林	H=3～30，$C \geqslant 0.2$，常绿，针叶
		104	落叶针叶林	H=3～30，$C \geqslant 0.2$，落叶，针叶
		105	针阔混交林	H=3～30，$C \geqslant 0.2$，25%<F<75%
		106	常绿阔叶灌丛	H=0.3～5，$C \geqslant 0.2$，常绿，阔叶
		107	落叶阔叶灌丛	H=0.3～5，$C \geqslant 0.2$，落叶，阔叶
		108	常绿针叶灌丛	H=0.3～5，$C \geqslant 0.2$，常绿，针叶
		109	乔木园地	人工植被，H=3～30，$C \geqslant 0.2$
		110	灌木园地	人工植被，H=0.3～5，$C \geqslant 0.2$
		111	乔木绿地	人工植被，人工表面周围，H=3～30，$C \geqslant 0.2$
		112	灌木绿地	人工植被，人工表面周围，H=0.3～5，$C \geqslant 0.2$
2	草地	201	草原	K<1，H=0.03～3，$C \geqslant 0.2$
		202	草甸	$K \geqslant 1$，土壤湿润，H=0.03～3，$C \geqslant 0.2$
		203	草丛	$K \geqslant 1$，H=0.03～3，$C \geqslant 0.2$
		204	稀疏植被	C=0.04～0.2
		205	草本绿地	人工植被，人工表面周围，H=0.03～3，$C \geqslant 0.2$
3	耕地	301	水田	人工植被，土地扰动，水生作物，收割过程
		302	旱地	人工植被，土地扰动，旱生作物，收割过程
4	湿地	401	乔木湿地	W>2，H=3～30，$C \geqslant 0.2$
		402	灌木湿地	W>2，H=0.3～5，$C \geqslant 0.2$
		403	草本湿地	W>2，H=0.03～3，$C \geqslant 0.2$
		404	湖泊	自然水面，静止
		405	水库/坑塘	人工水面，静止
		406	河流	自然水面，流动
		407	运河/水渠	人工水面，流动
		408	漫滩	季节性水淹
5	人工表面	501	建设用地	人工硬表面，包括居住地和工业用地
		502	交通用地	人工硬表面，线状特征
		503	采矿场	人工挖掘表面
6	其他	601	苔藓/地衣	自然，苔藓或地衣覆盖
		602	裸岩	自然，坚硬表面，石质，C<0.04
		603	裸土	自然，松散表面，壤质，C<0.04
		604	沙漠/沙地	自然，松散表面，沙质，C<0.04
		605	盐碱地	自然，松散表面，高盐分
		606	冰川/永久积雪	自然，水的固态

注：C-覆盖度/郁闭度；H-植被高度（m）；F-针叶树与阔叶树的比例；W-一年中被水覆盖的时间（月）；K-湿润指数。

山区林地类型丰富,绝大部分林地类型在山地均有分布。同时,山区林地在垂直空间上常表现出明显的垂直分层特征,通常情况下,随着海拔的逐步升高,依次分布着阔叶林、针阔混交林、针叶林、灌丛等林地类型。对于每一种林地类型,它都有适宜分布的海拔范围,具有明显的分布上限(林线)。而不同林地类型之间的林线常存在差异,如阔叶林的林线明显低于针叶林,林线的差异有利于识别不同的林地类型。山地乔木和灌丛单纯依靠树高很难完全区分,一些灌丛的高度可能会超过分类系统中设定的植被高度 3m,如高山杜鹃,此时需要结合地形、光谱以及垂直地带性等地学相关知识才能实现有效识别,分类系统中识别指标在山区也要做相应的调整。

山区的草原与我国内蒙古地区的典型草原差异较大,通常情况下山地草原的分布区气候严寒,降水较少,导致山地草原群落结构简单,植被矮小稀疏,覆盖度低,而典型草原群落结构复杂,覆盖度也高。山区草甸主要分布在降水较为丰富的半湿润区,植被覆盖度高,但与平原地区的草甸相比,植被也明显矮小。山区草甸和山区草原相比,前者植被长势更好,覆盖度也更高,对水分的需求也更大,这为遥感自动区分山地草甸和山地草原提供了依据。

山区耕地中坡耕地所占比重大,导致耕地地块面积小且破碎,集中成片分布的耕地相对较少,给山区耕地精确识别带来了不小挑战。山区耕地多为旱地,水田不多见,且多为梯田。山地起伏地形也带来了水热光照条件的空间异质性,并形成了一些独特的气候区,如干热河谷区。这些独特的气候区是特色农业、特色水果产业的集中分布区,为耕地、园地等土地利用/覆被类别的准确识别提供了信息。

山区有巨大的地形落差,是水能资源开发利用的适宜区域之一,大型水库大多聚集在地形起伏较大的山区,而平原地区的水库多用于防洪抗旱。平原地区河流流经地区和湖泊分布区大多人口聚集,河、湖两岸的自然湿地多被人类干扰和利用,其生态服务和功能难以发挥,而山区河流、湖泊受人类干扰小,保留了自然状态下的各类漫滩,是湿地生态系统的重要组成部分,在分类系统设计时需要将其作为单个类别识别。

山区人口密度小,多以小聚落聚居,因此,人工表面面积小且分散分布,也是土地利用/覆被制图的难点。山区交通设施桥隧比例高,导致山区交通用地识别结果往往不能连通,同时,山区道路宽度比较窄,在遥感影像上的可区分度差,进一步限制其识别精度。

山区恶劣的气候,裸露地表所占比重大。冰川/永久积雪是除两极地区之外山地所特有的土地利用/覆被类型,冰川/永久积雪的分布具有明显的分布下限(雪线),这为自动识别分类结果中误分的冰川/永久积雪斑块提供了依据。

3.5　小　　结

LCCS 是对陆地表层系统抽象化的概括,是土地利用/覆被科学数据集最显著的特征和标签。本章选择了 13 种土地利用/覆被数据集所采用的分类系统,分析发现,LCCS 设计中被较多考虑到的细分指标包括物候、覆盖度、垂直结构等。针对一些特定的土地利用/覆被类型,还采用了叶型、灌溉方式、功能、质地等指标。光学遥感影像是当前土地利用/覆被遥感监测最常采用的数据源。多源异构数据的融合以及大数据、云计算和深度学习技术的发展，不但有助于提高自动制图的精度，也必将带动更多的细化指标参与到 LCCS 设计中。在实际的山地土地利用/覆被制图研究中，为了保证制图产品的时空连续性，一般不针对山地这一地理单元特别设计 LCCS，而是结合山地实际特点对 LCCS 中具体类别给予有针对性的界定和定义，从而更好地指导山地土地利用/覆被遥感监测工作。

参 考 文 献

董金玮, 匡文慧, 刘纪远. 2017. 遥感大数据支持下的全球土地覆盖连续动态监测. 中国科学: 地球科学, 48: 259-260.

侯婉, 侯西勇. 2018. 考虑湿地精细分类的全球海岸带土地利用/覆盖遥感分类系统. 热带地理, 38: 866-873.

李爱农, 江小波, 马泽忠, 等. 2003. 遥感自动分类在西南地区土地利用调查中的应用研究. 遥感技术与应用: 282-285, 353.

刘纪远, 匡文慧, 张增祥, 等. 2014. 20 世纪 80 年代末以来中国土地利用变化的基本特征与空间格局. 地理学报, 69: 3-14.

刘纪远, 张增祥, 徐新良, 等. 2009. 21 世纪初中国土地利用变化的空间格局与驱动力分析. 地理学报, 64: 1411-1420.

吴炳方, 包安明, 陈劲松, 等. 2017. 中国土地覆被. 北京: 科学出版社.

张景华, 封志明, 姜鲁光. 2011. 土地利用/土地覆被分类系统研究进展. 资源科学, 33: 1195-1203.

张磊, 吴炳方, 李晓松, 等. 2014. 基于碳收支的中国土地覆被分类系统. 生态学报, 34: 7158-7166.

张增祥, 汪潇, 温庆可, 等. 2016. 土地资源遥感应用研究进展. 遥感学报, 20: 1243-1258.

Anderson J R. 1976. A land use and land cover classification system for use with remote sensor data. Washington, US Govternment Print off.

Arino O, Bicheron P, Achard F, et al. 2008. GLOBCOVER The most detailed portrait of Earth. ESA Bulletin- European Space Agency, 136: 24-31.

Bartholome E, Belward A S. 2005. GLC2000: a new approach to global land cover mapping from Earth observation data. International Journal of Remote Sensing, 26: 1959-1977.

Bian J H, Li A N, Wang Q F, et al. 2015. Development of Dense Time Series 30-m Image Products from the Chinese HJ-1A/B Constellation: A Case Study in Zoige Plateau, China. Remote Sensing, 7: 16647-16671.

Chen J, Chen J, Liao A P, et al. 2015. Global land cover mapping at 30 m resolution: A POK-based operational approach. ISPRS Journal of Photogrammetry and Remote Sensing, 103: 7-27.

Claverie M, Ju J, Masek J G, et al. 2018. The Harmonized Landsat and Sentinel-2 surface reflectance data set. Remote Sensing of Environment, 219: 145-161.

Defourny P, Bontemps S, Lamarche C, et al. 2016. Land Cover CCI: Product User Guide Version 2.0. from http://maps.elie.ucl.ac.be/CCI/ viewer/download/ESACCI-LC-PUG-v2.5.pdf.

Di Gregorio A. 2005. Land Cover Classification System: Classification Concepts and User Manual: LCCS. Rome: Food and Agriculture Organization of the United Nations.

Dwyer J L, Roy D P, Sauer B, et al. 2018. Analysis Ready Data: Enabling Analysis of the Landsat Archive. Remote Sensing, 10: 1363.

Girard M-C, Girard C, Courault D, et al. 2018. Corine Land Cover. Processing of Remote Sensing Data. Girard M-C and Girard C. London, Routledge: 331-344.

Giri C, Pengra B, Long J, et al. 2013. Next generation of global land cover characterization, mapping, and monitoring. International Journal of Applied Earth Observation and Geoinformation, 25: 30-37.

Gomarasca M A. 2009. Land Use/Land Cover Classification Systems. Basics of Geomatics. Dordrecht,

Springer Netherlands: 561-598.

Gong P, Liu H, Zhang M, et al. 2019. Stable classification with limited sample: transferring a 30-m resolution sample set collected in 2015 to mapping 10-m resolution global land cover in 2017. Science Bulletin, 64: 370-373.

Gong P, Wang J, Yu L, et al. 2013. Finer resolution observation and monitoring of global land cover: first mapping results with Landsat TM and ETM+data. International Journal of Remote Sensing, 34: 2607-2654.

Gorelick N, Hancher M, Dixon M, et al. 2017. Google Earth Engine: Planetary-scale geospatial analysis for everyone. Remote Sensing of Environment, 202: 18-27.

Guo H. 2017. Big data drives the development of Earth science. Big Earth Data, 1: 1-3.

Hansen M C, Defries R S, Townshend J R G, et al. 2000. Global land cover classification at 1km spatial resolution using a classification tree approach. International Journal of Remote Sensing, 21: 1331-1364.

Huang B, Zhao B, Song Y. 2018. Urban land-use mapping using a deep convolutional neural network with high spatial resolution multispectral remote sensing imagery. Remote Sensing of Environment, 214: 73-86.

Jaffrain G, Sannier C, Pennec A, et al. 2017. CORINE land cover 2012 final validation report. Retrieved 2020-1-2, from https://land.copernicus.eu/user-corner/technical-library/clc-2012-validation-report-1.

Joshi N, Baumann M, Ehammer A, et al. 2016. A Review of the Application of Optical and Radar Remote Sensing Data Fusion to Land Use Mapping and Monitoring. Remote Sensing, 8: 70.

Kobayashi T, Tateishi R, Alsaaideh B, et al. 2017. Production of Global Land Cover Data - GLCNMO2013. Journal of Geography and Geology, 9: 1-15.

Lei G B, Li A N, Bian J H, et al. 2016. Land Cover Mapping in Southwestern China Using the HC-MMK Approach. Remote Sensing, 8: 305.

Lei G B, Li A N, Bian J H, et al. 2020. The roles of criteria, data and classification methods in designing land cover classification systems: evidence from existing land cover data sets. International Journal of Remote Sensing, 41: 5062-5082.

Liu J Y, Zhang Z X, Xu X L, et al. 2010. Spatial patterns and driving forces of land use change in China during the early 21st century. Journal of Geographical Sciences, 20: 483-494.

Loveland T R, Reed B C, Brown J F, et al. 2000. Development of a global land cover characteristics database and IGBP DISCover from 1 km AVHRR data. International Journal of Remote Sensing, 21: 1303-1330.

Luo N X, Wan T L, Hao H X, et al. 2019. Fusing High-Spatial-Resolution Remotely Sensed Imagery and OpenStreetMap Data for Land Cover Classification Over Urban Areas. Remote Sensing, 11: 88.

Massey R, Sankey T T, Yadav K, et al. 2018. Integrating cloud-based workflows in continental-scale cropland extent classification. Remote Sensing of Environment, 219: 162-179.

Mayaux P, Eva H, Gallego J, et al. 2006. Validation of the global land cover 2000 map. IEEE Transactions on Geoscience and Remote Sensing, 44: 1728-1739.

Nguyen L H, Joshi D R, Clay D E, et al. 2020. Characterizing land cover/land use from multiple years of Landsat and MODIS time series: A novel approach using land surface phenology modeling and random forest classifier. Remote Sensing of Environment, 238: 111017.

Roy D P, Ju J C, Kline K, et al. 2010. Web-enabled Landsat Data (WELD): Landsat ETM plus composited mosaics of the conterminous United States. Remote Sensing of Environment, 114: 35-49.

Santoro M, Kirches G, Wevers J, et al. 2017. Land Cover CCI product user guide version 2.0. Retrieved 2020-1-2, from http://maps.elie.ucl.ac.be/CCI/viewer/download/ESACCI-LC-Ph2-PUGv2_2.0.pdf.

Scepan J. 1999. Thematic validation of high-resolution global land-cover data sets. Photogrammetric Engineering and Remote Sensing, 65: 1051-1060.

Tateishi R, Uriyangqai B, Al-Bilbisi H, et al. 2011. Production of global land cover data - GLCNMO. International Journal of Digital Earth, 4: 22-49.

White K, Pontius J, Schaberg P. 2014. Remote sensing of spring phenology in northeastern forests: A comparison of methods, field metrics and sources of uncertainty. Remote Sensing of Environment, 148: 97-107.

Wu C Y, Gonsamo A, Gough C M, et al. 2014. Modeling growing season phenology in North American forests using seasonal mean vegetation indices from MODIS. Remote Sensing of Environment, 147: 79-88.

Wulder M A, Coops N C, Roy D P, et al. 2018. Land cover 2.0. International Journal of Remote Sensing, 39: 4254-4284.

Yan W Y, Shaker A, El-Ashmawy N. 2015. Urban land cover classification using airborne LiDAR data: A review. Remote Sensing of Environment, 158: 295-310.

Yang L, Jin S, Danielson P, et al. 2018. A new generation of the United States National Land Cover Database: Requirements, research priorities, design, and implementation strategies. ISPRS Journal of Photogrammetry and Remote Sensing, 146: 108-123.

Zhang W, Li A, Jin H, et al. 2013. An Enhanced Spatial and Temporal Data Fusion Model for Fusing Landsat and MODIS Surface Reflectance to Generate High Temporal Landsat-Like Data. Remote Sensing, 5: 5346-5368.

Zimble D A, Evans D L, Carlson G C, et al. 2003. Characterizing vertical forest structure using small-footprint airborne LiDAR. Remote Sensing of Environment, 87: 171-182.

第4章 山地土地利用/覆被样本库

4.1 引 言

土地利用/覆被样本是土地利用/覆被遥感监测重要的基础数据之一（Zhao et al., 2014）。它一方面被用作训练样本，以构建土地利用/覆被自动分类模型及变化检测模型；另一方面被用作验证样本，以评估土地利用/覆被遥感监测产品的精度。样本的数量和质量将直接影响到科学数据集产品最终的精度（Li et al., 2017）。

当前，由于地形对道路的阻隔，山区交通通达性差，山地土地利用/覆被样本获取的难度和挑战更大。如何采集到统计上合理、分布上均匀、质量上可靠的样本是山地土地利用/覆被遥感监测亟须解决的难题之一。

山地土地利用/覆被样本库的构建并非一蹴而就，往往需要数年、数十年，乃至几代科学家长期积累方能成就。由于样本采集的时间跨度大，不同项目对样本的需求可能发生变化，最终引起采集样本的分类系统、属性信息等前后不一致的问题。为了有效地管理并实现样本最大化地利用，就需要设计能够兼容历史调查样本的土地利用/覆被样本管理数据库，并实现样本的按需定制。

综上所述，本章以山地土地利用/覆被样本采集和管理为主线，系统介绍土地利用/覆被样本数据的获取方式（4.2节）、山地土地利用/覆被样本野外采集系统（4.3节）和山地土地利用/覆被样本管理系统（4.4节）。

4.2 土地利用/覆被样本数据获取方式

伴随着土地利用/覆被遥感监测需求的变化以及相关采样技术的进步，先后出现了三种土地利用/覆被样本获取方式：野外调查、高分辨率遥感影像目视解译和众包技术（Crowdsourcing）（Lei et al., 2020）。

在遥感技术出现之前，土地利用/覆被制图以野外调查和填图为主要技术手段，此阶段基本无须依托样本采集。在遥感技术出现的早期，土地利用/覆被遥感制图更多采用人工目视判读的方式，需要依托野外调查获取土地利用/覆被解译标志库。随着土地利用/覆被制图逐步从人工目视判读向自动制图演变，样本在制图工作中的重要性越来越凸显。但受制于早期遥感影像较低的空间分辨率，尚无法直接通过对影像的解译获得足够准确的样本，野外调查仍然是自动制图早期阶段获取土地利用/覆被样本库的主要方式。随着遥感影像空间分辨率的逐步升高，以及一些高空间分辨率影像共享平台（如 Google Earth）的出现，基于高分辨率遥感影像的目视解译方法不断被采用。

随着土地利用/覆被遥感自动制图的空间分辨率越来越高,对土地利用/覆被样本量的需求也越来越大,单纯依赖一个项目获取满足自动制图的样本量难度越来越大,样本的重用和样本的共享逐步受到重视,众包获取方式伴随而来,也为样本共享和重用提供了一种可行的解决方案。

4.2.1　土地利用/覆被野外调查

土地利用/覆被野外调查是获取土地利用/覆被样本最直接最可信的手段。它易于实施,可以帮助制图人员直接了解区域土地利用/覆被的真实状况和总体特征。其缺点也显而易见,一方面,受制于地形和道路通达性,一些区域难以开展调查工作,并影响样点在空间分布上的代表性;另一方面,大范围调查往往耗时、耗力,所需成本也很高。当研究区域较小时,野外调查是较为适宜的方式,有助于制图人员对区域实际情况的把握。当研究区域较大(国家尺度、全球尺度)时,调查的成本迅速上升,往往难以大面积开展,仅能在一些制图的难点和盲点区域开展局部范围的野外调查工作。

土地利用/覆被野外调查主要沿道路开展。为保证调查时所拍摄照片的质量,并减少道路两侧行道树的干扰,调查一般避开高速公路,选择在国道和省道开展,且车速较慢。对于山区一些交通基础设施相对落后的区域,为尽可能保证样本的空间代表性,也会选择县道和乡道开展调查工作。调查一般采用不停车调查方式,即到达调查点位,快速记录空间位置信息、土地利用/覆被类型信息和实地照片信息(图 4.1),待回到室内再通过比对将样点手动移动到对应的位置。

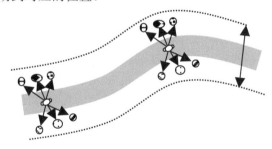

图 4.1　土地利用/覆被野外样点调查方式

野外调查除了全面获取区域土地利用/覆被样点外,还承担对分类难点区域、具有特殊影像光谱特征的区域以及土地利用/覆被存在潜在变化等重点区域的调查任务。针对这些任务,对于道路两侧目视范围内步行能在短时间内到达的区域,则需要到达样本所在区域,记录样本的空间位置、土地利用/覆被类型、照片等信息。对于偏离调查路线或短时间内难以到达的区域,将借助无人机遥感技术获取样点所在区域的低空真彩色影像,通过室内判读确定其样本属性。

为了便于野外土地利用/覆被科学考察工作的开展,一些 GIS 软件中嵌入了野外调查模块(如 ESRI 公司在 ArcMap 软件中嵌入的 GPS Tool 模块),或者开发了独立的野外调查软件或 APP(如 ESRI 公司的 ArcPad、Trimble 公司的 TerraSync 和北京超图软件股份有限公司的 eSuperMap 和南京跬步科技有限公司的 UCMAP 等）以辅助野外调查。这些移动式野外土地利用/覆被采样方式大多以手机、平板电脑等便携式移动设备为载体，能一体化地收集样点的空间位置信息、属性信息和图像信息，采集的数据也可以直接通过移动通信网络上传到云服务中心，从而有效提高野外采样效率、丰富野外采样信息量。

4.2.2　高分辨率遥感影像目视判读

高分辨率遥感影像目视判读方法（简称：目视判读法）是获取土地利用/覆被样本最简单的方式。相对于野外调查来说，目视判读法获取样本的人力和时间成本相对较低，但它对解译人员的要求很高。解译人员除了需要具备丰富的解译经验外，还需要熟悉解译区域的土地利用/覆被状况。考虑到不同解译人员的经验储备和认知能力存在差异，他们对同一地物的判读结果可能存在偏差。当目标区域的地表异质性越复杂，解译人员判读结果存在分歧的可能性越大，样本的不确定性就越高。为了减少解译人员的主观性对样本质量的影响，在目视解译阶段常采用多人独立重复解译的方式。通过对比判读结果，定量评价各个样本的不确定性大小。当所有解译人员的解译结果一致时，可认为该样本的不确定性小，可以用于土地利用/覆被分类模型构建；反之不确定性大，需要重新解译以降低不确定性，或者直接剔除。

样本的空间分布是目视判读法另一个需要关注的因素（Stehman，2009）。通常情况下，均匀采样、随机采样和随机分层采样是最常用的样点布设方式（李爱农等，2016）。

均匀采样常采用规则格网法，它首先将研究区划分为一系列规则的格网，如正方形、正六边形等，然后在各个格网内按照一定规则获取一定数量的样本（Gong et al.，2013）。格网的大小则根据样本需求总量予以确定。格网内样点的空间位置多采用面积占优法确定，即先大致确定各格网内主要的土地利用/覆被类型（面积占比较大），再将这些主要土地利用/覆被类型集中分布区的几何中心定义为样本的空间位置（图 4.2）。对于一些面积难以占优的土地利用/覆被类型，如河流、城镇等，则在其集中分布区适当增加采集样本量。格网内样点的个数可根据格网内景观异质性大小适当调整。当格网内景观异质度高，则适当增加样本量；当格网内景观较为单一，则适当减少样本量。

随机采样方式最为简单，根据样本需求总量，在研究区内随机生成指定数量的样本点。随机分层采样则需要有先验知识和辅助数据参与（Stehman et al.，2011）。首先，根据先验信息和数据将研究区划分为若干个子区域（即分区），再根据样本需求总量，确定各子区域的样本量，最后采用随机采样的方式在各子区域内生成指定数量的样本点。

在实际工作中，当制图区域具有较好的研究基础和积累时，分层随机采样方法能最大限度地保证样本的随机性，是目视判读法的首选。当制图区域研究基础薄弱或对区域土地利用/覆被状况了解较少时，基于规则格网的均匀采样法能最大程度保证各土地利用/覆被类型的样本量与其真实比例保持一致。

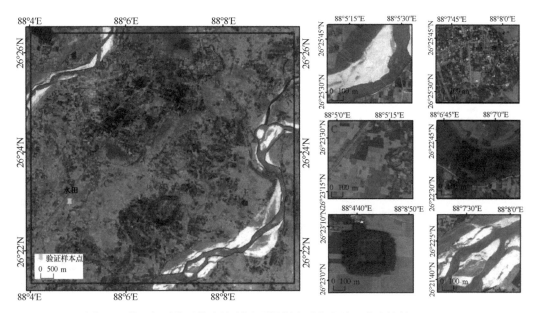

图 4.2　基于规则格网的土地利用/覆被样本采集方法（曹小敏等，2016）

红色方框代表 10km×10km 的规则格网，影像为 Google Earth 平台提供的真彩色卫星影像，

A-河漫滩，B-居住地，C-水田，D-湖泊，E-常绿阔叶林，F-河流

当前，一些辅助性的样本采集软件或系统被先后开发并发布，可以帮助制图者高效地利用多源遥感影像获取土地利用/覆被样本。例如，为生产全球 30m 分辨率土地覆被数据集 FROM-GLC，宫鹏教授团队开发了 Global Mapper（GM）工具软件用于全球范围训练样本的采集（Gong et al.，2013）。这些软件最大的特点是能将多种不同来源、不同时相的遥感影像综合集成，一方面通过系统集成提高解译效率，另一方面多源信息的综合有利于解译者提高解译精度。

4.2.3　众包技术

当制图区域不断扩大，甚至扩大到全球土地利用/覆被制图时，所需的训练和验证样本的数量也随之增加，单个研究团队已经很难在有限的成本、人力和时间内获取足够数量的样本（Stehman et al.，2018）。如何调动更多的人员参与到样本的获取过程中，并能保证样本的质量，成为该领域科技工作者考虑的方向，众包技术（Crowdsourcing）在此背景下产生，并不断发展（Fritz et al.，2009）。众包主要指通过调动分布在全球不同区域的志愿者，通过一个统一的平台和统一的采集规范采集各自熟悉区域的土地利用/覆被样本并上传，后台管理者对上传的样本信息审核后发布使用的一种土地利用/覆被样本获取方式。该方式充分地利用了互联网资源，充分发挥分布在全球各地的志愿者，从而大大提高样本的数量和覆盖区域；同时，审核通过的样本将公开发布，将最大化地提高样本的重复利用率和使用价值；也将增强志愿者的积极性，大家为了同一个共同目标互帮互助，提高了平台的可持续更新能力。当前，有多个众包平台已上线，例如 Geo-Wiki（图 4.3）（Fritz et al.，2012）。

图 4.3　Geo-Wiki 网站首页（http://geo-wiki.org）

众包方式已逐渐成为获取大区域土地利用/覆被样本数据集的一种有效手段,但仍然面临一些问题:

（1）样本的质量控制仍然面临挑战。由于地表真实土地利用/覆被状况的复杂性,再加上志愿者专业背景的局限性,志愿者对于土地利用/覆被类型的认识会存在偏差,而这些偏差引入到样本中会增加分类制图的不确定性。样本质量审核是当前提高样本质量的有效方式（Salk et al.,2016）,但一个成功的众包工具,每天都会上线大量的样本,质量审核工作量也很大。基于大数据和深度学习技术,发展基于图片的土地利用/覆被类型自动识别方法,有可能是完善该项工作的有效途径。

（2）如何提高志愿者参与的积极性有待解决。志愿者参与是众包方式成败的关键,如何从终端设计上帮助志愿者提高对土地利用/覆被采样的专业认识是必要的,一个充满吸引力的愿景,一个充满参与感的交互式设计,一个从互帮互助中获得实效的感觉,一款易操作、充满乐趣的终端 APP 工具,都是一款众包设计软件成功的重要基础。一方面,给予奖励或者在数据使用上给予优先权,提高志愿者参与意愿;另一方面,需要通过国际合作,与地方管理部门建立联系,借用当地管理者和科学家吸纳更多的普通民众参与其中。

4.3　山地土地利用/覆被样本野外采集系统

山区地形复杂,河流、悬崖、峭壁众多,常阻碍野外调查人员抵达视野能及的位置。若不采集这些位置的土地利用/覆被信息,会降低土地利用/覆被样点的空间代表性。当前存在的野外采样系统,都不能在不接触目标的情况下获取远目标的空间信息。因此,如何在不接触目标获取远目标的空间信息成为了山地土地利用/覆被野外采样的难题。为解决这一难题，同时满足野外信息采集高效率、低成本、采集信息规范统一的要求，我们以移动式客户端为工作平台，设计了一款专门适用于山地复杂地表的非接触土地利用/覆被野外采样系统（谢瀚等，2016）。

4.3.1 采 样 原 理

根据与采样人员之间的距离，我们将山地土地利用/覆被样点划分为近目标和远目标。近目标即采样人员手持移动电子设备可以到达并与之接触的土地利用/覆被样本，如道路两侧的耕地、居住地和草地等。远目标指采样人员难以接触甚至不能接触但在移动设备内置摄像头中能清晰成像的土地利用/覆被样本，如河流对岸、山顶、陡坡上的地物。为同时获取这两种目标的空间信息，该系统设计了单点采样和交会采样两种模式。单点采样面向近目标，而交会采样面向远目标。

1. 单点采样

单点采样是一种通过手持移动设备直接获取土地利用/覆被样点信息的采样方法。它结合 GPS 技术、VIDEO 技术和数据库技术以及互操作技术，实现自动获取山地土地利用/覆被的空间信息和图像信息，并一体化地采集属性信息。

2. 交会采样

与单点采样相同，交会采样可以获取远目标的属性信息和图像信息，区别在于交会采样是在不接触土地利用/覆被样点的情况下获取其空间坐标。交会采样基于测量学中交会测量原理，结合 GPS 定位和三维电子罗盘定向技术获取远目标的地理坐标，其工作原理见图 4.4。

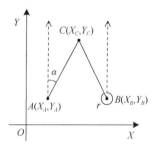

图 4.4　交会测量原理示意图

首先，利用移动设备内置的 GPS 定位功能获取 A、B 两点的地理坐标，再利用内置的电子罗盘获取 $\overrightarrow{AC}$、$\overrightarrow{BC}$ 相对于正北方向的夹角 α、r，最后根据式（4.1）和式（4.2）解算远目标的平面坐标。

$$Y_C = \frac{X_B - X_A - \tan r \times Y_B + \tan \alpha \times Y_A}{\tan r - \tan \alpha} \tag{4.1}$$

$$X_C = \frac{\tan \alpha \times X_A - \tan r \times X_B - \tan \alpha \times \tan r \times (Y_A - Y_B)}{\tan r - \tan \alpha} \tag{4.2}$$

其中，A、B 代表交会采样中交会点所在位置，C 代表待采集的土地利用/覆被样点；α、r 分别代表 $\overrightarrow{AC}$ 的方位角与 $\overrightarrow{BC}$ 的方位角，其中 Y 坐标轴正方向表示正北方向；(X_A, Y_A) 和 (X_B, Y_B) 代表交会点 A、B 在 X 方向和 Y 方向上的平面坐标；X_C、Y_C 分别代表待采集土地利用/覆被样点的平面坐标。

4.3.2　野外采样系统介绍

基于 Java 语言和 ArcGIS API for Android，我们研发了山地地表覆被野外采样系统（界面如图 4.5 所示）。该系统包含数据采集模块、数据管理模块、数据分析模块、数据信息共享模块以及系统帮助模块，具体功能如图 4.6。

图 4.5　山地地表覆被野外采样系统界面

1. 数据采集模块

数据采集模块是野外采集系统的核心，包括单点采样和交会采样两种采集方式，采集空间位置信息、土地利用/覆被类别属性信息和照片信息。单点采样时采样地点的位置尽可能位于所在区域面积最大的土地利用/覆被类型的中心，样点的空间位置信息则利用移动终端内置设备获取。交会采样时 A、B 两个观测点的距离（交会间距）需尽可能大，样点的位置信息通过上一节所述的式（4.1）和式（4.2）解算得到。两种采集方式的照片信息均利用内置摄像头获取，并通过人机交互模式录入采集样本的土地利用/覆被属性信息。

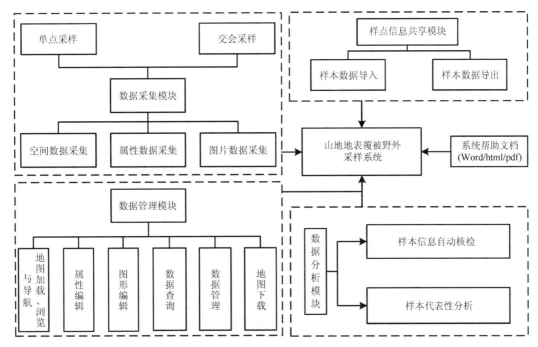

图 4.6　山地土地利用/覆被野外采样系统主要功能模块

2. 数据管理模块

数据管理模块提供地图加载、浏览与导航、属性编辑、图形编辑、数据查询、数据管理以及地图下载等功能。其中，数据查询功能可以根据用户自定义的查询条件，从已有的历史土地利用/覆被样本数据库中查询到满足查询条件的样本。数据管理功能主要提供样本点的修改、更新、删除和添加等功能。

3. 数据分析模块

数据分析模块包括样点信息自动检核功能和样本代表性分析功能。样点信息自动检核功能以参考土地利用/覆被数据为基础数据，与野外采样数据自动对比并标记出与参考土地利用/覆被数据中不一致的样点，待人工进一步核查和修改。样本代表性分析通过对比样本库中土地利用/覆被样本结构与参考土地利用/覆被数据中土地利用/覆被样本结构的一致性来表达。

4. 样点信息共享模块

样点信息共享模块包括样本数据导出和样本数据导入两大功能。前者能够将野外采集样本信息转化为 ArcGIS、MapGIS、SuperMap 等常用 GIS 软件直接使用的矢量文件。后者主要实现历史土地利用/覆被野外采集样本的统一管理，能够将常用的矢量文件自动导入到系统中，并将其归一化到统一的坐标系统。

5. 系统帮助模块

系统帮助模块为操作人员提供了山地土地利用/覆被采样系统软件使用说明书，包括.pdf、.doc 和.html 三种格式的帮助文档。

4.3.3　野外采样系统精度测试

山地土地利用/覆被采样系统是在满足一般土地利用/覆被野外采样基础上，针对山地复杂地貌而设计的采样系统。为验证该系统能否采集不同坡度、不同距离的土地利用/覆被样本,研发人员选择了土地利用/覆被类型丰富的平原地区和不同坡度的山区对系统进行了测试。结合成都市及其周边地区的土地利用/覆被空间分布图、谷歌影像及 DEM，在成都市下辖的新津县、雅安市下辖的荥经县和拖乌山选择了三个测试样区，样区的空间分布及实地特征见图 4.7 和表 4.1。

图 4.7　山地土地利用/覆被采样系统精度测试样区空间分布
①目标距离采样人员约 50m；②目标距离采样人员约 100m；③目标距离采样人员约 150m；④目标距离采样人员约 200m

表 4.1　山区土地利用/覆被采样系统精度测试样区状况

测试样区	坡度/（°）	地区类型	包含土地利用/覆被类型
新津县	<5	平原	
拖乌山	5~10	山地	林地、灌木林、草地、河流、水库/坑塘、耕地、园地、居住地、工业用地
荥经县	5~30	山地	

1. 测试方法

西南山地土地利用/覆被制图使用 Landsat、HJ 等 30m 空间分辨率影像为主要数据源，所以在系统测试中，当土地利用/覆被样点坐标的误差在 30 m 以内时，即样点采样精度在一个像元以内，我们认为样点数据满足土地利用/覆被野外调查的需求。

在野外空旷区域，手持移动设备内置 GPS 定位精度优于 15 m，因此基于单点采样模式获取的采样点的空间位置无需验证。而交会采样获取的采样点坐标精度受电子罗盘仪测角和 GPS 定位的影响，因此需要验证交会采样获取样点的平面坐标与其真实平面坐标是否一致。考虑到目标真实平面坐标难以获取，测试中以天宝 GPS（GEOXT2008）和同款 GPS 获取的经纬度作为标准，其中，天宝 GPS 指 Trimble 导航公司生产的 GPS，其定位精度达到亚米级；同款 GPS 指与安装了采样系统的移动设备同一型号的其他移动设备内置的 GPS。根据式（4.3）~式（4.6）分别计算交会采样获取样点坐标与天宝 GPS 测量样本点坐标的距离误差 D_t、与同款 GPS 获取样本点坐标的距离误差 D_p。

$$d_{xt} = X_o - X_t \qquad d_{xp} = X_o - X_p \qquad (4.3)$$

$$d_{yt} = Y_o - Y_t \qquad d_{yp} = Y_o - Y_p \qquad (4.4)$$

$$D_t = \sqrt{d_{xt}^2 + d_{yt}^2} \qquad (4.5)$$

$$D_p = \sqrt{d_{xp}^2 + d_{yp}^2} \qquad (4.6)$$

式中，X_o、Y_o 代表交会采样获取样本点的平面坐标；X_t、Y_t 代表天宝 GPS 获得样本点的平面坐标；X_p、Y_p 代表同款 GPS 获得样本点的平面坐标。

验证数据获取：首先，在样区设立标杆，标杆与采集人之间的距离分别设置为 50m、100m、150m、200m，运用交会采样方法采集以上 4 种目标的经纬度，并记录采样点的坐标信息和属性信息；然后将记录的经纬度转换为横轴墨卡托投影下的平面坐标 (X, Y)，并分别计算交会采样与天宝 GPS、同款 GPS 获取远目标的坐标之间的距离误差；最后，根据上述精度评价方法评估采样精度，从而确定软件系统运行的可靠性和实用性。

2. 野外采样系统测试结果

根据上述测试方法分别计算交会采样获取的土地利用/覆被样点坐标与同款 GPS、天宝 GPS 获取的坐标之间的距离误差，结果见表 4.2 所示，详细分析请参考论文（谢瀚等，2016）。

表 4.2　各样区采样系统得到的样本点位置偏差状况　　　　（单位：m）

位置	测量次数	50 m			100 m			150 m			200 m		
		D_t	D_p	S	D_t	D_p	S	D_t	D_p	S	D_t	D_p	S
新津县	1	12.86		29.64	16.66		49.38	47.88		37.01	25.25		47.05
	2	6.92		42.71				29.54		68.17	36.12		26.70
	3	8.74		22.55				30.91		68.17			
荥经县	1	5.92	9.05	32.51	14.01	17.4	38.76	43.94	46.12	34.73	1.65	4.55	34.81
	2	5.11	6.19	41.75	12.66	16.81	55.30	24.25	26.47	39.68	16.44	20.75	36.62
	3	15.17	14	35.93	3.07	1.63	68.27	8.34	6.1	57.70	17.08	21.54	60.16
拖乌山	1	7.34	12.15	39.49	17.25	16.97	38.07	30.79	30.01	30.97	14.1	13.9	42.18
	2	9.2	18.59	48.53	17.45	21.28	34.39	42.06	42.07	25.45	8.15	8.89	40.72
	3	5.88	16.01	52.10	2.47	7.39	43.38	13.09	13.41	37.13	8.25	9.71	40.83

注：S 代表交会间距，即交会点 A 与 B 间的距离。

交会采样获取远目标的平面坐标与同款 GPS 测量其平面坐标之间的距离平均误差为 16.71 m，范围 1.63～46.12 m。交会采样获取远目标的平面坐标与天宝 GPS 测量其平面坐标之间的距离平均误差为 13.78 m，范围为 1.65～43.94m。距离误差与测量人员到目标物之间的距离无明显关系。

图 4.8 表示交会间距与测量误差的关系。当交会间距 S 越大，D_t、D_p 误差越小。当 S 大于 35 m 时，D_t、D_p 均小于 30 m，正好满足以 30m 分辨率卫星影像数据开展山地土地利用/覆被遥感监测对样本定位精度的需求。因此，在交会采样模式下，软件设置最小采样间距为 35 m，即当点 A 与 B 之间的间距小于 35m 时采样无效并提示。

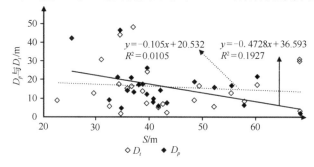

图 4.8 交会间距与测量误差的关系

4.4 土地利用/覆被样本管理系统

为了能够将多源、异构、多期土地利用/覆被样本有效管理和应用，我们开发了土地利用/覆被样本管理系统。该系统为有效管理存档和实时采集的土地利用/覆被样本提供了平台支撑。

4.4.1 土地利用/覆被样本管理系统设计

土地利用/覆被样本管理系统以样本数据的管理为基础，以样本查询和可视化浏览为核心，以土地利用/覆被产品精度和可靠性验证为目标。现阶段，管理系统的主要任务体现在：①多源异构数据整理并有效集成转换；②科学数据存储组织；③样本数据特征浏览、查询；④土地利用/覆被分类产品精度验证。

1. 系统架构设计

土地利用/覆被样本管理系统基于客户端/服务器（C/S）架构，集成了 GIS 技术、空间数据库技术和图形显示技术，具有数据管理、样本浏览、数据查询、统计分析等功能（景金城等，2019）。系统开发过程中采用多层架构，系统总体架构由数据层、逻辑层和应用层三部分组成（吴立宗等，2010），如图 4.9 所示。数据层提供多源属性信息和矢量图形，负责数据的存储管理和维护工作，以及数据的访问分发。逻辑层快速响应服务请求，解析应用层的执行操作，进行数据的响应和调度，完成相应的空间分析和计算操作，同时借助 MapWinGIS 组件实现样本可视化浏览和矢量编辑。应用层是管理系统的人机交互接口，用于多源数据输入输出、属性编辑、可视化显示等。所有属性数据和矢量数据存储于空间数据库，照片存储在 FTP 文件系统，通过索引和地址关联。

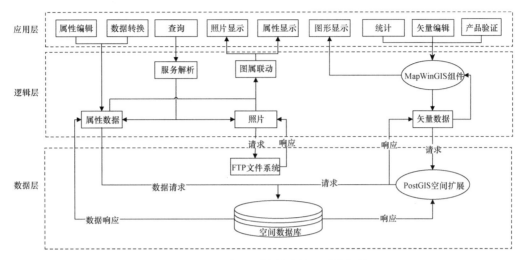

图 4.9　土地利用/覆被样本管理系统架构

2. 数据库设计

数据库设计包括逻辑设计和物理设计。逻辑设计将系统功能分为模型类、行为类和实体类三种。物理设计根据逻辑模型划分具体的表和视图，定义主、外键，建立对象之间的映射关系（尚庆生等，2013）。土地利用/覆被样本数据各实体类之间采用关系映射，主要包括关联和聚合两种，如图 4.10 所示。对于一对一关联，在表中用外键约束；一对多关联，"一"方作为"多"方表中的外键。行政区表、土地利用/覆被类型表、操作人员表都是静态配置信息，在建库时维护并作为字典表使用，其中操作人员表只提供增加和修改记录的功能。用样本信息表存储样本属性信息，便于查询、数据管理和维护。

3. 功能需求与设计

管理系统立足数据特点，科学管理使用数据，充分挖掘数据价值。围绕实现内容的不同划分两大功能模块：数据管理模块和基于 GIS 的数据分析模块。

（1）数据管理模块

数据管理模块主要实现数据建库、多源异构数据的集成转换、数据输入输出、字典表编辑、数据查询等功能。属性数据是对样本的土地利用/覆被类型和空间位置信息等的说明，数据的完善有助于快速检索样本数据。属性数据管理主要是检查多源异构数据的信息完整性，并及时进行信息完善。矢量数据借助 PostGIS 空间扩展模块，将存储的采样路线和样本数据输入到数据库中，同时能够进行编辑操作。数据库中的字典表，通过界面操作维护字典表内容。数据查询是数据管理应用的第一步，从数据库中筛选满足用户需求的样本集合输出到系统界面。

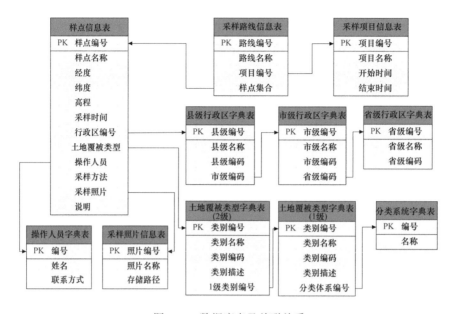

图 4.10　数据库表及关联关系

（2）基于 GIS 的数据分析模块

基于 GIS 的数据分析是管理系统的核心模块，主要包括可视化显示、样本统计分析、数据转换等功能。从数据库中读取用户选中样本，借助 MapWinGIS 地图控件，以点图层形式显示到地图中对应位置，系统主界面的属性信息窗口和图片窗口分别显示样本的属性说明信息和关联照片，同时支持用户通过地图选点的方式查看样本属性信息。

样本统计分析通过读取数据库中指定时间段或区域所有样本集合并显示到地图中，用户通过查看样本分布特征，判断样本分布是否合理。借助 MapWinGIS 工具，用户能够编辑点、线图层数据的记录，保存后输入输出。

数据转换功能分为不同土地利用/覆被类型转换、矢量数据提取样本信息和样本属性信息生成矢量文件三种。由于不同时期土地利用/覆被样本所采用的分类系统存在差异，不同分类系统之间不能直接转换，通过查询数据库中土地利用/覆被分类系统映射字典表，自动完成不同土地利用/覆被类型间的转换。矢量数据记录中包含着样本空间位置和关联照片等信息，逐条读取选中点的字段值输出到文件；对应地，通过读取属性表中空间位置和照片等信息，完善矢量数据字段值，实现属性信息到矢量文件的转换。

4.4.2　土地利用/覆被样本管理系统实现

按照系统架构设计，基于 MapWinGIS 开源包、开源空间数据库 PostgreSQL 和 FTP 文件传输技术等，将面向对象编程语言 C#作为开发语言，划分功能模块进行组件式开发，实现了土地利用/覆被样本管理系统。

1. 样本数据管理

样本管理系统中数据管理部分主要功能如图 4.11 所示。其中属性数据管理包括增、删、改，以及多源数据的输入输出。属性数据要保证空间位置和土地利用/覆被类型信息的完整性，以便不同土地利用/覆被类型之间转换。以矢量数据存储的样本信息，在系统主界面浏览、编辑、查询。为提高数据的查询效率，系统设置了多个查询关键词，如：土地利用/覆被类型查询、行政区域查询、时间段查询、项目和调查路线查询。为满足不同用户查询需求，系统同时支持组合查询、图查属性和属性查图操作。

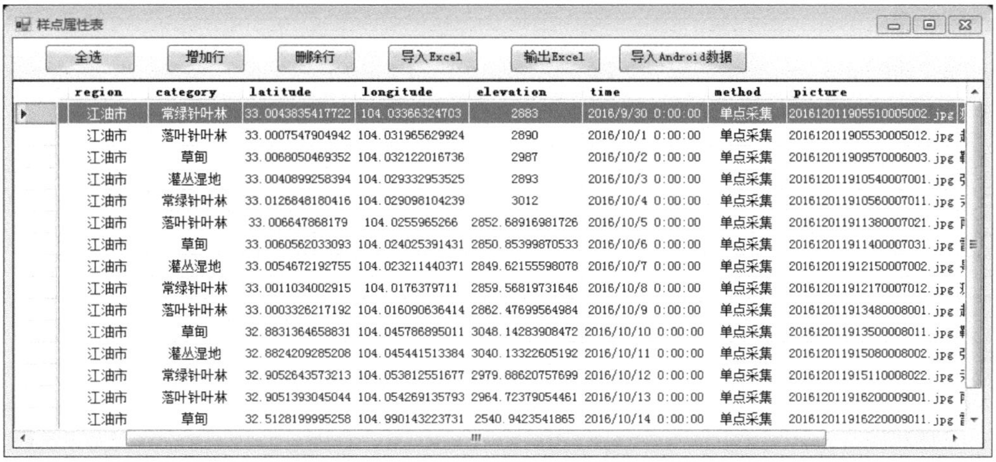

region	category	latitude	longitude	elevation	time	method	picture
江油市	常绿针叶林	33.0043835417722	104.03366324703	2883	2016/9/30 0:00:00	单点采集	201612011905510005002.jpg
江油市	落叶针叶林	33.0007547904942	104.031965629924	2890	2016/10/1 0:00:00	单点采集	201612011905530005012.jpg
江油市	草甸	33.0068050469352	104.032122016736	2987	2016/10/2 0:00:00	单点采集	201612011909570006003.jpg
江油市	灌丛湿地	33.0040899258394	104.029332953525	2893	2016/10/3 0:00:00	单点采集	201612011910540007001.jpg
江油市	常绿针叶林	33.0126848180416	104.029098104239	3012	2016/10/4 0:00:00	单点采集	201612011910560007011.jpg
江油市	落叶针叶林	33.006647868179	104.0255965266	2852.68916981726	2016/10/5 0:00:00	单点采集	201612011911380007021.jpg
江油市	草甸	33.0060562033093	104.024025391431	2850.85399870533	2016/10/6 0:00:00	单点采集	201612011911400007031.jpg
江油市	灌丛湿地	33.0054672192755	104.023211440371	2849.62155598078	2016/10/7 0:00:00	单点采集	201612011912150007002.jpg
江油市	常绿针叶林	33.0011034002915	104.0176379711	2859.56819731646	2016/10/8 0:00:00	单点采集	201612011912170007012.jpg
江油市	落叶针叶林	33.0003326217192	104.016090636414	2862.47699564984	2016/10/9 0:00:00	单点采集	201612011913480008001.jpg
江油市	草甸	32.8831364658831	104.045786895011	3048.14283908472	2016/10/10 0:00:00	单点采集	201612011913500008011.jpg
江油市	灌丛湿地	32.8824209285208	104.045441513384	3040.13322605192	2016/10/11 0:00:00	单点采集	201612011915080008002.jpg
江油市	常绿针叶林	32.9052643573213	104.053812551677	2979.88620757699	2016/10/12 0:00:00	单点采集	201612011915110008022.jpg
江油市	落叶针叶林	32.9051393045044	104.054269135793	2964.72379054461	2016/10/13 0:00:00	单点采集	201612011916200009001.jpg
江油市	草甸	32.5128199995258	104.990143223731	2540.9423541865	2016/10/14 0:00:00	单点采集	201612011916220009011.jpg

图 4.11　土地利用/覆被样本属性管理

2. 样本数据可视化表达

借助 MapWinGIS 地图控件，充分表达了土地利用/覆被样本属性、空间位置和照片信息三位一体的特征（图 4.12）。系统主界面提供样本定位、属性信息显示、照片预览功能。样本选取可通过地图窗口或者属性窗口完成，样本选中时，地图位置、属性和照片同步更新，且地图窗口以选中点为中心缩放到当前区域或最大级别。地图窗口完成简单的地图浏览功能，同时控制矢量图层编辑，提供多源数据的支持。根据限定查询条件的不同，筛选出符合条件的样本显示到地图窗口，对应照片集合显示在图片窗口，可翻页查看。图层管理窗口以点图层和线图层的方式存储样本和路线集合，通过编辑图层，控制图层显隐，调整颜色配置，设置点要素大小、线要素宽度，修改图层属性字段值。

3. 数据转换

不同土地利用/覆被类型之间的数据转换是样点库使用的基础。通过调用不同土地利用/覆被类型之间的映射关系字典表，输出用户需要的数据转换结果。系统提供了矢量转属性表和样点记录转矢量的方法，进一步完善了系统功能。矢量转属性表，在多源数据集成中，及时增加属性记录到数据表中，确保数据查询的完整性。属性数据转矢量，既给用户提供了直观的显示效果，同时将矢量图层保存输出，便于进行其他相关操作。

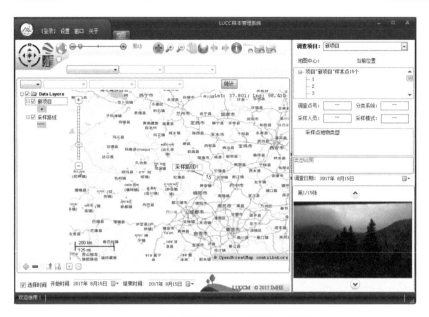

图 4.12 土地利用/覆被样本管理系统界面

4.5 小 结

山地土地利用/覆被样本实地采集面临地形、河流等阻隔，道路可达性差，增加了样本获取难度，降低了样本的空间代表性。我们在综合分析当前土地利用/覆被野外采集系统的基础上，基于测量学中的交会测量原理，构建了非接触的山地土地利用/覆被采样系统，能够在不到达样本位置的情况下，获取样本的空间位置信息，提高了山区土地利用/覆被样本信息准确获取能力。当样本越来越多时，如何有效管理不同分类系统、不同数据结构和编码格式的多期土地利用/覆被样本成为难题，我们进一步在分析各样本结构的基础上，开发了扩展性强、灵活度高的土地利用/覆被样本管理系统，解决了土地利用/覆被样本库管理问题。上述成果的算法原理发表了相应的学术论文（谢瀚等，2016），关键技术和系统获得了国家发明专利和软件著作权（李爱农等，2015；李爱农等，2018），以供不同目的的用户参考或授权使用。

参 考 文 献

曹小敏, 李爱农, 雷光斌, 等. 2016. 尼泊尔土地覆被遥感制图及其空间格局分析. 地球信息科学学报, 18: 1384-1398.

景金城, 唐斌, 南希, 等. 2019. 土地覆被样本管理系统设计与实现. 计算机工程与设计, 40: 596-601.

李爱农, 边金虎, 靳华安, 等. 2016. 山地遥感. 北京: 科学出版社.

李爱农, 谢瀚, 边金虎, 等. 2018-08-17. 一种基于 Pad 等移动电子设备的山区野外采样快速不接触定位方法: ZL201610000586.0.

李爱农, 谢瀚, 雷光斌, 等. 2015-01-05. 山地地表覆被野外采样系统: 2015SR043311.

尚庆生, 郭建文, 李建轩. 2013. 黑河流域生态水文观测数据库设计与优化. 遥感技术与应用, 28: 411-415.

吴立宗, 屈永华, 王亮绪, 等. 2010. 黑河综合遥感联合试验的数据管理与共享. 遥感技术与应用, 25: 772-781.

谢瀚, 李爱农, 汤家法, 等. 2016. 山地地表覆被野外采样系统研究及应用. 遥感技术与应用, 31: 430-437.

Fritz S, McCallum I, Schill C, et al. 2009. Geo-Wiki.Org: The Use of Crowdsourcing to Improve Global Land Cover. Remote Sensing, 1: 345-354.

Fritz S, McCallum I, Schill C, et al. 2012. Geo-Wiki: An online platform for improving global land cover. Environmental Modelling & Software, 31: 110-123.

Gong P, Wang J, Yu L, et al. 2013. Finer resolution observation and monitoring of global land cover: first mapping results with Landsat TM and ETM+ data. International Journal of Remote Sensing, 34: 2607-2654.

Lei G B, Li A N, Bian J H, et al. 2020. OIC-MCE: A Practical Land Cover Mapping Approach for Limited Samples Based on Multiple Classifier Ensemble and Iterative Classification. Remote Sensing, 12: 987.

Li C, Gong P, Wang J, et al. 2017. The first all-season sample set for mapping global land cover with Landsat-8 data. Science Bulletin, 62: 508-515.

Salk C F, Sturn T, See L, et al. 2016. Assessing quality of volunteer crowdsourcing contributions: lessons from the Cropland Capture game. International Journal of Digital Earth, 9: 410-426.

Stehman S V. 2009. Sampling designs for accuracy assessment of land cover. International Journal of Remote Sensing, 30: 5243-5272.

Stehman S V, Fonte C C, Foody G M, et al. 2018. Using volunteered geographic information (VGI) in design-based statistical inference for area estimation and accuracy assessment of land cover. Remote Sensing of Environment, 212: 47-59.

Stehman S V, Hansen M C, Broich M, et al. 2011. Adapting a global stratified random sample for regional estimation of forest cover change derived from satellite imagery. Remote Sensing of Environment, 115: 650-658.

Zhao Y Y, Gong P, Yu L, et al. 2014. Towards a common validation sample set for global land-cover mapping. International Journal of Remote Sensing, 35: 4795-4814.

第5章　山地土地利用/覆被遥感制图方法

5.1　引　　言

遥感技术、计算机技术、人工智能技术等持续发展，为土地利用/覆被遥感自动制图提供了新的思路和解决方案，带动了土地利用/覆被遥感自动制图研究的革新（Wulder et al.，2018；刘纪远等，2020）。然而，山地这一特殊的地理单元，孕育了不同于平坦地区的土地利用/覆被分布格局和特征，相对来说，其土地利用/覆被类型更加复杂和多样，发展自动制图技术要克服的困难也更多。比如，山地多变的气象条件，增加了山地遥感影像被云、雾覆盖的概率，导致可用于山地土地利用/覆被遥感制图的数据源更为缺乏；山地遥感影像地形辐射畸变更为突出，"同物异谱、异物同谱"现象更加普遍，提高了山地土地利用/覆被遥感制图的难度，降低了制图模型的精度；此外，山地地形以及河流等的阻隔，也加大了山地土地利用/覆被样本采集的难度。总体来说，山地土地利用/覆被遥感自动制图面临从数据源、样本到方法等多重挑战（李爱农等，2016；Bayle et al.，2019）。针对我国复杂多样的山地环境，本章在借鉴已有研究成果的基础上，介绍了近年我们在西南山地土地利用/覆被遥感制图实践中发展的几种制图方法以及其应用案例。

5.2　基于物元模型的山地土地利用/覆被遥感制图方法

山地土地利用/覆被具有高度空间异质性。由于大量混合像元和信号干扰的存在，基于单源遥感信息的遥感制图难以继续提高精度。在制图中使用多源遥感信息融合，或引入多源异构信息参与决策，是解决山地土地利用/覆被遥感制图面临的复杂问题的创新思路之一。传统的分类方法在处理多源异构信息时，难以实现从数据到信息的真正融合，主要存在两个难题：①模型要有高效处理多维、甚至高维输入信息的能力；②要将多源异构信息或知识转化为模型输入信息，参与到决策当中。Li等（2012）引入物元模型，将之与关联函数概率转化结合，实现了多源异构信息的融合和综合决策，应用于山地土地利用/覆被遥感制图实践。

5.2.1　基于物元模型的土地利用/覆被制图原理

物元理论是我国学者蔡文教授于 1983 年提出的，用于专门解决复杂不相容问题的一种数学方法（Cai，1983）。经典数学是描述人脑思维，按形式逻辑处理问题的工具，模糊数学是描述人脑思维处理模糊信息的工具, 而物元分析则是描述人脑思维"出点子、想办法"解决不相容问题的工具。在当前土地利用/覆被遥感制图理论中, 一个像元或一个对象, 只能被划分为唯一的"类"。也就是说, 遥感分类问题, 是典型的"复杂且不相容"问题。

根据物元理论, 在基于多源多时相遥感影像的土地利用/覆被制图中, 选择 n 个数据源 (特征) c_1, c_2, $\cdots$, c_n, 假设地物 M 存在 k 种地物类型, 记为 $M=[M_1, M_2, \cdots, M_j, \cdots, M_k]$, 则第 j 种地物类型的物元矩阵 R 可表示为

$$R = \begin{bmatrix} R_1 \\ R_2 \\ \vdots \\ R_n \end{bmatrix} = \begin{bmatrix} M_j & c_1 & [a_{j1}, b_{j1}] \\ & c_2 & [a_{j2}, b_{j2}] \\ & \vdots & \vdots \\ & c_n & [a_{jn}, b_{jn}] \end{bmatrix} \tag{5.1}$$

式中, M_j 为第 j 种地物类型; 令 $x_{ji}=[a_{ji}, b_{ji}]$, 其表示该地物类型关于特征 c_i 的取值范围, 称为有界区间。所有地物类型特征 c_i 的取值范围构成经典域物元矩阵 R, 可表示为

$$R = \begin{bmatrix} M_B & c_1 & [a_{B1}, b_{B1}] \\ & c_2 & [a_{B2}, b_{B2}] \\ & \vdots & \vdots \\ & c_n & [a_{Bn}, b_{Bn}] \end{bmatrix} \tag{5.2}$$

式中, M_B 为标准对象; 令 $x_{Bi}=[a_{Bi}, b_{Bi}]$, 其表示标准对象 M_B 关于特征 c_i 的取值范围, 称为节域区间, 且 $x_{ji} \in x_{Bi}$ ($i=1, 2, \cdots, n$)。

物元模型是用来处理经典不相容问题的, 具有处理高维数据矩阵的能力, 能够满足多源、高维信息综合决策的需求。关联函数是解决不相容问题的量化工具。通常情况下, 在物元综合决策过程中, 关联函数是通过区间的模和量化值到区间的距离来刻画的。

第 i 个数据源对应第 j 种地物的有界区间 $x_{ji}=[a_{ji}, b_{ji}]$ 的模 $|x_{ji}|$ 定义为

$$|x_{ji}| = |b_{ji} - a_{ji}| \tag{5.3}$$

第 i 个数据源量化值 x_i 到区间 $x_{ji}=[a_{ji}, b_{ji}]$ 的距离 $\rho(x_i, x_{ji})$ 定义为

$$\rho(x_i, x_{ji}) = \left| x_i - \frac{a_{ji} + b_{ji}}{2} \right| - \frac{(b_{ji} - a_{ji})}{2} \tag{5.4}$$

第 i 个数据源量化值 x_i 到节域区间 $x_{Bi}=[a_{Bi}, b_{Bi}]$ 的距离 $\rho(x_i, x_{Bi})$ 定义为

$$\rho(x_i, x_{Bi}) = \left| x_i - \frac{a_{Bi} + b_{Bi}}{2} \right| - \frac{(b_{Bi} - a_{Bi})}{2} \tag{5.5}$$

则关联函数 $K_j(x_i)$ 定义为

$$K_j(x_i) = \begin{cases} -\dfrac{\rho(x_i, x_{ji})}{|x_{ji}|} & x_i \in x_{ji} \\[3mm] \dfrac{\rho(x_i, x_{ji})}{\rho(x_i, x_{Bi}) - \rho(x_i, x_{ji})} & x_i \notin x_{ji} \end{cases} \tag{5.6}$$

　　将计算得到的各地物类别关联函数值 $K_j(x_i)$ 与各数据源归一化综合权重 w_{ji}，代入综合关联度计算公式：

$$a_j = \sum_{i=1}^{n} w_{ji} K_j(x_i) \qquad (5.7)$$

　　在计算出的综合关联度 a_j 中，取 max（a_j）作为待分类像元划分归属类别的依据。

5.2.2　属性关联函数的转化

　　在土地利用/覆被遥感制图研究中，各土地利用/覆被类型的光谱范围常相互重叠甚至出现包含的情况，又可称之为"同物异谱、异物同谱"现象，导致不同土地利用/覆被类型之间的光谱重叠（李爱农等，2003）。也就是说，土地利用/覆被类型的有界区间是一个模糊的边界，区间的模和量化值到区间的距离也是一个模糊的概念。在经典物元理论中，地物的关联度分布具有线性对称关系。在土地利用/覆被制图中，某一土地利用/覆被类型在特定波段的光谱值呈现近似正态分布的规律，其关联度的分布也呈近似正态分布，而不是线性关系。因此，利用物元模型进行多源遥感影像分类时，需要对关联函数进行适当的转化，才能达到准确分类的目的。

　　本节提出了一种关联函数概率转化的物元模型遥感分类方法（Fuzzy Matter Element - Associated Function，FME-AF）（Li et al.，2012）。在该方法中，对于第 j 种地物类型在整个经典域物元区间的物元矩阵 R 可表示为

$$R = \begin{bmatrix} M_j & c_1 & f_j(x_1) \\ & c_2 & f_j(x_2) \\ & \vdots & \vdots \\ & c_n & f_j(x_n) \end{bmatrix} \qquad (5.8)$$

式中，$f_j(x_i)$ 为第 j 种土地利用/覆被类型在第 i 个数据源的概率分布函数。对于存储格式为 8bit 的灰度遥感影像而言，其物元区间为[0,255]。按照土地利用/覆被类型的光谱值呈正态分布的特点，其概率分布函数 $f_j(x_i)$ 定义为：

$$f_j(x_i) = \frac{1}{\sqrt{2\pi}\sigma} e^{-\frac{(x_i-\mu)^2}{2\sigma^2}} \qquad (5.9)$$

式中，μ 为数学期望，通常取土地利用/覆被类型的光谱均值或众数；σ 为土地利用/覆被类型的光谱标准差，这两个参数可以通过训练样本统计得到。

　　对于参与土地利用/覆被遥感制图的非遥感数据来说，其概率分布函数 $f_j(x_i)$ 可描述如下：

$$f_j(x_i) = \begin{cases} \alpha & \alpha \in [a1_j, b1_j] \\ \beta & \beta \in [a2_j, b2_j] \\ \vdots & \vdots \\ \gamma & \gamma \in [am_j, bm_j] \end{cases} \qquad (5.10)$$

式中，α、β、…、γ 为人为经验或知识获得的先验概率，$\alpha+\beta+\cdots+\gamma=1$；$[a1_j,\ b1_j]\cup[a2_j,\ b2_j]\cup\cdots\cup[am_j,\ bm_j]=[a_j,\ b_j]$；$[a_j,\ b_j]$ 为该数据的物元区间；m 为土地利用/覆被类型 j 在该数据中存在的几种情形。以 DEM 为例，其概率分布函数 $f_j(x_i)$ 可理解为土地利用/覆被类型 j 在海拔区间 i 中存在的概率。

关联函数 $K_j(x_i)$ 的计算方法可重新定义如下：

$$K_j(x_i) = \frac{f_j(x_i)}{\sum\limits_{j=1}^{k} f_j(x_i)} \tag{5.11}$$

综合关联度仍然按照式（5.7）进行计算。

5.2.3　归一化综合权重确定

在进行综合关联度计算前需要计算各数据源归一化综合权重。由于属性信息相容而导致不同地物的概率分布函数存在相互重叠的情况（图 5.1），因此在土地利用/覆被制图中存在错分的可能。概率分布函数重叠越严重，其错分的可能性越大；概率分布函数重叠越少，错分的可能性就越小。决定概率分布函数重叠情况的两个重要参数是均值 μ 和标准差 σ，均值决定概率分布的中心位置，标准差决定概率分布峰宽大小。如果两个地物均值相差越大，且标准差都较小，则这两个地物的概率分布重叠越少；反之，重叠越严重。

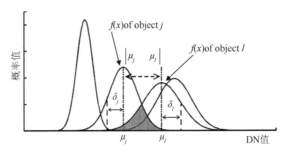

图 5.1　两种土地利用/覆被类型（j 和 l）的概率正态分布及其重要特征参数示意图
阴影区代表概率空间分布的重叠区

根据概率分布的这一特性，我们提出一种光谱数据权重分配的计算方法，如式（5.12）所示。非光谱异构数据参与决策的权重可以人为设置。

$$\begin{cases} W_i = \sum\limits_{j=1}^{k-1} \sum\limits_{l=j+1}^{k} \dfrac{|\mu_j - \mu_l|}{\delta_j + \delta_l} \\[2mm] \omega_i = \dfrac{W_i}{\sum\limits_{i=1}^{n} W_i} \end{cases} \tag{5.12}$$

式中，W_i 为对于第 i 种数据源所有 k 种土地利用/覆被类型的综合重叠参数，W_i 越大，重叠区域越小，反之亦然；j 和 l 为土地利用/覆被类型；ω_i 为所有 n 类数据源中第 i 类数据源的归一化综合权重。

5.2.4　基于 FME-AF 的若尔盖高原土地覆被分类应用案例

以若尔盖高原为研究区，利用 Landsat TM 影像（2007-9-25）和 CBERS 影像（2006-6-10）、2007 年全年 16 天合成的 MODIS-NDVI 数据和 ASTER-GDEM 数据为数据源，基于关联函数概率转化的物元模型（FMA-AF）开展土地利用/覆被自动制图。

1. 样本纯化

训练样本的选择对于遥感监督分类来讲至关重要。基于遥感数据的关联度概率转化需要地物光谱符合正态分布的假设，因此对样本的选择和纯化是提高分类精度的前提。本节在训练样本的选择和纯化过程中，参考 Foody 和 Mathur（2006）的处理方式，将位于区间$[\mu-2\sigma,\ \mu+2\sigma]$以外的样本作为特异值数据剔除，然后将剔除特异值后的数据作为训练样本，统计训练样本分布特征，对符合正态分布的数据，按照式（5.9）计算概率分布，对于不符合正态分布的训练样本数据，则进行高斯正态化处理（Cai，1999）。

图 5.2 表示湿生草地在 CBERS 第 3 波段原始训练样本和剔除特异值后的训练样本的分布直方图和概率分布情况，从图中可以看出，经过剔除特异值纯化后的样本更加符合正态分布特征，表明将区间$[\mu-2\sigma,\ \mu+2\sigma]$作为特异值数据识别的阈值区间是比较合理的。

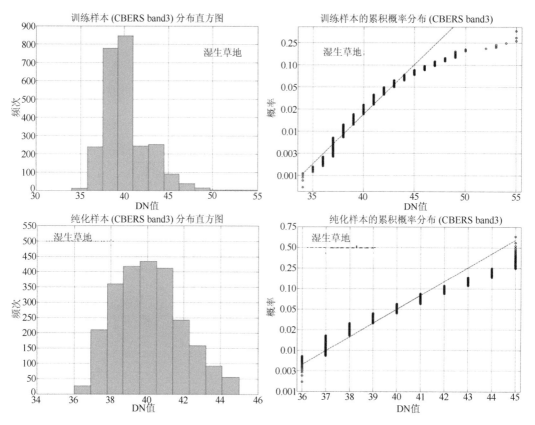

图 5.2　训练样本特异值剔除前后的样本分布情况

2. 分类器构建

参与分类的数据源有两种：一种为地表反射率数据，另一种为非反射率数据。前者基于纯化后的训练样本获取概率分布参数，求出关联度，最终实现物元分类；后者需要基于先验知识获取概率分布参数，实现物元分类。表 5.1 展示了 Landsat TM 和 CBERS 影像各波段 12 种土地利用/覆被类型的概率正态分布参数。NDVI_SUM 数据和 DEM 数据属于非反射率数据。我们较早前研究发现，不同土地利用/覆被类型的时间序列 NDVI 曲线呈现高斯峰的形式，但不同土地利用/覆被类型的峰面积值存在差异（Jiang et al.，2010）。该值反映了生物量的信息，即不同土地利用/覆被类型累计生物量存在差异。因此，不同土地利用/覆被类型的峰面积信息也参与分类决策。表 5.2 给出 12 种土地利用/覆被类型在 NDVI-SUM 和 DEM 不同取值区间的概率分布情况，其概率值的取得主要参考了研究区的相关研究资料（Bian et al.，2010；Jiang et al.，2010）和野外调查情况。

表 5.1　12 种土地利用/覆被类型的训练样本的概率正态分布参数

波段	参数	水体	居住地	沙地	泥炭地	沼生草地	湿生草地	稀疏草地	草原	草甸	灌草丛	林地	灌木林
TM-B1	μ	69.34	86.64	95.06	69.44	68.59	56.52	80.10	81.74	57.73	67.20	78.92	87.06
	σ^2	50.35	68.56	35.71	43.37	8.21	126.92	4.42	2.12	7.67	71.29	32.56	15.97
TM-B2	μ	35.69	48.64	56.66	32.57	34.76	28.72	43.51	44.74	32.36	35.28	36.56	46.41
	σ^2	29.83	58.01	24.35	28.08	3.09	40.73	2.13	1.58	5.66	29.36	39.95	14.18
TM-B3	μ	26.99	58.92	70.16	38.79	38.62	25.89	51.76	48.97	32.18	41.91	32.60	54.41
	σ^2	39.01	159.96	52.14	46.54	6.71	82.15	5.85	3.64	11.05	36.90	133.84	35.76
TM-B4	μ	17.08	85.65	89.57	36.03	59.01	82.01	83.64	108.69	90.59	62.70	66.48	85.95
	σ^2	5.63	132.86	103.02	22.59	69.34	121.89	17.73	11.60	23.16	75.73	306.39	111.18
TM-B5	μ	2.22	130.18	146.65	52.85	89.69	79.84	135.32	118.19	89.56	111.14	51.51	142.21
	σ^2	8.57	424.44	105.56	905.74	134.14	631.99	17.81	41.60	42.28	283.14	1413.6	475.06
TM-B7	μ	1.34	64.13	84.12	31.53	40.99	29.51	63.70	48.15	30.18	53.82	25.05	68.38
	σ^2	1.74	214.59	176.87	288.91	53.94	135.59	14.98	15.39	15.47	82.65	233.86	163.67
CBERS-B1	μ	45.22	62.39	57.21	44.70	40.22	40.17	48.11	47.16	41.64	43.19	36.15	43.75
	σ^2	8.13	90.19	27.98	5.61	3.55	4.40	2.34	3.85	2.66	7.43	13.17	5.89
CBERS-B2	μ	81.56	118.39	110.35	76.76	70.98	73.40	85.03	83.31	73.72	77.17	56.84	74.57
	σ^2	30.32	424.04	290.71	25.27	8.15	11.16	8.88	9.88	6.76	33.74	81.54	28.81
CBERS-B3	μ	47.30	68.12	64.27	46.64	40.68	40.06	49.98	46.59	39.75	43.90	33.33	42.90
	σ^2	9.45	164.66	115.68	8.24	4.52	4.09	3.47	4.14	2.42	10.84	17.94	8.15
CBERS-B4	μ	60.75	176.72	169.65	114.32	149.38	195.22	158.66	187.39	220.17	160.02	123.92	155.24
	σ^2	264.74	237.29	128.57	148.15	166.42	243.98	46.33	111.42	350.16	131.45	556.68	253.32

表 5.2 12 种地物类型在 NDVI-SUM 和 DEM 数据不同数值区间的概率分布情况

数据源	数值区间	概率分布											
		水体	居住地	沙地	泥炭地	沼生草地	湿生草地	稀疏草地	草原	草甸	灌草丛	林地	灌木林
NDVI-SUM	[−0.4,5]	1	0	0	0.2	0	0	0	0	0	0	0	0
	(5,10]	0	1	1	0.8	0.4	0.2	0.2	0.1	0	0	0	0
	(10,12]	0	0	0	0	0.6	0.8	0.8	0.9	1	1	0	0.9
	(12,20]	0	0	0	0	0	0	0	0	0	0	1	0.1
DEM	[2900,3200]	0	0	0.4	0	0	0	0	0	0	0	0	0
	(3200,3500]	1	1	0.6	1	1	1	0.8	0.6	0.8	0.2	0	0
	(3500,3700]	0	0	0	0	0	0	0.2	0.4	0.2	0.8	0.8	0.6
	(3700,4200]	0	0	0	0	0	0	0	0	0	0	0.2	0.4

基于以上获取的各土地利用/覆被类型的概率分布参数，分别构建了该区域 12 种土地利用/覆被类型的分类物元矩阵。以湿生草地类型为例，式（5.13）展示了其分类物元矩阵。

$$
R = \left[M_{\text{湿生草地}} \quad
\begin{array}{ll}
\text{TM-B1} & \dfrac{1}{\sqrt{2\pi} \times 7.10} e^{-\frac{(x_i - 56.62)^2}{2 \times 126.92}} \\[3mm]
\text{TM-B2} & \dfrac{1}{\sqrt{2\pi} \times 5.97} e^{-\frac{(x_i - 28.72)^2}{2 \times 40.73}} \\[3mm]
\text{TM-B3} & \dfrac{1}{\sqrt{2\pi} \times 6.25} e^{-\frac{(x_i - 25.89)^2}{2 \times 82.15}} \\[3mm]
\text{TM-B4} & \dfrac{1}{\sqrt{2\pi} \times 2.37} e^{-\frac{(x_i - 82.01)^2}{2 \times 121.89}} \\[3mm]
\text{TM-B5} & \dfrac{1}{\sqrt{2\pi} \times 2.93} e^{-\frac{(x_i - 79.84)^2}{2 \times 631.99}} \\[3mm]
\text{TM-B7} & \dfrac{1}{\sqrt{2\pi} \times 1.32} e^{-\frac{(x_i - 29.51)^2}{2 \times 135.59}} \\[3mm]
\text{CBERS-B1} & \dfrac{1}{\sqrt{2\pi} \times 2.85} e^{-\frac{(x_i - 40.17)^2}{2 \times 4.40}} \\[3mm]
\text{CBERS-B2} & \dfrac{1}{\sqrt{2\pi} \times 5.51} e^{-\frac{(x_i - 73.40)^2}{2 \times 11.16}} \\[3mm]
\text{CBERS-B3} & \dfrac{1}{\sqrt{2\pi} \times 3.07} e^{-\frac{(x_i - 40.06)^2}{2 \times 4.09}} \\[3mm]
\text{CBERS-B4} & \dfrac{1}{\sqrt{2\pi} \times 16.27} e^{-\frac{(x_i - 195.22)^2}{2 \times 243.98}} \\[3mm]
\text{NDVI-Sum} & 0.2\,\text{or}\,0.8\,\text{or}\,0 \\[2mm]
\text{DEM} & 1\,\text{or}\,0
\end{array}
\right]
\qquad (5.13)
$$

式中，x_i 为像元值；$M_{湿生草地}$ 为湿生草地的物元。

在得出各土地利用/覆被类型的物元矩阵的基础上，根据式（5.11）和式（5.12）分别计算各土地利用/覆被类型对应的各数据源的关联度 $K_j(x_i)$ 和各数据源的归一化综合权重 w_{ji}，最后根据式（5.7）计算综合关联度 α_j，并选择 $\max(\alpha_j)$ 作为像元的最终土地利用/覆被类型。

3. 精度评价

定量评估 FME-AF 算法的分类精度需要依托独立的训练样本。本研究采用野外考察和人工目视解译的方式共计获得样本 18197 个。基于这些验证样本，得到如表 5.3 所示的误差矩阵。经计算，基于 FME-AF 算法的若尔盖地区土地利用/覆被分类结果的总体精度和 Kappa 系数分别为 89.89%和 0.8870。

表 5.3　基于 FME-AF 算法的土地利用/覆被分类结果的误差矩阵

分类结果	样本												UA/%
	1	2	3	4	5	6	7	8	9	10	11	12	
1	1210	0	0	176	34	0	0	0	0	0	0	0	85.21
2	0	387	40	0	0	0	0	0	0	0	0	0	90.63
3	0	248	702	0	0	0	0	4	0	0	0	0	73.58
4	5	0	0	2415	0	35	0	0	0	0	0	0	98.37
5	0	0	0	0	2435	48	0	0	0	57	21	0	95.08
6	0	0	0	0	0	1049	0	0	60	58	0	46	86.48
7	0	8	0	0	0	0	923	0	0	0	0	16	97.47
8	0	0	0	0	0	0	0	2782	0	0	7	35	98.51
9	0	0	0	0	0	18	0	139	695	0	0	163	68.47
10	0	0	0	0	18	0	18	17	0	386	9	189	60.60
11	13	0	0	0	0	24	0	0	0	0	1932	116	92.66
12	0	0	0	0	72	0	122	12	0	0	11	1442	86.92
PA/%	98.53	60.19	94.61	93.21	95.15	89.35	86.83	94.18	92.05	77.05	97.58	71.85	

注：1-水体；2-居住地；3-沙地；4-泥炭地；5-沼生草地；6-湿生草地；7-稀疏草地；8-草原；9-草甸；10-灌草丛；11-林地；12-灌木林；UA-用户精度；PA-制图精度。

本节设计了六组不同数据源和分类方法的对比实验以进一步评估 FME-AF 算法的性能。六组对比实验分别是：基于 CBERS 影像的最大似然法分类实验[实验 1，MLC(CBERS)]，基于 TM 影像的最大似然法分类实验[实验 2，MLC(TM)]，基于 CBERS 和 TM 影像的最大似然法分类实验[实验 3，MLC(CBERS+TM)]，基于 CBERS 和 TM 影像的 FME-AF 分类实验[实验 4，FME-AF(CBERS+TM)]，基于 CBERS、TM 和 NDVI 的 FME-AF 分类实验[实验 5，FME-AF(CBERS+TM+NDVI_SUM)]和基于 CBERS、TM、NDVI 和 DEM 的 FME-AF 分类实验[实验 6，FME-AF(CBERS+TM+NDVI_SUM+DEM)]。图 5.3 展示了实验 3、实验 4 和实验 6 的分类结果，对比结果表明，使用多源数据和先验知识能显著提高分类精度。各实验分类结果的总体精度和 Kappa 系数如表 5.4 所示。考虑所有数据源的 FME-AF 方法得到的分类结果的总体精度和 Kappa 系数最优。

表 5.4 不同分类器和数据源组合的分类实验的总体精度和 Kappa 系数

项目	MLC			FME-AF		
	CBERS	TM	CBERS+TM	CBERS+TM	CBERS+TM+NDVI_SUM	CBERS+TM+NDVI_SUM+DEM
总体精度/%	76.71	85.47	85.95	86.01	88.57	89.89
Kappa 系数	0.7390	0.8379	0.8427	0.8436	0.8719	0.8870

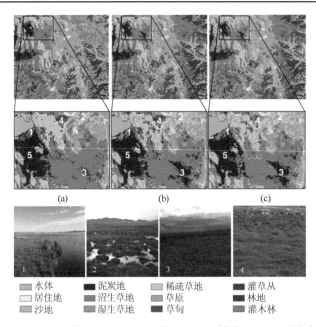

图 5.3 最大似然方法（a），考虑 NDVI 和 DEM 的 FME-AF 算法（b）和不考虑 NDVI 和 DEM 的
FME-AF 算法（c）的若尔盖土地利用/覆被分类结果对比

图 5.4 展示了各实验分类结果中各土地利用/覆被类型的制图精度和用户精度。其中，
居住地、灌草丛和灌木林的制图精度低于 80%；灌草丛、草原和裸地的用户精度低于
80%。分析表明，以上土地利用/覆被类型精度较低的主要原因是其光谱特征与其他土地
利用/覆被类型较为相似，导致其概率分布图中重叠区域较大。

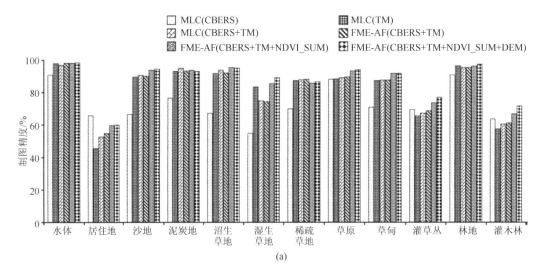

(a)

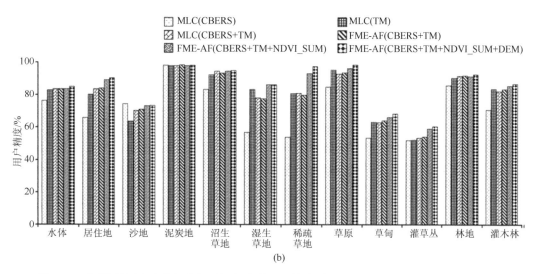

图 5.4　不同数据源和分类方法得到各土地利用/覆被类型的制图精度（a）和用户精度（b）

我们此项研究说明了，若要继续提高这些类别的分类精度，需要更有区分度的信息加入到分类决策模型中，来降低"概率重叠区域"，消减"异谱同物、同物异谱"现象，才能有效提高分类精度；同时，也表明要提高分类精度，除了构建能有效吸收各种有用信息参与分类决策的模型外，还应该特别重视利用更多有效的分类信息，比如，光学、SAR、LiDAR 等多源、多时相遥感信息的协同以及多源异构知识的参与，以及增加投入模型学习的有效样本等。这将成为我们提高山地土地利用/覆被遥感制图精度的主要创新思路。

5.3　基于多源多时相遥感数据与知识的山地土地利用/覆被制图方法

5.3.1　方　法　总　述

自然界中不同植物往往遵循不同的生长节律（物候），这些物候的差异是有效区分不同植被类型的重要信息。在土地利用/覆被遥感制图中，单一时相遥感影像通常难以表达植被的物候特征；多时相遥感数据或时间序列遥感数据能有效表达植被的物候特征，因此常被用于各类土地利用/覆被遥感制图（Gómez et al.，2016；雷光斌等，2016）。当然，多时相遥感影像的参与也是实现山地不同植被类型有效区分的可行途径之一。

土地利用/覆被的空间分布并非杂乱无章，常常遵循一定的地理分布规律并受到一些地理要素的限制（Chen et al.，2015）。例如，植被随着海拔上升常表现出垂直地带分布规律；森林空间分布的上限为林线等。如果将这些地理规律用于制图模型的构建中，将有助于提高制图精度，且发现制图结果中可能存在的误差。除常见的地理规律外，已有的专题图数据（如植被图、土地利用图、土壤图、地形图等），野外调查记录的土地利用/覆被相关文字和图片信息，以及各类统计报告和研究成果中与土地利用/覆被有关的信息也能为提高山地土地利用/覆被制图精度提供支持。对于山地土地利用/覆被制图来说，如果将常见地理规律、已有专题图数据、野外数据和统计信息加入到自动制图模型构建和分类后处理环节，会有助于提高自动制图的精度（Lei et al.，2017）。

面对山地土地利用/覆被遥感制图的需求和挑战，我们进一步提出了一种新的基于多源多时相遥感数据和地学知识的山地土地利用/覆被分层分类方法（hierarchical classification based on Multi-source and Multi-temporal Data and Geo-Knowledge，HC-MMK）（Lei et al.，2016）。该方法是一个面向对象的土地利用/覆被分类方法，基本流程（图 5.5）如下：①利用面向对象分割算法对参与分类的遥感影像进行分割，形成具有一定语义特征的同质对象；②选择训练样本和影像特征，采用决策树分类器See5.0 进行训练，形成分类规则集；③利用构建的分类规则集对遥感影像进行自动分类，形成初步分类结果；④采用基于知识的交互式质量控制策略，尽可能地利用各类地学知识发现并改正初步分类结果中的误差，提高分类精度；⑤利用验证样本对最终分类结果进行质量评估，形成精度报告。其中，分类规则集的构建和基于知识的质量控制是 HC-MMK 方法的核心。

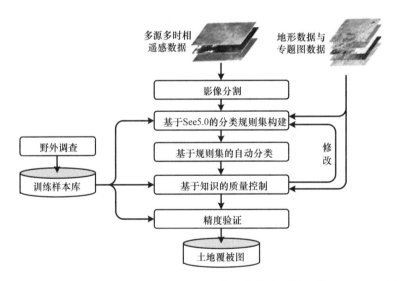

图 5.5　基于多源多时相遥感数据和地学知识的山地土地利用/覆被分类(HC-MMK)方法流程

5.3.2　面向对象的遥感影像分割

传统基于像元的分类方法常常面临"椒盐噪声"、对影像蕴含信息应用不充分等问题，因此面向对象分类方法得到了广泛应用（Ma et al.，2017）。影像分割是面向对象分类的基础，它直接决定了土地利用/覆被自动制图的粒度和精度。它实质上是基于同质性或异质性准则将一幅图像划分为若干个具有一定语义特征的同质对象的过程，通过分割使我们关注的目标不再是遥感影像的单个像元，而是更能真实反映陆地表层各地物的对象（Blaschke et al.，2014）。影像分割算法有多种，本研究采用了多尺度分割算法（Lamonaca et al.，2008）。它是在综合考虑遥感影像的光谱特征和形状特征的基础上，采用自下而上的迭代合并方法将影像分割为高度同质化的对象。尺度、形状指数和紧致度指数是该算法最为重要的三个参数。本研究为了找到最佳的分割结果，在西南山区多个代表性区域设置了多组不同分割参数的实验，通过对比分割结果发现，当分割尺度、形状和紧致度分别设置为 25、0.1 和 0.7 时，分割效果最佳，如图 5.6 所示。

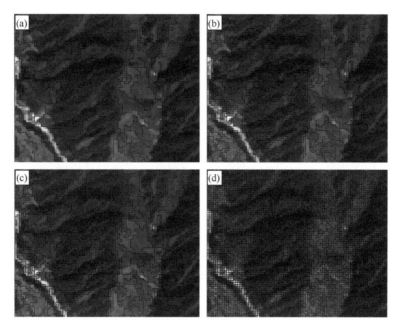

图 5.6　不同尺度参数分割结果对比
（a）、（b）、（c）和（d）图设置的分割尺度分别为 50、30、25 和 10，形状和紧致度参数均设置为 0.1 和 0.7

5.3.3　基于决策树的土地利用/覆被分层分类模型构建

当区域内土地利用/覆被类型数量较多时，如果一次性将所有土地利用/覆被类型全部区分，所构建的分类模型通常较为复杂，分类结果的精度一般也并不理想。分层分类方法通过一定的可分性逻辑，将土地利用/覆被分类过程分为几个层次，每个层次单独分类。这样增加了分类的次数，降低了单次分类的土地利用/覆被类别数量。它不仅有助于减少单次分类时分类模型的复杂度，也可以提高土地利用/覆被分类的精度（Laliberte et al.，2007；Gholoobi and Kumar，2015）。最极端的做法是针对分类系统中的每个类别逐一分层构建模型来提取，但这样会大大增加构建模型的工作，而且对于难以区分的类别，因为模型间没有引入"博弈统筹"机制，同样会产生大量冗余误差。如何分层，或按何种逻辑将分类过程划分一系列的子分类过程（即分层逻辑顺序）是该方法能否真正提高分类精度的核心。对于每一个子分类过程，再基于训练样本和特征集，构建分类决策树。

1. 训练样本

本研究获取的土地利用/覆被训练样本来源于野外实地调查和高空间分辨率遥感影像解译，其具体获取方法本书 4.2 节已做了详细介绍，本节不再赘述。为了使各个制图单元采集的训练样本能够满足样本在空间代表性和统计代表性方面的要求，本研究在野外调查的基础上，结合分层随机采样方法布设了目视解译样本的空间位置，再基于 Google Earth 平台提供的高分辨率遥感影像逐一解译样本的土地利用/覆被类别。

2. 训练特征

遥感影像各波段的光谱值是最常用于土地利用/覆被制图的特征。通过对影像多个波段进行线性或非线性运算，得到各种衍生的指数往往对某一种或某几种土地利用/覆被类型有较好的区分度。因此，影像衍生的各类指数也被纳入土地利用/覆被特征集中，比较常见的指数包括：对植被比较敏感的归一化植被指数（Normalized Difference Vegetation Index，NDVI）、对水体比较敏感的归一化水体指数（Normalized Difference Water Index，NDWI）、对建筑物比较敏感的归一化建筑物指数（Normalized Difference Built-up Index，NDBI）等。通过尺度分割获得的对象为分类决策的基本单元，其形状特征和纹理特征有利于识别具有特殊形状或纹理的土地利用/覆被类型，也被纳入到特征集中。山地地形对山地土地利用/覆被类型的空间分布格局影响较大，因此，地形特征也是必不可少的。

本研究构建的山地土地利用/覆被制图的特征集共包含了光谱特征、地形特征、纹理特征和形状特征等四类，各特征及其计算方式如表 5.5 所示。

表 5.5　面向对象土地利用/覆被制图采用的部分特征

类型	特征	计算方法
光谱特征	影像各波段的均值	
	影像各波段的标准差	
	亮度（brightness）	$Brightness = (b_B + b_G + b_R + b_{NIR})/4$　（Trimble，2011）
	NDVI	$NDVI = (b_{NIR} - b_R)/(b_{NIR} + b_R)$　（Goward et al.，1991）
	NDWI	$NDWI = (b_G - b_{NIR})/(b_G + b_{NIR})$　（Gao，1996）
	NDBI	$NDBI = (b_{SWIR} - b_{NIR})/(b_{SWIR} + b_{NIR})$　（Zha et al.，2003）
地形特征	海拔	
	坡度	
	坡向	
纹理特征	均值（GLCM-mean）	利用 eCognition 8.7 平台计算得到　（Trimble，2011）
	标准差（GLCM-standard deviation）	
	熵（GLCM-entropy）	
	对比度（GLCM-contrast）	
形状特征	形状指数（SI）	$SI = b_v/p_v$　（Trimble，2011）
	长宽比	

注：b_B、b_G、b_R、b_{NIR}，b_{SWIR} 分别代表遥感影像的蓝、绿、红、近红外和中红外波段；b_v、p_v 分别代表分割对象的周长和面积。

3. 分层逻辑顺序

分层逻辑顺序是分层分类法成功的关键.逻辑顺序的确定主要根据各土地利用/覆被类型的固有特征、参与分类的遥感影像的区分能力和行业内专家和学者的共识。一般来说，类别间光谱差异越明显的类型越先被区分出来，光谱差异小的类别先合并提取，然后再逐层区分。此外，区域内面积占优的土地利用/覆被类型也需要尽可能优先提取。

理论上，在一个区域，一套分层分类逻辑和模型就能够满足所有制图的需要。但在具体实施中，由于每一个制图单元内的土地利用/覆被类型和所获取的遥感影像的时相存在一定的差异，需设定不同的逻辑顺序以满足各个制图单元的分类要求。同时，对于每一个子分类过程，分类误差是难以避免的，这些分类误差会随着分类层次传递到下一层次直至出现在最终的分类结果中。因此，为了避免分类误差在不同层次之间的传递，一方面需尽可能提高各个子分类过程的分类精度；另一方面在下一层次分类时，需要尽可能识别和更正上一层次出现的分类误差，防止分类误差的进一步传递。

5.3.4　基于地学知识的交互式质量控制

受遥感影像质量、训练样本代表性、分类模型等的限制，单纯采用自动制图方法获得的土地利用/覆被产品，往往需要采用一些自动、半自动或人工的方式对分类结果进行后处理，以确保产品的质量。山地土地利用/覆被产品生产过程中，我们通过引入地学规律、专家知识以及与土地利用/覆被相关的地学知识，交互式地发现并更正自动分类结果中潜在的误差。

1. 基于地学规律的交互式质量控制

土地利用/覆被类型根据一年内其状态（节律）是否发生变化可大致划分为两类：第一类基本保持不变，如常绿植被、裸地等；另一类则表现出明显的变化，如落叶植被、水体、耕地等。相应地，我们将应用于质量控制的地学规律划分为两类：与时相无关的地学规律和与时相相关的地学规律，如表 5.6 所示。与时相无关的地学规律主要关注各土地利用/覆被类型的空间分布与周围环境间的相互关系；与时相相关的地学规律更加强调土地利用/覆被类型的物候变化规律。

表 5.6　用于交互式质量控制的部分地学规律

类型	详细描述
与时相无关的 地学规律	水体和湿地常位于平地或低起伏洼地
	森林生长的最高限为林线，海拔一般不超过 4500m（姚永慧等，2010）
	冰川/永久积雪的分布最低限为雪线，海拔一般不低于 3000m（刘时银等，2015）
	耕地，尤其是水田，很少分布在高海拔地区，海拔一般不高于 4000m（赵晓丽等，2014）
	水田靠近水源分布且所处区域地势较为平坦
	西南地区的湖泊主要分布在人类活动干扰较小的高海拔地区，而水库/坑塘则主要分布在高山峡谷区或人类活动较为集中的农业耕作区

类型	详细描述
与时相相关的地学规律	落叶植被在生长季和非生长季表现出明显的光谱差异，而常绿植被的光谱特征变异较小
	水体在丰枯水期具有明显的范围差异，其边界以丰水期最大边界为准
	北半球的冰川/永久积雪的边界在一年四季存在较大波动，其边界以夏季最小边界为准

地学相关规律应用于土地利用/覆被质量控制阶段，主要检验自动分类结果中是否存在违背相关地学规律的分类误差。首先将相关的地学规律转换成可被计算机识别的规则，再检测是否存在违背相关规则的对象，若存在，则需要进一步结合光谱和其他信息重新确认或更正。

以坡耕地为例，本节详细阐述如何基于地学规律修正土地利用/覆被自动分类结果中潜在的分类误差。在我国西南山区，耕地所在区域的坡度一般不高于 25°。高于该坡度则应要求退耕还林，但也应考虑到区域间的差异，在不同区域使用该规则时需根据实际情况对该阈值进行适当调整。首先需要将该规律转化成工作平台（以 eCognition Developer 为例）可以识别的规则："旱地 with Mean Slope > 25 at seg：可能分类误差"，其中 seg 为分类的图层，Mean Slope 代表对象的坡度平均值。该规则表达的意思是：若对象的坡度平均值大于 25°，则判定为可能分类误差，需要增加其他信息重新判识。

2. 基于已有专题图的交互式质量控制

已公开发表或出版的专题图数据大多经过同行的评审，它可以提供一些间接的信息或知识用于发现土地利用/覆被自动制图结果中潜在的分类误差。这些间接的信息或知识内容广泛，如区域内主导的土地利用/覆被类型，各土地利用/覆被类型的面积占比及其主要的分布区域等。由于专题图在尺度、分类系统等方面与待分类土地利用/覆被产品可能存在较大差异，逐对象的对比显然会将专题图中存在的误差引入到待分类土地利用/覆被结果中。为了避免引入辅助制图数据的额外误差，大多采用统计结果，通过人机交互的方式判别潜在的分类误差。

此外，山区居住地大多呈聚集状分布，面积相对较小，一般难以达到最小制图图斑的要求（比如，3×3 个像元或 10000m^2 的对象）；但山区乡镇所在地一般是该区域居住地最为集中的区域，居住地面积相对较大，大多符合最小制图图斑的要求。受山地地形辐射畸变、阴影等信息干扰，山区居住地（聚落）面积相对较小，分布分散，土地利用/覆被自动提取时被漏判的概率较大[图 5.7（a）]。地形图或电子地图一般可以准确提供乡镇所在地的地理位置提示信息[图 5.7（c）]，帮助修正山区聚落的漏分和错分问题。因此，在山地土地利用/覆被制图实践中，一般将电子地图、Google Earth 高分辨率遥感影像[图 5.7（e）]和参与分类的遥感影像结合使用，采用人工目视修订的方法进一步弥补山区聚落难以准确提取的不足[图 5.7（b）]。

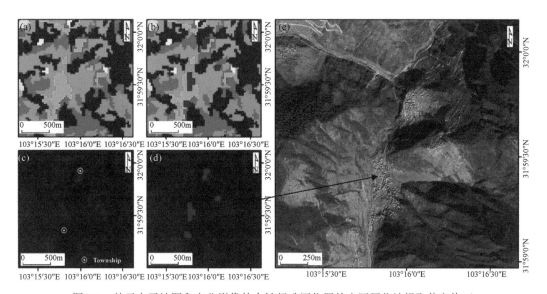

图 5.7　基于电子地图和高分影像的乡镇行政区位置的山区居住地提取信息修正

（a）是修正前的土地利用/覆被分类结果；（b）是修正了山区居住地后的分类结果；（c）展示了电子地图中乡镇行政中心的地理位置；（d）展示了根据电子地图提示新增的山区居住地；（e）为对应区域的高分辨率 Google Earth 影像

3. 基于政府统计公报信息的质量控制

国内外各级政府一般都会定期公开发布官方统计公报。比如，在我国地方政府每年度发布的统计年鉴中，通常都包含森林覆盖率、耕地面积、草地面积等与农林牧业生产相关的统计信息，可以指示土地利用/覆被分类结果中相关类别的官方口径统计信息。这些统计信息一般对于单景遥感影像的自动制图工作帮助不大，但对于开展县级、省级乃至国家尺度的大区域土地利用/覆被制图工作十分有用。通过对比制图结果与政府统计公报中的关键类别的统计信息，可以帮助把握土地利用/覆被制图中宏观格局不会出错，对于有明显差异的某些土地利用/覆被类别，要设定有针对性的修正方法。

4. 基于空间一致性检验的质量控制

在土地利用/覆被遥感制图中，相邻两个制图单元所采用的遥感影像的时相可能存在差别，这些时相上的差异可能会造成分类结果不一致。同时，不同制图人员对影像的理解和认识上的差异也可能造成分类模型和相应结果的不一致。这些分类结果的不一致会在两个制图单元重叠区域形成明显的土地利用/覆被类型空间不连续现象。空间一致性检验就是为发现和解决这些问题而设计的质量控制手段。为了检测出所有的空间不一致问题，一般会将整个研究区划分成大小相同的格网，通过逐格网的检查和更正检验分类模型，最终使得相邻制图单元的分类结果保持一致。

5.3.5　基于 HC-MMK 方法的山地土地利用/覆被制图案例

本研究选择位于青藏高原东缘岷江上游地区一景 Landsat-5 TM 影像（轨道号：130/38，WRS2）所在的区域为实验区，验证 HC-MMK 算法在山地土地利用/覆被遥感制图中的性能。我们共选择了 6 景高质量的遥感影像（云覆盖率<10%，表 5.7），生长季和非生长季遥感影像各 3 景。其中，Landsat TM 影像 4 景，有 3 景都位于非生长季，HJ CCD 影像 2 景，全部位于生长季。

表 5.7　参与分类的遥感影像信息

编号	获取时间（年-月-日）	DOY	传感器	时相	数据来源
T1	2009-4-16	106	TM	非生长季	USGS
T2	2009-8-3	215	HJ-1A	生长季	中国资源卫星应用中心
T3	2010-3-18	77	TM	非生长季	USGS
T4	2010-6-18	169	HJ-1B	生长季	中国资源卫星应用中心
T5	2010-7-24	205	TM	生长季	USGS
T6	2010-11-13	317	TM	非生长季	USGS

1. 山地土地覆被分类决策树

HC-MMK 方法的核心是利用训练样本和决策树分类器 See5.0 训练生成一系列分层次的决策树。决策树本质上是一系列分类规则的集合，这些分类规则能够直观地反映遥感影像各类特征是如何服务于土地利用/覆被类型的划分。通过对比多个区域构建的决策树后发现，有一些规则在区分特定土地利用/覆被类型时反复出现，并且还具有一定的物理意义。例如，NDVI 常被用于区分植被与非植被。因此，这些形式化的规则不能再被简单地作为自动制图中被使用的判别条件，而是与土地利用/覆被制图研究密切相关的知识的一种表现形式。这些知识的积累一方面将有助于初步判断新构建的决策树的质量；另外，也有助于优化决策树构建时选择的影像特征，增加决策树的科学性和说服力。

我们选择两个典型的决策树来说明各类特征是如何服务于土地利用/覆被类型的区分。

（1）植被与非植被划分的决策树

图 5.8 展示了实验区识别植被与非植被的分类决策树。在我们构建的决策树模型中，NDWI 和 NDVI 分别用于区分水体和植被。由于水体光谱特征较为显著，因此决策树中首先利用生长季的 NDWI 指数将明显不是水体的植被提取出来。然而，剩下的类别中仍然混合着植被与非植被，此时再采用 NDVI 实现两者的进一步细分。决策树选择了两景生长季的遥感影像区分植被与非植被，而这刚好与生长季遥感影像最易于区分植被与非植被的常识相吻合。

（2）植被类型细化的决策树

图 5.9 展示了细化植被类型的分类决策树。草地与农作物大多属于草本植被，而灌木林和森林常属于木本植被，在非生长季两者存在较为明显的差异，因此首先利用非生长季遥感影像将两者区分。对于草本中的耕地，本节采用非生长季遥感影像的短波红外波段进行区分。对于森林和灌丛，则主要利用两期生长季遥感影像的 NDVI 的差异

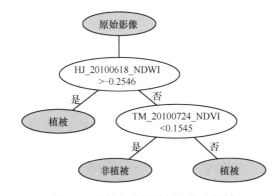

图 5.8　植被与非植被划分的决策树

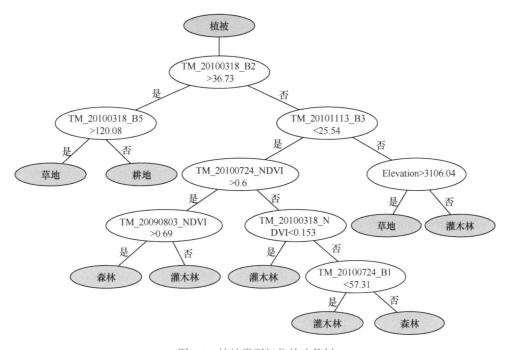

图 5.9　植被类型细化的决策树

予以区分。区分木本和草本植被时，有部分草地被划分到了木本植被中，随着木本植被的逐步划分，其中混杂的草地也被提取出来。此外，决策树也充分利用土地利用/覆被类型的垂直地带性规律，有效地从灌木林中提取了一部分混杂的草地。

2. 山地土地利用/覆被制图结果及精度评估

　　基于多源多时相遥感影像，采用 HC-MMK 分类方法，得到如图 5.10 所示的土地利用/覆被图。实验区东南部位于成都平原，水田是其最主要的土地利用/覆被类型。龙门山和岷山区域最主要的土地利用/覆被类型是森林和灌丛。岷江干热河谷的土地利用/覆被类型以灌丛为主。汶川地震导致的山体滑坡（裸土）在土地利用/覆被图中有所反映。高原面上的土地利用/覆被类型以草地为主，海拔超过 5000m 区域的土地利用/覆被类型则以裸岩、裸土和冰川/永久积雪为主。整体来看，分类结果与实际情况较为吻合。

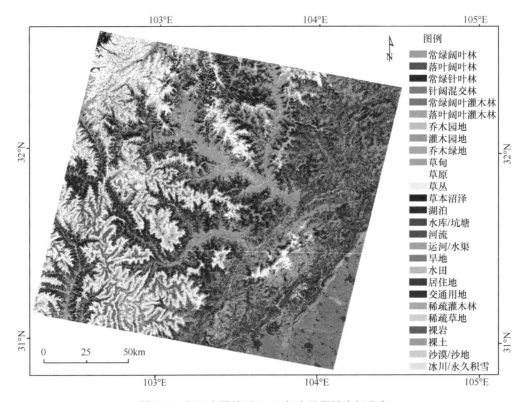

图 5.10　岷江上游地区 2010 年土地覆被空间分布

　　基于野外调查和目视解译方式获取 1175 个土地利用/覆被验证样点定量评估制图结果的精度。经统计，一级类和二级类的误差矩阵见表 5.8 和表 5.9。其中，一级类总精度为 95.06%，Kappa 系数为 0.9339，二级类精度为 89.32%，Kappa 系数为 0.8654。一级类中草地的用户精度和制图精度较低，主要与林地和耕地误分较多。草地与林地的误分主要来源于灌木林地。草地与耕地的误分主要发生在退耕还林还草区域，由于耕地退耕时间短，在遥感影像上仍然表现出耕地的特征，从而造成了误判。

表 5.8　土地利用/覆被分类结果一级类误差矩阵

样本	分类结果						总计	制图精度/%
	林地	草地	湿地	耕地	人工表面	裸露地		
林地	441	13		10	1		465	94.84
草地	8	149		4			161	92.55
湿地	1		133				134	99.25
耕地	7	3	1	270	2	1	284	95.07
人工表面	1	1		4	85		91	93.41
裸露地				1		39	40	97.50
总计	458	166	134	289	88	40	1175	
用户精度/%	96.29	89.76	99.25	93.43	96.59	97.50		

总精度：95.06%　　Kappa 系数：0.9339

表 5.9　土地利用/覆被分类结果二级类误差矩阵

土地覆被类型	制图精度/%	用户精度/%	土地覆被类型	制图精度/%	用户精度/%
常绿阔叶林	90.91	95.24	水库/坑塘	95.77	95.77
落叶阔叶林	85.00	89.47	河流	95.90	95.90
常绿针叶林	90.38	87.05	旱地	89.68	88.33
常绿灌木林	84.38	100.00	水田	94.72	93.99
落叶灌木林	89.74	89.74	居住地	93.26	94.05
乔木园地	87.84	86.67	交通用地	79.41	87.1
草甸	73.42	87.55	稀疏草地	77.48	67.19
草原	62.21	62.50	裸岩	89.71	98.39
草本湿地	99.15	97.48	裸土	91.67	88.71
湖泊	99.54	100.00	冰川/永久积雪	100.00	98.55

总精度: 89.32%　　Kappa 系数: 0.8654

二级类中常绿阔叶林、草本湿地、湖泊、水库/坑塘、河流、水田、居住地、冰川/永久积雪等类型的制图精度和用户精度均较高。湖泊和水库/坑塘的光谱、纹理和形状特征都很相似，然而在该区域湖泊和水库/坑塘的分布区域存在明显的差别，湖泊主要分布在高海拔区域，是自然形成的，而水库/坑塘主要分布在人类活动区，属人工营造的。因此，本研究利用这一地学知识，实现了湖泊和水库/坑塘的精确区分。在所有的土地利用/覆被类型中，草原和稀疏草地的制图精度和用户精度均较低，这主要来源于这两种土地覆被类型的相互混分。虽然在分类系统中设定了 20%的阈值作为稀疏草地和草地类别之间的区分依据，然而实际分类工作中，可操作性较差。

5.4　基于多分类器集成的面向对象迭代分类方法

5.4.1　方　法　总　述

监督分类是当前区域尺度乃至全球尺度土地利用/覆被遥感制图最常采用的方法（Yang et al.，2018）。样本是监督分类的基础。样本的数量和质量直接关乎土地利用/覆被遥感制图的精度（Li et al.，2017）。当前，随着可用的各类遥感数据不断增多和各种人工智能算法的引入，遥感数据源和分类方法不再是限制土地利用/覆被制图研究的关键瓶颈。训练样本采集需要花费大量的时间和人力成本，越来越成为限制土地利用/覆被遥感制图的关键因素。基于有限样本的土地利用/覆被制图逐渐成为常态，特别是区域和全球尺度土地利用/覆被制图工作，如何利用有限的样本提高土地利用/覆被制图的精度逐步成为该领域研究的热点（Gong et al.，2019）。对于山地土地利用/覆被制图研究来说，样本的获取难度更大，获取成本也更高，导致可用的土地利用/覆被样本更加缺乏（李爱农等，2003）。

多分类器集成提供了一种充分发挥不同分类器分类优势的途径（Steele，2000；Zhong et al.，2015）。集成结果中存在明显的分类结果一致区（CR）和不一致区（ICR）。通常来说，一致区的分类结果可信度高，而不一致区的分类结果存在较大的不确定性。然而，传统的多分类器集成要么给出不确定性大小的估计，要么不做任何处理（Du et al.，2012），如何降低不一致区的不确定性成为提高多分类器集成精度的创新思路。迭代分类通过不断重复分类过程，并在每次迭代中增加新的有用信息来提高分类的精度。迭代分类可能有助于减少多分类集成结果中 ICR 的不确定性。新的有用信息的增加是迭代分类的关键。对于大尺度山地土地利用/覆被制图研究，数据源相对固定，训练样本成为迭代中最可能加入的信息。考虑到人工添加样本的可行性小，实现样本的自动更新成为最适宜的选择。

综上所述，针对山地土地利用/覆被制图面临的有限样本问题，我们发展了一种基于多分类器集成的面向对象迭代分类方法（Object-oriented Iterative Classification method based on the Multiple Classifiers Ensemble，OIC-MCE）（Lei et al.，2020）。它能够实现样本的自动更新，并在迭代过程中不断提高土地利用/覆被产品的分类精度。方法的整体流程如图 5.11 所示，多分类器集成、样本自动更新和迭代分类是 OIC-MCE 方法的三个核心过程。

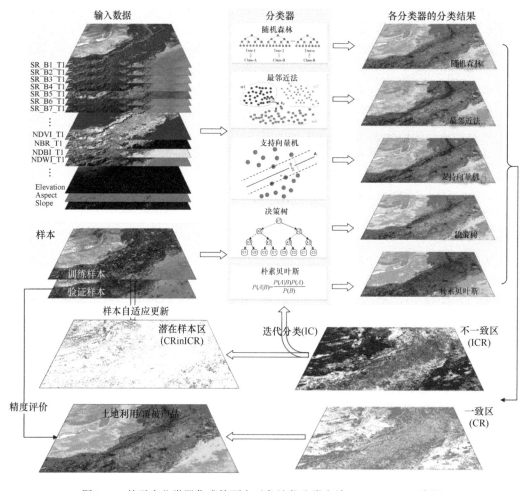

图 5.11　基于多分类器集成的面向对象迭代分类方法（OIC-MCE）流程
"SR_Bi_Tj" 代表第 j 时期遥感影像第 i 波段的地表反射率

5.4.2　多分类器集成

当前，越来越多的人工智能算法被引入到土地利用/覆被遥感分类中，例如，随机森林（Random Forest，RF）、支持向量机（Support Vector Machine，SVM）、人工神经网络（Artificial Neural Network，ANN）、遗传算法（Genetic Algorithm，GA）、最邻近法（K-Nearest Neighbor，KNN）、决策树（Decision Tree，DT）、朴素贝叶斯等（Naïve Bayes，NB）（Mountrakis et al.，2011；Belgiu and Drăguţ，2016；Wulder et al.，2018）。虽然许多研究者都试图通过对比研究找出最佳的土地利用/覆被制图方法，但当前该领域仍无法就各分类器的优劣达成共识。换句话说，每种分类器都有其优势，也有其不足，并且可能随着研究区和所用数据源发生变化。多分类器集成为发挥不同分类器在土地利用/覆被制图中的优势提供了一种途径，被广泛采用（柏延臣和王劲峰，2005）。本小节采用了5 种较为常用的分类器，分别是 RF、SVM、DT、NB 和 KNN。以上分类器除 NB 外，均需要设置一些初始的参数。为了能够最大限度地发挥各个分类器的优势，我们结合已有研究成果，并采用试错法确定了各个分类器的最优参数值（Canovas-Garcia and Alonso-Sarria，2015；Amani et al.，2018），如表 5.10 所示。

表 5.10　各分类器初始参数的最优参数值

分类器	初始参数	最优参数值
RF	Tree size	200
SVM	Kernel type	RBF
	C	10
	Gamma	0.1
DT	minsplit	6
KNN	K	20

初始参数设置后，利用选择的有限样本和特征集，分别对 5 个分类器进行训练，以构建分类模型，再基于这些分类模型开展分类，得到 5 个分类器的分类结果。对于 5 个分类结果的整合，则选择了应用较广的投票法，即每个分割对象最终选定的土地利用/覆被类型是大多数分类器所划分的土地利用/覆被类型。

5.4.3　训练样本自适应更新

多分类器集成的结果中，存在两个明显不同的区域：分类结果完全一致的区域（CR）和分类结果不完全一致的区域（ICR）。CR 分类结果的可信度相对较高，它们成为提取训练样本的潜在区域。通常情况下，ICR 分类结果需要进一步降低不确定性，但也存在一个例外，那就是当绝大数据分类器（如本研究中 4 个分类器）的分类结果一致，但不同于剩余的分类器（如本小节中的 1 个分类器），这里称之为潜在样本区（CRinICR），如图 5.12 所示。我们认为 CRinICR 中绝大多数分类器的分类结果是可信的。对于剩余的分类器，

CRinICR 正是上一轮分类过程中的薄弱环节。如果训练样本来源于 CRinICR，将有助于降低 ICR 的不确定性。基于以上分析，提出了一种训练样本自适应更新的方法。

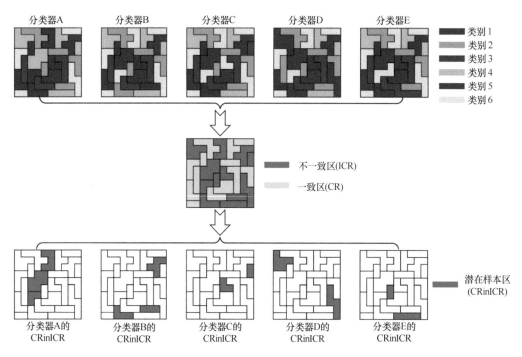

图 5.12 OIC-MCE 方法中潜在样本区（CRinICR）确定示意图

OIC-MCE 方法通过迭代过程从 CRinICR 中提取新的训练样本实现对训练样本的自适应更新。对于不同的分类器来说，每一轮迭代中的 CRinICR 区域并不一致，因此，训练样本的自适应更新针对各个分类器分别进行。由于 CRinICR 中图斑数量庞大，为了不使新增训练样本明显改变已有训练样本的特征，新增样本的总量不能超过初始样本的总量，且各土地利用/覆被类型样本的比例尽量与初始样本中的比例保持一致。对于一些分布面积非常小的土地利用/覆被类型，则设定最小样本量以保证有足够数量的样本参与分类过程。为保证样本的随机性，选用了随机分层抽样法从 CRinICR 中提取指定数量的土地利用/覆被样本。然而，初始样本和新增样本中不可避免会存在少量的错误样本。为了阻止错误样本在迭代过程中将错误信息不断传递，在迭代过程中需要将其去除。由于 CR 具有较高的可信度，因此，仅位于 CR 区的训练样本才能用于后续的迭代过程中。

5.4.4 迭代分类及迭代分类结果集成

迭代样本、迭代区域和迭代次数是迭代分类中需要考虑的因素。对于迭代样本的选择一般有两种策略：一种是仅新增加的训练样本用于迭代；另一种是新增的训练样本和上一次迭代使用的样本均用于迭代。考虑到新增样本来源于 CRinICR，该区域是上一轮分类的薄弱环节，新增样本并不能代表整个区域土地利用/覆被的整体情况，因此，OIC-MCE 方法采用了后一种策略。

考虑到多分类器集成结果的 CR 具有相对高的可信度，因此仅将 ICR 作为迭代区域参与下一次迭代过程。这一策略将显著提高迭代效率，减少对计算资源的消耗。对于迭代次数来说，如果设置太小，则不利于发挥迭代分类的优势；相反，设置过大，迭代过程将耗费大量的时间，更为重要的是，后几次的迭代对于提高分类精度的贡献非常有限。本研究将迭代次数设置为 10 次。虽然该设置可能并不是最佳值，但有利于为区域尺度土地利用/覆被制图工作找出最佳的迭代次数。

每次迭代的分类结果都可以划分为 CR 和 ICR 两部分，所有迭代过程所形成的 CR 合并后即可形成最终的分类结果。通常来说，只有当所有分类器的分类结果一致时，才将该区域定义为 CR。事实上，当绝大部分分类器的分类结果一致时（如 CRinICR），其分类结果的可信度也相对较高。更为重要的是，该区域是新增训练样本的来源地。因此，本算法中将 5 个分类器中有 4 个分类器的分类结果一致的区域定义为 CR。不可避免，最后一次迭代结果中仍然存在 ICR。这些 ICR 将直接合并到最终的分类结果中，其土地利用/覆被类型采用 5.4.1 节所述的投票法确定。

5.4.5 基于 OIC-MCE 方法的山地土地利用/覆被制图案例

中巴经济走廊北段地处喜马拉雅山、喀喇昆仑山、兴都库什山的交汇区域，山地起伏大，土地利用/覆被类型复杂多样。我们选择位于该区域一景 Landsat-8 影像（轨道号：140/35）所在区域为实验区，验证 OIC-MCE 算法在山地土地利用/覆被遥感制图中的性能。为了充分利用物候特征在区分植被类型方面的优势，验证实验选择了该区域 4 景高质量的 Landsat-8 遥感影像（云覆盖率<5%）。除原始影像外，影像衍生的各类指数（NDVI、NDBI、NDWI、NBR），以及海拔、坡度、坡向等地形信息等参与分类决策。训练样本采用人工目视解译高空间分辨率遥感影像获取。本研究共计获取训练样本 674 个，提供一个针对有限样本分析的参照对象。

1. 自适应更新的训练样本

图 5.13 展示了基于 OIC-MCE 算法新增的训练样本的空间分布状况。总体来看，新增样本空间分布较为均匀。从统计上来看，随着迭代次数的增加，新增样本量呈下降趋势[图 5.13（c）]。迭代次数的增加，导致多分类器集成结果中的 ICR 面积不断减小，用于提取样本的 CRinICR 面积也减少，新增样本量也随之下降。甚至在部分迭代中，一些土地利用/覆被类型新增训练样本量远少于初始样本量，或无训练样本生成。从图 5.13（d）可知，各土地利用/覆被类型新增训练样本量的比例与其实际面积占比较为吻合。对于一些面积占比小（如河流）或易混淆（如稀疏植被）的土地利用/覆被类型，新增样本量的比例要大于其实际面积占比。

2. 逐次迭代构建的 CR

图 5.14 展示了逐次迭代构建的 CR 的空间分布格局。随着迭代次数的增加，迭代构建的 CR 面积逐渐减小。5 次迭代累计的 CR 总面积已占研究区总面积的 95.24%。5 次迭代后，剩余的 ICR 面积占比不到 5%，再增加迭代次数对于提高总体精度作用有限。

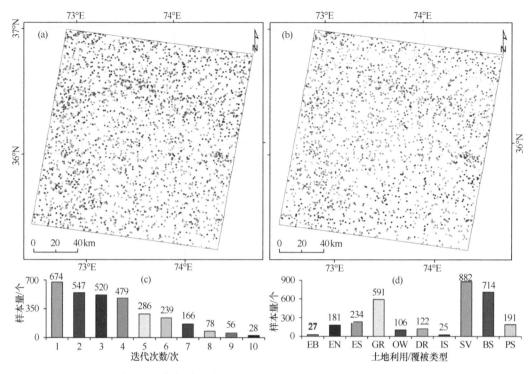

图 5.13 自适应更新样本的空间分布和数量统计特征（以 SVM 分类器为例）

图（a）和图（c）展示各次迭代样本状况，图（b）和（d）展示各土地利用/覆被类型的样本情况。EB-常绿阔叶林；EN-常绿针叶林；ES-常绿灌丛；GR-草地；OW-水体；DR-旱地；IS-不透水面；SV-稀疏植被；BS-裸土；PS-冰川/永久积雪

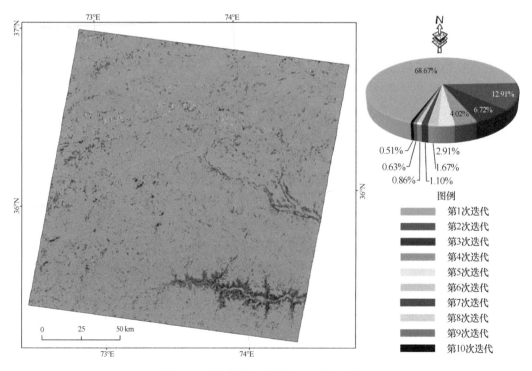

图 5.14 各次迭代生成的 CR 空间分布

3. 制图精度评价

本小节选用总体精度和总不一致性来评估 OIC-MCE 方法的性能，如图 5.15 所示。随着迭代的增加，OIC-MCE 方法和各个分类器的总体分类精度不断增加[图 5.15（a）]，总不一致性下降[图 5.15（b）]。RF、SVM 和 KNN 的总体精度优于 NB，DT 的总体精度表现最差（表 5.11）。随着迭代的增加，各个分类方法的总体精度增长率明显减慢，总不一致性的降低幅度也明显放缓。5 次迭代后，各项精度指标均趋于平稳。对于 OIC-MCE 方法，5 次迭代后总体精度较初次分类的总体精度高 8.38%，因此，基本可以认为 OIC-MCE 方法 5 次迭代即可获得最优结果。OIC-MCE 方法的总体分类精度明显高于任何一种单一分类器的总体分类精度，这说明 OIC-MCE 不仅发挥了各个分类器的优势，还一定程度降低了各分类器不足带来的潜在影响。

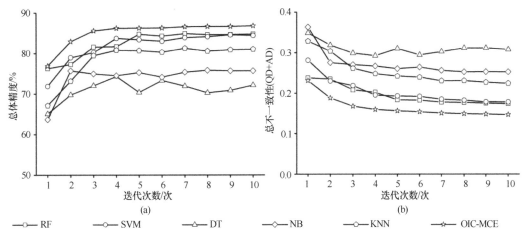

图 5.15 各分类器和 OIC-MCE 在迭代分类中的总体精度（a）和总不一致性（b）
QD-数量不一致（quantity disagreement）；AD-分布不一致（allocation disagreement）

表 5.11 不同分类方法精度差异的 t 检验

分类方法	RF	SVM	DT	NB	KNN	OIC-MCE
RF	—					
SVM	−1.1826	—				
DT	−13.8160**	−13.8500**	—			
NB	−9.1913**	−12.7080**	3.9505*	—		
KNN	−5.9630**	−7.7331**	8.2106**	5.4075**	—	
OIC-MCE	5.4562**	8.6304**	28.0670**	21.9000**	11.6260**	—

* 95%置信度；** 99%置信度。

4. 初始样本量减少对 OIC-MCE 方法性能的影响

由于样本获取费时耗力，我们希望用最少的样本获得最佳的制图效果（Gong et al.，2019）。OIC-MCE 是否能满足有限样本制图的需求，也就是说当初始样本量不断下降时，基于 OIC-MCE 方法得到的土地利用/覆被分类结果的总体精度是否会受到影响。因此，我们设置了初始样本量减少对 OIC-MCE 方法性能影响的实验予以验证。在实验中，我们以 5%为间隔，不断减少初始样本量，直到参与分类的初始样本量仅占原始样本总量的 5%，各次实验均重复 10 次。实验结果如图 5.16 所示，当初始样本量降低时，最终分类结果的总体精度呈下降趋势。当初始样本总量下降到原始样本量的 35%时，最终分类结果的总体精度下降不超过 5%，仍然比多分类器初次集成的总体精度高 3.36%。这也意味着当原始样本量下降 65%时（单景 Landsat 遥感影像仅需要 200 个左右的样本），采用 OIC-MCE 方法对总体精度没太大的影响，这将为基于有限样本的土地利用/覆被制图提供新的解决方案。

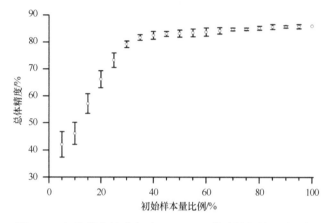

图 5.16　初始样本量减少对 OIC-MCE 算法性能的影响分析

5. OIC-MCE 算法的稳定性

在样本自适应更新中采用了随机分层采样法以降低新增样本的总数量。每次执行该方法得到的新增样本的空间分布均存在差异，这对于算法的稳定性带来风险。为此，本研究重复执行 OIC-MCE 算法 10 次，通过分析最终分类结果的总体精度的波动来验证 OIC-MCE 算法的稳定性，如图 5.17 所示。从图中可以看出，5 次迭代后，OIC-MCE 算法的总体精度为 82.13%±0.72%。单次迭代的总体精度波动范围介于[0.25%, 0.72%]，波动幅度不超过 1%，也进一步说明算法稳定性好。

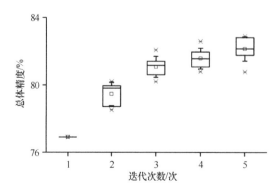

图 5.17　OIC-MCE 算法稳定性分析

5.5　小　　结

　　山地突出的地形、气象等条件给土地利用/覆被遥感自动制图带来了更大的挑战,为此,我们经过多年研究,提出了一系列针对山地这一特殊地理单元的土地利用/覆被遥感自动制图方法,本章对其进行了详细叙述。这些方法紧跟当前土地利用/覆被遥感监测的研究热点,注重将面向对象、多源异构信息、时相信息、地学知识纳入决策过程中,从而显著提高了山地土地利用/覆被遥感自动制图的质量,也为全球相似区域的土地利用/覆被遥感制图研究提供了新的思路。未来,随着遥感技术、人工智能算法、深度学习等的不断成熟与发展,山地土地利用/覆被遥感制图方法将出现新的策略和方案,也将更加自动化、智能化和精细化。

参 考 文 献

柏延臣, 王劲峰. 2005. 结合多分类器的遥感数据专题分类方法研究. 遥感学报, 9: 555-563.

雷光斌, 李爱农, 谭剑波, 等. 2016. 基于多源多时相遥感影像的山地森林分类决策树模型研究. 遥感技术与应用, 31: 31-41.

李爱农, 边金虎, 张正健, 等. 2016. 山地遥感主要研究进展、发展机遇与挑战. 遥感学报, 20: 1199-1215.

李爱农, 江小波, 马泽忠, 等. 2003. 遥感自动分类在西南地区土地利用调查中的应用研究. 遥感技术与应用, 18: 282-285, 353.

刘纪远, 张增祥, 张树文, 等. 2020. 中国土地利用变化遥感研究的回顾与展望——基于陈述彭学术思想的引领. 地球信息科学学报, 22: 680-687.

刘时银, 姚晓军, 郭万钦, 等. 2015. 基于第二次冰川编目的中国冰川现状. 地理学报, 70: 3-16.

姚永慧, 张百平, 韩芳, 等. 2010. 横断山区垂直带谱的分布模式与坡向效应. 山地学报, 28: 11-20.

赵晓丽, 张增祥, 汪潇, 等. 2014. 中国近 30a 耕地变化时空特征及其主要原因分析. 农业工程学报, 30: 1-11.

Amani M, Salehi B, Mahdavi S, et al. 2018. A Multiple Classifier System to improve mapping complex land covers: a case study of wetland classification using SAR data in Newfoundland, Canada. International Journal of Remote Sensing, 39: 7370-7383.

Bayle A, Carlson B Z, Thierion V, et al. 2019. Improved Mapping of Mountain Shrublands Using the Sentinel-2 Red-Edge Band. Remote Sensing, 11: 2807.

Belgiu M, Drăguţ L. 2016. Random forest in remote sensing: A review of applications and future directions. ISPRS Journal of Photogrammetry and Remote Sensing, 114: 24-31.

Bian J H, Li A N, Deng W. 2010. Estimation and analysis of net primary Productivity of Ruoergai wetland in China for the recent 10 years based on remote sensing. International Conference on Ecological Informatics and Ecosystem Conservation (Iseis 2010), 2: 288-301.

Blaschke T, Hay G J, Kelly M, et al. 2014. Geographic Object-Based Image Analysis - Towards a new paradigm. ISPRS Journal of Photogrammetry and Remote Sensing, 87: 180-191.

Cai W. 1983. The extension set and non-compatible problems. Science Exploration, 1: 83-97.

Cai W. 1999. Extension theory and its application. Chinese Science Bulletin, 44: 1538-1548.

Canovas-Garcia F, Alonso-Sarria F. 2015. Optimal Combination of Classification Algorithms and Feature Ranking Methods for Object-Based Classification of Submeter Resolution Z/I-Imaging DMC Imagery. Remote Sensing, 7: 4651-4677.

Chen J, Chen J, Liao A P, et al. 2015. Global land cover mapping at 30 m resolution: A POK-based operational approach. ISPRS Journal of Photogrammetry and Remote Sensing, 103: 7-27.

Du P, Xia J, Zhang W, et al. 2012. Multiple classifier system for remote sensing image classification: a review. Sensors (Basel), 12: 4764-4792.

Foody G M, Mathur A. 2006. The use of small training sets containing mixed pixels for accurate hard image classification: Training on mixed spectral responses for classification by a SVM. Remote Sensing of Environment, 103: 179-189.

Gao B C. 1996. NDWI - A normalized difference water index for remote sensing of vegetation liquid water from space. Remote Sensing of Environment, 58: 257-266.

Gholoobi M, Kumar L. 2015. Using object-based hierarchical classification to extract land use land cover classes from high-resolution satellite imagery in a complex urban area. Journal of Applied Remote Sensing, 9: 096052.

Gómez C, White J C, Wulder M A. 2016. Optical remotely sensed time series data for land cover classification: A review. ISPRS Journal of Photogrammetry and Remote Sensing, 116: 55-72.

Gong P, Liu H, Zhang M, et al. 2019. Stable classification with limited sample: transferring a 30-m resolution sample set collected in 2015 to mapping 10-m resolution global land cover in 2017. Science Bulletin, 64: 370-373.

Goward S N, Markham B, Dye D G, et al. 1991. Normalized difference vegetation index measurements from the advanced very high resolution radiometer. Remote Sensing of Environmental, 35: 257-277.

Jiang J G, Li A N, Deng W, et al. 2010. Construction of a New Classifier Integrated Multiple Sources and Multi-temporal Remote Sensing Data for wetlands. Procedia Environmental Sciences, 2: 302-314.

Laliberte A S, Fredrickson E L, Rango A. 2007. Combining decision trees with hierarchical object-oriented image analysis for mapping arid rangelands. Photogrammetric Engineering and Remote Sensing, 73: 197-207.

Lamonaca A, Corona P, Barbati A. 2008. Exploring forest structural complexity by multi-scale segmentation of VHR imagery. Remote Sensing of Environment, 112: 2839-2849.

Lei G, Li A, Cao X, et al. 2017. Land Cover Mapping and Its Spatial Pattern Analysis in Nepal. Land Cover Change and Its Eco-environmental Responses in Nepal. Li A, Deng W and Zhao W. Singapore, Springer: 17-39.

Lei G B, Li A N, Bian J H, et al. 2016. Land Cover Mapping in Southwestern China Using the HC-MMK Approach. Remote Sensing, 8: 305.

Lei G B, Li A N, Bian J H, et al. 2020. OIC-MCE: A Practical Land Cover Mapping Approach for Limited Samples Based on Multiple Classifier Ensemble and Iterative Classification. Remote Sensing, 12: 987.

Li A, Jiang J, Bian J, et al. 2012. Combining the matter element model with the associated function of probability transformation for multi-source remote sensing data classification in mountainous regions. ISPRS Journal of Photogrammetry and Remote Sensing, 67: 80-92.

Li C, Gong P, Wang J, et al. 2017. The first all-season sample set for mapping global land cover with Landsat-8 data. Science Bulletin, 62: 508-515.

Ma L, Li M, Ma X, et al. 2017. A review of supervised object-based land-cover image classification. ISPRS Journal of Photogrammetry and Remote Sensing, 130: 277-293.

Mountrakis G, Im J, Ogole C. 2011. Support vector machines in remote sensing: A review. ISPRS Journal of Photogrammetry and Remote Sensing, 66: 247-259.

Steele B M. 2000. Combining multiple classifiers: An application using spatial and remotely sensed information for land cover type mapping. Remote Sensing of Environment, 74: 545-556.

Trimble. 2011. eCognition Developer User Guide, Version 8.7. Munich, Germany: Definiens.

Wulder M A, Coops N C, Roy D P, et al. 2018. Land cover 2.0. International Journal of Remote Sensing, 39: 4254-4284.

Yang L, Jin S, Danielson P, et al. 2018. A new generation of the United States National Land Cover Database: Requirements, research priorities, design, and implementation strategies. ISPRS Journal of Photogrammetry and Remote Sensing, 146: 108-123.

Zha Y, Gao J, Ni S. 2003. Use of normalized difference built-up index in automatically mapping urban areas from TM imagery. International Journal of Remote Sensing, 24: 583-594.

Zhong B, Yang A X, Nie A H, et al. 2015. Finer Resolution Land-Cover Mapping Using Multiple Classifiers and Multisource Remotely Sensed Data in the Heihe River Basin. IEEE Journal of Selected Topics in Applied Earth Observations and Remote Sensing, 8: 4973-4992.

第6章 山地土地利用/覆被变化遥感检测方法

6.1 引　言

山地土地利用/覆被变化（LUCC）遥感检测方法以山地 LUCC 为检测对象，在借鉴地形平坦地区 LUCC 识别方法的基础上，充分挖掘现有遥感技术、人工智能技术在识别山区 LUCC 的潜力，实现山区 LUCC 的精准识别（李爱农等，2016）。长期以来，受数据源和变化检测方法的限制，山地 LUCC 遥感检测多以目视判读为主，自动化程度不高（Li et al.，2017）。我们在总结已有 LUCC 遥感检测方法的基础上，针对山地 LUCC 遥感检测面临的突出问题，通过引入多时相信息、机器学习算法、多种变化指标等，构建了由简单到复杂的多种山地 LUCC 遥感检测方法，并应用于我国西南山地、青藏高原南缘山地、一带一路六大经济走廊山地区域的土地利用/覆被变化遥感科学数据集的生产中。本章给予这些方法详细介绍，以期为其他山区开展 LUCC 遥感监测研究提供方法支撑，也为其他非山区的 LUCC 遥感监测研究提供方法借鉴。

6.2 基于多尺度分割和决策树的山地 LUCC 遥感检测方法

6.2.1 方 法 总 述

当 LUCC 遥感监测的空间范围从小区域向大区域转变时（即监测区从覆盖一景或几景遥感影像向覆盖几十景甚至上几百或上几千景转变时），以目视判读为核心的变化检测方法由于工作量巨大已经难以满足应用需求，自动化的 LUCC 遥感检测方法成为必然选择（Zhu，2017）。在此背景下，该领域学者先后提出了多种 LUCC 遥感检测方法，如分类后变化检测法、影像代数运算法、主成分分析法、变化矢量分析、向量相似度等（刘纪远和邓祥征，2009；张增祥等，2016）。

LUCC 遥感检测方法按最小处理单元可以分为基于像元和面向对象两种。随着影像空间分辨率的提高，基于像元的变化检测存在信息单一、易产生"椒盐效应"等不足而受到一定限制（Lu et al.，2004；Hussain et al.，2013）。相比而言，面向对象的检测方法具有提高影像信息利用程度，避免"椒盐效应"等特点而受到广泛的重视与应用（Chen et al.，2012；夏朝旭等，2014）。其核心思想是在变化检测之前将影像分割为若干个具有相近特征的"同质"对象，提供丰富的形状、纹理、拓扑等语义信息，并能结合人工智能进行分析，从而达到提高检测精度的目的。

山区 LUCC 遥感自动检测由于地形效应的影响面临比平原地区更大的挑战（李爱农等，2016），构建复杂条件下适用的变化检测方法是山区开展大面积 LUCC 遥感监测工作的基础。然而，目前针对山区 LUCC 的遥感检测方法研究相对较少，且从已有研究来看还存在以下不足：①未充分考虑地形效应对变化检测的影响，以及地形特征和形状特征等在山区 LUCC 遥感检测中的独特作用；②检测方法单一，易将山区地形阴影等"噪声"误检为变化信息；③未充分考虑山区空间格局破碎、覆盖类型丰富、变化方式多样等对变化检测的影响。

本研究面向山地土地利用/覆被遥感变化检测的需求与挑战，提出了面向对象与决策树相结合的山地土地利用/覆被变化检测方法（张正健等，2014）。该方法包括以下主要步骤：①设定合适的参数对影像进行多尺度分割以获得同质性高、大小适中的斑块对象；构建对象的光谱、地形和形状特征；②结合地面调查数据选择"变化"和"未变化"对象的典型训练样本；③利用决策树算法提取检测规则并对变化信息进行自动提取；④最后对检测结果进行精度验证以评价方法的合理性，并提出改进措施。

6.2.2　面向对象影像分割

影像分割是面向对象遥感分析的首要步骤，其基本思想是综合考虑参与变化检测的遥感影像的光谱、形状等特征，采用自下而上的迭代合并算法或自上而下的迭代分割算法将影像分割成高度同质性的对象。对象的同质性可以通过斑块内像元的标准差来衡量。本研究采用了与 5.3 节自动制图影像分割相同的分割算法——多尺度分割算法，本节不再赘述。

6.2.3　变化特征集构建

无论是自动制图还是变化检测，参与决策的特征都是模型构建前必须考虑的因素之一。面向对象的遥感分析不仅可以充分利用遥感影像的光谱特征，还可以利用影像分割后对象的形状特征等，为山区 LUCC 遥感检测提供更加丰富的信息。山地地形在一定程度上是加速或减缓山地 LUCC 发生的重要因子之一，也是山地 LUCC 遥感检测模型中最常被考虑的特征。整体来看，参与山地 LUCC 遥感检测模型构建的特征集包括三类：光谱特征、形状特征和地形特征。

1. 光谱特征

在光谱特征方面，参与山地 LUCC 检测的特征包括两个时期遥感影像的光谱反射率、衍生的各类指数（如 NDVI、NBR、MNDWI 等），以及影像光谱反射率的变化值和各类指数的变化值。另外，一些被广泛使用的变化指数，如变化矢量强度（Change Vector Intensity，CVI）、向量相似度（Vector Similarity，VS）等也有助于变化图斑的识别。

NDVI、NBR、MNDWI 分别对植被、人类干扰和水体有较好的表征作用，ΔNDVI、ΔNBR 和 ΔMNDWI 则有助于识别植被的变化、人类干扰引起的变化以及水体变化（Jin et al.，2013），其计算公式如下：

$$\Delta \text{NDVI} = (B_{14} - B_{13}) / (B_{14} + B_{13}) - (B_{24} - B_{23}) / (B_{24} + B_{23}) \tag{6.1}$$

$$\Delta \text{NBR} = (B_{14} - B_{17}) / (B_{14} + B_{17}) - (B_{24} - B_{27}) / (B_{24} + B_{27}) \tag{6.2}$$

$$\Delta \text{MNDWI} = (B_{12} - B_{15}) / (B_{12} + B_{15}) - (B_{22} - B_{25}) / (B_{22} + B_{25}) \tag{6.3}$$

式中，B_{ij} 为第 i 时期遥感影像第 j 波段的像元值；i 用于标示参与变化检测的遥感影像的类别，1 为基准影像；2 为检测影像。

CVI 是一种基于特征向量空间的变化检测方法。它通过计算两景不同时相的遥感影像之间的光谱变化强度来判别图斑的土地利用/覆被类型是否发生变化（Lambin and Strahler，1994；Chen et al.，2003）。其原理如下：

将基准影像的特征矢量记为 R，检测影像的特征矢量记为 S。R 和 S 分别如下：

$$R = \begin{bmatrix} r_1 \\ r_2 \\ \vdots \\ r_n \end{bmatrix} \qquad S = \begin{bmatrix} s_1 \\ s_2 \\ \vdots \\ s_n \end{bmatrix} \tag{6.4}$$

式中，n 为波段数。变化矢量 ΔV 定义为

$$\Delta V = R - S = \begin{bmatrix} r_1 - s_1 \\ r_2 - s_2 \\ \vdots \\ r_n - s_n \end{bmatrix} \tag{6.5}$$

变化强度 $|\Delta V|$ 定义为

$$|\Delta V| = \sqrt{(r_1 - s_1)^2 + (r_2 - s_2)^2 + \cdots + (r_n - s_n)^2} \tag{6.6}$$

$|\Delta V|$ 包含了从基准时期到检测时期遥感影像各个波段变化的总和，其值越大，土地利用/覆被类型变化的概率就越大，其值越小，则变化的概率越小。选择一个合适的阈值 T 是基于 CVI 方法判断土地利用/覆被类型是否发生变化的关键（Xian et al.，2009）。

VS 是将参与变化检测的两景遥感影像的特征归一化为特征向量（x 和 y），进而计算两个向量的夹角 θ，以及向量的模 $|x|$、$|y|$，最终得到向量相似性度量指标 VS（宋翔和颜长珍，2014），计算公式如下：

$$\text{VS} = \frac{\cos \theta}{|R_{xy} - 1| + 1} \tag{6.7}$$

式中，θ 为遥感影像对所构成的特征向量 x、y 的夹角，R_{xy} 为向量 x、y 的模比值。

$$\cos \theta = \frac{\sum\limits_{i=1}^{n} x_i \cdot y_i}{\sqrt{\sum\limits_{i=1}^{n} x_i^2} \sqrt{\sum\limits_{i=1}^{n} y_i^2}} \tag{6.8}$$

$$R_{xy} = \frac{|x|}{|y|} = \frac{\sqrt{\sum\limits_{i=1}^{n} x_i^2}}{\sqrt{\sum\limits_{i=1}^{n} y_i^2}} \tag{6.9}$$

VS 的值域范围为 0~1。VS 越接近于 1，说明对象在不同时期的光谱向量相似性较高，其发生变化的概率较低，反之则说明对象发生变化的概率较高。

2. 形状特征

用于 LUCC 检测的形状特征包括形状指数、长宽比、面积等，这些形状特征有利于识别山区河流、道路等呈"条状"分布的土地利用/覆被类型。其中，形状指数（Shape Index，SI）通过计算斑块形状与相同面积的圆或正方形之间的偏离程度来度量形状的复杂程度，其计算公式如下：

$$SI = \sqrt{A/P} \tag{6.10}$$

式中，A 为斑块面积；P 为斑块周长。

3. 地形特征

海拔、坡度和坡向是最常用于山地 LUCC 遥感检测的特征。海拔通常利用 DEM 数据来表达，坡度和坡向基于 DEM 数据计算得到。

6.2.4　基于决策树算法的山地 LUCC 检测模型构建

LUCC 遥感检测过程可以看作是只有"变化"和"未变化"两个类别的遥感影像自动分类过程。在众多的分类规则提取算法中，决策树作为一种非参数算法，它不需要训练样本满足诸如正态分布等分布规律，可以同时处理连续和离散数据，所形成的规则易于理解，分类速度较快，因此被广泛采用。其基本思想是：按照一定的规则把数据集逐级往下细分以得到具有不同属性的各个子类别。本研究采用了当前在分类规则构建中使用较为广泛的 C5.0 决策树算法，算法具体介绍请参考《山地遥感》（李爱农等，2016）相关章节。

决策树作为机器学习算法的一种，其分类精度受训练样本质量的影响较大，尤其是在复杂山区，训练样本的代表性和全面性是提高变化检测精度的关键。经过多次实验总结得出如下的训练样本选取原则：①训练样本在研究区内大致均匀分布，且在不同土地利用/覆被类型、变化方式、地形条件下都要有样本的分布；②选择一定数量的虚假变化作为训练样本，如将地形遮挡、云及云阴影、植被物候等引起的虚假变化当作"未变化"样本。

6.2.5　精　度　评　价

通常情况下，精度评价的验证样本由地面实测获取，详细介绍见本书第 7 章。对变化检测精度评价来说，历史时期地面调查数据的获取是难点，尤其是当间隔时间较长时，对应历史时刻地面调查数据就越难保障（Olofsson et al.，2014；Li et al.，2018）。我们从 20 世纪 90 年代起就开始从事山地土地利用/覆被变化遥感检测及野外调查工作，至今已积累大量不同时期的地面调查数据，但对于单景遥感影像覆盖的区域，积累的野外调查样点仍然较为缺乏。

为了弥补地面调查数据的缺失，本研究通过分层随机采样方法补充验证样本。具体步骤为：将研究区划分为 50×50 个大小一致的矩形区域，在每个矩形区域内随机布设样点，并结合 Google Earth 高分辨率历史遥感影像等进行综合判读，避免人为选择验证样本的主观性和随意性。在此基础上，通过构建误差矩阵来对检测结果的精度作出评价。

6.2.6 基于多尺度分割和决策树的攀西地区 LUCC 遥感检测案例

为了评价基于多尺度分割和决策树的变化检测方法的性能，我们以四川省攀西地区一景 Landsat 影像（轨道号 130/42，WRS2）覆盖区为实验区开展评价工作（张正健等，2014）。实验中采用的遥感数据源为 1989 年 5 月 11 日（基准影像，记为 Image1）和 2009 年 4 月 16 日（检测影像，记为 Image2）获取的两景 30m 分辨率的 Landsat-5 TM 影像（云覆盖率低于 1%）。相比平原地区，山区地形起伏使影像几何畸变更加严重，为此，采用美国 NASA 下设 LEDAPS（Landsat ecosystem disturbance adaptive processing system）课题组开发的自动配准与正射纠正程序包 AROP（automated registration and orthorectification package）（Gao et al.，2009）对影像进行正射纠正和几何配准，校正后影像的几何误差小于 0.5 个像元（李爱农等，2012）。实验区典型土地利用/覆被变化如表 6.1 所示。

表 6.1 实验区 1989~2009 年典型土地利用/覆被变化类型

影像	典型土地利用/覆被变化					
	矿山开采	退耕还林	城镇扩张	兴建水库	耕地扩张	森林损毁
Image1						
Image2						

1. 多尺度影像分割结果

经过多次对比实验，确定山区 LUCC 遥感检测的多尺度分割参数，设置如下：变化前（基准期）和变化后（检测期）遥感影像除热红外波段以外的所有波段均参与分割，各个波段权重均设为 1；分割尺度设为 25，光谱权重和形状权重分别设为 0.9 和 0.1，光滑度和紧凑度权重分别设为 0.3 和 0.7。典型地物多尺度分割效果如图 6.1 所示。

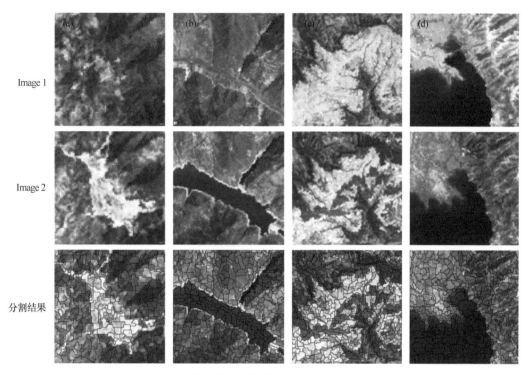

图 6.1　基于多尺度分割算法的山区遥感影像分割结果

总体来看，多尺度分割结果能够体现出不同斑块间的差异信息，对象内部均质性高且与地物实际边界吻合较好。相对而言，变化区域的分割结果更加细致，如图 6.1（a）、图 6.1（b）中的矿场和水库；未发生变化且影像光谱差异不大的区域分割斑块则相对较大，如图 6.1（d）中的水库。实验后发现：变化检测尽量让变化前和变化后两景影像都参与多尺度分割，其原因在于若只采用其中一景影像参与分割，则该景影像中的均质斑块在另外一景影像中可能是一个包含多种地物的混合对象。如图 6.1（b）中的水库，在只有 Image2 参与分割的情形下易被分割为面积更大的斑块，不能体现出 Image1 中的河流信息，并由此降低对象的均质性，给规则提取及检测结果带来影响。

2. 山地 LUCC 信息提取规则构建

根据 6.2.4 节所述的训练样本选取原则，结合我们积累的历史地面调查数据和 Google Earth 的高分辨率遥感影像，选取"变化"和"未变化"训练样本 393 个，其中"变化"训练样本 152 个，"未变化"训练样本 241 个。基于这些训练样本，采用 C5.0 决策树算法构建了如图 6.2 所示的 LUCC 信息提取决策树。

从图 6.2 可以看出，利用 $\Delta NDVI = 0.1343$ 可以将训练样本一分为二，其中 $\Delta NDVI > 0.1343$ 的子集主要包括"变化"样本；$\Delta NDVI \leqslant 0.1343$ 的子集则主要包括"未变化"样本，表明本实验中 $\Delta NDVI$ 对于变化信息有较高的区分能力。在 $\Delta NDVI > 0.1343$ 的子集中，主要的"变化"样本检测规则为：$NDVI\_2009 \leqslant 0.2194$ 且 $B5\_1989 > 631.05$，该部分"变化"主要由植被向非植被转变，其 NDVI 在 2009 年的影像中较小。该子集中的"未变化"样本主要包括地形阴影、物候等因素导致的虚假变化，其 NDVI 在两景影像中的

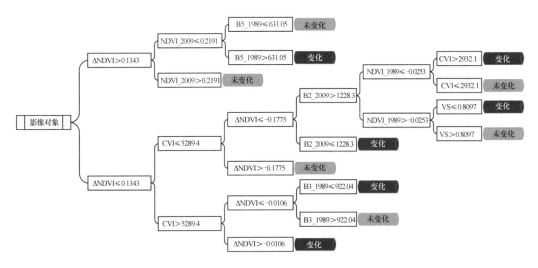

图 6.2 山地土地利用/覆被变化信息自动提取决策树

NDVI_1989 和 NDVI_2009 分别表示对象在两景影像中的归一化植被指数（NDVI），B3_1989 表示 1989 年 TM 遥感影像第
3 波段的反射率，B2_2009 表示 2009 年 TM 遥感影像第 2 波段的反射率

差值同样较大，但其属性并未发生变化。而在 ΔNDV≤0.1343 的子集中，主要的"未变化"检测规则为：CVI≤5289.4 且 ΔNDVI>–0.1775，该类样本在两景影像中的 NDVI 差异不大（–0.1775＜ΔNDVI≤0.1343），光谱向量差值 CVI 也被限制在一定范围内，故其能将大部分"未变化"样本提取出来。该子集中的"变化"样本主要为退耕还林，其 NDVI_2009 明显大于 NDVI_1989，ΔNDVI 一般小于–0.2。如规则 CVI≤5289.4 且 ΔNDVI ≤–0.1775 且 B2_2009≤1228.3 可以将大部分退耕还林样本检测出来，B2_2009≤1228.3 表示植被在 TM2 中的反射率较小。此外，在以 CVI 和 VS 为划分依据的节点处，CVI 较大（或 VS 较小）的样本主要为"变化"，反之则为"未变化"，这与 CVI（VS）的定义与作用相符。

3. 山地 LUCC 检测结果及精度评价

采用图 6.2 中的分类决策树，得到实验区 1989～2009 年 LUCC 检测结果（图 6.3）。该方法对各类典型变化均取得了理想的检测结果，提取的变化信息与实际变化区域在空间上具有较好的吻合性。此外，图 6.3（b）中处于休耕期和生长期的耕地并未被检测为变化信息，也表明该方法对物候导致的虚假变化具有较强的抗干扰能力。

从检测结果来看，实验区 1989～2009 年土地利用/覆被格局变化明显。其中，典型的变化方式包括退耕还林、水利工程、矿山开采和城镇扩张等[图 6.3（b）]。从空间分布来看：退耕还林主要分布在具有一定地形起伏的坡耕地上；耕地扩张主要分布在盐源平原北部的经济作物种植区，以及城镇和水利工程附近人地矛盾相对突出的地区。雅砻江河谷两侧由于二滩水电站的修建，大量林地、草地、耕地被淹没。

利用我们积累的历史地面调查数据和分层随机采样法共计获取验证样本 249 个（其中，"变化"样本 113 个，"未变化"样本 136 个），计算得到的误差矩阵和相关统计量见表 6.2。

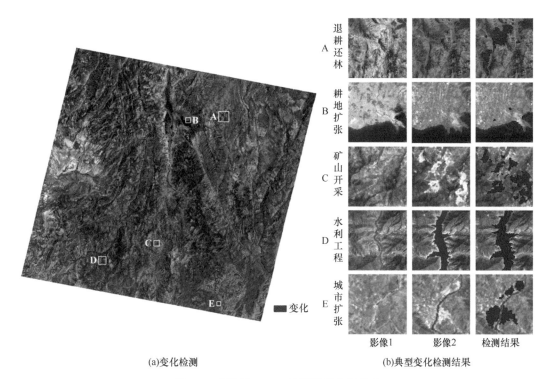

(a)变化检测   (b)典型变化检测结果

图 6.3 实验区 LUCC 检测结果空间分布

表 6.2 土地利用/覆被变化检测误差矩阵

检测结果	参照样本		总计	用户精度/%	误检率/%
	变化	未变化			
变化	106	9	115	92.17	7.83
未变化	7	127	134	94.78	5.22
总计	113	136	249		
制图精度/%	93.81	93.38			
漏检率/%	6.19	6.62	总体精度=93.57%	Kappa 系数=0.8706	

精度评价的相关统计量如下：总体精度为 93.57%，Kappa 系数为 0.8706，表明该方法的总体检测精度较高。其中"变化"对象的漏检率和误检率分别为 6.19%和 7.83%，容易被漏检的变化信息主要为退耕时间过于短暂的耕地，尚未生长为典型的森林，光谱特征与农作物相似，检测过程中容易被忽略；误检率（7.83%）稍高表明该方法对变化信息较为敏感，其中易被误检为"变化"的覆被类型包括部分常绿和落叶林、季节性变化的草地以及部分不同生长季的耕地。"未变化"对象的漏检率和误检率分别为 6.62%和 5.22%，误检率（5.22%）较低表明该方法不易将山区众多"噪声"因素检测为变化信息。

6.3　基于双时相多指标的山地 LUCC 遥感检测方法

6.3.1　方　法　总　述

当前 LUCC 遥感检测研究更加关注平原地区，特别是人类活动较为集中的城镇（Grimm et al.，2008），以及受人类活动强烈干扰的森林分布区，如热带雨林区（Hansen et al.，2013；DeVries et al.，2015）。相对来说，山地土地利用/覆被变化强度小于平原地区。然而，近年来随着我国一系列重大战略和重大工程的实施，如西部大开发战略、"退耕还林还草"工程等，山地土地利用/覆被也发生了一些显著的变化，识别和监测这些山地土地利用/覆被变化就成为该领域亟需深入研究的方向之一，它也将为合理开发山区土地资源，实现山区国土空间的优化配置提供方法支撑。

对于大区域山地 LUCC 检测来说，若采用 6.2 节所述的方法，还需要解决难以获取足够数量和具有代表性的训练样本以用于变化检测模型构建这一现实问题。这也是当前基于训练样本的监督式变化检测方法难以大面积开展所面临的主要挑战之一。不依赖训练样本的非监督式自动变化检测方法成为大区域 LUCC 自动检测的可选方案之一。

在 LUCC 遥感自动检测研究中，变化指标是判定 LUCC 是否存在最常用的方式之一，也是实现无监督自动变化检测的有效途径。然而，不同的变化指标对不同 LUCC 类型的敏感程度存在差异，单一指标通常难以检测出全部 LUCC。融合多个变化指标，通过指标间的互补和相互验证，成为提高山区 LUCC 类型遥感自动检测质量的创新思路之一。

通常来说，参与 LUCC 检测的两景遥感影像组成的影像对中光谱变化，除了土地利用/覆被变化影响外，诸如植被的物候变化等也是可能的原因。如果仅依据单个时相遥感影像对的光谱变化来判别，则容易将物候等引起的"不合理变化"判定为 LUCC，使检测结果存在不确定性。引入多时相遥感影像对或时间序列遥感数据集将能够更全面刻画植被的物候过程，可能会一定程度降低物候变化对检测结果带来的不利影响（Zhu，2017；张良培和武辰，2017）。

土地利用/覆被变化在空间上和时间上常常会遵循一定的客观规律，并受到所在区域地理环境因子的限制。例如，受水热条件的限制，亚热带地区的森林被砍伐后，短期内（1～5 年）难以再次演替为森林。将这些先验知识纳入到 LUCC 自动检测的决策过程中，可能有助于提高 LUCC 自动检测的准确度。LUCC 遥感自动检测工作除了要检测出 LUCC 发生的区域，还需要结合自动分类方法，获得 LUCC 的变化类型。引入 LUCC 变化类型在区域存在的合理性这一先验知识，可能会有助于识别 LUCC 遥感自动检测中存在的"不合理变化"，进一步提高 LUCC 遥感自动检测精度。

综合以上分析，我们提出了基于双时相多指标的山地 LUCC 遥感检测方法，能够在不需要训练样本参与的情况下，通过多指标和双时相的融合实现变化区域的自动识别，流程如图 6.4 所示。如何融合不同时相遥感影像对和不同变化指标所表征的变化信息是该方法的核心，我们将予以详细描述。

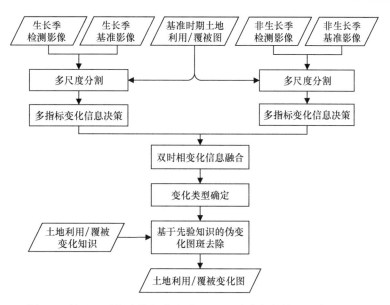

图 6.4　基于双时相多指标的山地 LUCC 遥感变化检测方法总流程

6.3.2　基于多指标的变化信息决策

根据各变化指标值域的分布特征，我们将 LUCC 遥感自动检测的变化指标分为三类：均值类指标、最大值类指标和最小值类指标。均值类指标的值域近似服从正态分布，LUCC 变化区域主要位于指标值域的两端，如 ΔNDVI、ΔNDBI、ΔNDWI 等。最大值类指标的变化区域主要位于最大值端，如变化矢量强度 CVI。最小值类指标的变化区域主要位于最小值端，如向量相似度 VS。

阈值的确定是基于变化指标的 LUCC 自动检测的关键步骤之一。为了减少人为主观性对阈值确定的干扰，参考 Jin 等（2013）提出的 CCDM（Comprehensive Change Detection Method）方法，本研究根据各类变化指标的特征，利用各变化指标的均值和标准差将指标值划分成不同的区间，对每一个区间设置不同的等级值以代表 LUCC 发生的可能性，从而减少单一阈值可能带来的武断性。本研究针对三类变化指标，并结合不同区域的实验结果，设计了三种区间划分方法，分别是均值-标准差分区方法、最大值-标准差分区方法和最小值-标准差分区方法。各区间共设定三个 LUCC 等级值，分别是 1、2 和 3，值越大说明 LUCC 发生的可能性越大。以下分别介绍这三种区间划分方法：

（1）均值-标准差分区方法：主要针对均值类变化指标，各等级区间的赋值原理如图 6.5 所示，赋值规则如下：

1：$(\text{mean} - 0.5 \times \text{std}, \text{mean} + 0.5 \times \text{std}]$

2：$[\text{mean} + 0.5 \times \text{std}, \text{mean} + \text{std}) \cup (\text{mean} - \text{std}, \text{mean} - 0.5 \times \text{std}]$

3：$(-\infty, \text{mean} - \text{std}) \cup [\text{mean} + \text{std}, +\infty]$

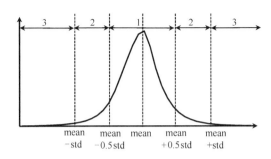

图 6.5 均值（mean）-标准差（std）分区赋值方法示意

（2）最小值-标准差分区方法：主要针对最小值类指标，各等级区间的赋值原理如图 6.6 所示，赋值规则如下：

1：[min + std, +∞)

2：[min + 0.5×std, min + std)

3：[min, min + 0.5×std]

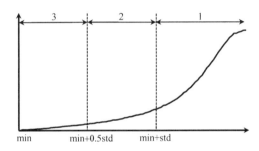

图 6.6 最小值（min）-标准差（std）分区赋值方法示意

（3）最大值-标准差分区方法：主要针对最大值类指标，各等级区间的赋值原理如图 6.7 所示，赋值规则如下：

1：[0, max − std]

2：(max − std, max − 0.5×std]

3：(max − 0.5×std, max)

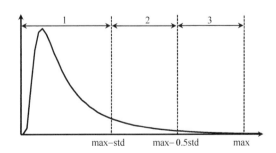

图 6.7 最大值（max）-标准差（std）分区赋值方法示意

基于以上划分方法，计算得出每一个变化指标的 LUCC 等级值，然后综合多个变化指标的 LUCC 等级值。我们分析后发现，对于实际存在 LUCC 的图斑，绝大部分变化指标的 LUCC 等级值要大于相邻区域不存在 LUCC 的图斑，也就是说当越多的变化指标的 LUCC 等级值为 2 或 3 时，存在 LUCC 的可能性就越高；当越多的变化指标的 LUCC 等级值为 1 时，存在 LUCC 的可能性就越低。基于以上分析，我们设计了多指标 LUCC 综合等级值的赋值规则：

（1）如果多个变化指标中有超过一半的指标的 LUCC 等级值为 3，则可以判定该图斑的土地利用/覆被类型发生了变化，多指标 LUCC 综合等级值为Ⅳ；

（2）如果多个变化指标中有 3/4 的指标的 LUCC 等级值大于或等于 2，则可以判定该图斑的土地利用/覆被类型发生变化的可能性较大，多指标 LUCC 综合等级值为Ⅲ；

（3）如果多个变化指标中有超过一半的指标的 LUCC 等级值大于或等于 2，则该图斑的土地利用/覆被类型发生变化的概率相对较小，多指标 LUCC 综合等级值为Ⅱ；

（4）除此之外，则土地利用/覆被类型不大可能发生变化，是"不合理变化"的可能性较大，多指标 LUCC 综合等级值为Ⅰ。

6.3.3 双时相 LUCC 变化信息的融合

在得到两个时相的多指标 LUCC 综合等级值后，我们根据不同区域的实验结果，形成了如下的双时相 LUCC 变化信息融合规则：若两个时相计算得到的多指标 LUCC 综合等级值一致，则直接将该值作为双时相 LUCC 综合等级值；如果多指标 LUCC 综合等级值不一致，则根据"就高不就低"的原则，将两个时相中最大的多指标 LUCC 综合等级值作为双时相 LUCC 综合等级值。例如，若生长季多指标 LUCC 综合等级值为Ⅳ，而非生长季多指标 LUCC 综合等级值为Ⅲ，则双时相 LUCC 综合等级值为Ⅳ。在得到时相融合后的双时相 LUCC 综合等级值的基础上，本研究仅将双时相 LUCC 综合等级值为Ⅲ或Ⅳ的图斑确定为潜在 LUCC 图斑。

在双时相 LUCC 变化信息融合的基础上，我们再次引入两个时相的所有变化指标的 LUCC 等级值，筛选潜在 LUCC 图斑可能存在的"不合理变化"，以减少时相融合可能引入的误判。删选规则如下：当多个变化指标中超过一半的变化指标的 LUCC 等级值为 1，则判定该图斑存在 LUCC 的概率较低，将其从潜在 LUCC 图斑中去除。

6.3.4 LUCC 变化类型的确定

LUCC 变化类型的确定需借助基准时期的土地利用/覆被数据集。首先，采用随机分层抽样的方式自动获取训练样本，再基于随机森林分类方法构建土地利用/覆被自动分类模型，最后基于该模型确定潜在 LUCC 图斑检测期的土地利用/覆被类型。

通常来说，在一景山区遥感影像中，土地利用/覆被变化区域所占的面积比例相对较小，大多低于 5%，即绝大多数图斑的土地利用/覆被类型并未发生变化。因此，从未发生 LUCC 的图斑中选取一部分图斑作为训练样本以构建分类模型是一种行之有效的策略。样本选择时，需兼顾各土地利用/覆被样本量比例与该土地利用/覆被类型的实际面积占比的一致性，同时针对某些面积占比较低的土地利用/覆被类型，则需要提高采样比例，以满足最小样本量的要求。

6.3.5 基于 LUCC 先验知识的"不合理变化"去除

在实际的山地 LUCC 遥感自动检测工作中，受时相差异或云雪覆盖等因素的影响，自动检测的结果中常常存在一定程度的"不合理变化"图斑。例如，常绿阔叶林变成了常绿针叶林、草甸变成了草原等。为了消除类似不合理的变化图斑，我们结合山地土地利用/覆被的实际变化情况，制作了山地常见土地利用/覆被变化类型一览表（表 6.3），其中"√"表示可能存在的 LUCC 类型，"×"表示可能不存在的 LUCC 类型。

表 6.3 山地常见的土地利用/覆被变化类型

变化前土地利用/覆被类型	变化后土地利用/覆被类型									
	1	2	3	4	5	6	7	8	9	10
1	×	√	√	×	√	√	√	√	√	×
2	√	×	√	×	√	√	√	√	√	×
3	√	√	×	√	√	√	√	√	√	√
4	×	×	√	×	√	√	√	√	×	×
5	×	×	×	√	×	√	√	√	√	√
6	√	√	√	√	√	×	√	√	√	√
7	√	√	√	×	√	√	×	√	√	√
8	×	×	×	√	×	√	√	√	√	×
9	√	√	√	√	√	√	√	√	×	√
10	×	×	√	×	√	×	×	×	√	×

注：1-森林；2-灌木林；3-草地；4-湿地；5-水体；6-耕地；7-园地；8-人工表面；9-裸地；10-冰川/永久积雪。

基于土地利用/覆被变化知识，逐一检验潜在的 LUCC 图斑存在的合理性。若图斑的变化类型明显违背了土地利用/覆被类型转换知识，则采用人工目视判读的方式予以检查和修改。人工检查后发现土地利用/覆被类型并未发生变化，则从潜在的 LUCC 变化图斑中去除。

6.3.6 基于双时相多指标的山地 LUCC 遥感检测案例

以我国攀西地区为例，选择一景 Landsat TM 影像（轨道号：130/40）覆盖区为实验区，验证基于双时相多指标的 LUCC 遥感检测方法的性能。为了尽可能减少云雪等对变化检测结果的影响，我们筛选了 4 景云覆盖率不高于 5%的遥感影像，如表 6.4 所示。所选影像组成了两个时相的遥感影像对，其中，非生长季影像对选择了两景 1 月的遥感影像，而生长季影像对选择了两景 5 月的遥感影像，生长季茂盛期 8 月、9 月的遥感影像由于云覆盖率过高而未能采用。本案例中，由于研究团队已完成了 2010 年土地利用/覆被制图工作，因此，以 2010 年作为基准期，2000 年作为检测期。

表 6.4　用于变化检测的 4 景遥感影像的信息

序号	获取时间（年-月-日）	时相	云覆盖量/%	影像性质
1	2000-1-2	非生长季	0	检测影像
2	2010-1-29	非生长季	3	基准影像
3	2000-5-9	生长季	3	检测影像
4	2011-5-8	生长季	5	基准影像

1. 不同指标的山地 LUCC 遥感检测结果

本研究选择了 5 个变化指标参与 LUCC 遥感自动检测，分别是 $\Delta NDVI$、ΔNBR、$\Delta MNDWI$、VS 和 CVI。其中，$\Delta NDVI$、ΔNBR、$\Delta MNDWI$ 属于均值类指标，CVI 属于最大值类指标，VS 属于最小值类指标。在影像分割的基础上，分别统计了生长季和非生长季遥感影像对 5 个变化指标的平均值、标准差、最大值和最小值，如表 6.5 所示。从表中可以看出，生长季和非生长季各个变化指标的统计值具有一定的相似性。

表 6.5　各变化指标的统计值

指标	平均值	标准差	最大值	最小值
CVI_g	587.58	1541.33	3066.86	6.76
CVI_{ng}	574.26	1561.68	3095.84	9.32
VS_g	0.8841	0.1078	1	0.4987
VS_{ng}	0.8592	0.1427	1	0.4820
$\Delta NDVI_g$	−0.0052	0.0856	1.1812	−0.7502
$\Delta NDVI_{ng}$	0.0123	0.0897	0.7897	−0.7834
$\Delta MNDWI_g$	0.0087	0.0633	1.0176	−1.1522
$\Delta MNDWI_{ng}$	−0.0601	0.1305	1.3115	−1.6144
ΔNBR_g	−0.0161	0.1116	1.3458	−1.3358
ΔNBR_{ng}	−0.0345	0.1249	1.2129	−1.1389

注：变化指标中的 g 代表生长季，ng 代表非生长季。

基于 6.3.2 节所述的三种区间划分方法，结合表 6.5 中各变化指标的统计值，得到表 6.6 所示的各变化指标的 LUCC 等级区间赋值规则。例如，CVI 指标分区赋值采用最大值–标准差分区方法，即当 $6.76 \leqslant CVI_g < 1525.53$ 时，取值为 1；当 $1525.53 \leqslant CVI_g < 2296.2$ 时，取值为 2；当 $CVI_g \geqslant 2296.2$ 时，取值为 3。

表 6.6　各变化指标的 LUCC 等级值的赋值规则

指标	1	2	3
CVI_g	[6.76, 1525.53)	[1525.53, 2296.20)	[2296.20, 3066.86]
CVI_{ng}	[9.32, 1534.16)	[1534.16, 2315.00)	[2315.00, 3095.84]
VS_g	[0.6065, 1]	[0.5526, 0.6065)	[0.4987, 0.5526)
VS_{ng}	[0.6247, 1]	[0.5534, 0.6247)	[0.4820, 0.5534)
$\Delta NDVI_g$	(−0.0480, 0.0376]	(−0.0908, −0.0480)∪(0.0376, 0.0804)	(−∞, −0.0908)∪(0.0804, +∞)

续表

指标	1	2	3
$\Delta NDVI_{ng}$	(−0.0326, 0.0572]	(−0.0774, −0.0326)∪(0.0572, 0.1020)	(−∞, −0.0774]∪(0.1020, +∞)
$\Delta MNDWI_{g}$	(−0.0230, 0.0404]	(−0.0546, −0.0230)∪(0.0404, 0.0720)	(−∞, −0.0546]∪(0.0720, +∞)
$\Delta MNDWI_{ng}$	(−0.1254, 0.0052]	(−0.1906, −0.1254)∪(0.0052, 0.0704)	(−∞, −0.1906]∪(0.0704, +∞)
ΔNBR_{g}	(−0.0719, 0.0397]	(−0.1277, −0.0719)∪(0.0397, 0.0955)	(−∞, −0.1277]∪(0.0955, +∞)
ΔNBR_{ng}	(−0.0970, 0.0280]	(−0.1594, −0.0970)∪(0.0280, 0.0904)	(−∞, −0.1594]∪(0.0904, +∞)

注：变化指数中的 g 代表生长季，ng 代表非生长季。

基于表 6.6 所示的赋值规则，逐像元判断每一个变化指标的 LUCC 等级值，分别得到如图 6.8 和图 6.9 所示的生长季和非生长季 5 个变化指标初步判定的潜在变化区域（LUCC 等级值>2）的空间分布图。从图中可以看出，CVI 指标和 VS 指标检测出的潜在变化区域比 ΔNDVI、ΔMNDWI 和 ΔNBR 三个指标检测出的区域范围小。

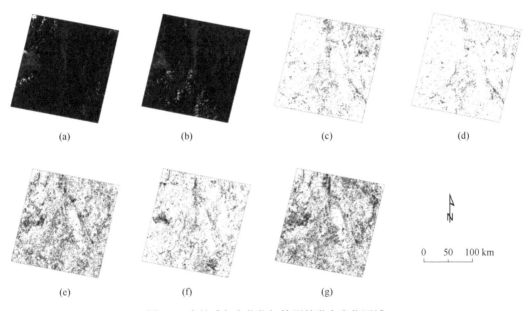

(a)　　　　　　　　(b)　　　　　　　　(c)　　　　　　　　(d)

(e)　　　　　　　　(f)　　　　　　　　(g)

0　50　100 km

图 6.8　生长季各变化指标检测的潜在变化区域

（a）为 2000 年生长季 Landsat TM 影像（4,3,2 合成）；（b）为 2010 年生长季 Landsat TM 影像（4,3,2 合成）；（c）为 CVI 指标检测结果；（d）为 VS 指标检测结果；（e）为 ΔNDVI 指标检测结果；（f）为 ΔMNDWI 指标检测结果；（g）为 ΔNBR 指标检测结果

2. 多指标 LUCC 变化信息融合结果

在分别得到生长季和非生长季各变化指标的 LUCC 等级值的基础上，利用 6.3.2 节所述的多指标 LUCC 综合等级值的赋值规则，分别得到生长季和非生长季多变化指标融合后的 LUCC 综合等级值。图 6.10 展示了生长季和非生长季多指标 LUCC 综合判定的潜在变化区域（LUCC 综合等级值≥III）。相对于单指标的变化检测，多指标的融合去除了一些明显的不合理变化，同时也将仅对部分指标敏感的图斑保留在潜在变化区域中。

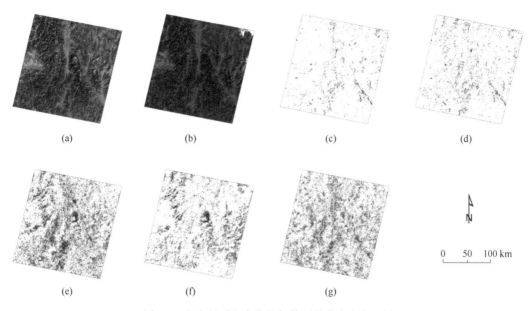

图 6.9 非生长季各变化指标检测的潜在变化区域

（a）为 2000 年非生长季 Landsat TM 影像（4,3,2 合成）；（b）为 2010 年非生长季 Landsat TM 影像（4,3,2 合成）；（c）为 CVI 指标检测结果；（d）为 VS 指标检测结果；（e）为 ΔNDVI 指标检测结果；（f）为 ΔMNDWI 指标检测结果；（g）为 ΔNBR 指标检测结果

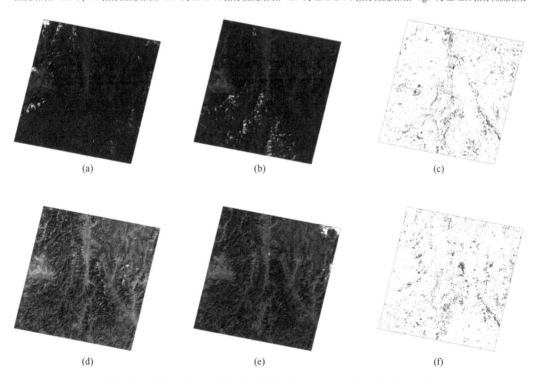

图 6.10 生长季和非生长季五个变化指标融合后的潜在变化区域

（a）为 2000 年生长季 Landsat TM 影像（4,3,2 合成）；（b）为 2010 年生长季 Landsat TM 影像（4,3,2 合成）；（c）为生长季 5 个变化检测指标检测结果融合后的潜在变化区域；（d）为 2000 年非生长季 Landsat TM 影像（4,3,2 合成）；（e）为 2010 年非生长季 Landsat TM 影像（4,3,2 合成）；（f）为非生长季 5 个变化检测指标检测结果融合后的潜在变化区域

3. 双时相 LUCC 变化信息融合结果

在得到生长季和非生长季多变化指标 LUCC 综合等级值的基础上,利用双时相 LUCC 变化信息的融合规则,得到如图 6.11(a)所示的潜在变化区域(LUCC 综合等级值≥III)。两个时相检测结果的相互验证,进一步消除了潜在变化区中存在的不合理变化。

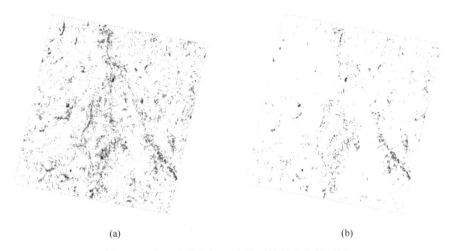

(a)　　　　　　　　　　　　　　　　　(b)

图 6.11　基于变化知识去除前后的潜在变化区域
(a)为生长季与非生长季变化检测信息融合后的潜在变化区域;(b)为基于变化知识去除不合理变化后的变化区域

4. 基于变化知识的 LUCC 伪变化去除结果

基于双时相 LUCC 变化信息融合后得到的潜在变化区域,利用实验区基准时期的土地利用/覆被图,采用自动分类的方法确定了潜在变化图斑检测时期的土地利用/覆被类型。结合山地土地利用/覆被常见变化类型这一先验知识,逐图斑核实土地利用/覆被变化的合理性,得到如图 6.11(b)所示的土地利用/覆被变化区域图以及图 6.12 所示的实验区 LUCC 空间分布图。

据统计,实验区主要的土地利用/覆被变化类型为耕地→林地、林地内部转化、耕地→草地、林地→耕地、耕地→人工表面以及林地和草地间的相互转换。其中,林地内部的转化主要指林地被砍伐后种植各种经济林(果园)。以上检测的结果与该区域 2000~2010 年的实际变化情况较为吻合。

5. 山地 LUCC 遥感检测精度评估

利用我们长期积累的土地利用/覆被野外实地调查资料,并结合高分辨率遥感影像历史存档数据,独立采集了 249 个验证样点用于 LUCC 遥感检测精度的评估。通过逐样点的对比,得到如表 6.7 所示的变化检测误差矩阵。变化图斑检测的总精度为 89.56%,Kappa 系数为 0.8062。变化的漏检率为 8.85%,相对较低,由此也可以说明采用多个变化检测指标和双时相的遥感影像对,大大降低了漏检的发生。变化的误检率为 11.97%,相对较高,说明在采用多个指标综合决策过程中,为了更大程度地降低漏检,导致了部分"不合理变化"未能被完全排除。

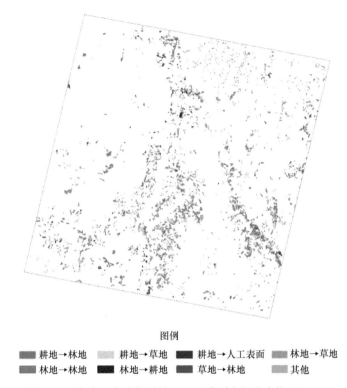

图例

▨ 耕地→林地　　□ 耕地→草地　　■ 耕地→人工表面　　▨ 林地→草地
▨ 林地→林地　　■ 林地→耕地　　▨ 草地→林地　　□ 其他

图 6.12　实验区自动监测的 LUCC 类型空间分布格局

表 6.7　实验区 LUCC 遥感检测误差矩阵

项目		检测结果		总计	制图精度/%	漏检率/%
		变化	未变化			
样本	变化	103	10	113	91.15	8.85
	未变化	14	122	136	89.71	10.29
	总计	117	132	249		
用户精度/%		88.03	92.42			
误检率/%		11.97	7.58			

注：总精度：89.56%　　Kappa 系数：0.8062

　　为了更加清晰地展示基于双时相多指标的山地 LUCC 遥感检测方法的性能，选择以一个典型退耕还林还草区域（图 6.13）为例，详细说明不同指标、不同时相遥感影像所检测出的潜在变化区域状况以及山地土地利用/覆被变化知识在去除土地利用/覆被"不合理变化"中的作用。

　　从图 6.13 可以看出，无论是基于生长季遥感影像对还是基于非生长季遥感影像对，单一指标检测出的变化图斑都或多或少存在误判和漏判。五个变化指标中，VS、ΔNDVI 和 ΔNBR 相对来说误判较多，而 CVI 和 ΔMNDWI 相对来说漏判较多。不同指标漏判和误判区域存在差异，也充分说明不同指标对土地利用/覆被变化的敏感程度存在差异。通过对比多个变化指标融合后的结果，发现生长季遥感影像对和非生长遥感影像对检测出的变化图斑差异不大[图 6.13（o）和图 6.13（p）]。这可能意味着 5 个指标间的相互验证和补充，能最大程度地保留潜在变化区域，但势必也保留了大量的"不合理变化"图斑。经过土地利用/覆被变化知识的"不合理变化"去除后，大量的"不合理变化"信息被去除。从以上的分析我们可以得出，多指标的相互融合能够最大程度地将两个时期的土地利用/覆被潜在变化区域检测出来；通过土地利用/覆被变化知识能够去除绝大部分"不合理变化"类型。

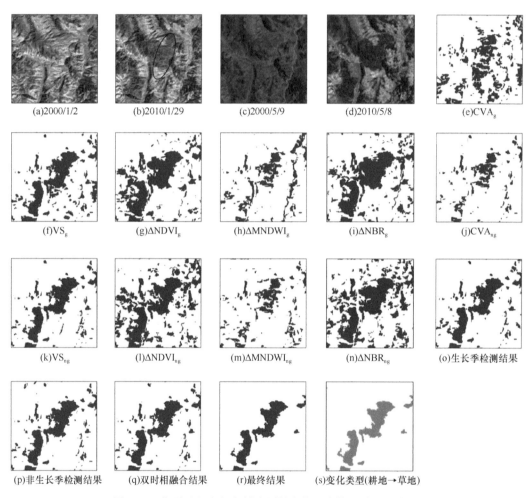

(a)2000/1/2　　(b)2010/1/29　　(c)2000/5/9　　(d)2010/5/8　　(e)CVA$_g$

(f)VS$_g$　　(g)ΔNDVI$_g$　　(h)ΔMNDWI$_g$　　(i)ΔNBR$_g$　　(j)CVA$_{ng}$

(k)VS$_{ng}$　　(l)ΔNDVI$_{ng}$　　(m)ΔMNDWI$_{ng}$　　(n)ΔNBR$_{ng}$　　(o)生长季检测结果

(p)非生长季检测结果　　(q)双时相融合结果　　(r)最终结果　　(s)变化类型(耕地→草地)

图 6.13　典型区山地土地利用/覆被变化逐步检测结果示意图

6.4　小　　结

　　山地突出的地形、气象等条件给 LUCC 遥感检测带来了更大的挑战，为此，我们经过多年系统研究，提出了一系列针对山地这一特殊地理单元的 LUCC 遥感检测方法，这些方法充分利用了机器学习算法、多时相协同检测、多指标耦合决策等新方法和新思想，大大提高了山地土地利用/覆被变化检测的效率和精度。然而，受数据源的时相、质量，自动检测算法的通用性，以及山地土地利用/覆被变化的多样性等方面的限制，当前山地土地利用/覆被变化遥感自动检测方法在大面积应用中还存在不少的挑战。展望未来工作，我们将借助多源数据和数据处理能力，减少数据源对变化检测的限制；同时，引入深度学习等先进的学习算法，自动挖掘能有效识别山地土地利用/覆被变化的信息，进一步提高变化检测的精度。

参 考 文 献

李爱农, 边金虎, 靳华安, 等. 2016. 山地遥感. 北京: 科学出版社.

李爱农, 蒋锦刚, 边金虎, 等. 2012. 基于 AROP 程序包的类 Landsat 遥感影像配准与正射纠正试验和精度分析. 遥感技术与应用, 27: 23-32.

刘纪远, 邓祥征. 2009. LUCC 时空过程研究的方法进展. 科学通报, 54: 3251-3258.

宋翔, 颜长珍. 2014. 基于知识库的像斑光谱向量相似度土地覆盖变化检测方法. 生态学报, 34: 7175-7180.

夏朝旭, 何政伟, 于欢, 等. 2014. 面向对象的土地覆被变化检测研究. 遥感技术与应用, 29: 106-113.

张良培, 武辰. 2017. 多时相遥感影像变化检测的现状与展望. 测绘学报, 46: 1447-1459.

张增祥, 汪潇, 温庆可, 等. 2016. 土地资源遥感应用研究进展. 遥感学报, 20: 1243-1258.

张正健, 李爱农, 雷光斌, 等. 2014. 基于多尺度分割和决策树算法的山区遥感影像变化检测方法——以四川攀西地区为例. 生态学报, 34: 7222-7232.

Chen G, Hay G J, Carvalho L M T, et al. 2012. Object-based change detection. International Journal of Remote Sensing, 33: 4434-4457.

Chen J, Gong P, He C Y, et al. 2003. Land-use/land-cover change detection using improved change-vector analysis. Photogrammetric Engineering and Remote Sensing, 69: 369-379.

DeVries B, Decuyper M, Verbesselt J, et al. 2015. Tracking disturbance-regrowth dynamics in tropical forests using structural change detection and Landsat time series. Remote Sensing of Environment, 169: 320-334.

Gao F, Masek J G, Wolfe R E. 2009. Automated registration and orthorectification package for Landsat and Landsat-like data processing. Journal of Applied Remote Sensing, 3: 033515.

Grimm N B, Faeth S H, Golubiewski N E, et al. 2008. Global change and the ecology of cities. Science, 319: 756-760.

Hansen M C, Potapov P V, Moore R, et al. 2013. High-Resolution Global Maps of 21st-Century Forest Cover Change. Science, 342: 850-853.

Hussain M, Chen D M, Cheng A, et al. 2013. Change detection from remotely sensed images: From pixel-based to object-based approaches. ISPRS Journal of Photogrammetry and Remote Sensing, 80: 91-106.

Jin S, Yang L, Danielson P, et al. 2013. A comprehensive change detection method for updating the National Land Cover Database to circa 2011. Remote Sensing of Environment, 132: 159-175.

Lambin E F, Strahler A H. 1994. Change-Vector Analysis in Multitemporal Space - a Tool to Detect and Categorize Land-Cover Change Processes Using High Temporal-Resolution Satellite Data. Remote Sensing of Environment, 48: 231-244.

Li A, Lei G, Cao X, et al. 2017. Land Cover Change and Its Driving Forces in Nepal Since 1990. Land Cover Change and Its Eco-environmental Responses in Nepal. Li A, Deng W and Zhao W. Singapore, Springer: 41-65.

Li Y, Chen J, Rao Y. 2018. A practical sampling method for assessing accuracy of detected land cover/land use change: Theoretical analysis and simulation experiments. ISPRS Journal of Photogrammetry and Remote Sensing, 144: 379-389.

Lu D, Mausel P, Brondizio E, et al. 2004. Change detection techniques. International Journal of Remote Sensing, 25: 2365-2407.

Olofsson P, Foody G M, Herold M, et al. 2014. Good practices for estimating area and assessing accuracy of land change. Remote Sensing of Environment, 148: 42-57.

Xian G, Homer C, Fry J. 2009. Updating the 2001 National Land Cover Database land cover classification to 2006 by using Landsat imagery change detection methods. Remote Sensing of Environment, 113: 1133-1147.

Zhu Z. 2017. Change detection using landsat time series: A review of frequencies, preprocessing, algorithms, and applications. ISPRS Journal of Photogrammetry and Remote Sensing, 130: 370-384.

第7章 山地土地利用/覆被产品
精度评估方法

7.1 引　　言

　　土地利用/覆被数据能直观地刻画陆地表层系统的景观格局,成为众多科学研究与行业应用的基础数据。从理论上来讲,受地表异质性和遥感信息先天尺度的影响,基于遥感的土地利用/覆被科学数据集是对空间连续的陆地表层系统的一种离散化的表达,显然,离散化表达的结果与真实状况可能会存在一定的偏差。同时,在土地利用/覆被科学数据集生产的众多环节,如影像预处理、自动分类、变化检测等,也可能引入新的误差或错误,从而影响最终数据集的质量。精度评估是科学评价土地利用/覆被数据集质量的手段(宫鹏,2009;杨永可等,2014)。科学、客观、准确的精度评价成为土地利用/覆被遥感科学数据集构建的关键环节,它也为用户选择合适的土地利用/覆被数据集提供参考(Bai et al.,2014;Tsendbazar et al.,2016)。

　　一般来说,土地利用/覆被遥感科学数据集的精度评价方法包括间接评价和直接评价两类。间接评价一般以同类型的土地利用/覆被数据集或统计资料为参考对象,通过对比分析,以空间一致性和统计一致性等指标间接评价土地利用/覆被遥感科学数据集的质量(Giri et al.,2005;McCallum et al.,2006;Kaptue Tchuente et al.,2011)。直接评价一般以验证样本为基础,通过样本的逐一对比构建误差矩阵,用各种精度指标来定量化地描述土地利用/覆被遥感科学数据集的质量。同类型土地利用/覆被数据集是开展间接评价的先决条件,而空间采集验证样本是开展直接评价的基础。两种评估方法相互补充,能更加全面地展现土地利用/覆被遥感科学数据集的质量。

　　山地土地利用/覆被科学数据集的精度评估同样要依托以上两种评估方法,但采用直接评价法时,山地空间样本采集会更加困难;因为山地土地利用/覆被数据集通常精度不是很高,在采用间接评价法时也应该考虑到这个实际情况。本章将详细介绍两种评估方法的流程(7.2节和7.3节),并以我国西南地区为例,系统介绍如何采用以上两种评估方法开展山地土地利用/覆被遥感科学数据集的质量评估工作(7.4节)。

7.2　基于同类产品对比的间接精度评估方法

　　多种土地利用/覆被产品的对比是间接精度评估常采用的方法,它将形成各土地利用/覆被类型的一致性区域和不一致性区域。相对来说,一致性区域结果的可信度更高(Giri et al.,2005),而不一致性区域则存在一定程度的不确定性(Bai et al.,2014)。产品间一致性区域的比例越高，可以间接说明产品的质量越好。当参与对比的产品中存在一些经过严格验证并具有精度指标的产品，就可以进一步估算出待评估产品的精度范围（Herold et al.，2008）。然而，由于缺乏实测数据，间接评估方法给出的结果常常只是定性地分析产品间的一致性程度，难以定量地刻画产品的质量优劣。

通过多种土地利用/覆被产品的相互对比，可以从多个角度诠释各个产品的优势和不足。对于产品使用者来说，这将有助于他们选择满足研究需求的土地利用/覆被数据集。从产品生产者的角度来看，他们更关注产品间的不一致区域。通常来说，产品间不一致区域是土地利用/覆被遥感制图或变化检测的难点或薄弱环节（Bai et al.，2014），也是未来进一步提高土地利用/覆被遥感数据集质量的主要发力点（Giri et al.，2005；McCallum et al.，2006；Kaptue Tchuente et al.，2011）。

现有土地利用/覆被遥感数据集之间常常存在分类系统、空间分辨率、投影系统等多方面的差异，因此，开展土地利用/覆被产品对比之前需要首先完成分类系统归一化、空间分辨率归一化等多种预处理工作，7.2.1 节和 7.2.2 节将分别予以介绍。土地利用/覆被产品对比的结果主要从空间分布一致性和数量统计一致性等方面进行表达，7.2.3 节和7.2.4 节将分别给予详细的介绍。除了与已有的土地利用/覆被遥感数据集开展对比之外，官方公布的各类统计数据也是间接评估土地利用/覆被产品质量的有效数据，7.2.5 节将进行专门介绍。

7.2.1　土地利用/覆被产品分类系统归一化

由于不同土地利用/覆被产品的应用目的、使用数据源和分类方法存在差异，导致其采用的分类系统也存在差异。分类系统归一化就成为开展多种土地利用/覆被产品精度间接评估的前提。分类系统归一化一般采用两种方式：一种是以某一种较为通用的分类系统为标准，将所有参与对比的土地利用/覆被产品的分类系统都归并为通用分类系统；另一种是以某一个参与对比的土地利用/覆被产品的分类系统为标准，将其他土地利用/覆被产品的分类系统归并为该分类系统。

正如本书第 3 章所述，当前并不存在被广泛认可的土地利用/覆被分类系统，因此，我们通常在综合分析各土地利用/覆被产品分类系统的基础上，形成一个更加综合的分类系统，将其作为标准分类系统。然而，在实际的分类系统归一化工作中，仍然面临以下两方面的挑战：①部分分类系统中包含混合类别，特别是一些低空间分辨率土地利用/覆被产品，如果将其合并将减少可对比的土地利用/覆被类型，降低产品对比的价值；如果不合并，定义的偏差可能给对比带来不确定性。②即使是同一种土地利用/覆被类型，它在不同土地利用/覆被产品中的定义也可能存在差异，如本书第三章介绍的不同土地利用/覆被产品对森林树高和覆盖度的定义就存在明显的差异。

7.2.2　土地利用/覆被产品空间分辨率归一化

土地利用/覆被产品空间分辨率归一化通常包括空间分辨率升尺度和降尺度两种

情况。升尺度即将土地利用/覆被产品的空间分辨率由高空间分辨率转化为低空间分辨率，而降尺度则正好相反。相对来看，升尺度等同于信息综合，即将多个像元内的信息综合成单一信息，因此存在丢失部分信息的风险。当前，有多种方式可以实现空间分辨率升尺度，比如众数法，即将出现次数最多的土地利用/覆被类型作为升尺度像元的土地利用/覆被类型。而降尺度是将单个像元的土地利用/覆被类型采用某种策略传递给其包含的子像元。最简单的方式是直接赋值，即将像元的土地利用/覆被信息直接赋值给子像元。

在空间分辨率归一化的过程中，还需要注意到不同土地利用/覆被产品所采用的投影系统可能存在差异。为了减少投影不一致可能带来的影响，在空间分辨率归一化过程中还需要进行投影转换，将所有土地利用/覆被产品转换到统一的投影系统中。

7.2.3　土地利用/覆被产品间面积一致性分析

从统计的角度来看，面积的一致性是多种土地利用/覆被产品对比结果最直观的展现方式。通常来说，一致性的面积越大，说明所分析的土地利用/覆被产品的质量越可靠，反之越不可靠。为了定量化描述不同土地利用/覆被产品间面积的一致性，提出了类别组成相似度、总体一致性系数、空间多重一致性等指标。

1. 类别组成相似度

为了定量描述两个土地利用/覆被数据集之间的相似程度，参考相关系数的计算方式，提出了类别组成相似性系数（胡云锋等，2015；Hua et al.，2018），其计算公式如下：

$$R = \frac{\sum_{k=1}^{n}(X_k - \overline{X})(Y_k - \overline{Y})}{\sqrt{\sum_{k=1}^{n}(X_k - \overline{X})^2 \sum_{k=1}^{n}(Y_k - \overline{Y})^2}} \times 100\% \tag{7.1}$$

式中，R 为土地利用/覆被数据集 X 和 Y 的类别组成相似度；n 为土地利用/覆被类型的总个数；X_k 为土地利用/覆被数据集 X 中第 k 种土地利用/覆被类型的总面积；Y_k 为土地利用/覆被数据集 Y 中第 k 种土地利用/覆被类型的总面积；$\overline{X}$ 为土地利用/覆被数据集 X 中所有土地利用/覆被类型面积的平均值；$\overline{Y}$ 为土地利用/覆被数据集 Y 中所有土地利用/覆被类型面积的平均值。

2. 总体一致性系数

类别组成相似度可以定量评估不同土地利用/覆被数据集的类别组成的相似程度，但它无法评价不同土地利用/覆被数据集之间各土地利用/覆被类型之间的混淆程度。参考直接精度评估方法中的误差矩阵，设计了不同土地利用/覆被数据集间各土地利用/覆被类型的混淆矩阵，并提出了总体一致性系数和类别一致性系数来定量表达不同数据集之间的相似程度，其计算公式如下：

$$\text{OC} = \frac{\sum_{i=1}^{n} X_{ii}}{N} \times 100\% \qquad (7.2)$$

$$C_i = X_{ii} \ / \ X_{+i} \times 100\% \qquad (7.3)$$

式中，OC 为两个土地利用/覆被类型之间的总体一致性系数；C_i 为第 i 种土地利用/覆被类型的一致性系数；X_{ii} 为两个土地利用/覆被数据集均为第 i 种土地利用/覆被类型的面积；N 为区域总面积；X_{+i} 为参考土地利用/覆被数据集中第 i 种土地利用/覆被类型的面积。

3. 空间多重一致性指标

以上两个指标主要表达两个土地利用/覆被数据集之间的相似程度，尚不能满足两个以上的土地利用/覆被数据集的直接对比。空间多重一致性指标用于表征多个土地利用/覆被数据集之间的一致性程度（Wu et al.，2008），其计算公式如下：

$$C_{Mi} = \frac{T_i}{(D_{1i} + D_{2i} + \cdots + D_{ni}) / n} \qquad (7.4)$$

式中，C_{Mi} 为多个土地利用/覆被数据集之间第 i 种土地利用/覆被类型的一致性指数；n 为参与对比的土地利用/覆被数据集的个数；D_{ni} 为第 n 个土地利用/覆被数据集中第 i 种土地利用/覆被类型的面积；T_i 为 n 个土地利用/覆被数据集内全部为第 i 种土地利用/覆被类型的面积。

7.2.4　土地利用/覆被产品间空间一致性分析

土地利用/覆被产品间的空间一致性分析重点强调一致性区域和不一致区域的空间分布状况。空间叠加是产品间空间一致性分析最常采用的方法（刘琼欢等，2017）。通过空间叠加，得到每一个像元的土地利用/覆被分类结果的一致性程度。一般采用 $1 \sim n$ 的数值来定量表达空间一致性程度，其中 n 代表参与对比的土地利用/覆被产品的个数。值越大说明数据集之间的一致性越高。例如，当有 5 套土地利用/覆被数据集参与对比，某一个像元值为 4，则说明有 4 套土地利用/覆被数据集的分类结果一致。

对于山地土地利用/覆被产品的对比研究来说，地形对于土地利用/覆被产品一致性的影响是其关注的重点。因此，一般选择海拔、坡度和坡向三个因子，分析不同海拔、坡度以及坡向的土地利用/覆被产品之间的一致性特征，进而探寻各影响因子对山地土地利用/覆被制图的影响程度，为完善山地土地利用/覆被遥感监测方法提供依据。

7.2.5　土地利用/覆被产品与统计数据的对比分析

统计信息，特别是一些政府机构或国际组织发布的与土地利用/覆被有关的各类统计数据，也是验证土地利用/覆被产品质量的数据源之一。土地利用/覆被产品与统计数据对比时需要首先统计出对应区域各土地利用/覆被类型的面积，再与统计数据进行对比。

对比结果常采用偏差（Δx_i）、均方根误差（RMSE）、相关系数（R）来表征，其计算公式分别如下：

$$\Delta x_i = x_i - y_i \tag{7.5}$$

$$\text{RMSE} = \sqrt{\frac{\sum_{i=1}^{n}(x_i - y_i)^2}{n}} \tag{7.6}$$

$$R = \frac{\sum_{i=1}^{n}(x_i - \overline{x})(y_i - \overline{y})}{\sqrt{\sum_{i=1}^{n}(x_i - \overline{x})^2 \sum_{i=1}^{n}(y_i - \overline{y})^2}} \tag{7.7}$$

式中，x_i 为土地利用/覆被数据集中第 i 个区域参与对比的土地利用/覆被类型的面积；y_i 为统计数据中第 i 个区域参与对比的土地利用/覆被类型的统计面积；n 为对比区域的个数；$\overline{x}$ 为土地利用/覆被数据集中各区域参与对比的土地利用/覆被类型的面积均值；$\overline{y}$ 为统计数据中各区域参与对比的土地利用/覆被类型的面积均值。

7.3　基于验证样本的直接精度评估方法

基于验证样本的直接精度评估方法是验证土地利用/覆被遥感科学数据集质量最常采用的方法。相对于间接评估方法，它获取了真实的土地利用/覆被信息，其评估结果更加客观和可信。整体来看，验证样本是直接评估方法的核心，样本的质量将直接影响评估结果的可靠性。样本的质量主要从样本的总数量、空间分布以及各个土地利用/覆被类别的比例等方面体现。误差矩阵是基于验证样本的直接评估方法最常采用的形式，而逐样本对比是获得误差矩阵最简单的方式。基于误差矩阵，可以计算出各种定量化的精度指标值，利用这些指标值可以客观地评价土地利用/覆被数据集的质量。样本的布设和采集以及精度指标值是基于验证样本的直接精度评估方法的核心。

7.3.1　验证样本布设方法

设计既有可靠的统计理论基础，又能在实践上可操作的验证样本布设方法是开展土地利用/覆被数据集直接精度评估的关键（Lyons et al., 2018）。验证样本的布设包括两方面的内容：验证样本的样本总量和样本的空间分布。通常来说，抽样样本的总量与允许的抽样精度、置信程度和研究对象的复杂程度密切相关。最小抽样样本数量计算公式如下：

$$n_0 = \frac{t_\alpha^2 p(1-p)}{d^2} \tag{7.8}$$

$$n = \frac{n_0}{1 + \dfrac{n_0 - 1}{N}} \tag{7.9}$$

式中，N 为目标总体；d 为要求的估算误差；t_a 为在某一置信度下对应的系数，可从查找表中获取；p 为抽样保守值；n_0 为未修正的样本数量；n 为修正后的样本数量。

样本的空间分布与采样方法有关。多种抽样方法可以用于土地利用/覆被验证样本的布设，如简单随机抽样、系统抽样、分层抽样、整群抽样等。本节简要介绍各种方法的特点，具体的介绍请参考《山地遥感》（李爱农等，2016）相关章节。

1. 简单随机抽样

当抽样总体个数较小时，可以通过逐个抽取的方法抽取样本，且每次抽取时，每个个体被抽到的概率相等，这样的抽样方法为简单随机抽样。

2. 系统抽样

当总体的个数比较多的时候，首先需要将抽样总体均衡地划分成几部分，然后按照预先设定的规则，从每一个部分中抽取一些样本个体，综合后得到所需要的抽样样本，这样的抽样方法叫做系统抽样。

3. 分层抽样

抽样时，将总体分成互不交叉的层，然后按照一定的比例，从各层中独立抽取一定数量的个体，从而得到所需样本，这样的抽样方法称为分层抽样。该方式适用于总体由差异明显的几部分组成的情况，土地利用/覆被验证样本抽样与该情况最为相似，因此成为最常被采用的抽样方法。

4. 整群抽样

整群抽样又称聚类抽样。它首先将总体归并成若干个互不交叉、互不重复的集合，称之为群，然后以群为抽样单位抽取样本的一种抽样方式。应用整群抽样时，要求各群有较好的代表性，即群内各个体的差异要小，群间差异要大。

7.3.2　验证样本采集方法

在确定了验证样本空间位置的基础上，样本的土地利用/覆被类别信息的获取主要采用两种方法：野外调查法和高空间分辨率遥感影像目视判读法。通常来说，为了保证样本的空间代表性和随机性，样本的空间分布较为离散。野外调查法难以到达每一个样本点，特别是在山地区域，野外调查法获取空间离散的样本点难度大、成本高。基于高空间分辨率遥感影像的目视判读法相对来说更适合样本类别信息的获取，是当前最常被采用的方式。本书第四章已详细介绍了以上两种采集方法，本节不再赘述。

7.3.3　基于验证样本的土地利用/覆被产品精度评估指标

误差矩阵是土地利用/覆被数据集直接精度评估法最常采用的形式。通过逐一对比验证样本记录的土地利用/覆被类型和数据集对应位置的土地利用/覆被类型，统计后得到误差矩阵。误差矩阵是一个 $n×n$ 的矩阵，其中 n 代表土地利用/覆被类别数，常用表 7.1 的形式来表达。

表 7.1　误差矩阵

实测数据类型	分类数据类型					实测总和
	1	2	...	...	n	
1	p_{11}	p_{21}	...	...	p_{n1}	p_{+1}
2	p_{12}	p_{22}	...	...	p_{n2}	p_{+2}
...	...	...	...	...	...	...
...	...	...	...	...	...	...
n	p_{1n}	p_{2n}	...	...	p_{nn}	p_{+n}
分类总和	p_{1+}	p_{2+}	...	...	p_{n+}	p

注：p_{ij} 是分类结果中第 i 类土地利用/覆被类型和实测数据中第 j 类土地利用/覆被类型所占的样本数量；$p_{i+} = \sum_{j=1}^{n} p_{ij}$ 为分类结果中第 i 类的样本总和；$p_{+j} = \sum_{i=1}^{n} p_{ij}$ 为实测数据中第 j 类的样本总和；p 为样本总和

土地利用/覆被数据集的质量状况采用误差矩阵计算得到的总体分类精度、用户精度、制图精度、Kappa 系数等精度指标来定量表达（Janssen and Vanderwel，1994），各精度指标的计算公式如下。

1. 总体分类精度

总体分类精度代表每一个随机样本，其土地利用/覆被分类结果与实际的土地利用/覆被状况一致的概率，计算公式如下：

$$p_c = \sum_{k=1}^{n} p_{kk} / p \tag{7.10}$$

式中，p_c 为总体分类精度；p 为总样本数量；p_{kk} 为第 k 种土地利用/覆被被正确分类的样本个数。

2. 用户精度

用户精度是指从土地利用/覆被分类产品中随机选取一个样本，其所具有的土地利用/覆被类型与地表真实的土地利用/覆被类型相同的条件概率，其计算公式如下：

$$p_{ui} = p_{ii} / p_{i+} \tag{7.11}$$

式中，p_{ui} 为第 i 种土地利用/覆被类型的用户精度；p_{ii} 为第 i 种土地利用/覆被被正确分类的样本个数；p_{i+} 为土地利用/覆被产品中被分为 i 土地利用/覆被类型的样本总数。

3. 制图精度

制图精度是指从土地利用/覆被验证样本库中随机选择一个样本，土地利用/覆被产品相同位置的分类结果与其一致的条件概率，其计算公式如下：

$$p_{aj} = p_{jj} / p_{+j} \tag{7.12}$$

式中，p_{aj} 为第 j 种土地利用/覆被类型的制图精度；p_{jj} 为第 j 种土地利用/覆被被正确分类的样本个数；p_{+j} 为土地利用/覆被样本库中被分为 j 土地利用/覆被类型的样本总数。

4. Kappa 系数

Kappa 系数是另一种从整体上衡量土地利用/覆被产品精度的指标，它采用离散的多元技术，将"偶然"因素和"必然"因素分开考虑，从而更客观地评估土地利用/覆被产品的精度，其计算公式如下：

$$\text{Kappa} = \frac{N\sum_{i=1}^{n} x_{ii} - \sum_{i=1}^{n}(x_{i+}x_{+i})}{N^2 - \sum_{i=1}^{n}(x_{i+}x_{+i})} \tag{7.13}$$

式中，n 为土地利用/覆被类别数；x_{ii} 为第 i 种土地利用/覆被类型被正确分类的样本数；x_{i+} 为土地利用/覆被产品中被分为 i 土地利用/覆被类型的样本数；x_{+i} 为土地利用/覆被样本库中被分为 i 土地利用/覆被类型的样本数；N 为参与精度评估的样本总数。

5. 分布不一致

Pontius 和 Millones（2011）研究发现 Kappa 系数难以揭示分类中被正确分类的比例等信息，并提出了分布不一致（Allocation Disagreement，AD）和数量不一致（Quantity Disagreement，QD）两个指标。分布不一致的计算方式如下：

$$a_g = 2\min\left[\left(\sum_{i=1}^{n} p_{ig}\right) - p_{gg}, \left(\sum_{j=1}^{n} p_{gj}\right) - p_{gg}\right] \tag{7.14}$$

$$A = \frac{\sum_{g=1}^{n} a_g}{2} \tag{7.15}$$

式中，a_g 代表土地利用/覆被类型 g 的分布不一致；A 代表整个土地利用/覆被数据集的分布不一致；p_{gg} 代表验证样本和分类结果均为类型 g 的样本总数，p_{ig} 代表分类结果为类型 i 但验证样本为类型 g 的样本总数；p_{gj} 代表分类结果为类型 g 但验证样本为类型 j 的样本总数；n 为样本总数。

6. 数量不一致

数量不一致（Quantity Disagreement，QD）的计算方式如下：

$$q_g = \left|\left(\sum_{i=1}^{n} p_{ig}\right) - \left(\sum_{j=1}^{n} p_{gj}\right)\right| \tag{7.16}$$

$$Q = \frac{\sum_{g=1}^{n} q_g}{2} \tag{7.17}$$

式中，q_g 代表土地利用/覆被类型 g 的数量不一致；Q 代表整个土地利用/覆被数据集的数量不一致。

7.4　西南地区土地利用/覆被数据集精度评价

研究团队以西南地区（含四川省、重庆市、贵州省、云南省和西藏自治区）为研究区，利用本书第 5 章和第 6 章所述的方法，完成了西南地区近 25 年（1990～2015 年）30m 分辨率土地利用/覆被数据集（命名为：ChinaCover-XN）的生产。本节以 ChinaCover-XN 数据集为例，展示如何基于直接评价法和间接评价法开展土地利用/覆被数据集的精度评估。

7.4.1　基于同类产品对比的西南地区土地利用/覆被数据集的间接精度评价

考虑到数据的可获得性、代表性和时相一致性，选择了 4 种土地利用/覆被数据集参与间接评估工作，分别是：ChinaCover-XN（Lei et al.，2016）、1∶10 万土地利用数据集（CLUDs）（刘纪远等，2014）、FROM-GLC（Gong et al.，2013）和 GlobeLand30（Chen et al.，2015），数据集的年份均为 2010 年，其详细信息如表 7.2 所示。4 种土地利用/覆被数据集采用了不同的分类系统，在对比前需将各个分类系统转换成统一的分类系统。经分析，对比分类系统包括林地、灌木林地、草地、湿地、水体、耕地、不透水面、其他和冰川/积雪 9 种土地利用/覆被类型。各数据集的分类系统与对比分类系统的转换规则如表 7.3 所示。

表 7.2　参与对比分析的西南地区 4 种土地利用/覆被数据集的基本信息

项目	ChinaCover-XN	CLUDs	FROM-GLC	GlobeLand30
数据源	HJ+Landsat TM	Landsat TM	Landsat TM/ETM+	Landsat TM/ETM+
分类系统	1 级：6 类 2 级：38 类	1 级：6 类 2 级：25 类	1 级：10 类 2 级：29 类	1 级：10 类
提取方法	面向对象与决策树	人工目视解译	最大似然法(MLC)，J4.8 决策树，回归森林 (RF) 和支持向量机 (SVM)四种算法分别进行	POK-based 方法(pixel- and object-based methods with knowledge)
产品分辨率	30m	1∶10 万比例尺	30m	30m
参考文献	Lei 等（2016）	刘纪远等（2014）	Gong 等（2013）	Chen 等（2015）

表 7.3　4 种土地利用/覆被产品分类系统与对比分类系统的转换规则

对比分类系统	ChinaCover-XN	CLUDs	FROM-GLC	GlobeLand30
1 林地	101 常绿阔叶林 102 落叶阔叶林 103 常绿针叶林 104 落叶针叶林 105 针阔混交林 109 乔木园地 111 乔木绿地 61 稀疏林	21 有林地 23 疏林地 24 其他林地	21 阔叶林 22 针叶林 23 混交林 24 园地	20 林地

对比分类系统	ChinaCover-XN	CLUDs	FROM-GLC	GlobeLand30
2 灌木林地	106 常绿阔叶灌木林 107 落叶阔叶灌木林 108 常绿针叶灌木林 110 灌木园地 112 灌木绿地 62 稀疏灌木林	22 灌木林地	40 灌木林地	40 灌木林地
3 草地	21 草甸 22 草原 23 草丛 24 草本绿地 63 稀疏草地	31 高覆盖度草地 32 中覆盖度草地 33 低覆盖度草地	31 牧草地 32 其他草地	30 草地
4 湿地	31 森林湿地 32 灌丛湿地 33 草本湿地	45 海涂 46 滩地 64 沼泽地	51 草本湿地 52 滩涂	50 湿地
5 水体	34 湖泊 35 水库/坑塘 36 河流 37 运河/水渠	41 河渠 42 湖泊 43 水库坑塘	61 湖泊 62 水库/坑塘 63 河流 64 海洋	60 水体
6 耕地	41 水田 42 旱地	11 水田 12 旱地	11 水田 12 大棚农田 13 其他耕地	10 耕地
7 不透水面	51 居住地 52 工业用地 53 交通用地 54 采矿场	51 城镇用地 52 农村居民点用地 53 工交建设用地	81 高反射率不透水面 82 低反射率不透水面	80 人工表面
8 其他	64 苔藓/地衣 65 裸岩 66 裸土 67 沙漠/沙地 68 盐碱地	61 沙地 62 戈壁 63 盐碱地 65 裸土地 66 裸岩石砾地 67 其他未利用土地	71 灌丛苔原 72 草本苔原 91 盐碱地表 92 沙地 93 裸岩石砾地 94 裸农地 95 干河/湖床 96 其他裸地	70 苔原 90 裸地
9 冰川/积雪	69 冰川/永久积雪	44 冰川与永久积雪	101 雪 102 冰川	100 冰川/永久积雪

　　图 7.1 展示了西南地区一些典型区域四种土地利用/覆被数据集的对比状况。整体来看，山地地形起伏在遥感影像上形成的阴影区是山地土地利用/覆被产品间空间一致性程度最低的区域之一（以图 7.1 中区域一和区域四最突出）。地形起伏越大，该类区域所占的面积越大。喀斯特地区地表相对破碎，空间异质性高，也是山地土地利用/覆被产品间空间一致性程度较低的区域之一（图 7.1 中的区域三）。因此，在山地土地利用/覆被遥感制图中，需要重点关注地形阴影区和地表高异质性区。

　　基于 7.2.4 节所述的方法，采用空间叠加分析的方式得到四种土地利用/覆被数据集的空间一致性程度的分布格局（图 7.2）。整体来看，空间一致性较高的区域（空间一致性程度≥3）面积占比达到 73.96%，但不容忽视的是有 3.62%的区域土地利用/覆被数据集的分类结果完全不一致（空间一致性程度=1）。

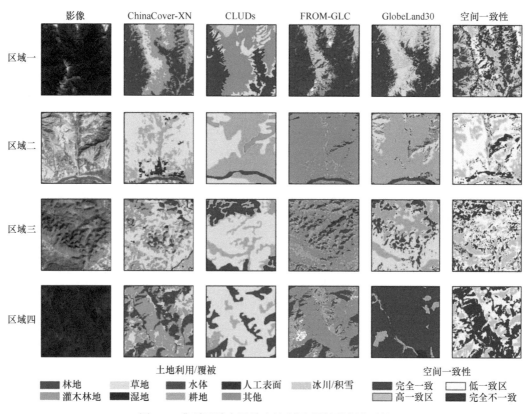

图 7.1　典型区域内四种土地利用/覆被数据集对比

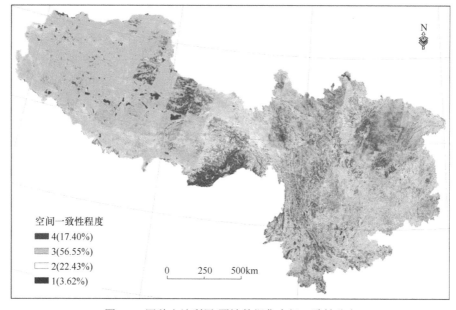

图 7.2　四种土地利用/覆被数据集空间一致性分布

　　为了更加深入地探讨山地土地利用/覆被制图的难点，我们将空间一致性程度≤2 的区域定义为空间不一致区域，以该区域为研究对象，分析地形要素（海拔、坡度和坡向）与空间不一致区域的相关关系。我们首先将各地形要素划分成若干个子地形区，然后再统计每一个子地形区内空间不一致区域的总面积和所占的面积比例，得到如图 7.3～图 7.5 所示的不同海拔梯度、坡度带和坡向不一致区总面积及其面积占比。

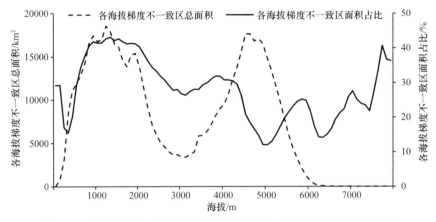

图 7.3　不同海拔梯度土地利用/覆被数据集不一致区域面积及面积占比

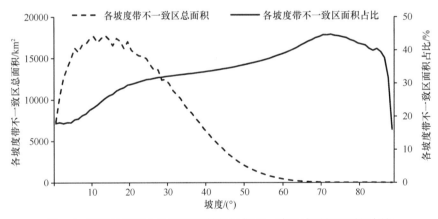

图 7.4　不同坡度带土地利用/覆被数据集不一致区域面积及面积占比

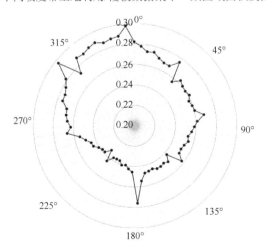

图 7.5　不同坡向土地利用/覆被数据集不一致区域面积占比

从图 7.3 的统计可以看出，海拔梯度介于 750~2000m 和 4500~5500m 的区域各土地利用/覆被数据集的空间不一致区域总面积最大。但不同海拔梯度带内不一致区域的面积占比却表现出不同的趋势。750~2000m 区间各土地利用/覆被数据集的不一致区域面积比例仍然较高，这与该区域受人类活动干扰强度大，土地利用/覆被类型复杂且破碎有关。2000~5000m 区域内，随着海拔的升高，土地利用/覆被数据集的空间不一致区域所占的面积比例呈下降趋势。但 5000m 以上区域，随着海拔的升高，空间不一致性区域所占的面积比例再次上升。

图 7.4 展示了不同坡度带内土地利用/覆被数据集的空间不一致区的分布特征。随着坡度的增加，土地利用/覆被数据集不一致区域的总面积呈现先升高再逐步降低的趋势，坡度为 10°时，不一致区域总面积达到最大值。但从不一致区在各坡度带内的面积占比来看，随着坡度的增加，不一致性区的面积占比呈现不断增加的趋势，这可能是因为坡度增加，山地地形效应更加突出，增大了土地利用/覆被类型的识别难度。

图 7.5 展示了不同坡向对土地利用/覆被数据集空间不一致区域的影响。整体来看，阴坡，特别是西北坡面的土地利用/覆被数据集的空间不一致性面积比例较高。阴坡是山地地形阴影最突出的区域，地形效应明显降低了该区域土地利用/覆被类型识别的精度。

7.4.2 基于验证样本的西南地区土地利用/覆被数据集精度评价

从 20 世纪 90 年代起，我们就开始开展西南地区土地利用/覆被遥感监测工作，经过近 20 年的积累，形成了超过 10 万条记录的土地利用/覆被样本库。为保证精度验证的客观性，西南地区土地利用/覆被数据集的精度评价工作由第三方独立完成。根据最小抽样原理及公式 7.9，估算出开展西南地区土地利用/覆被数据集精度评估样本量最小值为 5900。利用随机分层采样法，在中国科学院战略性先导科技专项（碳专项）和中国科学院–环境保护部全国生态环境十年变化（2000~2010 年）遥感调查与评估项目（生态十年专项）的支持下，各省市地方国土、环保部门紧密配合，独立验证小组结合高分辨率卫星影像目视判读和野外调查数据，逐一核查验证点，最终获得准确验证样本 5924 个，其空间分布如图 7.6 所示。

经验证，西南地区 2010 年土地利用/覆被产品一级类总体精度为 95.09%，Kappa 系数为 0.9345，AD 为 0.0409，QD 为 0.0083（表 7.4），产品总体精度较高，分布不一致（AD）和数量不一致（QD）均较低。分土地利用/覆被类型来看，草地无论是制图精度还是用户精度都较低，这和草地易与耕地和灌木林地混合有关。草地和灌丛经常相伴而生，特别是喀斯特地区，给基于遥感影像的精确区分带来一定挑战。另外，草地和退耕地、撂荒地具有相似的光谱特征，这是草地和耕地难以有效区分的主要原因。

西南地区 2010 年土地利用/覆被产品二级类总体精度为 87.14%，Kappa 系数为 0.8573。分类型来看，常绿针叶林、乔木园地、草本湿地、河流、湖泊、水库/坑塘、运河/水渠、水田、居住地和冰川/永久积雪的用户精度和制图精度均超过 90%（表 7.5）。多源多时相卫星影像、地理知识、面向对象方法和分层分类等技术在区分特定土地利用/

图 7.6 西南地区土地利用/覆被产品精度验证样本空间分布（局部）

表 7.4 西南地区 2010 年土地利用/覆被数据集一级类误差矩阵

验证样本	土地利用/覆被分类结果						总计	制图精度/%
	林地	草地	湿地	耕地	人工表面	其他		
林地	2204	64	1	50	2	1	2322	94.92
草地	42	744	2	27		1	816	91.18
湿地	6		665	1			672	98.96
耕地	35	13	3	1349	8	1	1409	95.74
人工表面	7	3	1	20	474		505	93.86
其他			1	2		197	200	98.50
总计	2294	824	673	1449	484	200	5924	
用户精度/%	96.08	90.29	98.81	93.10	97.93	98.50		

总精度：95.09%；Kappa 系数：0.9345；AD：0.0409；QD：0.0083

表 7.5 西南地区 2010 年土地利用/覆被数据集二级类精度

代码	面积比例/%	样本数/个	制图精度/%	用户精度/%	代码	面积比例/%	样本数/个	制图精度/%	用户精度/%
101	5.30	347	83.29	88.38	35	0.14	142	95.77	95.77
102	0.80	127	79.53	82.11	36	0.38	195	95.90	95.90
103	15.49	1303	90.82	91.89	37	0.00	2	100.00	100.00

续表

代码	面积比例/%	样本数/个	制图精度/%	用户精度/%	代码	面积比例/%	样本数/个	制图精度/%	用户精度/%
105	0.43	36	66.67	75.00	41	2.64	508	92.72	91.99
106	4.38	266	81.20	77.42	42	7.81	785	89.68	88.33
107	6.60	243	75.72	65.25	51	0.47	356	93.26	94.05
109	0.44	74	87.84	86.67	52	0.01	68	79.41	87.10
110	1.09	42	85.71	76.60	53	0.06	48	87.50	93.33
111	0.01	3	100.00	100.00	54	0.01	29	65.52	95.00
21	6.42	316	73.42	87.55	63	17.39	111	77.48	67.19
22	17.84	217	62.21	62.50	65	2.03	68	89.71	98.39
23	3.86	173	84.39	71.92	66	2.42	60	91.67	88.71
33	1.03	117	99.15	97.48	68	0.18	4	100.00	57.14
34	1.41	216	99.54	100.00	69	1.32	68	100.00	98.55

总精度：87.14%；Kappa 系数：0.8573

注：表中的代码所指代的土地利用/覆被类型的名称与表 7.3 中 ChinaCover-XN 列一致。

覆被类型中发挥了重要作用。例如，湖泊与水库的光谱和形状特征非常相似，但西南地区的湖泊和水库在空间分布上存在明显差异，前者主要分布在高原，后者主要分布在农业区，这些地理知识的应用有助于准确区分湖泊与水库。

针阔混交林、落叶阔叶灌丛和草原无论是用户精度还是制图精度均相对较低。针阔混交林在定义上难以准确界定，不同的制图人员和野外调查人员对针阔混交林的认识可能存在偏差，这是导致针阔混交林精度较低的主要原因之一。落叶阔叶灌丛主要与草地和耕地误分，而草原的误分主要来源于灌丛，上文已做分析，不再赘述。此外工业用地和采矿场的制图精度也比较低。工业用地与居住地单纯从遥感影像上难以区分，虽然分类过程中，将一些规模较大的工业园区的位置、规模等辅助信息参与决策，但一些零散分布和未形成规模的工业用地仍然难以提取。西南地区的采矿场多为地下采矿场，仅能利用弃渣场或尾矿库来判定，加大了提取难度，导致采矿场存在一定程度的漏分。

7.5　小　　结

精度评估是科学评价土地利用/覆被数据集质量的重要手段，科学、客观、准确的精度评价成为土地利用/覆被遥感科学数据集构建的关键环节。本节从间接评价和直接评价两个方面全面阐述了土地利用/覆被数据集的评价方法。对于山地土地利用/覆被产品精度评价来说，其验证样本布设和采集除了要考虑抽样总量要求外，还需要考虑山地地形的影响以及样本的可达性。本章分析发现地形对于山地土地利用/覆被产品的精度有较为明显的影响，不同海拔梯度带、不同坡度带、不同坡向上土地利用/覆被产品的精度差异显著，这也为下一步山地土地利用/覆被产品质量提升指明了方向。

西南地区土地利用/覆被 2010 年遥感监测数据集经过第三方独立验证，一级类总体精度为 95.09%，Kappa 系数为 0.9345，二级类总体精度为 87.14%，Kappa 系数为 0.8573。

常绿针叶林、乔木园地、草本湿地、河流、湖泊、水库/坑塘、运河/水渠、水田、居住地和冰川/永久积雪的用户精度和制图精度均超过 90%。针阔混交林、落叶阔叶灌丛、草原、工业用地与居住地的精度相对较低,是未来进一步提高西南地区土地利用/覆被产品质量的关键。

最后需要指出的是,西南地区土地利用/覆被遥感监测历史数据并没有经过严格的第三方独立验证。这一方面是因为历史采样数据的样本量较少,随着时间推移分类系统也出现了一些变化,导致历史采样数据在类型定义上可能会出现偏差;另一方面,西南地区土地利用/覆被遥感监测方法是一致的,2010 年的第三方独立验证虽然评价的是2010 年遥感制图数据的质量,但同时是对这套遥感监测方法体系的评价。由于西南地区土地利用/覆被总体上动态变化较小,年均变化率一般不超过 1%,不同历史时期监测结果精度应该变化不大,可以认为 2010 年的验证精度能够代表过去 25 年(1990~2015 年)土地利用/覆被变化遥感监测的总体精度水平。

参 考 文 献

宫鹏. 2009. 基于全球通量观测站的全球土地覆盖图精度检验. 自然科学进展, 19: 754-759.

胡云锋, 张千力, 戴昭鑫, 等. 2015. 多源遥感土地覆被产品在欧洲地区的一致性分析. 地理研究, 34: 1839-1852.

李爱农, 边金虎, 靳华安, 等. 2016. 山地遥感. 北京: 科学出版社.

刘纪远, 匡文慧, 张增祥, 等. 2014. 20 世纪 80 年代末以来中国土地利用变化的基本特征与空间格局. 地理学报, 69: 3-14.

刘琼欢, 张镱锂, 刘林山, 等. 2017. 七套土地覆被数据在羌塘高原的精度评价. 地理研究, 36: 2061-2074.

杨永可, 肖鹏峰, 冯学智, 等. 2014. 大尺度土地覆盖数据集在中国及周边区域的精度评价. 遥感学报, 18: 453-475.

Bai Y, Feng M, Jiang H, et al. 2014. Assessing Consistency of Five Global Land Cover Data Sets in China. Remote Sensing, 6: 8739-8759.

Chen J, Chen J, Liao A P, et al. 2015. Global land cover mapping at 30 m resolution: A POK-based operational approach. ISPRS Journal of Photogrammetry and Remote Sensing, 103: 7-27.

Giri C, Zhu Z L, Reed B. 2005. A comparative analysis of the Global Land Cover 2000 and MODIS land cover data sets. Remote Sensing of Environment, 94: 123-132.

Gong P, Wang J, Yu L, et al. 2013. Finer resolution observation and monitoring of global land cover: first mapping results with Landsat TM and ETM+ data. International Journal of Remote Sensing, 34: 2607-2654.

Herold M, Mayaux P, Woodcock C E, et al. 2008. Some challenges in global land cover mapping: An assessment of agreement and accuracy in existing 1 km datasets. Remote Sensing of Environment, 112: 2538-2556.

Hua T, Zhao W, Liu Y, et al. 2018. Spatial Consistency Assessments for Global Land-Cover Datasets: A Comparison among GLC2000, CCI LC, MCD12, GLOBCOVER and GLCNMO. Remote Sensing, 10: 1846.

Janssen L L F, Vanderwel F J M. 1994. Accuracy Assessment of Satellite-Derived Land-Cover Data—a Review. Photogrammetric Engineering and Remote Sensing, 60: 419-426.

Kaptue Tchuente A T, Roujean J L, De Jong S M. 2011. Comparison and relative quality assessment of the GLC2000, GLOBCOVER, MODIS and ECOCLIMAP land cover data sets at the African continental scale. International Journal of Applied Earth Observation and Geoinformation, 13: 207-219.

Lei G B, Li A N, Bian J H, et al. 2016. Land Cover Mapping in Southwestern China Using the HC-MMK Approach. Remote Sensing, 8: 305.

Lyons M B, Keith D A, Phinn S R, et al. 2018. A comparison of resampling methods for remote sensing classification and accuracy assessment. Remote Sensing of Environment, 208: 145-153.

McCallum I, Obersteiner M, Nilsson S, et al. 2006. A spatial comparison of four satellite derived 1 km global land cover datasets. International Journal of Applied Earth Observation and Geoinformation, 8: 246-255.

Pontius R G, Millones M. 2011. Death to Kappa: birth of quantity disagreement and allocation disagreement for accuracy assessment. International Journal of Remote Sensing, 32: 4407-4429.

Tsendbazar N E, de Bruin S, Mora B, et al. 2016. Comparative assessment of thematic accuracy of GLC maps for specific applications using existing reference data. International Journal of Applied Earth Observation and Geoinformation, 44: 124-135.

Wu W, Shibasaki R, Yang P, et al. 2008. Validation and comparison of 1 km global land cover products in China. International Journal of Remote Sensing, 29: 3769-3785.

下　篇

山地土地利用／覆被变化
分析应用篇

第8章 四川省土地利用/覆被变化

四川省简称"川",位于我国西南腹地,地处长江上游,地理位置介于 97°21′~108°31′E,26°3′~34°19′N,辖区面积 48.61 万 km²。四川东连重庆,西靠西藏,南接云南和贵州,北邻青海、甘肃和陕西(图 1.2)。地跨我国大陆地势的第一级和第二级阶梯,西高东低。西部为高原、山地;东部为盆地、丘陵。全省可大体分为四川盆地、川西北高原区、川西南山地区三大部分。四川省气候区域差异显著。四川盆地属亚热带湿润气候区,全年温暖湿润,年均温 16~18℃,年降水量 1000~1200mm。川西南山地属亚热带半湿润气候区,全年气温较高,年均温 12~20℃,年降水量 900~1200mm。川西北高原属高寒气候区,海拔高,气候立体变化明显,总体上以寒温带气候为主,年均温 4~12℃,年降水量 500~900mm(张宏,2016)。

四川省下辖成都市 1 个副省级市以及自贡市、攀枝花市、泸州市、德阳市、绵阳市、广元市、遂宁市、内江市、乐山市、南充市、宜宾市、眉山市、广安市、达州市、雅安市、巴中市、资阳市 17 个地级市,阿坝藏族羌族自治州、甘孜藏族自治州、凉山彝族自治州 3 个自治州。

截至 2015 年,四川省常住人口 8204 万人,其中,城镇人口 3912.5 万人,乡村人口 4291.5 万人,城镇化率 47.69%。全年人口出生率为 10.3‰,死亡率为 6.94‰,人口自然增长率为 3.36‰。四川省 2015 年地区生产总值 30103.1 亿元,在全国排名第六。按产业分,第一产业增加值 3677.3 亿元;第二产业增加值 14293.2 亿元;第三产业增加值 12132.6 亿元。三次产业结构比为 12.2∶47.5∶40.3。全省人均 GDP 3.74 万元,低于全国水平(4.92 万元)(四川省统计局,2016)。

8.1 四川省 2015 年土地利用/覆被现状

以四川省土地利用/覆被遥感监测数据集为基准,图 8.1 展示了四川省局部区域 2015 年土地利用/覆被的空间分布格局,四川省全域 2015 年土地利用/覆被空间分布格局见附图 1。四川盆地内部,人口聚集,农业发达,耕地是最主要的土地利用/覆被类型,人工表面也集中分布在该区域。川西南山地,水热条件相对优越,森林资源丰富,再加之人类活动干扰相对小,是四川省森林的主要分布区域。川西北高原海拔高,位于青藏高原东南部,气温低,是四川省草地集中分布区域。

据遥感监测数据统计(表 8.1),林地是四川省面积占比最大的土地利用/覆被类型,总面积 237093.93km²,约占全省总面积的 48.77%。草地和耕地面积分别为 118293.09km² 和 99628.86km²,占比分别为 24.33%和 20.50%。四川省湿地面积 10274.03km²,占比 2.11%;人工表面面积 5724.75km²,占比 1.18%;其他类型面积 15100.10km²,占比 3.11%。

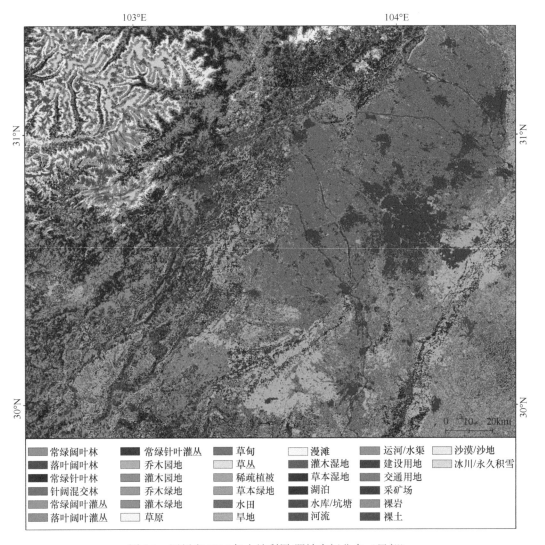

图 8.1 四川省 2015 年土地利用/覆被空间分布（局部）

表 8.1 四川省 2015 年土地利用/覆被结构

一级类别	面积/km²	比例/%	二级类别	面积/km²	占一级类面积比例/%
林地	237093.93	48.77	常绿阔叶林	13982.52	5.90
			落叶阔叶林	11401.85	4.81
			常绿针叶林	113869.71	48.03
			针阔混交林	4506.33	1.90
			常绿阔叶灌丛	24749.92	10.44
			落叶阔叶灌丛	60052.09	25.33
			常绿针叶灌丛	3447.14	1.45
			乔木园地	4678.02	1.97
			灌木园地	330.58	0.14
			乔木绿地	70.71	0.03
			灌木绿地	5.06	0.00

续表

一级类别	面积/km²	比例/%	二级类别	面积/km²	占一级类面积比例/%
草地	118293.09	24.33	草原	59650.17	50.43
			草甸	41957.23	35.47
			草丛	4832.20	4.08
			稀疏植被	11851.44	10.02
			草本绿地	2.05	0.00
耕地	99628.86	20.50	水田	39085.85	39.23
			旱地	60543.01	60.77
湿地	10274.03	2.11	灌木湿地	0.94	0.01
			草本湿地	4988.19	48.55
			湖泊	299.50	2.91
			水库/坑塘	1343.43	13.08
			河流	3252.57	31.66
			运河/水渠	1.27	0.01
			漫滩	388.13	3.78
人工表面	5724.75	1.18	建设用地	4507.12	78.73
			交通用地	1119.38	19.55
			采矿场	98.25	1.72
其他	15100.10	3.11	裸岩	6042.70	40.02
			裸土	7159.31	47.41
			沙漠/沙地	35.24	0.23
			冰川/永久积雪	1862.85	12.34

四川省林地以常绿针叶林为主，总面积 113869.71km²，占林地总面积的 48.03%。落叶阔叶灌丛和常绿阔叶灌丛在四川省分布较广，面积分别为 60052.09km² 和 24749.92km²，分别占林地总面积的 25.33% 和 10.44%。常绿阔叶林和落叶阔叶林面积分别为 13982.52km² 和 11401.85km²，占林地总面积的 5.90% 和 4.81%。人工种植的园地和绿地面积占林地总面积的比例均不足 2%。

四川省草地以草原和草甸为主，面积分别为 59650.17km² 和 41957.23km²，占草地总面积的 50.43% 和 35.47%。草丛面积 4832.20km²，占草地总面积的 4.08%，主要分布在低海拔地区。稀疏植被面积 11851.44km²，占草地总面积的 10.02%。

耕地中水田和旱地的面积分别为 39085.85km² 和 60543.01km²，两者面积比例大致为 2∶3，旱地面积相对较大。四川省水田主要分布在成都平原和川东丘陵的地势平坦区，而旱地主要分布在盆周山区和山区地势相对平坦的谷地区域。

湿地以草本湿地和河流为主体，面积分别为 4988.19km² 和 3252.57km²，分别占四川省湿地总面积的 48.55% 和 31.66%。单个水库/坑塘的平均面积虽然小，但数量众多，总面积约占四川省湿地面积的 13.08%，主要分布在成都平原和川东丘陵地区。

人工表面中建设用地的面积最大，达到 4507.12km²，约占人工表面总面积的 78.73%。交通用地次之，面积 1119.38km²，占人工表面总面积的 19.55%。

其他类型中裸岩和裸土的面积占比较大,分别占其他类型总面积的40.02%和47.41%,冰川/永久积雪的面积在其他类型总面积中的占比也达到了12.34%。

8.2 四川省各市/州土地利用/覆被结构特征

据遥感监测数据统计,四川省各市/州2015年土地利用/覆被结构特征见表8.2。

成都市土地利用/覆被结构中耕地占主体,面积6212.52km²,占比51.53%。耕地以水田为主,面积4049.04km²,占耕地面积65.18%;旱地面积2163.48km²。林地面积3799.41km²,占比31.52%。林地中常绿针叶林占比最大(1643.31km²,占林地面积43.25%)。人工表面面积1571.67km²,占比13.04%,以建设用地为主(1383.39km²,占人工表面88.02%)。

自贡市的土地利用/覆被结构中耕地是主体,总面积3422.95km²,占比78.36%。耕地中水田面积(2264.29km²,占耕地面积66.15%)约是旱地面积(1158.66km²,占耕地面积33.85%)的两倍。林地面积721.44km²,占比16.52%。

攀枝花市的土地利用/覆被结构中林地占主体,总面积为5153.76km²,占比72.83%。林地以常绿针叶林(1800.4km²,占林地面积34.93%)和常绿落叶灌丛(1817.3km²,占林地面积35.26%)为主。耕地面积1300.24km²,占比18.37%,以旱地为主(1072.07km²,占耕地面积82.45%)。

泸州市耕地面积6255.03km²,占比51.09%。耕地中旱地的面积(3417.91km²)大于水田的面积(2837.12km²)。林地面积5379.63km²,占比43.94%,以常绿针叶林为主(2987.69km²,占林地面积55.54%),常绿阔叶灌丛(934.66km²,占林地面积17.37%)和常绿阔叶林(737.86km²,占林地面积13.72%)也有分布。

德阳市土地利用/覆被结构中耕地占主体,耕地面积3916.74km²,占比65.76%。林地面积1324.35km²,占比22.24%,以常绿针叶林为主(805.58km²,占林地面积60.83%)。人工表面面积398.63km²,占比6.69%,主要为建设用地(310.20km²,占比87.06%)。

绵阳市土地利用/覆被结构中林地面积10953km²,占比53.25%。林地以常绿针叶林为主,面积为5985.13km²(占林地面积54.64%),其次是落叶阔叶灌丛(2295.8km²,占林地面积20.96%)和落叶阔叶林(1067.36km²,占林地面积9.74%)。耕地面积7950.57km²,占比38.66%,其中,旱地面积5850.23km²(占耕地面积73.58%),水田面积2100.34km²(占耕地面积26.42%)。

广元市林地面积10196.61km²,占比62.53%,以常绿针叶林(5539.60km²,占林地面积54.33%)为主,落叶阔叶灌丛(2439.04km²,占林地面积23.92%)和落叶阔叶林(1880.90km²,占林地面积18.45%)次之。耕地面积5584.65km²,占比34.25%,旱地(4365.98km²,占耕地面积78.18%)占比大于水田(1218.67km²,占耕地面积21.82%)。

遂宁市土地利用/覆被结构中耕地是主体,总面积3681.34km²,占比69.07%。耕地中旱地面积(2023.99km²,占耕地面积54.98%)大于水田面积(1657.35km²,占耕地面积45.02%)。林地面积1302.57km²,占比24.44%,以常绿针叶林(906.73km²,占林地面积69.61%)为主。

表 8.2 四川省各市州 2015 年土地利用/覆被结构

（单位：km²）

地区	林地											草地				
	常绿阔叶林	落叶阔叶林	常绿针叶林	针阔混交林	常绿阔叶灌丛	落叶阔叶灌丛	常绿针叶灌丛	乔木园地	灌木园地	乔木绿地	灌木绿地	草原	草甸	草丛	稀疏植被	草本绿地
成都市	39.68	357.41	1643.31	288.04	86.81	754.73	0.00	549.87	17.76	57.37	4.43	82.65	1.24	72.33	6.03	1.51
自贡市	16.17	168.05	322.89	0.00	17.45	15.69	0.00	181.05	0.03	0.11	0.00	0.00	0.00	0.08	0.24	0.00
攀枝花市	727.33	77.94	1800.40	29.84	1817.30	387.43	0.00	306.74	0.00	6.45	0.33	13.08	2.65	337.54	33.28	0.00
泸州市	737.86	361.35	2987.69	1.53	934.66	253.58	0.00	102.29	0.00	0.67	0.00	0.00	0.00	132.82	0.89	0.00
德阳市	10.73	70.56	805.58	67.93	84.73	233.54	0.00	50.32	0.00	0.96	0.00	60.21	3.03	48.57	1.94	0.00
绵阳市	356.27	1067.36	5985.13	432.17	551.25	2295.80	0.00	251.89	12.59	0.50	0.04	361.00	42.10	210.99	149.48	0.00
广元市	69.52	1880.90	5539.60	48.07	147.09	2439.04	0.01	72.14	0.00	0.24	0.00	0.14	30.60	59.76	12.49	0.00
遂宁市	19.43	85.54	906.73	1.96	226.72	33.08	0.00	29.11	0.00	0.00	0.00	0.00	0.00	0.55	0.00	0.00
内江市	24.20	41.93	551.78	0.00	44.27	74.34	0.00	202.92	0.00	0.77	0.00	0.00	0.00	0.01	0.00	0.00
乐山市	758.50	345.81	5345.75	111.67	417.05	1499.43	184.14	355.62	34.63	0.82	0.14	37.32	1.14	125.79	0.73	0.00
南充市	77.58	205.41	2197.02	0.00	433.05	263.37	0.00	452.69	0.00	0.64	0.00	0.00	0.00	0.00	0.00	0.00
眉山市	197.38	130.09	1508.59	125.83	12.65	250.77	13.73	700.30	18.31	0.21	0.00	0.00	0.00	8.41	0.69	0.00
宜宾市	732.75	1075.89	2430.85	0.00	912.34	116.96	0.00	200.80	1.59	0.00	0.00	0.00	0.00	15.80	0.38	0.00
广安市	335.94	561.24	965.78	16.01	428.21	92.74	0.00	77.99	0.00	0.51	0.00	0.00	0.00	33.00	0.00	0.00
达州市	690.20	1375.47	3779.09	365.70	1439.56	1126.13	0.00	26.10	0.19	0.89	0.00	1.52	0.00	83.10	0.02	0.54
雅安市	1425.42	703.73	5223.83	639.96	655.13	2479.85	226.07	148.64	231.00	0.00	0.00	510.67	14.47	213.28	188.12	0.00
巴中市	84.79	1009.52	4340.21	131.61	514.49	1072.23	0.02	20.71	0.96	0.56	0.00	0.60	0.00	2.83	0.08	0.00
资阳市	128.87	83.21	1199.01	0.01	296.86	3.26	0.00	188.44	0.24	0.02	0.00	0.00	0.00	0.00	0.04	0.00
阿坝藏族羌族自治州	856.27	335.10	17841.18	701.73	3183.80	12852.56	17.94	16.32	7.28	0.00	0.00	19902.16	15605.31	19.01	2173.37	0.00
甘孜藏族自治州	1641.54	273.58	29485.03	680.12	3730.98	26694.85	1734.67	28.04	0.00	0.00	0.00	36559.32	26164.99	37.49	8488.01	0.00
凉山彝族自治州	5052.09	1191.76	19010.25	864.14	8815.52	7112.71	1270.54	716.03	6.00	0.00	0.13	2121.51	91.70	3430.83	795.64	0.00

续表

地区	耕地		湿地							人工表面			其他			
	水田	旱地	灌木湿地	草本湿地	湖泊	水库/坑塘	河流	运河/水渠	漫滩	建设用地	交通用地	采矿场	裸岩	裸土	沙漠	冰川/永久积雪
成都市	4049.04	2163.48	0.00	10.87	0.48	46.58	156.95	0.00	18.96	1383.39	186.96	1.32	0.00	73.60	0.00	0.26
自贡市	2264.29	1158.66	0.00	0.00	0.00	42.32	61.10	0.00	0.19	101.01	17.66	1.40	0.00	0.00	0.00	0.00
攀枝花市	228.17	1072.07	0.00	0.00	4.98	62.27	25.54	0.00	12.86	95.85	12.65	21.54	0.00	0.46	0.00	0.00
泸州市	2837.12	3417.91	0.00	0.00	0.00	70.26	156.64	0.00	1.85	206.80	37.56	0.89	0.00	0.17	0.00	0.00
德阳市	2452.58	1464.16	0.00	3.60	0.00	43.01	51.38	1.02	27.91	347.05	51.33	0.25	2.92	71.74	0.00	0.93
绵阳市	2100.34	5850.23	0.00	1.34	0.00	138.38	164.60	0.00	44.22	310.20	51.20	6.25	73.54	107.47	0.00	3.21
广元市	1218.67	4365.98	0.00	0.24	0.12	162.62	90.74	0.05	8.57	130.53	19.13	1.20	7.92	1.46	0.00	0.00
遂宁市	1657.35	2023.99	0.00	0.00	0.00	45.82	89.77	0.00	9.40	157.00	43.21	0.14	0.00	0.07	0.00	0.00
内江市	2128.47	2030.95	0.00	0.19	0.00	72.50	42.74	0.00	0.68	135.39	27.81	0.35	0.00	0.02	0.00	0.00
乐山市	1413.43	1727.45	0.00	0.18	0.55	58.91	164.02	0.00	34.48	172.48	32.55	4.07	0.02	4.27	0.00	0.00
南充市	2663.09	5309.20	0.00	2.35	0.00	60.32	187.16	0.00	7.88	216.83	53.50	0.40	0.00	0.25	0.00	0.00
眉山市	1884.39	1915.26	0.00	5.63	0.00	68.88	77.49	0.00	10.46	195.50	53.46	0.17	0.27	2.58	0.00	0.00
宜宾市	3793.38	3573.92	0.00	0.00	0.00	61.95	124.91	0.00	18.05	197.13	23.38	1.94	0.00	3.33	0.00	0.00
广安市	1515.15	1999.81	0.00	0.00	0.00	48.29	103.53	0.00	1.83	123.60	49.03	4.23	0.00	0.02	0.00	0.00
达州市	2509.12	4784.36	0.00	0.76	0.00	47.11	160.79	0.08	6.61	162.54	47.05	5.45	0.00	2.62	0.07	0.00
雅安市	319.16	1238.75	0.00	0.00	0.30	5.20	169.98	0.00	21.65	71.64	21.02	2.22	269.60	247.49	0.00	28.58
巴中市	1602.01	3332.81	0.00	0.21	0.00	25.47	89.40	0.13	0.89	72.98	16.06	0.62	0.00	1.46	0.00	0.00
资阳市	3162.73	2516.91	0.00	1.01	0.00	128.92	47.34	0.00	2.66	144.78	60.61	0.23	0.00	0.01	0.00	0.00
阿坝藏族羌族自治州	5.75	1201.89	0.00	2955.24	35.21	13.08	331.36	0.00	22.63	62.96	111.81	4.14	1951.12	2177.20	35.17	568.63
甘孜藏族自治州	5.34	1658.66	0.94	1999.29	159.15	14.25	686.40	0.00	82.56	53.46	149.17	4.36	3628.77	4412.27	0.00	1248.68
凉山彝族自治州	1276.26	7736.57	0.00	7.30	98.70	127.31	270.74	0.00	53.78	165.99	54.23	37.10	108.54	52.83	0.00	12.55

内江市土地利用/覆被结构中耕地仍是主体，面积 4159.42km²，占比 77.32%，水田面积（2128.47km²，占耕地面积 51.17%）与旱地面积（2030.95km²，占耕地面积 48.83%）相当。林地面积 940.21km²，占比 17.48%，常绿针叶林（551.78km²，占林地面积 58.69%）是主体。

乐山市土地利用/覆被结构中林地占主体，总面积 9053.56km²，占比 70.56%。林地中常绿针叶林（5345.75km²，占林地面积 59.05%）是主体，落叶常绿阔叶灌丛（1499.43km²，占林地面积 16.56%）和常绿阔叶林（758.50km²，占林地面积 8.38%）次之。耕地面积 3140.88km²，占比 24.48%，其中旱地面积（1727.45km²，占耕地面积 55%）大于水田（1413.43km²，占耕地面积 45%）。

南充市土地利用/覆被结构中耕地占主体，面积 7972.29km²，占比 65.72%。耕地中，旱地面积（5309.2km²，占耕地面积 66.60%）约是水田面积（2663.09km²，占耕地面积 33.40%）的两倍。林地面积 3629.76km²，占比 29.92%，常绿针叶林（2197.02km²，占林地面积 60.53%）是主体。

眉山市土地利用/覆被结构中耕地仍是主体，总面积 3799.65km²，占比 52.91%。耕地中，旱地面积（1915.26km²，占耕地面积 50.41%）和水田面积（1884.39km²，占耕地面积 49.59%）相当。林地面积 2957.86km²，占比 41.19%，常绿针叶林（1508.59km²，占林地面积 51%）是主体。

宜宾市耕地面积 7367.3km²，占比 55.45%。耕地中水田（3793.38km²，占耕地面积 51.49%）和旱地（3573.92km²，占耕地面积 48.51%）面积相差不大。林地面积 5471.18km²，占比 41.18%，林地中常绿针叶林（2430.85km²，占林地面积 44.43%）占主体，落叶阔叶林（1075.89km²，占林地面积 19.66%）和落叶阔叶灌丛（912.34km²，占林地面积 16.68%）次之。

广安市耕地面积 3514.96km²，占比 55.29%。旱地面积 1999.81km²（占耕地面积 56.89%），水田面积 1515.15km²（占耕地面积 43.11%）。林地面积 2478.42km²，面积占比 38.99%，以常绿针叶林（965.78km²，占林地面积 38.97%）为主，落叶阔叶林（561.24km²，占林地面积 22.64%）和常绿阔叶灌丛（428.21km²，占林地面积 17.28%）次之。

达州市土地利用/覆被结构中林地占主体，总面积 8803.33km²，占比 52.98%。林地中以常绿针叶林为主（3779.09km²，占林地面积 42.93%），常绿阔叶灌丛（1439.56km²，占林地面积 16.35%）、落叶阔叶林（1375.47km²，占林地面积 15.62%）和落叶阔叶灌丛（1126.13km²，占林地面积 12.79%）次之。耕地面积 7293.48km²，占比 43.90%，耕地以旱地为主，面积 4784.36km²（占耕地面积 65.60%），水田面积 2509.12km²（占耕地面积 34.40%）。

雅安市林地面积 11733.63km²，占比 77.93%。林地中常绿针叶林占主体（5223.83km²，占林地面积 44.52%），其次是落叶阔叶灌丛（2479.85km²，占林地面积 21.13%）。耕地面积 1557.91km²，占比 10.35%，耕地以旱地为主，面积 1238.75km²（占耕地面积 79.51%）。

巴中市林地面积 7175.1km^2，占比 58.24%。林地以常绿针叶林为主（4340.21km^2，占林地面积 60.49%），其次是落叶阔叶灌丛（1072.23km^2，占林地面积 14.94%）和落叶阔叶林（1009.52km^2，占林地面积 14.07%）。耕地面积 4934.82km^2，占比 40.05%，其中，旱地面积（3332.81km^2，占耕地面积 67.54%）约是水田面积（1602.01km^2，占耕地面积 32.46%）的两倍。

资阳市土地利用/覆被结构中耕地占主体，总面积 5679.64km^2，占比 71.31%，其中水田面积 3162.73km^2（占耕地面积 55.69%），旱地面积 2516.91km^2（占耕地面积 44.31%）。林地面积 1899.92km^2，占比 23.85%，林地中常绿针叶林（1199.01km^2，占林地面积 63.11%）是主体。

阿坝藏族羌族自治州土地利用/覆被结构以草地为主，总面积 37699.85km^2，占比 45.43%。草地以草原（19902.16km^2，占草地面积 52.79%）和草甸（15605.31km^2，占草地面积 41.39%）为主。林地面积 35812.18km^2，占比 43.15%，林地以常绿针叶林（17841.18km^2，占林地面积 49.82%）和落叶阔叶灌丛（12852.56km^2，占林地面积 35.89%）为主。

甘孜藏族自治州土地利用/覆被结构以草地为主，总面积 71249.81km^2，占比 47.62%。草地以草原（36559.32km^2，占草地面积 51.31%）和草甸（26164.99km^2，占草地面积 36.72%）为主。林地面积 64268.81km^2，占比 42.95%，以常绿针叶林（29485.03km^2，占林地面积 45.88%）和落叶阔叶灌丛（26694.85km^2，占林地面积 41.54%）为主。

凉山彝族自治州林地面积 44039.17km^2，占比 72.82%。林地以常绿针叶林（19010.25km^2，占林地面积 43.17%）为主，常绿阔叶灌丛（8815.52km^2，占林地面积 20.02%）和落叶阔叶林（7112.71km^2，占林地面积 16.15%）次之。耕地面积 9012.83km^2，占比 14.90%，以旱地（7736.57km^2，占耕地面积 85.84%）为主，水田面积 1276.26km^2（占耕地面积 14.16%）。草地面积 6439.68km^2，面积占比 10.65%，以草丛（3430.83km^2，占草地面积 53.28%）和草原（2121.51km^2，占草地面积 32.94%）为主。

8.3 四川省土地利用/覆被地形分布特征

土地利用/覆被类型的空间分布与区域的自然地理条件密不可分。四川省地形起伏剧烈，地形在土地利用/覆被空间分布格局中是决定性控制因素（Zhao et al.，2014）。地形如何影响四川省土地利用/覆被的空间分布格局？本节通过引入三个最基本的地形因子——海拔、坡度和坡向，解析四川省土地利用/覆被地形特征。

8.3.1 四川省土地利用/覆被垂直分布特征

1. 总体特征

垂直地带性是山区最为典型的一种景观格局，通常指高山地区自然地理现象随海拔递变的规律性（丁锡祉，1983）。由于气温随高度增加迅速降低，降水和湿度在一定限度内随高度增加而增大，从而形成山地气候的垂直分带，受其影响，土壤、植被等自然地理要素也呈现出带状分布规律（郑度和杨勤业，1987）。

　　四川省海拔高低悬殊，川西地区的贡嘎山海拔 7556m，是四川省第一高峰，川南泸州附近的长江河谷，海拔仅 200m 左右，两者相差 7300m 以上。巨大的高差形成了四川省独特的土地利用/覆被垂直地带性分布规律，如图 8.2 所示。海拔低于 500m 的平原和丘陵地区，耕地是最主要的土地利用/覆被类型，面积占比达到 69.85%，林地次之（22.80%）。随着海拔升高，林地面积占比逐步升高，其面积占比从海拔低于 500m 时的22.80%，增高到 2500～3000m 海拔梯度的 81.43%；而耕地面积占比则同步下降，由海拔低于 500m 时的 69.85%，降低到 2500～3000m 海拔梯度的 7.72%。从海拔 3000m 开始，林地所占的面积比例开始下降，海拔 5000m 以上的区域林地较少分布，此时草地所占面积比例开始逐步攀升，从海拔 3000～3500m 时的 22.14%，攀升到海拔 4500～5000m 时的 64.49%。海拔 5000m 以上的区域，植被覆盖度逐步下降，主要以裸岩、裸土和冰川/永久积雪等其他类型为主，其面积占比均超过 95%。

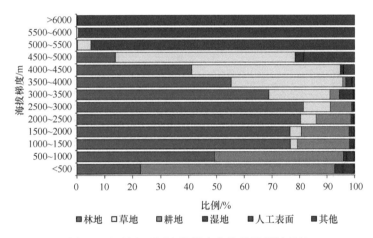

图 8.2　四川省不同海拔梯度土地利用/覆被结构

2. 典型土地利用/覆被类型的垂直分布特征

　　图 8.3 展示了四川省典型土地利用/覆被类型的海拔分布特征。随着海拔的增加，土地利用/覆被类型展现出垂直地带性特征，从低到高依次分布着：水田（旱地）、常绿阔叶林、常绿针叶林、常绿阔叶灌丛（落叶阔叶灌丛）、草甸（草原）、裸岩（裸土）、冰川/永久积雪。

　　耕地中水田集中分布在海拔小于 700m 的区域（占比 91.06%）；旱地在海拔 1000m 以下区域集中分布（占比 74.89%）。

　　林地中，常绿阔叶林在 400～3500m 海拔梯度分布广泛，占常绿阔叶林总面积的 96.67%，其中，1900～3200m 海拔梯度分布最为集中（占比 58.16%）。常绿针叶林分布在 400～4400m 的海拔梯度带内（占比 98.41%），其中，400～800m（占比 18.36%）和 3300～4200m（占比 35.83%）分布比例相对较高。常绿阔叶灌丛在 400～4300m 海拔梯度带内广泛分布。落叶阔叶灌丛在 5000m 以下区域均有分布，但 3600～4700m 分布最为集中（占比 55%）。

草丛在 3800m 以下的区域均有分布，1300～3100m 分布较为集中（占比 74.55%）。草甸和草原均在 3500～4800m 区域集中分布，分别占各自面积的 96.53%和 94.93%。

裸岩和裸土集中分布在 4000～5200m 的海拔梯度内，分别占各自面积的 93.95%和 89.60%。冰川/永久积雪在海拔高于 4500m 的区域均有分布，其中 4700～5600m 海拔梯度分布面积最广（90.26%）。

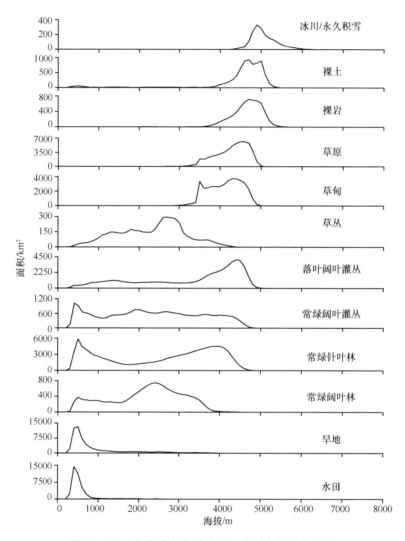

图 8.3　四川省典型土地利用/覆被类型海拔分布特征

8.3.2　四川省土地利用/覆被坡度分异特征

1. 总体特征

在山地环境下，坡度使得山区的能量、物质、信息等的流动具有了方向性，造就了部分土地利用/覆被类型对坡度的敏感性。参照《土地利用现状调查技术规程》中的坡度分级方案，得到如图 8.4 所示的四川省各坡度带土地利用/覆被结构特征。坡度小于 2°

的平坦地区和坡度介于 2°～6° 的微坡地区，耕地是面积占比最大的土地利用/覆被类型，分别达到了 49.69% 和 50.08%。这两个坡度带也是湿地和人工表面的集中分布区，约有 69.69% 的湿地和 72.32% 的人工表面分布在此坡度带内。坡度介于 6°～15°，耕地的面积比例下降到 35.94%，而林地的面积比例上升到 33.14%，两者比例相当。坡度超过 15° 之后，林地成为最主要的土地利用/覆被类型，面积占比超过 50%，耕地面积不断下降，其中坡度超过 25° 的陡坡区域，约有 4.27% 的区域分布有耕地。坡耕地是山区常见的一种土地利用方式，也是坡度影响耕地分布的典型代表之一。虽然退耕还林还草工程要求坡度超过 25° 的坡耕地强制退耕，但部分山区可利用耕地资源有限且多为坡耕地，严格执行则可能面临无地可耕的现状（Xiao et al.，2019）。遥感监测统计也发现，四川省部分区域仍然存在坡度超过 25° 的耕地（占耕地总面积的 2.25%）。

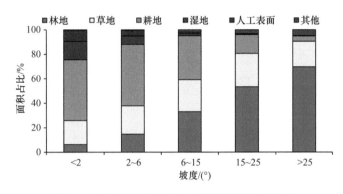

图 8.4　四川省各坡度带土地利用/覆被组成结构

2. 典型土地利用/覆被类型坡度分异特征

图 8.5 展示了四川省典型土地利用/覆被类型的坡度分异特征。林地中常绿阔叶林和常绿针叶林的坡度分布峰值在 25° 左右[图 8.5（a）、（b）]，而常绿阔叶灌丛和落叶阔叶灌丛的坡度分布峰值在 20° 左右[图 8.5（c）、（d）]。低于 15° 的区域，林地易受人类活动的影响；高于 25° 的各个坡度带，虽然随着坡度增加林地所占的比例不断上升，但各坡度带的面积基数不断下降，导致林地的绝对面积也不断减少。

四川省草地中，草甸主要分布在坡度小于 20° 的区域（65.48%），坡度高于 20°，其面积比例呈下降趋势[图 8.5（e）]。草原主要分布在坡度小于 25° 的区域（71.17%），其中 10°～15° 是其分布的核心区域[图 8.5（f）]。

四川省耕地中，水田在坡度低于 20° 的区域均有分布（98.27%），坡度越小，水田分布的比例越高，坡度超过 10° 的水田以梯田为主（12.51%）[图 8.5（g）]。旱地在 40° 以下的区域均有分布（99.55%），呈现出随坡度增加其面积比例逐步下降的趋势[图 8.5（h）]。乔木园地具有和旱地相似的坡度分异特征[图 8.5（i）]。

四川省的建设用地集中分布在 5° 以下的区域（80.51%）[图 8.5（j）]，坡度越高，建设用地的面积比例越小。

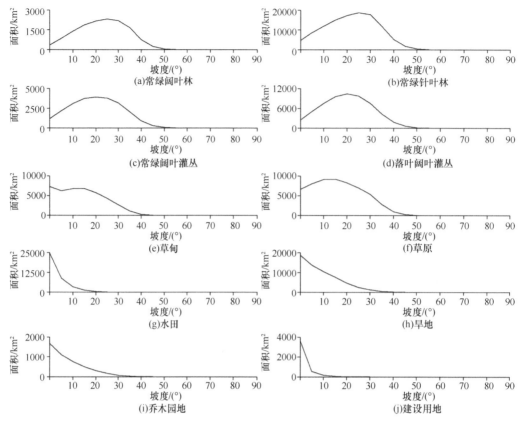

图 8.5　四川省典型土地利用/覆被类型空间分布与坡度的关系

8.3.3　四川省土地利用/覆被坡向分异特征

坡向是一个重要的地形因子，它主要影响地表接收到的太阳辐射能量的多少。阳坡一天中接收太阳照射的时间长、积温高、蒸散大、土壤湿度小；阴坡一天中接收太阳照射的时间相对短、积温低、蒸散小，土壤湿度大。对于北半球，我们将 135°～225°的坡面称为阳坡，0°～45°和 315°～360°的坡面称为阴坡，90°～135°和 225°～270°的坡面称为半阳坡，45°～90°和 270°～315°的坡面称为半阴坡。图 8.6 展示了四川省典型土地利用/覆被类型坡向分布状况。常绿阔叶林主要分布在半阴坡（占比 26.72%）和半阳坡（占比 26.10%）[图 8.6（a）]。常绿针叶林主要分布在阴坡（占比 26.66%）和半阴坡（占比 26.95%）[图 8.6（b）]。常绿阔叶灌丛主要生长在半阳坡（占比 27.03%），而落叶阔叶灌丛则主要生长在阴坡（占比 26.93%）和半阴坡（占比 27.78%）[图 8.6（c）、（d）]。草甸、草原和草丛均为一年生草本植被，在阳坡（面积占比分别为 26.54%、28.61%、31.58%）和半阳坡（面积占比分别为 28.37%、28.62%、30.25%）分布比例更高[图 8.6（e）～（g）]。旱地也主要分布在阳坡（占比 27.20%）和半阳坡（占比 27.08%）[图 8.6（h）]。

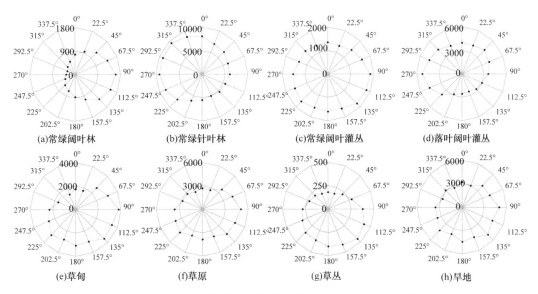

图 8.6　四川省典型土地利用/覆被类型的空间分布与坡向之间的关系

极坐标轴代表分布面积（km²）

8.4　四川省 1990～2015 年土地利用/覆被变化总体特征

1. 土地利用/覆被变化空间分布特征

以四川省 1990～2015 年 5 期土地利用/覆被遥感监测数据集为基础数据，分析了土地利用/覆被变化总体特征。据统计，四川省共有 11933.66km² 国土空间的土地利用/覆被类型发生了变化，约占全省总面积的 2.45%，年均土地利用/覆被变化率为 0.10%。从空间分布来看，25 年间，四川省土地利用/覆被变化集中分布在四川盆地和川西南山地区，川西北高原区土地利用/覆被变化程度整体较低（图 8.7 和附图 2）。四川盆地内部土地利用/覆被变化以耕地向人工表面转变（城镇扩张和交通基础设施建设）、耕地向林地转变（果园种植）为主要特征。川西南山地和盆周山区的土地利用/覆被变化主要为耕地向林地转变（退耕还林）。川西北高原存在大面积的草地向人工表面转变（牧民定居工程）。汶川地震灾区林地向其他类型变化的特征比较突出。二滩、瀑布沟水利枢纽的建设也带来了耕地向湿地的转变。

四川省绝大部分区域 1990～2015 年 1km 格网土地利用/覆被动态变化率不高，动态变化率大于 90% 的区域仅占四川省全域的 0.05%，集中分布在四川省各市州首府所在地（以人工表面扩张为主）、经济林种植区（以乔木园地和灌木园地大规模种植为主）、大型水电枢纽工程区（以水库扩张为主）、自然灾害事件发生区（以汶川地震灾区最为典型）等。动态变化率超过 50% 的区域仅占 0.86%，92.92% 的区域土地利用/覆被动态变化率低于 10%。

2. 土地利用/覆被变化矩阵

四川省 1990～2015 年土地利用/覆被动态变化矩阵如表 8.3 所示。25 年间，四川省最主要的土地利用/覆被变化类型是耕地转变为林地（5330.41km²）、耕地转变为人工表

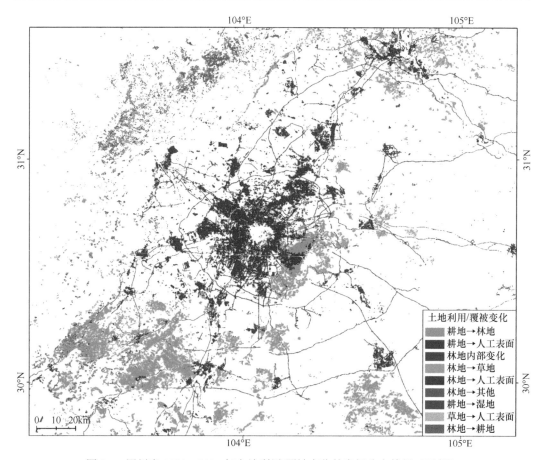

图 8.7　四川省 1990～2015 年土地利用/覆被变化的空间分布特征（局部）

表 8.3　四川省 1990～2015 年土地利用/覆被变化矩阵　　　　　（单位：km²）

2015 年 1990 年	林地	草地	耕地	湿地	人工表面	其他	合计
林地	1221.28	347.22	202.96	124.81	304.72	236.65	2437.64
草地	184.72	47.77	14.93	71.36	204.05	21.05	543.88
耕地	5330.41	173.11	143.09	214.97	2622.11	17.78	8501.47
湿地	10.15	149.18	23.95	71.72	33.74	32.20	320.94
人工表面	1.10	0.24	1.07	5.01	19.09	0.45	26.96
其他	18.21	3.81	7.56	60.42	9.43	3.34	102.77
合计	6765.87	721.33	393.56	548.29	3193.14	311.47	11933.66

面（2622.11km²）、林地内部的变化（1221.28km²）、林地转变为草地（347.22km²）、林地转变为人工表面（304.72km²）、林地转变为其他类型（236.65km²）和耕地转变为湿地（214.97km²），占全部变化的 85.70%。

林地 25 年间新增 6765.87km²，减少 2437.64km²，呈增加趋势，净增加 4328.23km²。新增的林地大部分来自耕地（5330.41km²，78.78%），减少的林地主要转变为草地（347.22km²）和人工表面（304.72km²）。自然灾害对林地的破坏不容小视（236.65km²），此外，林地内部变化的面积也较大，达到了 1221.28km²。

四川省 25 年间草地增加 721.33km²，减少 543.88km²，净增加 177.45km²。新增的草地主要来源于林地（48.14%）、耕地（24.00%）和湿地（20.68%）。减少的草地主要转变为人工表面（37.52%）和林地（33.96%）。整体来看，四川省草地总变化量不大，趋于动态平衡状态。

耕地则呈现"一边倒"的降低趋势，25 年间四川省共减少耕地 8501.47km²，增加耕地 393.56km，净减少 8107.91km²。减少的耕地主要转变为林地（62.70%）和人工表面（30.84%）。新增的耕地主要来自林地（51.57%）和耕地内旱地和水田的相互转变（36.36%）。

25 年间，四川省湿地增加 548.29km²，减少 320.94km²，整体呈增加趋势，净增加 227.35km²。新增的湿地主要来源于耕地（39.21%）和林地（22.76%）；减少的湿地主要转变为草地（46.48%）和湿地内部的变化（22.35%）。

人工表面面积基本呈增加趋势，净增加人工表面面积 3166.18km²，仅有 26.96km² 的人工表面因为水库淹没等原因而减少。新增的人工表面绝大部分来自耕地（82.12%）。

其他类型 25 年间新增 311.47km²，减少 102.77km²，净增加 208.70km²。新增的其他类型主要是"5.12"汶川大地震等自然灾害带来的变化，主要破坏了林地（75.98%）。

3. 各土地利用/覆被类型的动态变化率

土地利用/覆被类型的动态变化率能够定量反映在某一个时段内土地利用/覆被类型的变化程度，其计算公式如下：

$$R_i = |(A_{ei} - A_{si})|/A_{si} \times 100 \tag{8.1}$$

式中，A_{si} 为监测初期第 i 类土地利用/覆被类型的面积；A_{ei} 为监测末期第 i 类土地利用/覆被类型的面积；R_i 为第 i 类土地利用/覆被类型的动态变化率。

据遥感监测数据统计，四川省 1990～2015 年各土地利用/覆被类型的动态变化率如图 8.8 所示。25 年间，四川省人工表面面积净增加 3166.18km²，面积变化绝对值小于林地和耕地，但它的面积基数小，动态变化率达到 123.75%。耕地面积变化的绝对值最大，为 8501.47km²，但其面积基数也相对较大，动态变化率为 7.53%。林地虽然面积变化的绝对值大，但林地是四川省面积最大的土地利用/覆被类型，动态变化率为 1.86%。湿地和其他类别面积基数和变化面积的绝对值均不大，动态变化率分别为 2.35% 和 1.37%。

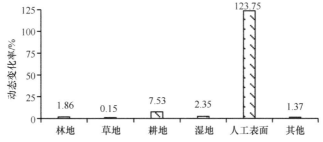

图 8.8 四川省 1990～2015 年土地利用/覆被一级类动态变化率

四川省 25 年间各土地利用/覆被一级类型的面积变化趋势如图 8.9 所示。林地面积变化最剧烈的时段位于 2000~2005 年，主要表现为林地大幅度增加，增加总面积达到 2316.83km²。耕地 25 年间，面积持续下降，2000~2005 年间四川省耕地面积下降速率最快，年均减少耕地 624.68km²，2005~2015 年，耕地面积下降的速率有所减缓，但年减少耕地速率仍高于 300km²/a。四川省湿地面积 25 年间呈增加趋势，其中 2010~2015 年，湿地面积增加速率最快。25 年间，四川省人工表面面积也呈持续增加的趋势，且人工表面面积增加的速率越来越快，2010~2015 年，四川省人工表面面积年均增加约 350km²。

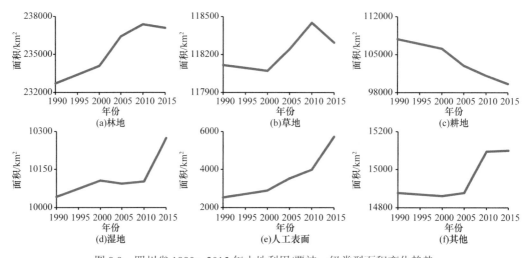

图 8.9 四川省 1990~2015 年土地利用/覆被一级类型面积变化趋势

8.5 四川省 1990~2015 年不同时期土地利用/覆被变化特征

图 8.10 展示了 1990~2015 年不同时期土地利用/覆被年动态变化率。前十年（1990~2000 年）四川省土地利用/覆被年动态变化率最低（0.05%）。2000 年以来，四川省土地利用/覆被年动态变化率明显增大。2000~2005 年土地利用/覆被年动态变化率（0.17%）达到最高值，随后开始下降，2005~2010 年降到 0.12%，2010~2015 年下降到 0.10%。四川省各时期土地利用/覆被动态变化详细特征及其变化原因见 8.5.1~8.5.4 节的分析。

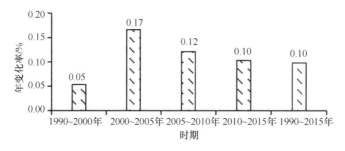

图 8.10 四川省不同时期土地利用/覆被年动态变化率

8.5.1 四川省 1990~2000 年土地利用/覆被变化特征

1990~2000 年四川省土地利用/覆被总变化面积 2600.16km²，变化矩阵如表 8.4 所示。

该时期四川省主要的土地利用/覆被变化类型是耕地→林地（1414.72km²）、耕地→人工表面（354.42km²）、林地内部转换（308.44km²）和草地→林地（123.56km²），占全部变化面积的84.65%。四川省是西南林区主体之一，20世纪90年代早期林业采伐现象十分普遍，十年间约有485.5km²的林地被采伐。1998年长江流域的特大洪水给中下游地区带来了巨大的财产损失，为了降低水土流失和特大洪涝灾害的风险，中央政府决定正式实施退耕还林还草工程，四川省作为首批试点省份，1999年率先实施退耕还林还草工程（Ye et al.，2003）。遥感监测显示，该时段因各类生态保护工程实施导致1414.72km²耕地转变为林地。该时段四川省新增人工表面面积366.71km²，其中绝大部分来源于耕地。

表8.4　四川省1990～2000年土地利用/覆被变化矩阵　　（单位：km²）

1990年 \ 2000年	林地	草地	耕地	湿地	人工表面	其他	合计
林地	308.44	51.5	85.35	28.37	7.92	3.92	485.50
草地	123.56	28.5	10.77	9.66	3.2	0.76	176.45
耕地	1414.72	24.08	6.44	61.48	354.42	5.17	1866.31
湿地	1.94	24.92	13.77	3.03	0.89	0.52	45.07
人工表面	0.14	0.01	0.15				0.30
其他	13.36	1.22	4.96	6.71	0.28		26.53
合计	1862.16	130.23	121.44	109.25	366.71	10.37	2600.16

8.5.2　四川省2000～2005年土地利用/覆被变化特征

2000～2005年四川省土地利用/覆被总变化面积4041.87km²，5年变化总量超过了前10年的变化总量，其变化矩阵如表8.5所示。耕地→林地（2430.84km²）、耕地→人工表面（583.37km²）和林地内部变化（453.50km²）仍然是该时期主要变化类型，占该时期全部变化面积的85.79%。退耕还林还草工程实施引起的耕地向林地转变的面积较前10年约增加了1000km²，主要与该时期退耕还林还草工程已全面实施（2002年）有关。1999年开始试点的退耕还林还草工程区，在2000年的遥感影像上，部分退耕地的光谱特征仍然表现为耕地，基于遥感影像难以识别此类土地利用/覆被变化。2005年，

表8.5　四川省2000～2005年土地利用/覆被变化矩阵　　（单位：km²）

2000年 \ 2005年	林地	草地	耕地	湿地	人工表面	其他	合计
林地	453.50	51.61	36.58	23.46	32.37	15.25	612.77
草地	38.26	8.77	2.25	13.07	15.43	8.40	86.18
耕地	2430.84	102.62	59.34	43.28	583.37	4.73	3224.18
湿地	5.16	93.15	1.01	3.03	0.92	1.02	104.29
人工表面	0.12		0.60	0.63	0.02		1.37
其他	1.73	1.32	0.99	8.61	0.43		13.08
合计	2929.61	257.47	100.77	92.08	632.54	29.40	4041.87

大部分退耕地已开始成林，遥感影像上退耕地的光谱特征多表现为林地，因此，部分因退耕还林还草引起的土地利用/覆被变化的识别存在一定程度的延后效应（Zhou et al.，2012）。人工表面增加的幅度明显高于前 10 年，这与四川省的社会经济发展密切相关。

8.5.3　四川省 2005～2010 年土地利用/覆被变化特征

2005～2010 年四川省土地利用/覆被总变化面积 2950.03km²，与 2000～2005 年相比，总变化量明显下降，其变化矩阵如表 8.6 所示。与前 5 年相比，耕地→林地（1469.73km²）、耕地→人工表面（387.15km²）、林地内部变化（272.85km²）仍是最主要的土地利用/覆被变化类型，占该时期全部变化面积的 72.19%。与上阶段不同的是，受 2008 年 "5.12" 汶川大地震（Ms.8.0 级）的影响，林地→其他（207.03km²）和林地→草地（189.91km²）等土地利用/覆被变化类型的面积明显增多。地震的发生，除了带来巨大的生命财产损失外，对灾区地表的破坏也巨大。"5.12" 汶川大地震及其次生山地灾害（崩塌、滑坡等）直接导致约 200km² 的林地被破坏（Lu et al.，2012）。

表 8.6　四川省 2005～2010 年土地利用/覆被变化矩阵　　　（单位：km²）

2005 年 \ 2010 年	林地	草地	耕地	湿地	人工表面	其他	合计
林地	272.85	189.91	86.37	9.43	48.37	207.03	813.96
草地	20.15	6.19	0.85	8.53	20.34	1.91	57.97
耕地	1469.73	39.75	87.16	30.6	387.15	7.4	2021.79
湿地	2.93	28.09	3.23	1.52	0.45	10.62	46.84
人工表面	0	0.02	0	0.03	0.18	0	0.23
其他	1.00	0.97	1.63	5.25	0.39	0	9.24
合计	1766.66	264.93	179.24	55.36	456.88	226.96	2950.03

8.5.4　四川省 2010～2015 年土地利用/覆被变化特征

2010～2015 年四川省土地利用/覆被总变化面积 2508.86km²，变化矩阵如表 8.7 所示。与前面各时期相比，该时期主要的土地利用/覆被变化均与人工表面相关，包括耕地→人工表面（1326.84km²）、林地→人工表面（216.54km²）、草地→人工表面（164.72km²）。近 5 年，四川省社会经济发展更加迅速，建设用地和交通用地面积增长幅度明显加快，人工表面扩张所占用的土地利用/覆被类型的主体仍然是耕地（以建设用地扩张侵占为主）、其次是林地（以山区交通基础设施侵占为主）和草地（以高原地区人工表面扩张侵占为主）。2010～2015 年，四川省新增湿地的总面积超过了前三个时期新增的湿地面积之和。该时期四川省水利枢纽工程开发强度和规模不断扩大，开始蓄水发电和竣工的水电工程较为集中，也间接说明社会经济的发展对于电能的需求不断加大（Hu et al.，2016）。

表 8.7　四川省 2010～2015 年土地利用/覆被变化矩阵　　　（单位：km²）

2010 年＼2015 年	林地	草地	耕地	湿地	人工表面	其他	合计
林地	188.63	57.33	10.61	63.58	216.54	12.5	549.19
草地	3.38	4.79	2.06	44.73	164.72	11.08	230.76
耕地	79.51	8.91	5.29	89.52	1326.84	3.65	1513.72
湿地	0.26	2.77	7.81	65.66	31.5	28.06	136.06
人工表面	0.84	0.22	0.32	4.34	18.89	0.45	25.06
其他	2.07	0.43	0.15	39.76	8.32	3.34	54.07
合计	274.69	74.45	26.24	307.59	1766.81	59.08	2508.86

8.6　四川省土地利用/覆被变化驱动力系统分析及对国土空间管理的启示

8.6.1　四川省土地利用/覆被变化驱动力系统

1. 1990～2015 年四川省土地利用/覆被变化驱动力总体特征

土地利用/覆被变化驱动力是指导致土地利用/覆被状况发生变化的因素。它通常包括自然环境、社会经济、政策等因素。本研究参考 Plieninger 等（2016）和孔令桥等（2018）对土地利用/覆被变化驱动力因子的划分方法，结合四川省的实际情况，将四川省土地利用/覆被变化的驱动力系统归并为城镇化、生态保护、基础设施建设、水资源利用与开发、农业开发、人类过度利用、自然灾害与气候变化 7 个驱动力因子。对于每一种土地利用/覆被变化类型，根据实际情况确定主导的驱动力因子，统计后得到如表 8.8 所示的不同驱动力因子对四川省土地利用/覆被变化的影响程度。

表 8.8　各驱动力对四川省 1990～2015 年不同土地利用/覆被变化的影响

土地利用/覆被类型	变化面积/km²						
	城镇化	生态保护	基础设施建设	水资源利用与开发	农业开发	自然灾害与气候变化	人类过度利用
林地	−170.21	5491.55	−130.31	−67.39	−154.11	−294.07	−347.22
草地	−42.66	32.23	−161.13	−40.86	−54.98	−51.55	496.41
耕地	−2011.64	−5499.06	−614.94	−142.21	250.46	−90.54	0.00
湿地	−18.72	−2.20	−15.02	280.62	−31.90	163.75	−149.18
人工表面	2250.54	−0.50	923.52	−2.63	−1.90	−2.82	0.00
其他	−7.30	−22.01	−2.13	−27.52	−7.57	275.23	0.00
合计	2250.54	5792.80	923.52	280.62	1074.55	517.72	513.46
贡献率/%	19.82	51.02	8.13	2.47	9.46	4.56	4.52

（1）生态保护

生态环境是人类生存和发展的基本条件，四川省在国家的统一部署下先后实施了一系列的生态保护工程和措施，如天然林保护工程、退耕还林还草工程等。25 年间，四川省因生态保护而导致的土地利用/覆被变化总面积达到了 5792.80km²，在四川省土地利用/覆被变化驱动力系统中的贡献率达到了 51.02%。因生态环境保护，25 年间，四川省净增加林地面积 5491.55km^2，草地面积增加了 32.23km^2，耕地面积净减少 5499.06km^2。

（2）城镇化

社会经济的发展，促使人口由农村向城镇流动，城镇规模开始不断扩大。25 年间，四川省因城镇化引起的土地利用/覆被变化总面积达 2250.54km^2，在四川省土地利用/覆被变化驱动力系统中的贡献率为 19.82%，居于第二位。城镇扩张占用最多的是耕地。25 年间，约有 2011.64km^2 的耕地被城镇建设用地侵占，林地次之，约有 170.21km^2。另外，草地、湿地和其他类型被城镇扩张所占据的面积分别为 42.66km^2、18.72km^2 和 7.30km^2。

（3）农业开发

四川省是农业大省，农业开发历史悠久。在耕地面积不断萎缩的大背景下，一方面通过开垦耕地减缓耕地下降的速率，另一方面通过提高粮食单产以降低粮食安全的风险（夏建国等，2005）。25 年间，四川省因农业开发引起的土地利用/覆被变化总面积 1074.55km^2，在土地利用/覆被变化驱动力系统中的贡献率为 9.46%。其中，因农业开发新增耕地 393.56km^2，但农业开发也促使约 143.09km^2 的耕地转变为园地（主要为果园和茶园），因此，农业开发共导致耕地面积新增 250.46km^2。因农业开发新增的园地共 680.99km^2，主要来自林地（632.15km^2）。

（4）基础设施建设

社会经济的快速发展，除了推动城镇扩张外，基础设施建设步伐的加速也是必然产物之一。25 年间，四川省随着基础设施建设投入的不断增加，导致约 923.52km^2 的国土发生了土地利用/覆被类型的变化，在土地利用/覆被变化驱动力系统中的贡献率为 8.13%。新增的基础设施占用耕地 614.94km^2，占用草地 161.13km^2，占用林地 130.31km^2。

（5）水资源利用与开发

四川省地形起伏大，水能资源丰富，水资源的利用与开发是引起土地利用/覆被变化的驱动力之一（方一平，2002）。25 年间，四川省因水资源利用与开发引起的土地利用/覆被变化总面积 280.62km^2，贡献率约为 2.47%。水资源利用与开发中受影响最大的土地利用/覆被类型是耕地，总面积 142.21km^2，约占总影响面积的一半；林地受影响的面积 67.39km^2；草地 40.86km^2；其他类型 27.52km^2；另外，约有 2.63km^2 的人工表面也在水资源利用与开发中被淹没。

（6）自然灾害与气候变化

四川省地质活动活跃，是山地灾害频发的省份。25 年间，四川省先后经历了"5.12"汶川大地震、"4.20"芦山地震等自然灾害，它们不仅直接改变了土地利用/覆被状况，并且续发的次生灾害进一步加大了破坏（李爱农等，2013）。在全球变暖的大背景下，四川省境内的冰川/永久积雪呈退缩态势，高山湖泊持续扩张。在自然灾害与气候变化的双重作用下，四川省共有 517.72km^2 的国土空间发生了土地利用/覆被变化，贡献率约为 4.56%。其中，因自然灾害导致的土地利用/覆被变化面积 311.46km^2（贡献率 2.74%），气候变化引起的变化面积 206.26km^2（贡献率 1.82%）。

（7）人类过度利用

人类对土地资源的过度利用常引起各种土地退化。例如，对森林的砍伐常导致林地面积减少，对草地的过度利用导致草地退化，对湿地的不合理利用导致湿地面积萎缩等（Bian et al.，2010；蒋锦刚等，2012）。25 年间，四川省因人类过度利用引起的土地利用/覆被变化总面积达到 513.46km²，贡献率约为 4.52%。其中人类过度利用导致林地净减少 347.22km²，湿地净减少 149.18km²。草地虽然也存在退化问题，但减少的林地和湿地均转变为草地，导致其面积净增加 496.41km²。

2. 不同时期土地利用/覆被变化驱动力的差异

从不同时期来看，各驱动力因子对四川省土地利用/覆被变化的贡献率差异显著（图 8.11）。1990～2000 年，农业开发和生态保护是引起四川省土地利用/覆被变化最重要的两种驱动力因子，贡献率分别为 46.50% 和 21.49%。该时期，四川省不少区域（如凉山州）仍采用传统的毁林开荒种粮的方式，以扩大耕地面积。同时，一些区域已开始意识到特色水果产业比传统农业带来的经济利益更丰厚，尝试园地规模化种植。历史时期不合理开发利用给生态环境带来的负面效应在该时期开始凸显，政府和公众逐步认识到生态保护的重要性，特别是 1998 年长江流域特大洪涝灾害后，在国家统一安排部署下，四川省开始试点和启动诸如天然林保护工程、退耕还林还草工程在内的生态保护工程。

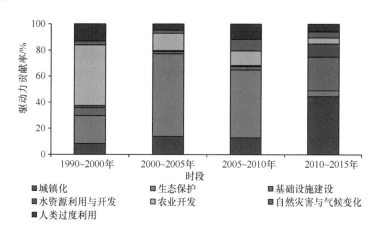

图 8.11　四川省不同时期各驱动力因子对土地利用/覆被变化的贡献率对比

2000～2005 年，退耕还林还草工程、天然林保护工程等一系列生态保护工程进入实施期，导致生态保护在四川省土地利用/覆被变化驱动力系统中的贡献率不断攀升，达到 63.48%。相对而言，农业开发在土地利用/覆被变化驱动力系统中的贡献率明显下降，降低到 13.23%。随着经济社会的发展，以及西部大开发等国家政策的支持，四川省城镇扩张速度明显加快，城镇扩张在土地利用/覆被变化驱动力系统的贡献率也由前 10 年的 8.31%，提升到 13.86%。

2005～2010 年，生态保护的贡献率相比前 5 年有所下降，下降到 52.06%，但仍是该时期土地利用/覆被变化最主要的驱动力因子。城镇扩张在驱动力系统中的贡献率略有下降，降到 12.77%。农业开发的贡献率再次下降，下降到 11.32%。"5.12"汶川大地震的发生，导致该时段自然灾害与气候变化引起的土地利用/覆被变化面积攀升，贡献率达到了 8.85%。

2010~2015 年，城镇化的进程不断加速，导致城镇化在四川省土地利用/覆被变化驱动力系统中的贡献率上升到 44.63%。同时，基础设施建设的贡献率也达到了 25.80%，两者约引起了该时期四川省 70%的土地利用/覆被变化。随着金沙江、岷江、嘉陵江等流域众多水电开发项目在该时段进入蓄水期，导致水资源利用与开发在土地利用/覆被变化驱动力系统中的贡献率不断上升，达到了 10.09%。

8.6.2　对四川省国土空间管理启示

土地利用/覆被空间分布格局是国土空间开发与优化管理的本底，土地利用/覆被变化监测将为国土空间管理提供参考。综合分析 25 年间四川省土地利用/覆被变化的过程及其驱动力，对于未来四川省国土空间管理有如下几点启示：

1. 集约利用土地，优化土地利用结构，加强土地资源管理与监测，提高土地资源对经济社会可持续发展的保障能力

四川省土地面积相对较大，但山地和高原面积占比也大，导致人均可利用土地资源相对匮乏。节约集约利用土地，统筹各业各类用地，优化用地结构与布局，保障发展所需的建设空间，促进土地生态建设，从而提高土地资源对经济社会全面协调可持续发展的保障能力（张素兰等，2008）。充分发挥中心城镇对周边地区经济和社会发展的辐射带动作用，促进人口和产业的合理集聚，统筹城乡发展用地，规范和加强农村集体建设用地管理，促进社会主义新农村建设（陈国阶，2013）。充分利用卫星遥感、地理信息系统等现代科学技术手段，加强土地资源信息管理系统、土地利用变化监测系统和违法土地利用监管系统建设，提高规划实施的效率。

2. 切实保护耕地，因地制宜发展现代农业、优势林果业和生态农牧业，提高耕地质量和综合收益

25 年间，受退耕还林生态工程、城镇扩张、山地灾害等多种因素的影响，四川省耕地面积净减少了 8107.92km^2，且优质农田占比较高。因此，未来需要从严保护耕地，落实基本农田保护制度，严格控制非农建设占用耕地，坚守耕地红线，确保粮食安全（夏建国等，2005）。另一方面，需进一步加大土地投入，改善现有耕地质量，推进土地规模化和集约化经营，建设集中连片、高标准的基本农田（冯玉超等，2020）。加强成都平原、安宁河谷等优质耕地保护与建设，采取耕地培肥改良技术，提升土壤有机质，增厚土壤耕作层，提高耕地基础肥力，推广现代农业种植技术，提高农产品产量和附加值（杜兴端和吕火明，2019）。加大盆地丘陵地区中低产田改造力度，有序推进以土地整理、开发、复垦为重点的土地综合整治，确保耕地数量与质量，巩固农业基础地位，促进全省农业综合能力的提高。山区耕地应强化水土流失治理（周斌等，2019），依据"宜农则农、宜果则果、宜牧则牧"的原则，因地制宜实施（张丽萍等，2004）。适当扩大园地面积，重点发展优质果园，在立地条件适宜的丘陵、台地和山地适当集中发展优势果园、茶园基地（高瑛，2010；蔡臣等，2020）。

3. 加强天然林资源保护，提升森林质量及服务功能，保障区域生态安全

25 年来，在天然林保护、退耕还林还草等一系列生态保护工程的推动下，四川省林地面积增加了 6765.87km^2，但同时在自然灾害和人类活动的影响下，也有近 2437.64km^2 的林地遭到破坏。因此，未来需要进一步依法依规加强天然林资源保护与管理，严禁天然林砍伐（邓绍辉，2017）；巩固退耕还林成果，严防退耕区复垦现象发生，同时大力开展重点地区陡坡耕地整治（周斌等，2019）；严格林地用途管制及征占林地审核与审批，有效遏制林地逆转；加快宜林荒山荒地人工造林、封山育林区的植被恢复，努力扩大森林面积，提高全省森林覆盖率（张洪明，2019）；提高森林质量，有效增加森林碳汇，构建健康稳定的森林生态系统，提供可持续的生态系统服务功能；加强森林防火和病虫害防治，确保森林资源健康安全（张勇等，2016）。

4. 合理规划畜牧业，推进草原改良和草地沙化治理，促进草地资源持续健康发展

四川省共有草地面积 117789.12km^2，主要集中川西北高原和川西南山地区域。25 年间草地面积整体变化幅度较小，但草地过度放牧和草地退化问题依然突出。今后还应进一步大力开展草原生态环境保护和建设，高寒牧区坚持以生态保护为主，开展禁牧、休牧、限牧措施，实现草畜平衡，促进高原草地休养生息和可持续利用（徐田伟等，2020）；其他牧区坚持生态优先、合理利用原则，严格以草定牧，推行划区轮牧，适度发展畜牧业（郑伟，2016）。继续推进退牧还草，加强重点生态功能区中度和重度退化草地综合治理（史长光等，2020）。合理建设人工草地和节水灌溉饲草地，发展舍饲圈养。大力推进草原改良和人工种草，提高草地植被覆盖度，有效治理退化草地，实现草原植被逐步恢复，提高草原生产力（李守剑和贾程，2013）。推进区域草原防火体系建设，减少草原火灾的影响。

对于川西北高原地区草地沙化问题，需加快实施川西北防沙治沙工程，采取封育、种草、植灌和设置沙障等多种模式逐步恢复林草植被，科学防控鼠害、病虫害，严控沙化土地进一步扩张（郑群英等，2016；Sun et al.，2019）。依靠科技支撑，采用生态恢复与产业发展相结合的理念，探索沙化治理新模式，建设沙化治理科技示范点。

参 考 文 献

蔡臣，王云，何希德，等. 2020. 四川茶产业竞争力分析及对策研究. 四川农业科技，4: 71-74.

陈国阶. 2013. 区域协调发展的四川思考. 西部大开发，9: 45-48.

邓绍辉. 2017. 四川天然林资源环保护工程的回顾与展望. 环境与发展，29: 198-199, 201.

丁锡祉. 1983. 横断山山地研究刍议. 山地研究，1: 2-6.

杜兴端，吕火明. 2019. 四川农业高质量发展现状、挑战与建议. 四川农业科技，12: 5-8.

方一平. 2002. 川西地区水能资源优势、开发障碍及战略. 长江流域资源与环境，11: 123-127.

冯玉超，刘念，肖容彬，等. 2020. 基于乡村振兴战略的四川现代农业发展思考. 农村经济与科技，31: 199-200.

高瑛. 2010. 四川发展特色水果产业的优势与对策. 中国果业信息, 27: 9-11.

蒋锦刚, 李爱农, 边金虎, 等. 2012. 1974～2007 年若尔盖县湿地变化研究. 湿地科学, 10: 318-326.

孔令桥, 张路, 郑华, 等. 2018. 长江流域生态系统格局演变及驱动力. 生态学报, 38: 741-749.

李爱农, 张正健, 雷光斌, 等. 2013. 四川芦山"4·20"强烈地震核心区灾损遥感快速调查与评估. 自然灾害学报, 22: 8-18.

李守剑, 贾程. 2013. 川西北高寒草地退化成因及恢复对策. 四川林业科技, 34: 89-92.

史长光, 郑群英, 周俗, 等. 2020. 四川省草地资源现状及生态环境保护对策研究. 草学, 6: 48-53.

四川省统计局. 2016. 四川统计年鉴 2016, 中国统计出版社.

夏建国, 朱钟麟, 胡萃, 等. 2005. 耕地保护与粮食安全问题探讨——以四川省为例. 中国农学通报, 21: 294-299, 325.

徐田伟, 赵新全, 张晓玲, 等. 2020. 青藏高原高寒地区生态草牧业可持续发展: 原理、技术与实践. 生态学报, 40: 6324-6337.

张宏. 2016. 四川地理. 北京: 北京师范大学出版社.

张洪明. 2019. 深入践行"绿水青山就是金山银山"的生动实践——四川退耕还林工程建设 20 周年综述. 四川林勘设计, 2: 8-11.

张丽萍, 朱钟麟, 邓良基. 2004. 四川省坡耕地资源及其治理对策. 水土保持通报, 24: 47-49.

张素兰, 严金明, 高成凤. 2008. 四川水土资源可持续利用与生态保护. 长江流域资源与环境, 17: 872-877.

张勇, 董鑫, 邹勤, 等. 2016. 四川森林生态系统健康评价研究. 四川环境, 35: 98-102.

郑度, 杨勤业. 1987. 横断山区自然区划若干问题. 山地研究, 5: 7-13.

郑群英, 刘刚, 肖冰雪, 等. 2016. 川西北退化高寒草地分类分级治理技术要点. 草业与畜牧, 5: 32-35.

郑伟. 2016. 四川藏区畜牧业发展现状与趋势. 乡村科技, 7: 38-39.

周斌, 陈尚书, 王弘翔. 2019. 四川坡改梯: 治理水土流失 收获金山银山. 中国水利, 19: 79.

Bian J, Li A, Deng W. 2010. Estimation and analysis of net primary Productivity of Ruoergai wetland in China for the recent 10 years based on remote sensing. International Conference on Ecological Informatics and Ecosystem Conservation (Iseis 2010), 2: 288-301.

Hu Y L, Huang W B, Wang J, et al. 2016. Current status, challenges, and perspectives of Sichuan's renewable energy development in Southwest China. Renewable & Sustainable Energy Reviews, 57: 1373-1385.

Lu T, Zeng H, Luo Y, et al. 2012. Monitoring vegetation recovery after China's May 2008 Wenchuan earthquake using Landsat TM time-series data: a case study in Mao County. Ecological Research, 27: 955-966.

Plieninger T, Draux H, Fagerholm N, et al. 2016. The driving forces of landscape change in Europe: A systematic review of the evidence. Land Use Policy, 57: 204-214.

Sun Z G, Wu J S, Liu F, et al. 2019. Quantitatively assessing the effects of climate change and human activities on ecosystem degradation and restoration in southwest China. Rangeland Journal, 41: 335-344.

Xiao M J, Zhang Q W, Qu L Q, et al. 2019. Spatiotemporal Changes and the Driving Forces of Sloping Farmland Areas in the Sichuan Region. Sustainability, 11: 906.

Ye Y Q, Chen G J, Hong F. 2003. Impacts of the "Grain for Green" project on rural communities in the Upper Min River Basin, Sichuan, China. Mountain Research and Development, 23: 345-352.

Zhao Y, Tomita M, Hara K, et al. 2014. Effects of topography on status and changes in land-cover patterns, Chongqing City, China. Landscape and Ecological Engineering, 10: 125-135.

Zhou D C, Zhao S Q, Zhu C. 2012. The Grain for Green Project induced land cover change in the Loess Plateau: A case study with Ansai County, Shanxi Province, China. Ecological Indicators, 23: 88-94.

第9章 重庆市土地利用/覆被变化

重庆市简称"渝"，位于中国内陆西南部、长江上游地区，是青藏高原与长江中下游平原的过渡地带，地理位置介于 28°10'N～32°13'N，105°17'E～110°11'E。重庆市东临湖北省和湖南省，西连四川省，北接陕西省，南与贵州省接壤，是我国中、西部地区唯一的直辖市，辖区面积 8.24 万 km² （图 1.2）。重庆市地势从南、北两个方向向长江河谷逐级降低，西北部和中部以丘陵、低山为主，东北部靠大巴山，东南部连武陵山。气候温和，属亚热带季风性湿润气候，年平均气温在 18℃左右，热量丰富，冬暖夏热，常年降水量 1000～1450mm，降水丰沛，季节分配不均，雨热同季（刘敏和徐刚，2020）。

重庆市下辖 38 个行政区县（自治县），有 26 个区（万州区、黔江区、涪陵区、渝中区、大渡口区、江北区、沙坪坝区、九龙坡区、南岸区、北碚区、渝北区、巴南区、长寿区、江津区、合川区、永川区、南川区、綦江区、大足区、璧山区、铜梁区、潼南区、荣昌区、开州区、梁平区、武隆区），8 个县（城口县、丰都县、垫江县、忠县、云阳县、奉节县、巫山县、巫溪县）和 4 个自治县（石柱土家族自治县、秀山土家族苗族自治县、酉阳土家族苗族自治县、彭水苗族土家族自治县）。

截至 2015 年，重庆市常住人口 3016.55 万人，其中，城镇人口 1838.41 万人，乡村人口 1178.14 万人。全年人口出生率为 11.05‰，死亡率为 7.19‰，人口自然增长率为 3.86‰。重庆市 2015 年实现地区生产总值 15719.72 亿元，在全国排名 20。按产业分，第一产业增加值 1150.15 亿元；第二产业增加值 7071.82 亿元；第三产业增加值 7497.75 亿元。三次产业结构比为 7.3：45：47.7。全市人均地区生产总值达到 52330 元，略高于全国平均水平（49228.73 元）。

9.1 重庆市 2015 年土地利用/覆被现状

以重庆市土地利用/覆被遥感监测数据集为基准，图 9.1 展示了重庆市局部区域 2015 年土地利用/覆被的空间分布格局，重庆市全域 2015 年土地利用/覆被空间分布格局见附图 1。总体上，重庆市东部的大巴山区、武陵山区以及西部平行岭谷区是重庆市林地分布最为集中的区域。重庆市耕地主要分布在西部的低山丘陵区，东部山区也分散分布了大量的坡耕地。重庆市常被称为"山城"（陈丹等，2013），人工表面主要位于主城区。长江贯穿重庆全境，三峡库区绝大部分区县位于重庆市。

据遥感监测数据统计，重庆市 2015 年各土地利用/覆被类型的面积及其占比如表 9.1 所示。林地是重庆市面积最大的土地利用/覆被类型，总面积 46353.82km²，面积占比为 56.26%。耕地总面积 28960.91km²，占比为 35.15%；草地总面积 2830.02km²，约占重庆市国土总面积的 3.44%；人工表面总面积 2613.74km²，占比为 3.17%；湿地总面积

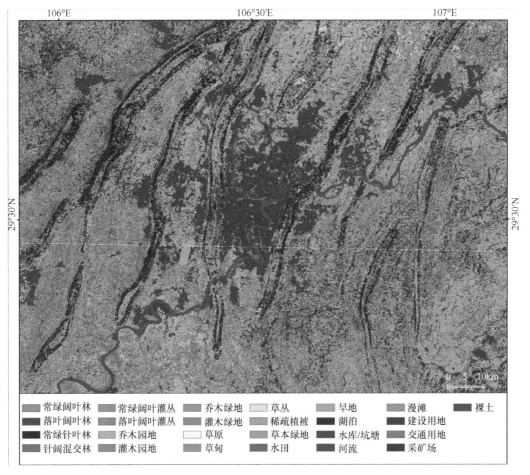

图 9.1 重庆市 2015 年土地利用/覆被空间分布（局部）

表 9.1 重庆市 2015 年土地利用/覆被结构

一级类别	面积/km²	比例/%	二级类别	面积/km²	占一级类面积比例/%
林地	46353.82	56.26	常绿阔叶林	7696.17	16.60
			落叶阔叶林	3274.00	7.06
			常绿针叶林	21845.24	47.13
			针阔混交林	1394.04	3.01
			常绿阔叶灌丛	5529.11	11.93
			落叶阔叶灌丛	5104.95	11.01
			乔木园地	915.03	1.97
			灌木园地	481.82	1.04
			乔木绿地	53.38	0.12
			灌木绿地	60.08	0.13
草地	2830.02	3.44	草原	0.05	0.00
			草甸	260.30	9.20
			草丛	2567.36	90.72
			稀疏植被	0.50	0.02
			草本绿地	1.81	0.06

续表

一级类别	面积/km^2	比例/%	二级类别	面积/km^2	占一级类面积比例/%
耕地	28960.91	35.15	水田	7044.40	24.32
			旱地	21916.51	75.68
湿地	1617.09	1.96	湖泊	49.43	3.06
			水库/坑塘	893.45	55.25
			河流	664.06	41.06
			漫滩	10.15	0.63
人工表面	2613.74	3.17	建设用地	2279.87	87.23
			交通用地	273.85	10.48
			采矿场	60.02	2.29
其他	11.92	0.02	裸土	11.92	100.00

1617.09km^2，占比为 1.96%；其他类型总面积 11.92km^2。整体来看，林地和耕地是重庆市面积最大的两种土地利用/覆被类型，总面积约占重庆市总面积的 91.41%。

重庆市的林地以常绿针叶林为主，面积 21845.24km^2，占重庆市林地总面积的47.13%。常绿阔叶林、常绿阔叶灌丛和落叶阔叶灌丛在重庆市也有广泛的分布，面积分别为 7696.17km^2、5529.11km^2 和 5104.95km^2，分别占林地总面积的 16.60%、11.93%和11.01%。

重庆市耕地中水田和旱地的面积分别为 7044.40km^2 和 21916.51km^2，比例关系约为1∶3。水田主要分布在重庆西部的丘陵区，而旱地在重庆东部山区分布更为广泛。

重庆市的草地以草丛为主，面积约占草地总面积的 90.72%。湿地中水库/坑塘和河流面积最大，面积分别为 893.45km^2 和 664.06km^2，分别占湿地总面积的 55.25%和 41.06%。人工表面中建设用地总面积 2279.87km^2，占人工表面总面积的 87.23%，交通用地面积273.85km^2，占比 10.48%。其他类型全部为裸土。

9.2　重庆市土地利用/覆被地形特征分析

9.2.1　重庆市土地利用/覆被垂直分布特征

1. 总体特征

图 9.2 展现了重庆市不同海拔梯度上土地利用/覆被类型结构特征。随着海拔逐步升高，占主导的土地利用/覆被类型也随之发生变化，依次表现为：耕地（<500m）、林地（500~2500m）和草地（>2500m）。海拔低于 500m 的区域，耕地是基带，其面积占比达到 49.84%。该区域是人类活动最为集中的区域，集中分布了大量与人类活动密切相关的土地利用/覆被类型，如水田、旱地、园地、建设用地等，林地、草地等自然植被面积占比相对较小。海拔 500~2500m 的区域，林地成为基带，其面积占比超过 60%，最大时达到 92.01%（1500~2000m）。该区域人类活动强度相对较弱，自然植被受到人类干扰相对少，而低海拔地区原生自然植被大多已被人类开发利用。海拔超过 2500m 以后，

草地成为基带，其面积占比达到 63.80%。

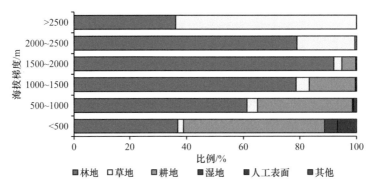

图 9.2 重庆市不同海拔梯度土地利用/覆被类型结构

2. 典型土地利用/覆被类型的垂直分布特征

图 9.3 展示了重庆市典型土地利用/覆被类型海拔分布特征。常绿阔叶林集中分布在海拔低于 500m 的区域内（面积占比 42.50%），海拔超过 500m，随海拔升高其分布面积

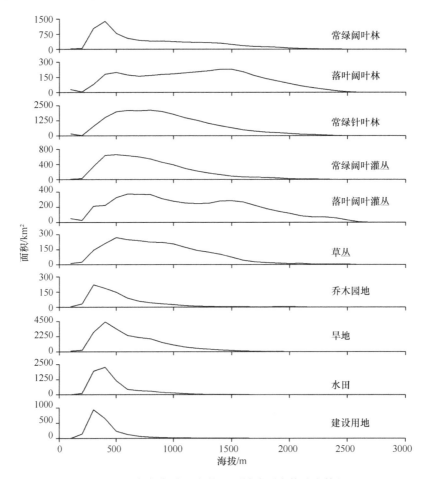

图 9.3 重庆市典型土地利用/覆被类型海拔分布特征

逐步降低。落叶阔叶林分布范围较常绿阔叶林广，在海拔 300～2000m 的梯度带内均有大面积分布（面积占比 94.18%）。常绿针叶林集中分布区为海拔 400～1000m（面积占比 55.46%），海拔超过 1000m，随着海拔升高其分布面积不断下降。常绿阔叶灌丛分布的核心区位于海拔 300～1000m（面积占比 77.21%），而落叶阔叶灌丛在 200～2000m 的梯度带内有大面积分布（面积占比 92.29%）。乔木园地在海拔 500m 以下的区域集中分布（面积占比 64.85%）。

草丛集中分布在海拔 300～1200m 的梯度带内（面积占比 81.05%）。虽然草地是海拔超过 2500m 区域的主要土地利用/覆被类型，但由于该海拔梯度面积基数小，在草丛的垂直分布特征上并不显著。

耕地中水田分布的海拔较旱地低，旱地在海拔低于 1000m 以下集中分布（面积占比 90.04%），而水田则更多分布在海拔小于 600m 的区域（面积占比 83.93%）。建设用地主要分布在海拔 500m 以下的区域（面积占比 86.60%）。

9.2.2　重庆市土地利用/覆被坡度分异特征

1. 总体特征

参照《土地利用现状调查技术规程》中的坡度分级方案，得到如图 9.4 的重庆市各坡度带土地利用/覆被结构特征。坡度小于 2°的平坦区域和坡度介于 2°～6°的微坡地区，耕地是面积最大的土地利用/覆被类型，其面积占比分别达到了 56.56%和 63.89%。这两个坡度带也是湿地和人工表面的集中分布区，其分布面积约占湿地和人工表面总面积的53.45%和 47.52%。6°～15°的缓坡区域，耕地（49.24%）和林地（44.30%）的面积比例相差不大。15°～25°的较陡坡区域，林地是面积占比最大的土地利用/覆被类型，面积占比达到 66.68%。坡度超过 25°的陡坡区域，林地面积占比达到 84.83%，但仍有 13.66%的区域有耕地分布。

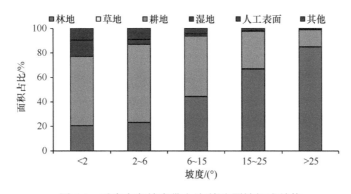

图 9.4　重庆市各坡度带土地利用/覆被组成结构

2. 典型土地利用/覆被类型坡度分异特征

图 9.5 展示了重庆市典型土地利用/覆被类型的坡度分异特征。四种典型林地的坡度分异特征较为一致[图 9.5（a）～（d）]，其坡度分布的峰值均在 15°～25°；低于 15°的

区域，林地易受人类活动的影响；高于 25°的各个坡度带，虽然随着坡度增加林地所占的比例不断上升，但各坡度带的面积基数不断下降，导致林地的绝对面积也不断减少。

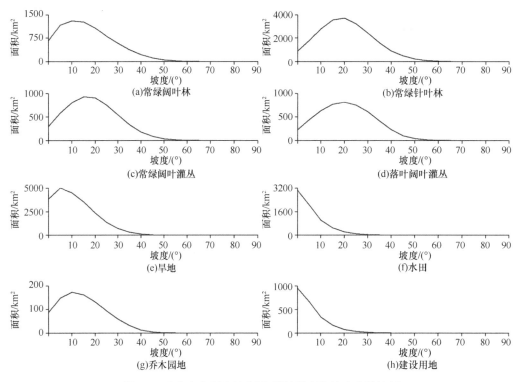

图 9.5　重庆市典型土地利用/覆被类型的坡度分异特征

耕地中水田和旱地相比[图 9.5（e）、（f）]，水田对坡度更为敏感。水田集中分布在坡度小于 20°的区域（面积占比 94.14%），除平坝区域外，有大量的梯田存在。旱地在 40°以下的区域均有分布（面积占比 99.10%），集中分布在坡度小于 20°的区域（面积占比 77.32%）。乔木园地的坡度分异特征与旱地类似[图 9.5（g）]；建设用地的坡度分异特征与水田类似[图 9.5（h）]。旱地和乔木园地虽然都是人类活动的产物，但其对坡度的适应能力要明显强于水田，同时，水田的经济价值往往更高，因此，坡度越小的区域大多被水田和建设用地占据，缓坡地区成为园地和旱地的分布核心区。

9.2.3　重庆市土地利用/覆被坡向分异特征

图 9.6 展示了重庆市几个典型土地利用/覆被类型的坡向分异特征。常绿阔叶林集中分布在阳坡（面积占比 29.72%）和半阳坡（面积占比 30.19%）[图 9.6（a）]。常绿针叶林集中分布在阴坡（面积占比 34.36%）和半阴坡（面积占比 28.22%）[图 9.6（b）]。常绿阔叶灌丛也主要分布在阳坡（面积占比 32.53%）和半阳坡（面积占比 28.95%）[图 9.6（c）]；落叶阔叶灌丛在阳坡（面积占比 28.34%）分布更集中[图 9.6（d）]。落

叶阔叶林在阴坡（面积占比 27.36%）分布比例相对较高[图 9.6（e）]。整体来看，针叶林更倾向于分布在阴坡，而阔叶林更倾向于分布在阳坡，常绿植被较落叶植被更易于分布在阳坡。草丛集中分布在阳坡（面积占比 26.66%）和半阳坡（面积占比 28.65%）[图 9.6（f）]。耕地中水田没有明显的坡向分布倾向性[图 9.6（g）]，旱地在阳坡（面积占比 27.80%）和半阳坡（面积占比 27.29%）分布偏多[图 9.6（h）]。

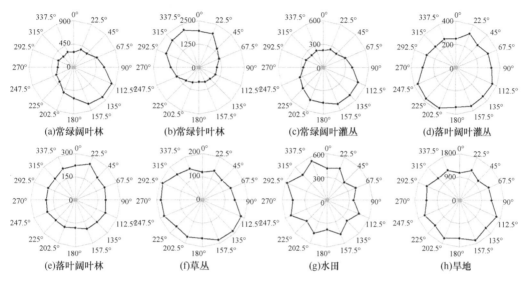

图 9.6　重庆市典型土地利用/覆被类型的空间分布与坡向之间的关系
极坐标轴代表分布面积（km²）

9.3　重庆市 1990～2015 年土地利用/覆被变化总体特征

1. 土地利用/覆被变化空间分布特征

以重庆市 1990～2015 年 5 期土地利用/覆被遥感监测数据集为基础数据，分析了土地利用/覆被变化总体特征。遥感监测数据表明，1990～2015 年重庆市土地利用/覆被变化总面积 3894.72km²，约占全市总面积的 4.73%，年均变化率约为 0.19%。从空间分布来看，25 年内，重庆市土地利用/覆被变化呈现明显的区域差异（图 9.7 和附图 2）：重庆市主城区表现出以人工表面扩张为主的变化特征；东部山区是退耕还林工程、天然林保护工程等国家重要生态保护工程的核心区，变化类型以耕地转变为林地、草地为主；长江沿线是三峡库区的核心地带，呈现出以湿地扩张为主的变化特征。

重庆市 25 年内（1990～2015 年）85.27% 的区域土地利用/覆被动态变化率低于 10%；动态变化率超过 50% 的区域仅占 1.34%；动态变化率大于 90% 的区域仅占重庆市全域的 0.16%，集中分布在重庆市主城区。

2. 土地利用/覆被变化矩阵

据遥感监测数据统计，25 年内重庆市最主要的土地利用/覆被变化类型是耕地转变为林地（1692.45km²）、耕地转变为人工表面（989.49km²）、林地转变为人工表面（300.66km²）、

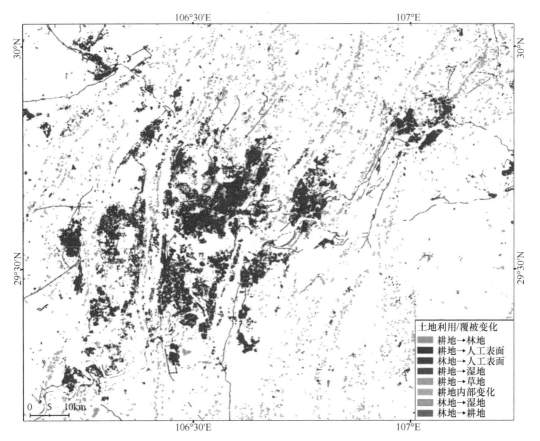

图 9.7　重庆市 1990～2015 年土地利用/覆被变化的空间分布特征（局部）

耕地转变为湿地（196.23km²），以及耕地转变为草地（148.85km²），占全部变化的 85.44%（表 9.2）。

表 9.2　重庆市 1990～2015 年土地利用/覆被变化矩阵　　　　（单位：km²）

2015 年 1990 年	林地	草地	耕地	湿地	人工表面	其他	合计
林地	64.74	19.31	89.91	95.32	300.66	5.73	575.67
草地	21.53	0.18	8.54	14.91	22.19	0.12	67.47
耕地	1692.45	148.85	102.13	196.23	989.49	0.53	3129.68
湿地	1.12	0.08	8.07	4.71	9.51	3.52	27.01
人工表面	5.18	0.63	6.45	2.62	18.45	0.01	33.34
其他	7.77	0.04	7.30	43.12	3.32	0.00	61.55
合计	1792.79	169.09	222.40	356.91	1343.62	9.91	3894.72

林地 25 年内新增 1792.79km²，减少 575.67km²，净增加 1217.12km²，主要发生在重庆市东部山区。新增的林地有 94.40% 来自耕地，而减少的林地中有约 52.23% 转变

为人工表面。草地 25 年内增加 169.09km²，减少 67.47km²，净增加 101.62km²，新增的草地有 88.02%来自耕地。耕地 25 年内增加 222.40km²，减少 3219.68km²，净减少 2907.28km²。减少的耕地中，有 54.08%转变为林地（1692.45km²），31.62%转变为人工表面（989.49km²）；而新增的耕地有 74.76%来源于林地；除此之外，有 102.13km²的耕地存在水田和旱地之间的转变。湿地 25 年内新增 356.91km²，减少 27.01km²，净增加 329.90km²。新增的湿地中，54.98%来自耕地，26.71%来自林地。人工表面近 25 年增加 1343.62km²，减少 33.34km²，净增加 1310.28km²。新增的人工表面中，73.64%来源于耕地，22.38%来源于林地。其他类型面积 25 年内增加 9.91km²，减少 61.55km²，净减少 51.66km²。

3. 各土地利用/覆被类型的动态变化率

据遥感监测数据统计，重庆市 1990～2015 年各土地利用/覆被类型的动态变化率如图 9.8 所示。人工表面 25 年内增加 1310.28km²，其面积变化量小于林地和耕地，但考虑到其面积基数小，动态变化率达到 100.52%，相当于在 1990 年人工表面的基础上翻了一倍。湿地 25 年内新增 329.90km²，动态变化率达到 25.63%。耕地面积 25 年内减少了 2907.28km²，变化面积最大，但其面积基数也大，动态变化率为 9.12%。草地的动态变化率为 3.72%。林地面积虽然净增加了 1217.12km²，变化面积大，但林地面积基数最大，动态变化率为 2.70%。

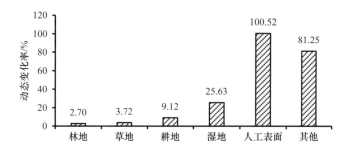

图 9.8　重庆市 1990～2015 年土地利用/覆被一级类型的动态变化率

重庆市 25 年内土地利用/覆被一级类型的面积变化趋势如图 9.9 所示。林地面积变化最剧烈的时段位于 2000～2010 年，主要表现为林地大幅度增加，增加面积达到 1388.66km²。然而，2010～2015 年，重庆市林地面积略有降低，需要警惕。耕地 25 年内，面积持续下降。2000～2010 年重庆市耕地面积下降速率最快，年均减少耕地面积约 227km²，约是前 10 年（1990～2000 年）重庆市耕地年均减少面积的 8 倍，近 5 年（2010～2015 年），耕地面积下降的速率有所减缓。重庆市湿地面积 25 年内也呈增加趋势，其中 2000～2010 年，湿地面积增加速率最快。25 年内，重庆市人工表面面积也呈持续增加的趋势，且人工表面面积增加的速率越来越快，近 5 年（2010～2015 年），重庆市人工表面面积年均增加约 120km²。

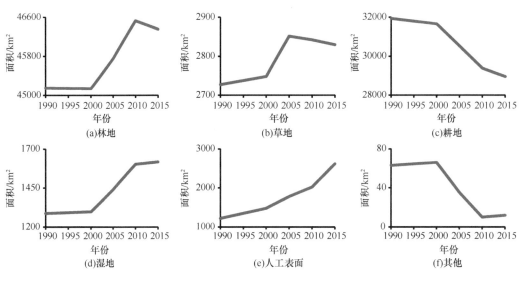

图 9.9　重庆市 25 年内土地利用/覆被一级类型面积变化趋势

9.4　重庆市 1990～2015 年不同时期土地利用/覆被变化特征

图 9.10 展示了遥感监测数据统计的重庆市 1990～2015 年不同时期土地利用/覆被年动态变化率。整体来看，前 10 年（1990～2000 年）重庆市土地利用/覆被年动态变化率仅为 0.07%，远低于 25 年平均动态变化率（0.19%）。2000 年以来，年动态变化率开始增加，2000～2005 年和 2005～2010 年动态变化率分别达到了 0.34% 和 0.33%，最近 5 年（2010～2015 年）年动态变化率又明显下降，降到 0.19%。重庆市不同时期土地利用/覆被动态变化特征及其变化原因见 9.4.1～9.4.4 节。

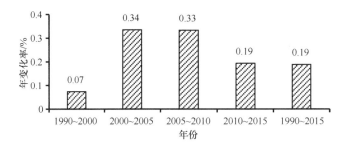

图 9.10　重庆市不同时期土地利用/覆被年动态变化率对比

9.4.1　重庆市 1990～2000 年土地利用/覆被变化特征

1990～2000 年重庆市土地利用/覆被总变化面积为 608.82km²，变化矩阵如表 9.3 所示。该时期重庆市最主要的土地利用/覆被变化类型是耕地→人工表面（201.19km²）、耕地→林地（130.81km²）、林地→耕地（84.31km²）、林地→人工表面（50.23km²），占全部变化面积的 76.63%。整体来看，人工表面面积的增加是 1990～2000 年重庆市最显著的土地利用/覆被变化特征。20 世纪 90 年代,三峡水利枢纽工程动工建设,并同步启动了三峡移民工程。一方面,为了解决库区就地"后靠"安置群众的居住问题,安置区域人工表面面积大幅增加,侵占了耕地和林地;另一方面,为了解决安置群众的生产和生活问题,安置区域周边出现大面积开垦耕地的现象,加重了库区水土流失等一系列生态环境退化问题(Zhang et al.,2009)。

表 9.3　重庆市 1990～2000 年土地利用/覆被变化矩阵　　　（单位：km²）

2000 年 1990 年	林地	草地	耕地	湿地	人工表面	其他	合计
林地	10.71	15.74	84.31	3.79	50.23	3.99	168.77
草地	13.42		8.52	2.53	9.34		33.81
耕地	130.81	38.43	2.93	16.11	201.19	0.29	389.76
湿地	1.83	0.28	7.24	0.37	1.14	0.65	11.51
人工表面	0.59	0.35	1.93	0.09	0.31		3.27
其他	1.36				0.34		1.70
合计	158.72	54.80	104.93	22.89	262.55	4.93	608.82

9.4.2　重庆市 2000～2005 年土地利用/覆被变化特征

2000～2005 年重庆市土地利用/覆被总变化面积为 1382.54km²,5 年的变化总量超过了前 10 年的变化总量(608.82km²),变化矩阵如表 9.4 所示。耕地→林地(719.81km²)、耕地→人工表面(238.57km²)、耕地→草地(107.01km²)和耕地→湿地(79.85km²)是该时期重庆市变化面积最多的土地利用/覆被变化类型,约占重庆市该时期变化总面积的82.84%。总体呈现出以耕地面积大幅度减少的变化特征,这与该时期重庆市全面实施的退耕还林还草、天然林保护等生态保护工程,三峡水利枢纽试验性蓄水,以及社会经济发展带动的城镇扩张和基础设施建设有关。在生态保护工程的影响下,重庆市山区大面积坡耕地被退耕成林地,部分不适合林木生长的区域,直接撂荒成草地(He et al.,2020)。社会经济的发展、城镇扩张以及三峡库区移民搬迁,均促使人工表面面积快速扩张,5 年间净增加人工表面 298.62km²。三峡水库于 2003 年 6 月开始了首次试验性蓄水,水位蓄至 135m(邵景安等,2013),原长江干流两侧大面积的耕地、林地被淹没,湿地面积增加142.50km²。

表 9.4　重庆市 2000～2005 年土地利用/覆被变化矩阵　　　（单位：km²）

2005 年 2000 年	林地	草地	耕地	湿地	人工表面	其他	合计
林地	35.35	0.63	13.10	35.19	64.79	0.33	149.39
草地	4.63		0.06	0.04			4.73
耕地	719.81	107.01	41.74	79.85	238.57		1186.98
湿地						1.94	1.94
人工表面	3.42		2.83	0.25			6.50
其他	2.23		1.84	27.17	1.76		33.00
合计	765.44	107.64	59.57	142.50	305.12	2.27	1382.54

9.4.3 重庆市 2005～2010 年土地利用/覆被变化特征

2005～2010 年重庆市土地利用/覆被总变化面积为 1372.03km²，与 2000～2005 年总变化面积基本持平，变化矩阵如表 9.5 所示。耕地→林地（851.88km²）、耕地→人工表面（214.03km²）、耕地→湿地（91.74km²）是该时期最主要的土地利用/覆被变化类型，占该时期变化总面积的 84.37%。该阶段的变化特征与前 5 年基本一致，引起土地利用/覆被变化的驱动力也大致相同。其中，退耕还林面积较前 5 年有所增加，但退耕还草面积明显下降。人工表面增加的面积较前 5 年略有下降，说明该时期三峡库移民搬迁工作进入尾声，人工表面扩张受城镇发展的驱动作用更突出。湿地增加的面积较前 5 年有所上升。2010 年 10 月，三峡水利枢纽工程首次达到初步设计的 175m 正常蓄水位，较前 5 年 135m 的蓄水位，淹没区面积更大（邵景安等，2013）。

表 9.5   重庆市 2005～2010 年土地利用/覆被变化矩阵   （单位：km²）

2005 年＼2010 年	林地	草地	耕地	湿地	人工表面	其他	合计
林地	8.63	0.95	9.28	46.78	29.98		95.62
草地	3.01		0.92	11.15	1.35		16.43
耕地	851.88	5.69	61.44	91.74	214.03		1224.78
湿地			2.80			1.53	4.33
人工表面	0.42	0.28	2.18	1.19			4.07
其他	4.29	0.04	5.46	15.85	1.16		26.80
合计	868.23	6.96	82.08	166.71	246.52	1.53	1372.03

9.4.4 重庆市 2010～2015 年土地利用/覆被变化特征

2010～2015 年重庆市土地利用/覆被总变化面积 796.66km²，低于 2000～2005 年和 2005～2010 年的总变化面积，但仍高于 1990～2000 年的总变化面积，变化矩阵如表 9.6 所示。从变化类型来看，该时期重庆市最主要的土地利用/覆被变化类型是耕地→人工表面（402.52km²）和林地→人工表面（170.95km²），总体呈现出人工表面面积单极增加的

表 9.6   重庆市 2010～2015 年土地利用/覆被变化矩阵   （单位：km²）

2010 年＼2015 年	林地	草地	耕地	湿地	人工表面	其他	合计
林地	10.58	2.46	0.36	10.45	170.95	1.50	196.30
草地	1.03	0.18		1.18	12.51	0.12	15.02
耕地	11.05	0.11	0.25	10.72	402.52	0.26	424.91
湿地	0.03		0.07	4.34	8.41		12.85
人工表面	0.89		0.01	1.10	145.48	0.01	147.49
其他				0.03	0.06		0.09
合计	23.58	2.75	0.69	27.82	739.93	1.89	796.66

趋势。人工表面面积的增加一方面来自城市规模的不断扩大，另一方面来自道路等基础交通设施的建设。

9.5 重庆市土地利用/覆被变化驱动力分析及对国土空间管理的启示

9.5.1 重庆市土地利用/覆被变化驱动力

1. 1990～2015 年重庆市土地利用/覆被变化驱动力总体特征

参考 Plieninger 等（2016）和孔令桥等（2018）对土地利用/覆被变化驱动力因子的划分方法，结合重庆市的实际情况，我们将重庆市土地利用/覆被变化的驱动力系统归并为城镇化、生态保护、基础设施建设、水资源利用与开发、农业开发、人类过度利用、自然灾害与气候变化 7 个驱动力因子。其中，生态保护主要指各类生态保护工程和政策；基础设施建设主要包括交通基础设施和工矿设施建设；水资源利用与开发主要指水利枢纽、水库建设等；人类过度利用主要指人类乱砍滥伐等行为。对于每一种土地利用/覆被变化类型，根据实际情况确定主导的驱动力因子，统计后得到如表 9.7 所示的不同驱动力因子对重庆市 1990～2015 年土地利用/覆被变化的贡献。

表 9.7 各驱动力因子对重庆市 1990～2015 年土地利用/覆被变化的贡献

土地利用/覆被类型	变化面积/km²						
	城镇化	生态保护	基础设施建设	水资源利用与开发	农业开发	自然灾害与气候变化	人类过度利用
林地	−236.38	1375.47	−64.59	−94.96	262.06	−6.09	−18.41
草地	−17.42	135.32	−3.83	−14.20	−16.12	−0.83	18.69
耕地	−879.90	−1497.78	−110.08	−194.21	−222.74	−2.55	0.00
湿地	−8.06	−0.73	−1.47	349.11	−8.23	−0.42	−0.28
人工表面	1144.98	−4.80	180.06	−2.62	−7.34	−0.01	0.00
其他	−3.23	−7.49	−0.09	−43.12	−7.63	9.91	0.00
变化总面积	1144.98	1571.78	180.06	349.11	588.49	9.91	22.60
贡献率/%	29.61	40.65	4.66	9.03	15.22	0.26	0.58

1）生态保护

重庆市先后实施了一系列生态环境保护工程和政策，如天然林保护工程、退耕还林工程、"森林重庆"等（冯应斌等，2014）。1990～2015 年，重庆市因生态环境保护而引起的土地利用/覆被总变化面积达到 1571.78km²，在驱动力系统中的贡献率达到了40.65%，成为重庆市土地利用/覆被变化最主要驱动力因子。受其影响，重庆市林地和草地面积呈净增加趋势，林地净增加 1375.47km²，草地净增加 135.32km²，耕地面积减少 1497.78km²。

2）城镇化

城镇化进程的加速，势必会造成耕地、林地、草地、湿地等土地利用/覆被类型向人工表面转变（Qu et al.，2014）。重庆市因城镇化引起的土地利用/覆被变化面积达1144.98km²，在驱动力系统中的贡献率为 29.61%。其中，城镇化侵占耕地 879.90km²，占用林地 236.38km²，17.42km² 的草地和 8.06km² 的湿地也在城镇化过程中被占用。

3）农业开发

虽然重庆市耕地面积急剧减少，但局部区域农业开发活动仍然存在，主要表现为耕地开垦（以三峡库区移民"后靠"开垦最为突出）、园地种植。25 年间，重庆市因农业开发活动引起的土地利用/覆被变化面积 588.49km²，在驱动力系统中的贡献率为 15.22%。虽然，农业开发活动新增了 120.28km² 的耕地（旱地和水田），但同时又有 343.02km² 的耕地转变为园地，耕地面积净减少了 222.74km²。

4）水资源利用与开发

重庆市水能资源丰富，水资源的利用与开发在重庆市土地利用/覆被变化驱动力系统中的贡献率达到 9.03%。三峡水库等水利枢纽工程的修建和蓄水发电，共引起重庆市349.11km² 的土地发生了土地利用/覆被类型的变化，主要表现为湿地面积的增加。新增湿地淹没的耕地面积最大，约 194.21km²；林地次之，94.96km²；其他类型和草地淹没面积分别为 43.12km² 和 14.20km²；人工表面淹没面积 2.62km²。

5）其他驱动力因子

基础设施的建设（主要是高速公路、铁路等基础设施建设）引起重庆市约 180.06km²的国土发生了土地利用/覆被变化，在驱动力系统中的贡献率为 4.66%。新增的基础设施占用耕地面积 110.08km²，占用林地面积 64.59km²。人类过度利用、自然灾害与气候变化也是引起重庆市土地利用/覆被变化的驱动力，有些是渐变的，但总体其影响的面积相对较小，分别为 22.60km² 和 9.91km²，在驱动力系统中，其贡献率均低于 1%。

2. 不同时期土地利用/覆被变化驱动力的差异

从不同时期来看，各个驱动力因子对重庆市土地利用/覆被变化的贡献率差异显著（图 9.11）。1990～2000 年，城镇化、农业开发和生态保护是引起重庆市土地利用/覆被

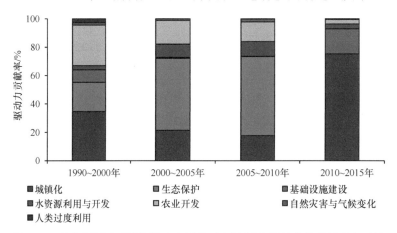

图 9.11　重庆市不同时期各驱动力因子对土地利用/覆被变化的贡献率对比

变化最重要的三个驱动力因子，其贡献率分别为 34.59%、28.59%和 20.67%。该时期，三峡水利枢纽工程开工建设，同步启动的还有上百万人的移民搬迁和安置工程，其中相当一部分需要就地"后靠"安置。这一方面需要新建住房和配套生活实施以供移民居住，另一方面需要开垦耕地以解决移民生活之需。改革开放促使社会经济得以迅速发展，城镇扩张速度逐步加快，也带动了基础设施的建设。1998 年长江流域特大洪水，促使政府和公众开始注重生态环境保护，一系列生态保护工程也在该阶段先后试点和实施。

2000～2005 年，退耕还林还草工程、天然林保护工程等一系列生态保护工程进入实施关键期。生态保护在重庆市土地利用/覆被变化驱动力系统中的贡献率不断攀升，达到 50.68%。相对而言，虽然因城镇化和农业开发带来的土地利用/覆被变化总面积在上升，但其贡献率有所下降，分别下降到 21.49%和 16.68%。三峡水利工程在该阶段开始了试验性蓄水，湿地面积不断增加。水资源利用与开发驱动力因子的贡献率由 1990～2000 年的 2.95%上升到 9.39%。

2005～2010 年，重庆市各驱动力因子对土地利用/覆被变化的贡献率变化不大。生态保护和水资源利用与开发在驱动土地利用/覆被变化的贡献率上略有上升，分别上升到 55.65%和 10.31%。城镇化和农业开发的贡献率略有下降，分别下降到 17.72%和 13.94%。

2010～2015 年，城镇化的进程不断加速，导致城镇化在重庆市土地利用/覆被变化驱动力系统中的贡献率上升到 75.26%，同时，基础设施建设的贡献率也达到了 17.61%，两者约引起了该时期重庆市 93%的土地利用/覆被变化，也进一步折射出该时期重庆市经济社会的高速发展态势。

9.5.2　对重庆市国土空间管理启示

我们综合分析 25 年内重庆市土地利用/覆被变化的过程及其驱动力，对于未来重庆市国土空间管理有如下几点启示：

1. 科学合理制定土地利用总体规划，完善地票交易政策，加强土地利用动态监管，提高土地利用效率

为了有效地开发、利用、整理和保护土地资源，必须加强土地利用的宏观调控和科学管理。1990～2015 年，重庆市耕地面积净减少 2907.27km²，虽然 2010 年以后，耕地下降的速率有所减缓，但仍需合理设立不同时期耕地保有量、基本农田保护面积、建设占用耕地面积和城镇建设用地规模等各项规划强制性指标，确保规划的科学性、合理性和实用性（重庆市村土地利用规划编制技术研究课题组，2017）。加强土地法治建设，强化土地管理的执法力度，坚决查处违法用地行为，提高土地利用总体规划的权威性和人们服从土地利用整体规划的自觉性。进一步完善地票交易政策，合理控制地票指标交易规模，防止地方政府因短期利益过度购买和出让地票指标，影响区域经济整体发展潜力（冯应斌等，2016）。优化土地增值收益分配结构，让地票指标流出区农民更多地分享土地增值收益，助力重庆市贫困山区脱贫攻坚工作（米旭明和代单，2020）。要充分利用遥感技术和地理信息技术，建立土地利用信息系统和土地利用动态监测系统，及时了解各地土地利用动态变化情况和发展趋势，为查处违法用地行为提供依据。

2. 妥善处理好"建设"与"吃饭"的矛盾，调整优化农业用地结构，提高耕地质量和综合生产能力

重庆市人多地少，人地矛盾十分尖锐。然而，城镇、工矿和交通等基础设施建设未来还会占用大量耕地，这与客观上要求农业稳定发展、粮食保持增产、工业原料需求扩张存在矛盾。面对重庆市 25 年内耕地总面积持续减少的事实，必须采取强有力的措施，切实保护耕地，提高耕地的质量和产出水平。第一，妥善处理好"建设"与"吃饭"的矛盾，节约用地，合理用地，严格执行建设占用耕地补偿制度，实现耕地总量动态平衡（罗卓和李小兰，2020）。第二，开展土地整理，提高耕地质量，改善土地生态环境，提高土地利用的生态效应，增加农产品产量。第三，优化和调整农业用地结构，在稳定粮食生产的前提下，扩大经济作物和园艺作物的用地比例，着重发展优质柑橘、花椒、茶叶等特色、优势产业（唐强等，2010），引导新建园地向立地条件适宜的丘陵、台地和荒山荒坡集中，发展"农–林复合"用地模式（汪涛等，2006），促进规模经营。第四，提高农业用地的综合利用率和农产品商品率，发展优质、高产、高效农业，逐步完成传统农业用地结构向现代农业用地结构的转变（李俊杰和李建平，2016；皮竟等，2020）。

3. 遏制土地退化，因地制宜开展土地综合治理，创造良好的生态环境

根据重庆市不同区域的自然条件和社会经济状况，针对存在的土地退化问题，采取因地制宜的策略，开展综合治理。在陡坡耕地水土流失严重的地区坚决实行退耕还林政策，结合土地整理，大力开展坡改梯工程，消弱水土流失对生态环境的负面影响，提高耕地质量（郭宏忠等，2015）。对生态脆弱的山区，要建立生态安全监测和预警系统，适时掌握山区生态环境状况和变化趋势（杨庆媛和毕国华，2019）。划定并严守生态保护红线，构建生态安全格局。

4. 加强三峡库区生态保护，保障国家生态安全

三峡库区是国家级重要生态功能区和重要的国家战略水资源库，承担着发电、航运、防洪等重要任务。三峡水利枢纽工程蓄水淹没林地面积 $94.96km^2$，影响了部分生态服务功能的发挥。未来要加强三峡库区生态系统保护，提高生态系统质量和服务功能，提高生态系统的自我调节能力，控制好面源污染（贺秀斌和鲍玉海，2019），加强城市环境和生产生活用水处理，将生态环境风险降至最低，保障国家、长江流域和区域生态安全，支撑社会经济稳定发展（冯应斌等，2014）。

参 考 文 献

陈丹，周启刚，何昌华，等. 2013. 重庆山地都市区 1985—2010 年土地利用变化地形特征分异研究. 水土保持研究, 20: 210-215, 220.

重庆市村土地利用规划编制技术研究课题组. 2017. 经济欠发达地区村土地利用规划研究——以重庆市为例. 中国土地, 9: 8-11.

冯应斌, 何建, 杨庆媛. 2014. 三峡库区生态屏障区土地利用规划生态效应评估. 地理科学, 34: 1504-1510.

冯应斌, 杨庆媛, 慕卫东, 等. 2016. 地票交易制度创新成效及其推广复制建议. 经济体制改革, 6: 193-196.

郭宏忠, 于亚莉, 汪三树, 等. 2015. 重庆市坡改梯工程与城乡建设用地增减挂钩探讨. 亚热带水土保持, 27: 5-10.

贺秀斌, 鲍玉海. 2019. 三峡水库消落带土壤侵蚀与生态重建研究进展. 中国水土保持科学, 17: 160-168.

孔令桥, 张路, 郑华, 等. 2018. 长江流域生态系统格局演变及驱动力. 生态学报, 38: 741-749.

李俊杰, 李建平. 2016. 成渝经济区现代农业发展差异与空间集聚. 中国农学通报, 32: 185-192.

刘敏, 徐刚. 2020. 重庆地理. 北京: 北京师范大学出版社.

罗卓, 李小兰. 2020. 耕地占补平衡指标交易价格测算方法探讨——以重庆市为例. 中国国土资源经济, 33: 48-54.

米旭明, 代单. 2020. 农村集体建设用地流转与产业结构调整——基于地票制度的自然实验研究. 经济学动态, 3: 86-102.

皮竟, 马强, 徐进. 2020. 乡村振兴背景下重庆市现代农业发展研究. 乡村科技, 21: 8-12.

邵景安, 张仕超, 魏朝富. 2013. 基于大型水利工程建设阶段的三峡库区土地利用变化遥感分析. 地理研究, 32: 2189-2203.

唐强, 贺秀斌, 鲍玉海, 等. 2010. 三峡库区柑橘园生态复合经营模式. 中国水土保持: 10-12.

汪涛, 朱波, 高美荣. 2006. 紫色土丘陵区小流域不同土地利用方式下土壤养分含量特征——典型农林复合生态系统案例分析. 山地学报, 24: 88-91.

杨庆媛, 毕国华. 2019. 平行岭谷生态区生态保护修复的思路、模式及配套措施研究——基于重庆市"两江四山"山水林田湖草生态保护修复工程试点. 生态学报, 39: 8939-8947.

He X B, Wang M F, Tang Q, et al. 2020. Decadal loss of paddy fields driven by cumulative human activities in the Three Gorges Reservoir area, China. Land Degradation & Development, 31: 1990-2002.

Plieninger T, Draux H, Fagerholm N, et al. 2016. The driving forces of landscape change in Europe: A systematic review of the evidence. Land Use Policy, 57: 204-214.

Qu W Y, Zhao S Q, Sun Y. 2014. Spatiotemporal patterns of urbanization over the past three decades: a comparison between two large cities in Southwest China. Urban Ecosystems, 17: 723-739.

Zhang J, Zhengjun L, Xiaoxia S. 2009. Changing landscape in the Three Gorges Reservoir Area of Yangtze River from 1977 to 2005: Land use/land cover, vegetation cover changes estimated using multi-source satellite data. International Journal of Applied Earth Observation and Geoinformation, 11: 403-412.

第10章 贵州省土地利用/覆被变化

贵州省简称"贵"或"黔"，位于云贵高原东部，地理范围为 24°37′~29°13′N，103°36′~109°35′E。贵州省东与湖南省交界，北与四川省和重庆市相连，西与云南省接壤，南与广西壮族自治区毗邻，全省总面积 17.61 万 km² （图 1.2）。全省地势西高东低，自中部向北、东、南三面倾斜，平均海拔 1100m。贵州省全省地貌可概括为高原山地、丘陵和盆地 3 种基本类型，山地和丘陵面积最大。贵州喀斯特地貌发育非常典型，分布范围广泛，形态类型齐全。全省大部分地区气候温和湿润，属亚热带湿润季风气候区，气温变化小，冬暖夏凉，年均气温 14~18℃，降水较多，雨季明显，年降雨量介于 1100~1300mm （殷红梅和安裕伦，2018）。

贵州省下辖 6 个地级市（贵阳市、六盘水市、遵义市、安顺市、毕节市、铜仁市）和 3 个民族自治州（黔西南布依族苗族自治州、黔东南苗族侗族自治州和黔南布依族苗族自治州）。

截至 2015 年，贵州省常住人口 3529.50 万人，其中，城镇人口 1482.74 万人，乡村人口 2046.76 万人。全年人口出生率为 13.00‰，死亡率为 7.20‰，人口自然增长率为 5.80‰。贵州省 2015 年实现地区生产总值 10502.56 亿元，在全国排名 25。按产业分，第一产业增加值 1640.62 亿元；第二产业增加值 4146.94 亿元；第三产业增加值 4715.00 亿元。三次产业结构比为 15.6：39.5：44.9。全省人均地区生产总值达到 29847 元，远低于全国平均水平（49228.73 元）。

10.1 贵州省 2015 年土地利用/覆被现状

以贵州省土地利用/覆被遥感监测数据集为基准，图 10.1 展示了贵州省局部区域 2015 年土地利用/覆被的空间分布格局，贵州省全域 2015 年土地利用/覆被空间分布格局见附图 1。整体来看，森林在全省广泛分布，尤以大娄山、武陵山、苗岭等山地区域分布最为集中。贵州喀斯特地貌发育，是草地、灌丛的集中分布区。贵州省耕地在全省广布，但较为破碎。

据遥感监测数据统计，贵州省 2015 年各土地利用/覆被类型的面积及其所占比例如表 10.1 所示。林地是贵州省面积最大的土地利用/覆被类型，总面积 102374.72km²，占比达到 58.14%。耕地总面积 43729.55km²，占比 24.83%。草地总面积 25082.66km²，约占贵州省总面积的 14.25%。人工表面总面积 3514.53km²，占比 2.00%。湿地总面积 1361.53km²，占比 0.77%。其他类型总面积 23.63km²。

贵州省的林地以常绿针叶林为主，面积 42044.82km²，占林地总面积的 41.07%。落叶阔叶灌丛、常绿阔叶灌丛和常绿阔叶林在贵州省也广泛分布，面积分别为 21942.85km²、

17240.85km^2 和 12906.86km^2，占林地总面积的比例分别为 21.43%、16.84% 和 12.61%。

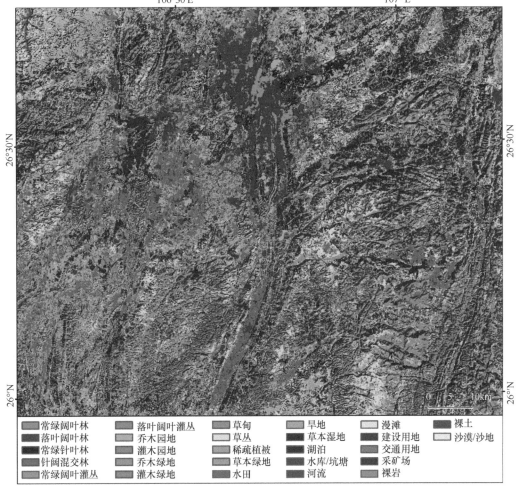

图 10.1　贵州省 2015 年土地利用/覆被空间分布格局（局部）

　　贵州省耕地以旱地为主，旱地和水田的面积分别为 37644.09km^2 和 6085.46km^2，分别占耕地总面积的 86.08% 和 13.92%。受贵州省地势和岩溶地貌的限制，水田主要分布在地形较为平坦且靠近水源的"坝子"区域；旱地分布广泛，尤其在丘陵区和山区分布较多。

　　贵州省草地类型主要是草丛，面积 25022.81km^2，占草地总面积的 99.76%，主要分布在喀斯特发育区。草甸面积 17.80km^2，主要分布在乌蒙山区的韭菜坪和草海等局部区域。

　　贵州省的湿地以水库/坑塘和河流为主，面积分别为 566.06 km^2 和 693.24 km^2，分别占贵州省湿地面积的 41.57% 和 50.92%。

　　建设用地是贵州省人工表面的主体，总面积 2744.72km^2，占人工表面总面积的 78.10%。交通用地次之，总面积 663.27km^2，占比 18.87%。

表 10.1 贵州省 2015 年土地利用/覆被结构

一级类别	面积/km²	比例/%	二级类别	面积/km²	占一级类面积比例/%
林地	102374.72	58.14	常绿阔叶林	12906.86	12.61
			落叶阔叶林	5289.45	5.17
			常绿针叶林	42044.82	41.07
			针阔混交林	1303.99	1.27
			常绿阔叶灌丛	17240.85	16.84
			落叶阔叶灌丛	21942.85	21.43
			乔木园地	958.13	0.94
			灌木园地	609.80	0.59
			乔木绿地	60.66	0.06
			灌木绿地	17.31	0.02
草地	25082.66	14.25	草甸	17.80	0.07
			草丛	25022.81	99.76
			稀疏植被	41.53	0.17
			草本绿地	0.52	0.00
耕地	43729.55	24.83	水田	6085.46	13.92
			旱地	37644.09	86.08
湿地	1361.53	0.77	草本湿地	19.61	1.44
			湖泊	76.21	5.60
			水库/坑塘	566.06	41.57
			河流	693.24	50.92
			漫滩	6.41	0.47
人工表面	3514.53	2.00	建设用地	2744.72	78.10
			交通用地	663.27	18.87
			采矿场	106.54	3.03
其他	23.63	0.01	裸岩	7.23	30.59
			裸土	9.07	38.39
			沙漠/沙地	7.33	31.02

10.2 贵州省各市/州土地利用/覆被特征

据遥感监测数据统计，贵州省各市/州 2015 年土地利用/覆被结构特征见表 10.2。

贵阳市土地利用/覆被结构以林地为主，总面积 4137.54km²，占比 51.50%。林地中常绿针叶林是主体（2456.05km²，占林地面积 59.36%）。耕地面积 2497.31km²，占比 31.08%，以旱地为主（1796.36km²，占耕地面积 71.93%）。草地面积 774.89km²，占比 9.64%，草丛（774.37km²，占草地面积 99.93%）是绝对主体。人工表面面积 510.74km²，占比 6.36%，以建筑用地为主（442.55km²，占人工表面 86.65%）。

表 10.2 贵州省各市/州 2015 年土地利用/覆被结构 （单位：km²）

一级类型	二级类型	贵阳市	六盘水市	遵义市	安顺市	毕节市	铜仁市	黔西南布依族苗族自治州	黔东南苗族侗族自治州	黔南布依族苗族自治州
林地	常绿阔叶林	231.64	657.84	2489.00	445.12	530.55	809.72	1119.63	4696.13	1927.25
	落叶阔叶林	46.26	330.93	1035.08	108.46	911.41	831.71	39.50	1278.74	707.37
	常绿针叶林	2456.05	1380.32	9229.64	1761.07	3486.82	5098.00	2517.78	9221.90	6893.24
	针阔混交林	160.54	0.15	678.65	0.00	147.10	148.53	0.00	0.23	168.79
	常绿阔叶灌丛	607.90	817.68	3677.90	793.44	2626.72	1606.22	2446.31	2638.64	2026.03
	落叶阔叶灌丛	421.88	1883.46	1965.33	1700.34	3244.15	725.37	3446.72	3341.58	5214.01
	乔木园地	129.30	41.99	166.12	17.69	101.22	44.88	3.58	249.89	203.46
	灌木园地	21.40	0.07	97.47	11.16	75.58	72.78	0.44	189.68	141.22
	乔木绿地	45.76	0.00	6.57	0.00	2.28	0.00	0.00	6.04	0.00
	灌木绿地	16.81	0.00	0.00	0.08	0.00	0.00	0.00	0.33	0.07
草地	草甸	0.00	0.00	0.76	0.00	16.85	0.00	0.00	0.08	0.11
	草丛	774.37	2216.37	2236.37	1590.42	4948.51	2306.27	3662.10	3139.81	4148.57
	稀疏草地	0.00	0.00	14.38	0.03	26.99	0.00	0.13	0.00	0.00
	草本绿地	0.52	0.00	0.00	0.00	0.00	0.00	0.00	0.00	0.00
耕地	水田	700.95	89.51	1336.30	834.31	1534.46	495.02	35.73	258.15	801.03
	旱地	1796.36	2093.82	7068.05	1674.32	8575.04	5353.61	3109.56	4582.55	3390.77
湿地	草本湿地	0.00	0.00	0.00	0.00	19.61	0.00	0.00	0.00	0.00
	湖泊	38.73	0.00	0.80	6.10	27.54	0.97	0.14	0.00	1.93
	水库/坑塘	45.56	23.60	85.69	30.74	83.10	65.42	97.77	91.28	42.90
	河流	29.85	29.73	85.42	46.00	68.77	75.40	87.12	148.30	122.66
	漫滩	0.00	0.00	0.56	0.00	0.55	0.86	0.03	3.94	0.48
人工表面	建设用地	442.55	193.17	479.77	179.70	402.21	311.01	154.08	310.65	271.57
	交通用地	58.27	35.14	94.82	55.21	101.45	55.06	61.99	102.34	98.99
	采矿场	9.92	5.78	15.67	4.26	11.80	10.03	11.73	14.99	22.36
其他	裸岩	0.00	0.64	0.40	0.00	1.63	2.65	0.00	0.00	1.91
	裸土	0.04	0.26	5.64	0.00	0.12	0.31	0.91	0.69	1.10
	沙漠/沙地	0.00	0.00	0.00	0.00	0.00	6.76	0.00	0.57	0.00
	合计	8034.66	9800.46	30770.39	9258.45	26944.46	18020.58	16795.25	30276.51	26185.82

　　六盘水市林地总面积 5112.44km²，占比 52.17%。林地以落叶阔叶灌丛（1883.46km²，占林地面积 36.84%）和常绿针叶林（1380.32km²，占林地面积 27.00%）为主。草地（2216.37km²）和耕地（2183.33km²）面积相当，占比分别为 22.61% 和 22.28%。其中，

草地均为草丛（100%），耕地以旱地（2093.82km²，占耕地面积 95.90%）为主，水田面积仅 89.51km²。

遵义市的土地利用/覆被结构中林地面积最大，总面积 19345.76km²，占比 62.87%。林地以常绿针叶林（9229.64km²，占林地面积 47.71%）为主，常绿阔叶灌丛（3677.90km²，占林地面积 19.01%）和常绿阔叶林（2489.00km²，占林地面积 12.87%）次之。草地面积 2251.51km²，占比为 7.32%，以草丛为主（2236.37km²，占草地面积 99.33%）。耕地面积 8404.35km²，占比为 27.31%，以旱地（7068.05km²，占耕地面积 84.10%）为主，水田面积 1336.30km²。人工表面面积 590.26km²，占比 1.92%，以建设用地（479.77km²，占人工表面 81.28%）为主。

安顺市林地面积 4837.36km²，占比 52.25%。林地中常绿针叶林（1761.07km²，占林地面积 36.41%）和落叶阔叶灌丛（1700.34km²，占林地面积 35.15%）面积较大。草地面积 1590.45km²，占比为 17.18%，均为草丛。耕地面积 2508.63km²，占比为 27.10%，以旱地（1674.32km²，占耕地面积 66.74%）为主，水田面积 834.31km²（占耕地面积 33.26%）。

毕节市土地利用/覆被结构中林地占主体，总面积 11125.83km²，占比 41.29%，以常绿针叶林（3486.82km²，占林地面积 31.34%）、落叶阔叶灌丛（3244.15km²，占林地面积 29.16%）和常绿阔叶灌丛（2626.72km²，占林地面积 23.61%）为主。草地面积 4992.35km²，占比为 18.53%，草丛（4948.51km²，占草地面积 99.12%）是主体。耕地面积 10109.50km²，占比 37.52%，以旱地（8575.04km²，占耕地面积 84.82%）为主，水田面积 1534.46km²（占耕地面积 15.18%）。

铜仁市林地面积 9337.21km²，占比 51.81%。林地以常绿针叶林（5098.00km²，占林地面积 54.60%）为主，其次是常绿阔叶灌丛（1606.22km²，占林地面积 17.20%）。草地面积 2306.27km²，占比 12.80%，均为草丛。耕地面积 5848.63km²，占比 32.46%，其中，旱地面积（5353.61km²，占耕地面积 91.54%）远大于水田（495.02km²，占耕地面积 8.46%）。

黔西南布依族苗族自治州林地面积 9573.96km²，占比 57.00%。林地以落叶阔叶灌丛为主，面积 3446.72km²（占林地面积 36.00%），常绿针叶林（2517.78km²，占林地面积 26.30%）和常绿阔叶灌丛（2446.31km²，占林地面积 25.55%）面积次之。草地面积 3662.23km²，占比 21.81%，均为草丛。耕地面积 3145.29km²，占比 18.73%，其中，旱地面积 3109.56km²（占耕地面积 98.86%）。

黔东南苗族侗族自治州林地面积 21623.16km²，占比 71.42%。林地中常绿针叶林是主体，面积 9221.90km²（占林地面积 42.65%），常绿阔叶林（4696.13km²，占林地面积 21.72%）、落叶阔叶灌丛（3341.58km²，占林地面积 15.45%）和常绿阔叶灌丛（2638.64km²，占林地面积 12.20%）次之。草地面积 3139.89km²，占比 10.37%，均为草丛。耕地面积 4840.70km²，其中旱地面积（4582.55km²，占耕地面积 94.67%）远大于水田（258.150km²，占耕地面积 5.33%）。

黔南布依族苗族自治州林地面积 17281.44km²，占比 66.00%。林地以常绿针叶林（6893.24km²，占林地面积 39.89%）和落叶阔叶灌丛（5214.01km²，占林地面积 30.17%）为主。草地面积 4148.68km²，面积占比 15.84%，均为草丛。耕地面积 4191.80km²，占比 16.01%，主要为旱地（3390.77km^2，占耕地面积 80.89%），水田面积 801.03km^2（占耕地面积 19.11%）。

10.3　贵州省土地利用/覆被地形特征分析

10.3.1　贵州省土地利用/覆被垂直分布特征

1. 总体特征

贵州省多高原山地，是一个没有平原的省份（杨广斌等，2003），多样的地理环境塑造了贵州省独特的土地利用/覆被分布格局。图 10.2 展示了贵州省不同海拔梯度的土地利用/覆被结构。整体来看，不同海拔梯度带内，各土地利用/覆被类型均有分布，且结构变化并不显著，这与贵州省适宜植被生长的气候条件有密切关系。同时也说明，海拔对于贵州省土地利用/覆被空间分布格局的影响较为有限。

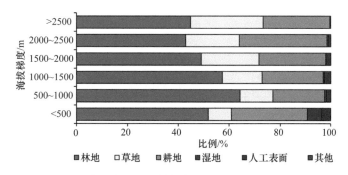

图 10.2　贵州省不同海拔梯度土地利用/覆被组成结构

林地在各海拔梯度内的占比均超过 40%，500～1000m 梯度内林地的面积占比最高，达到 64.35%。草地随着海拔的升高，其面积占比逐渐加大，海拔超过 2500m 的区域，草地的占比达到 28.41%。耕地在各海拔梯度内的面积占比为 20%～30%。湿地、人工表面均随着海拔增高，其面积占比呈下降趋势。

2. 典型土地利用/覆被类型垂直分布特征

图 10.3 展示了贵州省典型土地利用/覆被类型的空间分布与海拔之间的关系。

林地中，常绿阔叶林在 500～1500m 梯度分布广泛，约占常绿阔叶林总面积的 87.14%，其中，700～1000m 海拔梯度分布最为集中（占比 48.43%）。落叶阔叶林在 600～2000m 分布较为广泛（占比 89.69%），其分布峰值出现在 800～1000m。常绿针叶林在 600～1500m 的海拔梯度带内分布比例相对较高（占比 83.90%），其中，900～1100m 是其分布的峰值。常绿阔叶灌丛主要分布在 500～1900m 海拔梯度（占比 91.89%），落叶阔叶灌丛主要分布在 500～2000m 的海拔梯度（占比 93.06%），900～1000m 是两者的分布峰值区。

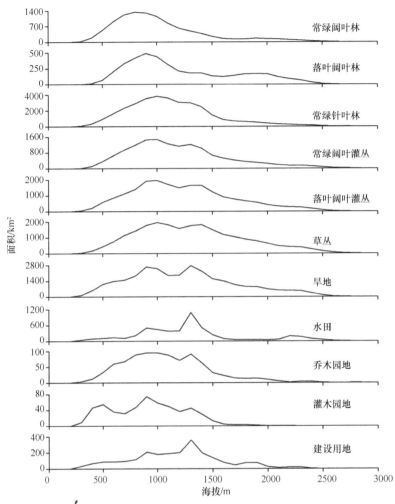

图 10.3　贵州省典型土地利用/覆被类型空间分布与海拔的关系

　　草丛集中分布在 500~2100m 的海拔梯度带内（占比 93.20%），其中，900~1400m 是其分布的峰值区。耕地中水田主要分布在海拔小于 1500m 的区域（占比 82.65%），2100~2500m 也有少量分布（占比 11.10%）；旱地集中分布在 400~2200m 的海拔梯度带内（占比 97.51%），其中，900~1000m 和 1300~1400m 是其分布的峰值区。乔木园地和灌木园地主要分布在 1500m 以下的区域，分别占各自面积的 89.57%和 97.15%。建设用地在 2000m 以下的区域均有分布。

10.3.2　贵州省土地利用/覆被坡度分异特征

1. 总体特征

　　参照《土地利用现状调查技术规程》中的坡度分级方案，得到如图 10.4 所示的贵州省各坡度带土地利用/覆被结构特征。在坡度小于 2°的平坦区域，林地面积占比（60.96%）高于耕地面积占比（35.14%）；当坡度为 2°~6°时，耕地面积占比（56.04%）高于林地面积占比（33.92%）；当坡度大于 6°后，林地面积占比不断攀升，其面积占比均超过 50%，耕地面积占比不断下降，其中坡度超过 25°后，耕地面积比例下降到 11.61%。贵州省的人工表面主要分布在坡度小于 6°的区域，占人工表面总面积的 69.73%。

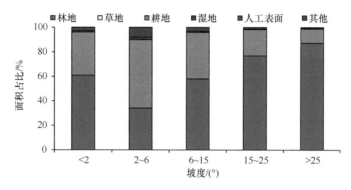

图 10.4　贵州省各坡度带土地利用/覆被组成结构

2. 典型土地利用/覆被类型坡度分异特征

图 10.5 展示了贵州省几个典型土地利用/覆被类型的坡度分异特征。四种典型林地和草丛的坡度分布峰值均出现在 15°～20°[图 10.5（a）～（d），（g）]，呈现"单峰"的形状。在坡度低于 15°的区域，这些自然植被易受人类活动的影响；在坡度高于 20°的各个坡度带中，虽然随着坡度增加其面积占比逐步上升，但各坡度带的面积基数则不断下降，导致其绝对面积不断减少。

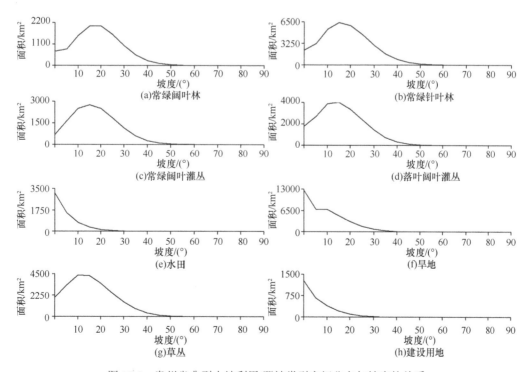

图 10.5　贵州省典型土地利用/覆被类型空间分布与坡度的关系

耕地中，水田在坡度 20°以下的区域均有分布（面积占比 94.84%），但坡度越平缓水田分布的比例越高，坡度超过 10°的水田以梯田为主（面积占比 18.01%）[图 10.5（e）]。旱地主要分布在 40°以下的区域（面积占比 99.32%），呈现出随坡度增加其面积占比线性下降的趋势[图 10.5（f）]。建设用地集中分布在 20°以下的区域（面积占比 93.27%）[图 10.5（h）]，坡度越大，建设用地分布越少。

10.3.3 贵州省土地利用/覆被坡向分异特征

图 10.6 展示了贵州省典型土地利用/覆被类型在各个坡向上的分布状况。常绿阔叶林主要分布在阳坡（面积占比 30.23%）和半阳坡（面积占比 28.81%）[图 10.6（a）]。常绿针叶林主要分布在阴坡（面积占比 30.51%）和半阴坡（面积占比 28.86%）[图 10.6（b）]。常绿阔叶灌丛主要生长在阳坡（面积占比 27.06%）和半阳坡（面积占比 27.00%）[图 10.6（c）]，而落叶阔叶灌丛的坡向分布特征并不显著[图 10.6（d）]。落叶阔叶林也集中分布在阳坡（面积占比 29.20%）和半阳坡（面积占比 27.19%）[图 10.6（e）]。草丛为一年生草本植被，在阳坡（面积占比 25.98%）和半阳坡（面积占比 26.63%）分布比例更高[图 10.6（f）]。水田的坡向分布特征并不明显[图 10.6（g）]，而旱地则更多分布在阳坡（面积占比 26.20%）和半阳坡（面积占比 27.20%）[图 10.6（h）]。

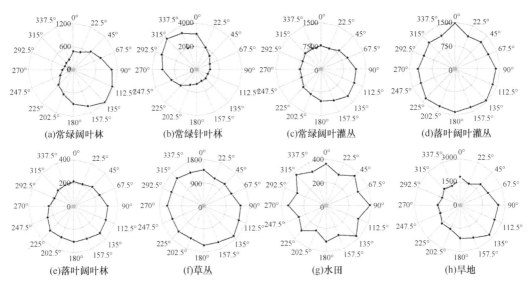

图 10.6 贵州省典型土地利用/覆被类型空间分布与坡向的关系
极坐标轴代表分布面积（km²）

10.4 贵州省 1990～2015 年土地利用/覆被变化总体特征

1. 土地利用/覆被变化空间分布特征

以贵州省 1990～2015 年 5 期土地利用/覆被遥感监测数据集为基础数据，分析了土地利用/覆被变化总体特征。据统计，1990～2015 年贵州省土地利用/覆被变化面积共 8386.22km²，约占全省国土总面积的 4.76%，年均土地利用/覆被变化率为 0.19%。图 10.7 展示了贵州省局部区域 25 年内土地利用/覆被变化的空间分布格局，贵州省全域 1990～2015 年土地利用/覆被变化的空间分布格局见附图 2。贵州省是"退耕还林还草"工程、"天然林保护"工程、"石漠化综合治理"工程等国家重点生态建设工程的核心区，耕地向林地和草地转变是贵州省 25 年内最具代表性的土地利用/覆被变化特征。贵州多山地，交通基础设施长期较为落后。25 年内，贵州省大力推进全省交通设施建设，特别是"十三五"时期，从而使以交通基础设施建设和建设用地扩张为主的人工表面扩张成为贵州省 25 年间又一典型的土地利用/覆被变化特征。

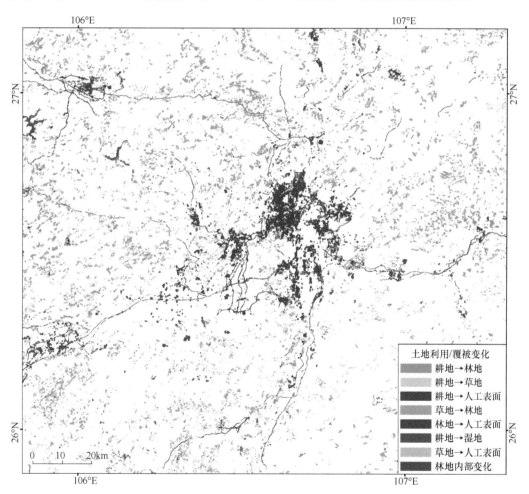

图 10.7　贵州省 1990～2015 年典型土地利用/覆被变化类型空间分布（局部）

贵州省绝大部分区域 1990～2015 年 1km 格网土地利用/覆被动态变化率不高。动态变化率大于 90% 的区域仅占贵州省全域的 0.02%，集中分布在贵州省各市/州首府所在地（以人工表面扩张为主）。动态变化率超过 50% 的区域仅占 0.79%，83.94% 区域的土地利用/覆被动态变化率低于 10%。

2. 土地利用/覆被变化矩阵

贵州省 1990～2015 年土地利用/覆被变化矩阵如表 10.3 所示。25 年间，贵州省最具代表性的土地利用/覆被变化类型是耕地转变为林地（3483.52km²）、耕地转变为草地（1752.99km²）、耕地转变为人工表面（1199.62km²）、草地转变为林地（797.06km²）等，占全部变化的 86.25%。

25 年间，贵州省林地新增 4408.04km²，减少 618.37km²，净增加 3789.67km²。新增的林地主要来源于耕地（占比 79.03%）和草地（占比 18.08%），与天然林保护、退耕还林还草以及石漠化综合治理等生态保护工程的实施有关。减少的林地主要转变为人工表面（面积占比 43.61%）。贵州省草地 25 年间增加 1837.97km²，减少 991.84km²，净增加 846.13km²。新增的草地绝大部分来源于耕地（占比 95.38%），与林地类似，增加的草地与生态保护工程的实施密切相关。减少的草地主要转变为林地（占比 80.36%）。25 年间，贵州省耕地仅增加 103.29km²，但减少 6629.59km²，总体来看，耕地净减少 6526.30km²。减少的耕地主要转变为林地（占比 52.54%）、草地（占比 26.44%）和人工表面（占比 18.09%），与退耕还林还草工程的实施以及人工表面的扩张有关。新增的耕地主要来源于林地（占比 66.19%）。湿地 25 年间新增 324.71km²，减少 57.44km²，净增加 267.27km²。新增的湿地主要淹没了耕地（占比 58.71%）和林地（占比 22.41%）。人工表面 25 年间增加 1707.52km²，减少 84.73km²，净增加 1622.79km²。新增的人工表面主要侵占了耕地（占比 70.26%）和林地（占比 15.79%），人工表面面积增加与该区域日益增强的社会经济活动密切相关，主要表现为城市规模的扩张和交通基础设施的建设。

表 10.3　贵州省 1990～2015 年土地利用/覆被变化矩阵　　　　（单位：km²）

1990 年 ＼ 2015 年	林地	草地	耕地	湿地	人工表面	其他	合计
林地	125.97	79.80	68.36	72.78	269.68	1.78	618.37
草地	797.06	3.82	18.19	19.29	151.90	1.58	991.84
耕地	3483.52	1752.99	1.54	190.63	1199.62	1.29	6629.59
湿地	0.19	0.50	11.26	38.58	6.87	0.04	57.44
人工表面	1.26	0.62	3.70	1.34	77.81	0.00	84.73
其他	0.04	0.24	0.24	2.09	1.64	0.00	4.25
合计	4408.04	1837.97	103.29	324.71	1707.52	4.69	8386.22

3. 各土地利用/覆被类型的动态变化率

经遥感监测数据统计，贵州省 1990～2015 年各土地利用/覆被类型的动态变化率如图 10.8 所示。25 年间，贵州省人工表面面积虽然仅增加了 1622.79km²，但其面积基数较小，动态变化率达到了 85.78%，是贵州省变化最剧烈的土地利用/覆被类型。湿地 25 年间新增 267.27km²，其面积基数同样较小，动态变化率也达到了 24.57%。耕地面积变化的绝对值最大，但其面积基数也相对较大，其动态变化率为 12.99%。林地虽然面积变化的绝对值大，新增了 3789.67km² ，但林地面积基数最大，其动态变化率仅 3.84%。

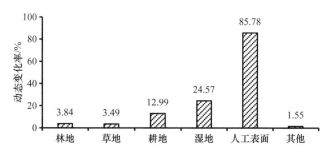

图 10.8　贵州省 1990～2015 年各土地利用/覆被类型动态变化率

贵州省近 25 年各土地利用/覆被一级类型的面积变化趋势如图 10.9 所示。林地面积变化最剧烈的时段位于 2000～2010 年，主要表现为林地大幅度增加，年增长速度约为 400km²/a ，但 2010～2015 年林地略有下降，减少 279.35km² 。草地面积在 2000～2005 年快速增加，年均增加 247.64km² 。耕地 25 年间，面积持续下降，2000～2005 年贵州省耕地面积下降速率最快，年均减少耕地 693.60km² ，随后，耕地下降速率有所减缓，2010～2015 年，年均减少耕地 140.37km² 。贵州省湿地面积 25 年间呈增加趋势，其中 2005～2015 年湿地面积增加速率最快。25 年间，贵州省人工表面面积也呈持续增加的趋势，且人工表面面积增加的速率越来越快，2010～2015 年，贵州省人工表面面积年均增加 210.79km² 。

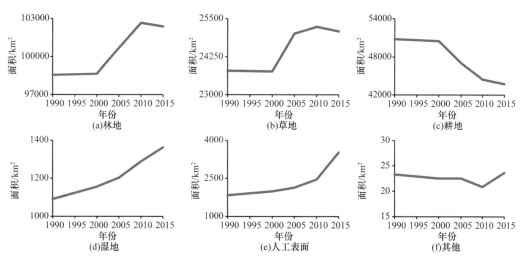

图 10.9　贵州省 1990～2015 年土地利用/覆被一级类型面积变化趋势

10.5　贵州省 1990～2015 年不同时期土地利用/覆被变化特征

图 10.10 展示了贵州省 1990～2015 年不同时期土地利用/覆被年动态变化率。前 10 年（1990～2000 年）土地利用/覆被年动态变化率仅为 0.04%，远低于 25 年间年动

态变化率（0.19%）。自 2000 年以来，贵州省土地利用/覆被年动态变化率开始增加，2000～2005 年和 2005～2010 年土地利用/覆被年动态变化率分别达到了 0.39%和 0.38%，最近 5 年（2010～2015 年）贵州省土地利用/覆被年动态变化率有所下降，降到 0.16%。贵州省各时期土地利用/覆被动态变化详细特征及其变化原因见 10.5.1～10.5.4 节的分析。

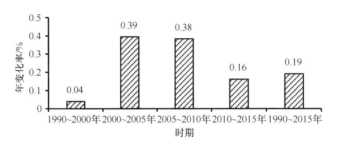

图 10.10　贵州省不同时期土地利用/覆被年动态变化率

10.5.1　贵州省 1990～2000 年土地利用/覆被变化特征

1990～2000 年贵州省土地利用/覆被总变化面积 706.96km²，变化矩阵如表 10.4 所示。该时期贵州省最主要的土地利用/覆被变化类型是耕地→林地（158.85km²）、耕地→人工表面（149.06km²）、草地→林地（88.47km²）、林地→耕地（75.65km²）、林地→草地（62.76km²）和耕地→湿地（62.17km²），占全部变化面积的 84.43%。整体来看，耕地面积持续下降是该时期贵州省最典型的土地利用/覆被变化特征。一方面，特色水果产业能带来丰厚的经济回报这一现象开始逐步被认识，导致部分耕地被改种为乔木园地和灌木园地；另一方面，改革开放后社会经济开始迅速发展，城镇规模逐步扩大，导致城镇周边原有耕地被人工表面所侵占。另外，部分小型水利枢纽工程竣工后蓄水发电淹没了部分耕地，使其转变为湿地。

表 10.4　贵州省 1990～2000 年土地利用/覆被变化矩阵　　　（单位：km²）

2000 年 \ 1990 年	林地	草地	耕地	湿地	人工表面	其他	合计
林地	8.19	62.76	75.65	6.19	7.31		160.10
草地	88.47	1.31	21.45	8.30	3.12		122.65
耕地	158.85	34.46	0.77	62.17	149.06		405.31
湿地	0.19	0.48	11.21	0.17	0.01	0.01	12.07
人工表面	0.85	0.59	4.30	0.03	0.28		6.05
其他		0.23	0.37	0.07	0.11		0.78
合计	256.55	99.83	113.75	76.93	159.89	0.01	706.96

10.5.2　贵州省 2000～2005 年土地利用/覆被变化特征

2000～2005 年贵州省土地利用/覆被总变化面积 3473.38km²，变化矩阵如表 10.5 所示。2000～2005 年，贵州省最典型的土地利用/覆被变化类型是耕地→林地（2040.06km²）和耕地→草地（1239.09km²），占该时期全部变化面积的 94.41%。贵州省是退耕还林还草工程、天然林保护工程的核心区，导致大面积的耕地被退耕为林地和草地。西部大开发战略的实施，也为贵州省社会经济注入了新的活力，人工表面面积也不断扩大，2000～2005 年新增人工表面 145.59km²。

表 10.5　贵州省 2000～2005 年土地利用/覆被变化矩阵　　　（单位：km²）

2000 年＼2005 年	林地	草地	湿地	人工表面	合计
林地			0.97	1.63	2.60
草地			0.68	0.18	0.86
耕地	2040.06	1239.09	45.08	143.78	3468.01
湿地			0.16		0.16
人工表面				1.75	1.75
合计	2040.06	1239.09	46.89	147.34	3473.38

10.5.3　贵州省 2005～2010 年土地利用/覆被变化特征

2005～2010 年贵州省土地利用/覆被总变化面积 3371.38km²，变化矩阵如表 10.6 所示。耕地→林地（1319.24km²）和耕地→草地（935.51km²）仍是该时期最主要的土地利用/覆被变化类型（占比 66.88%）。但与前 5 年相比，变化总量明显下降，该阶段主要是巩固退耕成果，新增退耕面积明显减少。2007 年起，贵州省开始试点石漠化综合治理工程，引起了约 697.28km² 的草地向林地转变。2005～2010 年贵州省经济社会进一步增强，人工表面面积增加的幅度明显高于前 5 年。整体来看，2005～2010 年贵州省土地利用/覆被变化，是在退耕还林还草工程、天然林保护工程和石漠化综合防治工程等生态保护工程以及社会经济发展等的共同作用下的结果。

表 10.6　贵州省 2005～2010 年土地利用/覆被变化矩阵　　　（单位：km²）

2005 年＼2010 年	林地	草地	耕地	湿地	人工表面	合计
林地	0.92	0.37	0.02	42.71	4.39	48.41
草地	697.28		1.40	0.52	13.58	712.78
耕地	1319.24	935.51	0.28	45.48	302.85	2603.36
湿地	0.03			0.27	3.88	4.18
人工表面	0.03	0.02		0.04	0.89	0.98
其他	0.04	0.01		0.68	0.94	1.67
合计	2017.54	935.91	1.70	89.70	326.53	3371.38

10.5.4　贵州省 2010～2015 年土地利用/覆被变化特征

2010～2015 年贵州省土地利用/覆被总变化面积 1370.07km², 低于 2000～2005 年和 2005～2010 年的土地利用/覆被变化总面积, 但仍高于 1990～2000 年的土地利用/覆被变化总面积, 变化矩阵如表 10.7 所示。这 5 年贵州省因生态保护工程的实施而导致的土地利用/覆被变化面积明显减少, 呈现出新的土地利用/覆被变化特征: 人工表面面积大幅度增加 (占所有变化面积的 79.44%), 林地内部的变化占比较大 (8.24%)。2010～2015 年, 贵州省加大了交通基础设施建设力度, 高速公路、高速铁路等一系列重点工程相继开工建设, 导致人工表面面积净增加 1053.94km²。新增的人工表面侵占了大量的耕地 (657.03km²)、林地 (258.80km²) 和草地 (136.21km²)。林地的内部变化主要表现为乔木园地和灌木园地的扩张。特色水果和特色饮品产业带来的经济回报促使了以上土地利用/覆被变化类型的发生。

表 10.7　贵州省 2010～2015 年土地利用/覆被变化矩阵　　　（单位: km²）

2010 年 ＼ 2015 年	林地	草地	耕地	湿地	人工表面	其他	合计
林地	117.24	17.58	3.89	25.81	258.80	1.79	425.11
草地	20.37	2.53	0.42	9.83	136.21	1.59	170.95
耕地	7.77	1.67	0.50	38.77	657.03	1.29	707.03
湿地	0.00	0.02	0.36	38.09	3.00	0.03	41.50
人工表面	0.38	0.02	0.02	1.27	21.86	0.00	23.55
其他				1.34	0.59		1.93
合计	145.76	21.82	5.19	115.11	1077.49	4.70	1370.07

10.6　贵州省土地利用/覆被变化驱动力系统分析及对国土空间管理的启示

10.6.1　贵州省土地利用/覆被变化驱动力系统

1. 1990～2015 年贵州省土地利用/覆被变化驱动力总体特征

本研究参考 Plieninger 等 (2016) 和孔令桥等 (2018) 对土地利用/覆被变化驱动力因子的划分方法, 结合贵州省的实际情况, 将贵州省土地利用/覆被变化的驱动力系统归并为城镇化、生态保护、基础设施建设、水资源利用与开发、农业开发、人类过度利用、自然灾害与气候变化 7 个驱动力因子。对于每一种土地利用/覆被变化类型, 根据实际情况确定主导的驱动力因子, 统计后得到如表 10.8 所示的不同驱动力因子对贵州省 1990～2015 年土地利用/覆被变化的影响程度。

表 10.8　各驱动力对贵州省 1990～2015 年不同土地利用/覆被变化的影响

土地利用/覆被类型	变化面积/km²						
	城镇化	生态保护	基础设施建设	水资源利用与开发	农业开发	自然灾害与气候变化	人类过度利用
林地	−111.22	4077.45	−162.05	−67.56	135.81	−7.00	−75.75
草地	−75.49	969.23	−72.39	−16.16	−30.63	−4.71	76.28
耕地	−928.34	−5045.12	−271.71	−157.43	−89.23	−34.49	0.00
湿地	−5.71	−0.17	−1.15	244.51	−11.26	41.58	−0.52
人工表面	1122.25	−1.12	507.45	−1.33	−4.45	−0.01	0.00
其他	−1.49	−0.27	−0.14	−2.03	−0.24	4.64	0.00
合计	1122.25	5876.36	507.45	244.51	388.37	46.22	80.12
占比/%	13.58	71.10	6.14	2.96	4.70	0.56	0.97

1）生态保护

贵州省喀斯特地貌发育，生态环境整体较为脆弱（姚永慧，2014）。为了降低脆弱生态环境对该地区社会经济带来的不利影响，国家先后在该区域实施了包括石漠化综合治理工程、天然林保护工程、退耕还林还草工程等在内的一系列生态保护工程（Peng et al.，2011）。25 年间，贵州省因生态保护而引起的土地利用/覆被变化总面积达到 5876.36km²，在贵州省土地利用/覆被变化驱动力系统中的贡献率高达 71.10%。因生态环境保护，25 年间，贵州省净增加林地 4077.45km²，草地 969.23km²，耕地面积净减少 5045.12km²。

2）城镇化

城镇化是社会经济发展的必然趋势。25 年间，贵州省因城镇化引起的土地利用/覆被变化面积达 1122.25km²，在贵州省驱动力系统中的贡献率为 13.58%。城镇化占用耕地面积最大，约有 928.34km² 的耕地在 25 年间被建设用地所占据，占用林地的面积次之，约有 111.22km²。草地、湿地和其他类型被城镇化所占据的面积分别为 75.49km²、15.71km² 和 1.49km²。

3）基础设施建设

基础设施建设加速与城镇化一样，是经济社会发展到一定阶段的产物。贵州省 25 年间，特别是最近 5 年（2010～2015 年），基础设施建设投入不断加大，共导致 507.45km² 的国土发生了土地利用/覆被类型的变化，在土地利用/覆被变化驱动力系统中的贡献率约为 6.14%。新增的基础设施占用耕地 271.71km²，占用林地 162.05km²，占用草地 72.39km²。

4）水资源利用与开发

贵州省水资源相对丰富，水资源的利用与开发引起的土地利用/覆被变化总面积 244.51km²，在驱动力系统中的贡献率约为 2.96%。水资源利用与开发淹没的耕地面积最大，总面积 157.43km²，淹没林地 67.56km²，草地 16.16km²，其他类型 2.03km²，另外约有 1.33km² 的人工表面也被淹没。

5）农业开发

贵州省素有"八山一水一分田"之说，耕地资源相对缺乏，特别是适宜耕种的平坝耕地更为缺乏，农业开发就显得尤为重要。25 年间，贵州省因农业开发导致的土地利用/覆被变化总面积 388.37km^2，在土地利用/覆被变化驱动力系统中的贡献率为 4.70%。贵州省因农业开发新增耕地 103.28km^2，但同时，约有 192.51km^2 的耕地也因农业开发转变为园地，导致耕地面积净减少 89.23km^2。贵州省因农业开发新增园地 285.09km^2。

2. 不同时期土地利用/覆被变化驱动力的差异

从不同时期来看，各个驱动力因子对贵州省土地利用/覆被变化的贡献率差异显著（图 10.11）。

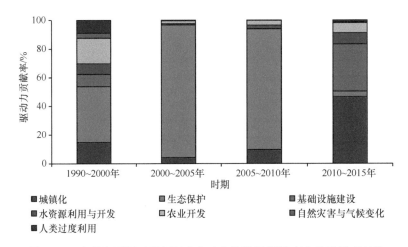

图 10.11 贵州省不同时期各驱动力对土地利用/覆被变化的贡献率对比

1990～2000 年，生态保护、农业开发和城镇化是引起贵州省土地利用/覆被变化最重要的三种驱动力（Peng et al.，2011），其贡献率分别为 38.99%、17.96% 和 14.81%。贵州省是我国石漠化面积最大、类型最多、程度最深、危害最重的省份，石漠化给当地生态环境带来的危害非常突出（张信宝等，2010）。为此，各级政府先后采取了一系列防治措施以图根治石漠化问题，从而减少可能出现的生态风险。然而，贵州省耕地资源稀缺，开荒种地是该时期农业开发最主要的方式。它虽然增加了耕地面积，但也加剧了当地的生态环境压力（He，2014）。

2000～2005 年和 2005～2010 年，贵州省在原有生态保护措施的基础上，根据国家的统一部署，先后实施了石漠化综合治理工程、天然林保护工程、退耕还林还草工程等一系列生态保护工程（杜文鹏等，2019），从而导致生态保护成为该阶段贡献率最高的土地利用/覆被变化驱动力因子，其贡献率分别达到 92.47% 和 84.26%。同时，随着社会经济的发展，城镇用地扩张的速度和规模越来越大，导致城镇化成为仅次于生态保护的驱动力因子，其贡献率分别达到 4.22% 和 9.60%。

2010～2015 年，城镇化的进程不断加速，导致城镇化在贵州省土地利用/覆被变化驱动力系统中的贡献率上升到 46.60%，同时，基础设施建设的贡献率也达到了 32.85%，两者约引起了该时期贵州省 80%的土地利用/覆被变化。

10.6.2　对贵州省国土空间管理启示

综合分析 25 年间贵州省土地利用/覆被变化的过程及其驱动力，对于未来贵州省国土空间管理有如下的启示。

1. 加强顶层设计，紧抓大数据产业发展的契机，优化产业结构，提高土地利用效率

贵州省土地利用类型多样，山地丘陵地多，平坝地少，宜林地广，可耕作土地少。针对贵州省土地利用的特点，需要加强顶层设计，科学合理地制定土地利用中长期总体规划。严格执行建设用地定额标准，建立节约集约用地的奖惩机制，走新型城镇化和工业化道路（王国勇和杨文谢，2015），优化产业结构，提高土地利用效率，推动土地利用方式由外延扩张向内涵挖潜、由粗放低效向集约高效转变，引导和促进经济发展方式的转变（肖玖军等，2010）。加快发展以大数据为引领的电子信息产业，推进大数据综合试验区建设，实施"互联网+"行动计划，打造全国大数据发展战略策源地和产业聚集区（张璐瑶和王爱华，2018）。

2. 严格保护基本农田，加快建设特色林果业，大力发展特色农产品、生态畜牧业和旅游业，助力脱贫攻坚

贵州省耕地面积小，耕地质量整体较差。25 年间，在城镇化、生态保护工程等的推动下，先后减少耕地总面积 6526.36km²。未来，应当严格保护耕地特别是基本农田，加大土地整理复垦开发补充耕地力度，改良中低产田土，兴修水利，实施坡改梯工程，培肥地力，最大限度地提高耕地的生产能力（王雅敬等，2017）。加快建设特色林果业，大力发展茶叶、水果、中药材、花卉等特色农产品和生态畜牧业（刘超和朱满德，2013；周丕东和王永平，2018），使园地、林地面积稳步增加，提高牧草地质量，农业劳动生产率和土地产出率逐步提高，助力脱贫攻坚（李晨等，2020）。发挥全域旅游资源优势，加快发展以民族和山地为特色的文化旅游业，大力发展山地新型旅游业态，打造以"多彩贵州"为品牌的世界知名山地旅游目的地，建成山地旅游大省（熊德威等，2016）。

3. 持续实施石漠化综合治理，保证区域生态环境与社会经济可持续发展

喀斯特地貌是贵州省的基本省情。喀斯特石漠化作为一种环境地质灾害，不仅造成资源的破坏，还加速了生态环境的恶化，使生态环境变得极其脆弱，导致原本就落后的社会经济更加落后，从而形成恶性循环（Fan et al.，2015）。近年来，贵州省先后启动了多项与石漠化综合治理有关的生态保护工程，一定程度延缓了石漠化程度的加重（杨胜天和朱启疆，2000）。未来需要继续加强石漠化综合治理，根据治理区域内的生态现状和自然、社会经济状况，进行系统、科学的统一规划，实行生物措施、工程措施、耕作措施和管理措施等多方面的有机结合，形成多目标、多层次、多功能、高效益的综合防护体系（张信宝，2016），通过封山育林育草、石山种草养畜、改变生产模式、调整产业结构来控制和治理石漠化（肖华等，2014；Xu et al.，2015）。

4. 加强生态保护与恢复，构建"长江"和"珠江"生态屏障

加强城镇周边和石漠化生态退化区域的生态保护与恢复，防止高森林覆盖地区和非岩溶地区生态环境质量退化，注重河流沿岸、湖泊水源周边的生态保护（熊德威等，2016）。强化大江大河防护林建设，推进乌江流域水环境综合治理，保护长江上游重要河段水生态及红枫湖等重要水源地。大力实施石漠化治理工程、天然林保护工程、珠江防护林工程、水保工程、自然保护区建设、生态功能保护区建设和重点生态林保护等，构建长江和珠江上游地区生态屏障（宁茂岐等，2014）。

参 考 文 献

杜文鹏, 闫慧敏, 甄霖, 等. 2019. 西南岩溶地区石漠化综合治理研究. 生态学报, 39: 5798-5808.

孔令桥, 张路, 郑华, 等. 2018. 长江流域生态系统格局演变及驱动力. 生态学报, 38: 741-749.

李晨, 申李, 岳筠, 等. 2020. 贵州省生态畜牧业发展成效及高质量发展探讨. 贵州畜牧兽医, 44: 23-27.

刘超, 朱满德. 2013. 贵州特色农业发展现状、存在问题与对策. 贵州农业科学, 41: 214-218.

宁茂岐, 赵佳, 熊康宁, 等. 2014. 贵州省长江流域和珠江流域石漠化时空格局分析. 贵州农业科学, 42: 39-43.

王国勇, 杨文谢. 2015. 贵州城镇化发展:现状、问题及对策研究. 城市发展研究, 22: 4-6, 22.

王雅敬, 谢炳庚, 李晓青, 等. 2017. 喀斯特地区耕地生态承载力供需平衡. 生态学报, 37: 7030-7038.

肖华, 熊康宁, 张浩, 等. 2014. 喀斯特石漠化治理模式研究进展. 中国人口·资源与环境, 24: 330-334.

肖玖军, 周焱, 蔡学成, 等. 2010. 贵州不同经济发展地区土地集约利用研究. 山地农业生物学报, 29: 21-27.

熊德威, 袁其国, 赵建平, 等. 2016. 后发展地区生态环境保护路径选择——以贵州省为例. 环境保护, 44: 35-40.

杨广斌, 安裕伦, 张雅梅, 等. 2003. 基于3S的贵州省万亩大坝信息提取技术. 贵州师范大学学报(自然科学版), 21: 93-96, 110.

杨胜天, 朱启疆. 2000. 贵州典型喀斯特环境退化与自然恢复速率. 地理学报, 55: 459-466.

姚永慧. 2014. 中国西南喀斯特石漠化研究进展与展望. 地理科学进展, 33: 76-84.

殷红梅, 安裕伦. 2018. 贵州地理. 北京: 北京师范大学出版社.

张璐瑶, 王爱华. 2018. 贵州大数据产业发展现状分析. 贵州大学学报(自然科学版), 35: 121-124.

张信宝. 2016. 贵州石漠化治理的历程、成效、存在问题与对策建议. 中国岩溶, 35: 497-502.

张信宝, 王世杰, 曹建华, 等. 2010. 西南喀斯特山地水土流失特点及有关石漠化的几个科学问题. 中国岩溶, 29: 274-279.

周丕东, 王永平. 2018. 贵州农业产业集群发展的特点、问题及对策. 贵州农业科学, 46: 152-157.

Fan Z M, Li J, Yue T X, et al. 2015. Scenarios of land cover in Karst area of Southwestern China. Environmental Earth Sciences, 74: 6407-6420.

He J. 2014. Governing forest restoration: Local case studies of sloping land conversion program in Southwest China. Forest Policy and Economics, 46: 30-38.

Peng J, Xu Y, Cai Y, et al. 2011. Climatic and anthropogenic drivers of land use/cover change in fragile karst areas of southwest China since the early 1970s: a case study on the Maotiaohe watershed. Environmental Earth Sciences, 64: 2107-2118.

Peng J, Xu Y Q, Cai Y L, et al. 2011. The role of policies in land use/cover change since the 1970s in ecologically fragile karst areas of Southwest China: A case study on the Maotiaohe watershed. Environmental Science & Policy, 14: 408-418.

Plieninger T, Draux H, Fagerholm N, et al. 2016. The driving forces of landscape change in Europe: A systematic review of the evidence. Land Use Policy, 57: 204-214.

Xu E Q, Zhang H Q, Li M X. 2015. Object-Based Mapping of Karst Rocky Desertification Using a Support Vector Machine. Land Degradation & Development, 26: 158-167.

第11章 云南省土地利用/覆被变化

云南省简称"滇"，位于青藏高原东南侧、云贵高原西南侧，地理位置介于21°8′～29°15′N，97°31′～106°11′E，辖区面积为38.32km²。云南省北部与四川省相连，西北面是西藏自治区，东部与贵州省和广西壮族自治区相邻，西面和南面与缅甸、老挝、越南三国接壤（图1.2）。全省地势西北高、东南低，自北向南呈阶梯状下降。以元江谷地为界，云南省可分为东西两大地形区（冯彦和李运刚，2010）：东部为滇东、滇中高原，是云贵高原的组成部分，平均海拔2000m左右；西部高山峡谷相间，地势险峻，山岭和峡谷相对高差超过1000m。云南气候属于亚热带高原季风型，立体气候特点显著，年温差小、日温差大、干湿季节分明。全省平均气温，最热月（7月）19～22℃，最冷月（7月）6～8℃，年温差一般只有10～12℃。全省降水的地域分布差异大，大部分地区年降水量在1000mm以上（明庆忠等，2016）。云南是全国植物种类最多的省份，被誉为"植物王国"。

云南省下辖昆明市、曲靖市、玉溪市、保山市、昭通市、丽江市、普洱市、临沧市8个地级市，楚雄彝族自治州、红河哈尼族彝族自治州、文山壮族苗族自治州、西双版纳傣族自治州、大理白族自治州、德宏傣族景颇族自治州、怒江傈僳族自治州、迪庆藏族自治州8个自治州。

截至2015年，云南省常住人口4741.8万人，其中，城镇人口2054.6万人，乡村人口2687.2万人。全年人口出生率为12.88‰，死亡率为6.48‰，人口自然增长率为6.4‰。云南省2015年实现地区生产总值13717.88亿元，在全国排名23。按产业分，第一产业增加值2055.71亿元；第二产业增加值5492.76亿元；第三产业增加值6169.41亿元。三次产业结构比为15.0∶40.0∶45.0。全省人均生产总值达到29015元，远低于全国平均水平（49228.73元）。

11.1 云南省2015年土地利用/覆被现状

以云南省土地利用/覆被遥感监测数据集为基准，图11.1展示了云南省局部区域2015年土地利用/覆被的空间分布格局，云南省全域2015年土地利用/覆被空间分布格局见附图1。整体来看，云南省森林覆盖率较高，特别是滇南地区，成片分布了大量原始森林，滇东北地区林地分布相对较低。耕地主要分布在滇中和滇东北区域，该区域也是云南省人口分布最为集中的地区。滇西北为横断山区，土地利用/覆被类型的垂直地带性特征非常显著。

据遥感监测数据统计，云南省2015年各土地利用/覆被类型的面积及其所占比例如表11.1所示。林地总面积262456.55km²，占云南全省总面积的68.49%。耕地总面积62328.38km²，占比16.27%。草地总面积47935.33km²，约占云南省国土面积的12.51%。人工表面总面积4790.22km²，占比1.25%。湿地总面积3873.70km²，占比1.01%。其他类型总面积1810.94km²，占比0.47%。

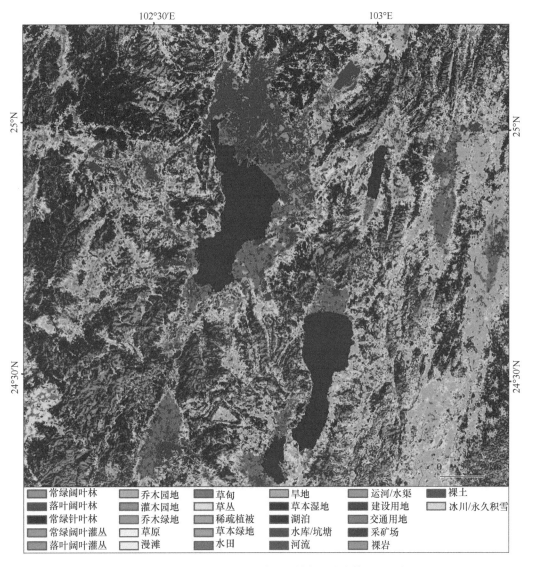

图 11.1　云南省 2015 年土地利用/覆被空间分布格局（局部）

表 11.1　云南省 2015 年土地利用/覆被结构

一级类别	面积/km²	比例/%	二级类别	面积/km²	占一级类面积比例/%
			常绿阔叶林	74427.84	28.36
			落叶阔叶林	1217.45	0.46
			常绿针叶林	109260.07	41.63
林地	262456.55	68.49	常绿阔叶灌丛	41351.07	15.76
			落叶阔叶灌丛	7955.79	3.03
			乔木园地	3981.58	1.52
			灌木园地	24203.27	9.22
			乔木绿地	59.48	0.02

续表

一级类别	面积/km²	比例/%	二级类别	面积/km²	占一级类面积比例/%
			草原	4084.63	8.52
			草甸	4210.62	8.78
草地	47935.33	12.51	草丛	38094.93	79.47
			稀疏植被	1542.80	3.22
			草本绿地	2.35	0.01
耕地	62328.38	16.27	水田	8342.99	13.39
			旱地	53985.39	86.61
			草本湿地	67.96	1.76
			湖泊	1085.94	28.03
湿地	3873.70	1.01	水库/坑塘	1666.01	43.01
			河流	924.96	23.88
			运河/水渠	13.27	0.34
			漫滩	115.56	2.98
			建设用地	3878.92	80.98
人工表面	4790.22	1.25	交通用地	696.95	14.55
			采矿场	214.35	4.47
			裸岩	571.04	31.53
其他	1810.94	0.47	裸土	396.90	21.92
			冰川/永久积雪	843.00	46.55

云南省是我国除海南省之外，另一个有热带雨林分布的省份。云南省林地以常绿针叶林和常绿阔叶林为主，面积分别为 109260.07km² 和 74427.84km²，占林地总面积的41.63%和28.36%。常绿阔叶林集中分布在滇南地区，而常绿针叶林则大量分布在滇西北高山峡谷区。常绿阔叶灌丛在云南省也有较广泛的分布，特别是滇中地区，总面积41351.07km²（占林地面积15.76%）。云南省种植了大面积的乔木园地和灌木园地，面积分别达 3981.58km²（占林地面积 1.52%）和 24203.27km²（占林地面积9.22%）。其中，乔木园地以橡胶园为主，主要分布在西双版纳傣族自治州；灌木园地以茶园为主，普洱市、临沧市、西双版纳傣族自治州、德宏傣族景颇族自治州和保山市分布面积较大。

云南省耕地中水田和旱地的面积分别为 8342.99km² 和 53985.39km²，分别占云南省耕地总面积的 13.39%和 86.61%。水田在云南省地势低平的平坝地区广泛分布，特别是滇中和滇南地区；旱地则主要分布在滇北的山区，以及滇东的喀斯特地区。

云南省草地广布，以草丛为主，面积38094.93km²，占草地总面积的79.47%。草丛在滇中和滇东喀斯特地区分布最为集中，该区域岩溶地貌普遍发育，水肥积聚难，主要生长一些耐旱的草本植被。草甸和草原则主要分布在滇西北的高山和高海拔地区，面积分别为4210.62km² 和4084.63km²，分别占草地总面积的8.78%和8.52%。

11.2　云南省各市/州土地利用/覆被结构特征

据遥感监测数据统计，云南省各市/州土地利用/覆被类型面积统计如表 11.2 所示。

表 11.2 云南省 2015 年各市/州土地利用/覆被结构

（单位：km²）

地区	林地								草地				
	常绿阔叶林	落叶阔叶林	常绿针叶林	常绿阔叶灌丛	落叶阔叶灌丛	乔木园地	灌木园地	乔木绿地	草原	草甸	草丛	稀疏植被	草本绿地
昆明市	953.43	0.00	6058.53	1910.28	274.78	11.47	1.85	44.01	0.00	13.57	2867.40	59.54	2.35
曲靖市	1684.94	113.67	6906.79	4612.76	2249.30	11.12	0.14	2.40	0.00	3.73	6600.80	5.67	0.00
玉溪市	1990.85	0.00	5188.47	2231.40	0.00	29.32	260.85	2.20	0.00	0.01	2504.63	0.00	0.00
保山市	5512.04	0.00	4257.59	1522.89	0.00	8.34	2466.76	0.78	0.00	69.31	1824.61	0.00	0.00
昭通市	1531.29	1102.52	6540.91	2025.68	2045.90	23.59	0.07	0.08	0.08	109.24	2336.06	7.47	0.00
丽江市	614.30	0.00	10092.95	1975.80	1257.28	4.05	0.84	0.57	629.64	426.45	2677.20	0.04	0.00
普洱市	18641.62	0.00	9159.48	1633.42	0.00	57.44	7661.60	0.94	0.00	0.32	425.79	0.00	0.00
临沧市	7473.75	0.04	4389.49	1361.87	0.00	380.55	4707.05	0.58	0.15	0.28	520.06	0.00	0.00
楚雄彝族自治州	2895.36	0.00	12232.80	5153.28	75.19	36.52	26.70	0.72	0.01	13.17	2554.54	133.36	0.00
红河哈尼族彝族自治州	9787.19	0.00	4606.96	5499.85	0.00	210.71	1967.01	2.86	0.06	0.00	4675.63	0.00	0.00
文山壮族苗族自治州	5718.21	0.63	7970.71	6574.12	2.41	10.35	220.42	0.96	0.12	0.00	6897.56	0.00	0.00
西双版纳傣族自治州	8067.63	0.00	1600.24	1.54	0.00	3195.06	3766.67	0.84	0.00	0.12	3.28	0.00	0.00
大理白族自治州	2226.43	0.00	11624.62	4365.95	0.00	2.47	137.72	1.46	6.23	473.10	2839.62	0.00	0.00
德宏傣族景颇族自治州	4948.97	0.00	1109.22	26.98	0.00	0.12	2984.25	1.06	0.00	0.00	27.79	0.00	0.00
怒江傈僳族自治州	1530.58	0.58	5622.86	1483.29	299.52	0.20	0.03	0.00	597.66	1540.73	873.83	363.47	0.00
迪庆藏族自治州	851.24	0.00	11898.44	971.94	1751.42	0.26	1.32	0.00	2850.68	1560.59	466.16	973.25	0.00

续表

地区	耕地		湿地						人工表面			其他		
	水田	旱地	草本湿地	湖泊	水库/坑塘	河流	运河/水渠	漫滩	建设用地	交通用地	采矿场	裸岩	裸土	冰川/永久积雪
昆明市	701.22	2932.37	8.70	330.32	96.35	46.51	1.64	6.00	675.40	66.88	42.80	0.14	9.40	0.00
曲靖市	1734.48	8188.28	0.54	17.08	126.19	66.40	6.49	4.36	415.22	65.48	9.92	2.12	4.97	0.00
玉溪市	380.70	1602.46	11.28	292.93	48.92	28.99	0.00	1.19	221.01	32.25	16.04	0.29	9.77	0.00
保山市	585.73	2404.85	0.00	1.10	84.67	51.96	0.33	9.91	211.15	31.78	16.51	0.19	5.66	0.09
昭通市	898.95	5337.98	0.00	0.23	70.85	124.93	0.00	5.17	197.74	51.82	3.90	0.56	10.82	0.00
丽江市	402.42	1910.26	1.25	120.81	65.21	42.00	0.36	15.74	185.08	30.53	13.31	0.00	8.31	121.87
普洱市	101.93	5668.78	0.00	0.00	415.40	71.62	0.00	4.72	276.44	68.36	10.70	0.00	12.41	0.00
临沧市	99.87	4290.26	0.00	0.46	139.94	42.44	0.00	5.61	165.34	27.10	10.34	0.03	7.86	0.00
楚雄彝族自治州	609.13	4282.31	0.86	7.85	128.99	65.30	0.00	5.29	189.03	49.03	4.87	0.00	3.35	0.00
红河哈尼族彝族自治州	826.40	3934.60	27.19	17.68	154.24	64.28	0.41	4.39	322.08	63.85	25.09	0.46	9.95	0.00
文山壮族苗族自治州	225.37	3365.22	0.00	0.15	76.57	70.37	0.13	1.83	177.08	55.94	23.78	0.12	31.04	0.00
西双版纳傣族自治州	200.39	2047.63	0.97	3.47	63.42	43.53	0.00	7.95	128.80	15.17	9.11	0.00	4.59	0.00
大理白族自治州	1184.03	4602.11	3.91	284.23	120.54	41.13	1.26	7.11	471.92	88.63	16.74	1.09	13.89	0.01
德宏傣族景颇族自治州	350.23	1397.98	0.00	0.00	60.26	46.61	2.65	8.37	160.83	27.99	4.61	0.00	6.89	0.00
怒江傈僳族自治州	5.47	1241.94	0.00	0.95	1.72	55.14	0.00	8.89	22.54	6.05	3.86	209.32	72.32	449.47
迪庆藏族自治州	36.67	778.36	13.26	8.67	12.74	63.74	0.00	19.04	59.28	16.08	2.77	356.71	185.68	271.55

昆明市土地利用/覆被结构中林地占主体，总面积 9254.35km²，占比 54.07%。林地中常绿针叶林（6058.53km²，占林地面积 65.47%）是主体，落叶阔叶灌丛（1910.28km²，占林地面积 20.64%）和常绿阔叶林（953.43km²，占林地面积 10.30%）次之。草地面积 2942.86km²，占比 17.19%，以草丛（2867.40km²，占草地面积 97.44%）为主。耕地面积 3633.59km²，占比 21.23%，旱地和水田面积分别为 2932.37km²（占耕地面积 80.70%）和 701.22km²（占耕地面积 19.30%）。人工表面面积 785.08km²，占比 4.59%。湿地面积 489.52km²，占比 2.86%。

曲靖市土地利用/覆被结构中林地仍是主体，总面积 15581.12km²，占比 47.46%。林地以常绿针叶林（6906.79km²，占林地面积 44.33%）和常绿阔叶灌丛（4612.76km²，占林地面积 29.60%）为主。草地面积 6610.20km²，占比 20.13%，以草丛（6600.80km²，占草地面积 99.86%）为主。耕地面积 9922.76km²，占比 30.22%，以旱地为主，面积 8188.28km²（占耕地面积 82.52%），水田面积 1734.48km²（占耕地面积 17.48%）。

玉溪市林地面积 9703.09km²，面积占比 65.33%。林地以常绿针叶林（5188.47km²，占林地面积 53.47%）为主，常绿阔叶灌丛（2231.40km²，占林地面积 23.00%）和常绿阔叶林（1990.85km²，占林地面积 20.52%）次之。草地面积 2504.64km²，占比为 16.86%，几乎都是草丛（2504.63km²）。耕地面积 1983.16km²，占比 13.35%，以旱地为主，面积 1602.46km²（占耕地面积 80.80%）。

保山市林地面积 13768.40km²，占比 72.21%，林地中常绿阔叶林面积（5512.04km²，占林地面积 40.03%）最大，常绿针叶林（4257.59km²，占林地面积 30.92%）、灌木园地（2466.76km²，占林地面积 17.92%）和常绿阔叶灌丛（1522.89km²，占林地面积 11.06%）也有较广分布。草地面积 1893.92km²，占比 9.93%。耕地面积 2990.58km²，占比 15.69%，旱地面积（2404.85km²，占耕地面积 80.41%）大于水田（585.73km²，占耕地面积 19.59%）。

昭通市林地面积 13270.04km²，占比 59.17%。林地以常绿针叶林为主，面积 6540.91km²（占林地面积 49.29%）；其次是落叶阔叶灌丛（2045.90km²，占林地面积 15.42%）、常绿阔叶灌丛（2025.68km²，占林地面积 15.27%）和常绿阔叶林（1531.29km²，占林地面积 11.54%）。草地面积 2452.85km²，占比 10.94%，以草丛为主（2336.06km²，占草地面积 95.24%）。耕地面积 6236.93km²，占比 27.81%，以旱地为主，面积 5337.98km²（占耕地面积 85.59%）。

丽江市林地面积 13945.79km²，占比 68.71%。林地以常绿针叶林（10092.95km²，占林地面积 72.37%）为主，常绿阔叶灌丛（1975.80km²，占林地面积 14.17%）次之。草地面积 3733.33km²，占比 18.13%，仍以草丛为主（2677.20km²，占草地面积 71.71%）。耕地面积 2312.68km²，占比 11.23%，旱地面积（1910.26km²，占耕地面积 82.60%）远大于水田（402.42km²，占耕地面积 17.40%）。

普洱市土地利用/覆被结构中林地是主体，总面积 37154.50km²，占比 84.04%。林地以常绿阔叶林（18641.62km²，占林地面积 50.17%）为主，其次是常绿针叶林（9159.48km²，占林地面积 24.65%）和灌木园地（7661.60km²，占林地面积 20.62%）。耕地面积 5770.71km²，面积占比 13.05%，主要为旱地（5668.78km²，占耕地面积 98.23%）。

临沧市林地面积 18313.33km²，占比 77.52%。林地中常绿阔叶林（7473.75km²，占林地面积 40.81%）是主体，灌木园地（4707.05km²，占林地面积 25.70%）和常绿针叶林（4389.49km²，占林地面积 23.97%）次之。耕地面积 4390.13km²，占比 18.58%，以旱地为主（4290.26km²，占耕地面积 97.73%），水田面积 99.87km²（占耕地面积 2.27%）。

楚雄彝族自治州的土地利用/覆被结构中林地占主体，总面积为 20420.57km²，面积占比 71.73%。林地中常绿针叶林（12232.80km²，占林地面积 59.90%）是主体，常绿阔叶灌丛（5153.28km²，占林地面积 25.24%）和常绿阔叶林（2895.36km²，占林地面积 14.18%）次之。草地面积 2701.08km²，占比 9.49%，以草丛为主（2554.54km²，占草地面积 94.58%）。耕地面积 4891.44km²，占比 17.18%，以旱地为主（4282.31km²，占耕地面积 87.55%）。

红河哈尼族彝族自治州林地面积 22074.58km²，占比 68.55%。林地中常绿阔叶林（9787.19km²，占林地面积 44.34%）、常绿阔叶灌丛（5499.85km²，占林地面积 24.91%）和常绿针叶林（4606.96km²，占林地面积 20.87%）面积较大。草地面积 4675.69km²，占比为 14.52%。耕地面积 4761.00km²，占比 14.79%，以旱地为主，面积 3934.60km²（占耕地面积 82.64%）。

文山壮族苗族自治州的土地利用/覆被结构中林地是主体，总面积 20497.81km²，占比 65.23%。林地中常绿针叶林（7970.71km²，占林地面积 38.89%）、常绿阔叶灌丛（6574.12km²，占林地面积 32.07%）和常绿阔叶林（5718.21km²，占林地面积 27.90%）面积较大。草地面积 6897.68km²，占比 21.95%，几乎全为草丛（6897.56km²）。耕地面积 3590.59km²，占比 11.43%，以旱地为主（3365.22km²，占耕地面积 93.72%）。

西双版纳傣族自治州林地面积 16631.98km²，占比 86.80%。林地中常绿阔叶林（8067.63km²，占林地面积 48.51%）是主体，灌木园地（3766.67km²，占林地面积 22.65%）和乔木园地（3195.06km²，占林地面积 19.21%）次之。耕地面积 2248.02km²，占比 11.73%，以旱地为主，面积 2047.63km²（占耕地面积 91.09%），水田面积 200.39km²（占耕地面积 8.91%）。

大理白族自治州林地面积 18358.65km²，占比 64.38%。林地以常绿针叶林为主，面积 11624.62km²（占林地面积 63.32%），常绿阔叶灌丛（4365.95km²，占林地面积 23.78%）和常绿阔叶林（2226.43km²，占林地面积 12.13%）面积次之。草地面积 3318.95km²，占比 11.64%，以草丛（2839.62km²，占草地面积 85.56%）为主，草甸（473.10km²，占草地面积 14.25%）次之。耕地面积为 5786.14km²，占比 20.29%，以旱地（4602.11km²，占耕地面积 79.54%）为主。

德宏傣族景颇族自治州林地面积 9070.60km²，占比 81.24%。林地以常绿阔叶林（4948.97km²，占林地面积 54.56%）和灌木园地（2984.25km²，占林地面积 32.90%）为主。耕地面积 1748.21km²，占比 15.66%，以旱地为主，面积 1397.98km²（占耕地面积 79.97%）。

怒江傈僳族自治州林地面积 8937.06km²，占比 62.10%，以常绿针叶林为主，面积 5622.86km²（占林地面积 62.92%）。草地面积 3375.69km²，占比 23.46%，以草甸（1540.73km²，占草地面积 45.64%）为主，草丛（873.83km²，占草地面积 25.89%）和草原（597.66km²，占草地面积 17.70%）次之。耕地面积 1247.41km²，占比 8.67%，以旱地为主（1241.94km²，占耕地面积 99.56%）。

迪庆藏族自治州林地面积 15474.62km²，占比 66.85%，以常绿针叶林为主体，面积

为 11898.44km²（占林地面积 76.89%）。草地面积 5850.68km²，占比 25.27%，草原
（2850.68km²，占草地面积 48.72%）、草甸（1560.59km²，占草地面积 26.67%）和稀疏
植被（973.25km²，占草地面积 16.63%）面积较大。

11.3　云南省土地利用/覆被地形特征分析

11.3.1　云南省土地利用/覆被垂直分布特征

1. 总体特征

图 11.2 展现了云南省不同海拔梯度上土地利用/覆被组成结构，巨大的高差导致云
南省的土地利用/覆被类型随着海拔的变化形成了显著的垂直地带性特征。海拔低于
4000m 的区域，林地是基带，其面积占比超过 60%；耕地面积次之，面积比例介于 10%～
20%（3000～4000m 区域耕地面积比例小于 2%）；草地面积相对较小，占比低于 10%。
海拔 4000～4500m 的区域，林地和草地面积相当，面积占比分别为 40.60%和 45.17%。
4500～5000m 海拔梯度带内，以草地为主，其面积占比达到 58.26%，其他类型所占的
面积比例也达到 38.99%。海拔 5000m 以上的区域，植被覆盖度小，多以稀疏植被、裸
岩、裸土和冰川/永久积雪等类型为主，其面积占比超过 95%。

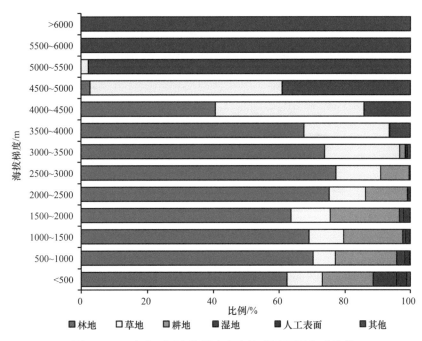

图 11.2　云南省不同海拔梯度上土地利用/覆被组成结构

云南省的林地在海拔低于 5000m 的区域均有分布，其中，4000m 以下的区域是林
地分布的核心区（99.39%）。草地主要分布在 3000～5000m 的海拔梯度带内。耕地集中
分布在海拔低于 3000m 的区域（99.59%），海拔越高耕地分布越少。人工表面主要分布
在低海拔地区，集中分布在海拔 2000m 以下的区域（89.06%）。

2. 典型土地利用/覆被类型垂直分布特征

图 11.3 展示了云南省典型土地利用/覆被类型的空间分布与海拔之间的关系。林地中，常绿阔叶林在 800～2400m 分布广泛，约占常绿阔叶林总面积的 89.98%。常绿针叶林集中分布在 1100～3000m 的海拔梯度带内（83.02%），其中，1900～2200m 是其分布的峰值。常绿阔叶灌丛主要分布在 1000～2500m 海拔梯度（84.57%），落叶阔叶灌丛主要分布在 1400～3000m 的海拔梯度（74.04%），1900～2100m 是两者的分布峰值区。

草丛集中分布在 1000～2500m 的海拔梯度带内（87.19%），其中，1400～2000m 是其分布的峰值区。耕地中水田主要分布在海拔小于 2300m 的区域（96.85%），1700～1900m 是其分布的峰值区；旱地主要分布在 2500m 以下的海拔梯度带内（95.69%），其中，1700～1900m 也是其分布的峰值区。乔木园地在 1300m 以下的区域集中分布（94.89%），而灌木园地主要分布在 2000m 以下的区域（95.77%）。

人工表面中的建设用地主要分布在 2500m 以下的区域，占建设用地总面积的 98.36%。冰川/永久积雪主要分布在 3500m 以上的区域，占其总面积的 95.24%。

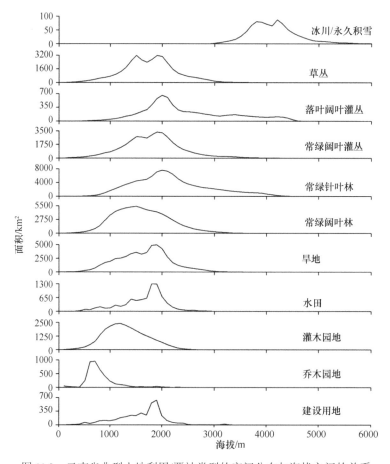

图 11.3 云南省典型土地利用/覆被类型的空间分布与海拔之间的关系

11.3.2　云南省土地利用/覆被坡度分异特征

1. 总体特征

图 11.4 展示了云南省各坡度带土地利用/覆被结构特征。坡度小于 2°的平坦区域，林地的面积比例（48.11%）大于耕地的面积比例（37.62%）。坡度介于 2°～6°时，耕地的面积比例（53.46%）明显高于林地的面积比例（33.87%）。当坡度大于 6°后，林地的面积比例不断增加，其占比均超过 60%，耕地的面积比例不断下降，当坡度大于25°后，耕地的面积比例仅为 7.57%。湿地主要分布在坡度小于 6°的区域，约占湿地总面积的 59.05%。人工表面主要分布在坡度小于 15°的区域，约占人工表面总面积的85.59%。

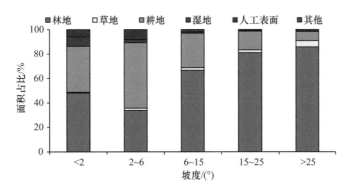

图 11.4　云南省各坡度带土地利用/覆被组成结构

2. 典型土地利用/覆被类型坡度分异特征

图 11.5 展示了云南省几个典型土地利用/覆被类型的坡度分异特征。四种典型林地的坡度分布峰值均出现在 15°～20°[图 11.5（a）～（d）]，呈现"单峰"的形状。低于15°的区域，这些自然植被易受人类活动的影响；高于20°的各个坡度带，虽然随着坡度增加其面积比例逐步上升，但各坡度带的面积基数不断下降，导致其绝对面积不断减少。乔木园地和灌木园地的分布峰值均出现在15°左右[图 11.5（e）、（f）]，也呈现出近似"单峰"的形状。

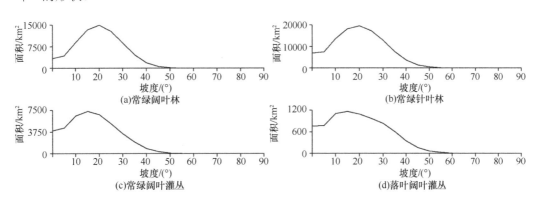

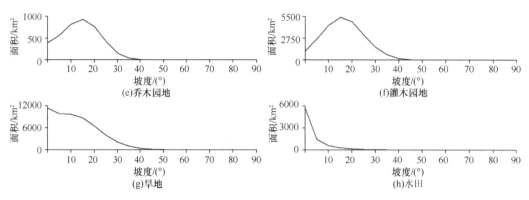

图 11.5 云南省典型土地利用/覆被类型空间分布与坡度之间的关系

云南省耕地中，水田在坡度低于 20°以下的区域均有分布（面积占比 96.45%），但坡度越平缓水田分布的比例越高，坡度超过 10°的水田以梯田为主（面积占比 10.69%）[图 11.5 （h）]。旱地主要分布在 40°以下的区域（面积占比 98.75%），呈现出随坡度增加其面积比例线性下降的趋势[图 11.5 （g）]。

11.3.3 云南省土地利用/覆被坡向分异特征

图 11.6 展示了云南省典型土地利用/覆被类型在各个坡向上的分布状况。常绿阔叶林主要分布在半阳坡（面积占比 26.20%）和半阴坡（面积占比 27.15%）[图 11.6 （a）]，常绿针叶林主要分布在阴坡（面积占比 29.22%）和半阴坡（面积占比 26.90%）[图 11.6 （b）]。常绿阔叶灌丛主要生长在阳坡（面积占比 27.61%）和半阳坡（面积占比 26.20%）[图 11.6（c）]，而落叶阔叶灌丛在半阳坡（面积占比 26.46%）和半阴坡（面积占比 25.80%）分布面积相对较大[图 11.6 （d）]。乔木园地和灌木园地在阳坡分布面积的比例明显占优，其占比

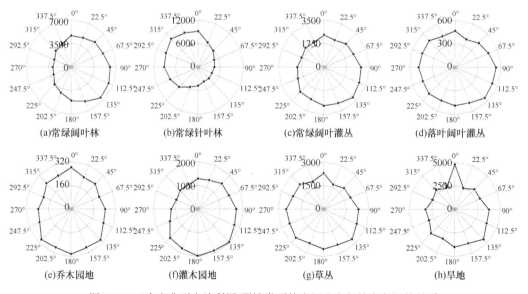

图 11.6 云南省典型土地利用/覆被类型的空间分布与坡向之间的关系

极坐标轴代表分布面积（km²）

分别达到了 28.38%和 30.55%[图 11.6（e）、（f）]。草丛集中分布在阳坡（面积占比 27.27%）和半阳坡（面积占比 27.46%）[图 11.6（g）]，旱地也更多分布在阳坡（面积占比 27.46%）和半阳坡（面积占比 26.66%）[图 11.6（h）]。

11.4　云南省 1990～2015 年土地利用/覆被变化总体特征

1. 土地利用/覆被变化空间分布特征

以云南省 1990～2015 年 5 期土地利用/覆被数据集为基础，分析了云南省土地利用/覆被变化总体特征。据遥感监测数据统计，1990～2015 年云南省土地利用/覆被变化面积 9286.51km²，约占全省国土总面积的 2.42%，年均土地利用/覆被变化率为 0.10%。25 年间云南省土地利用/覆被变化具有明显的空间异质性（图 11.7 和附图 2）。滇中地区的土地利用/覆被变化以人工表面面积持续扩张为主要特征，尤以滇中城市群最为突出（Zhang et al.，2019）。西双版纳地区以橡胶园为主的乔木园地扩张，以及普洱、思茅地区以茶园为主的灌木园地扩张是滇南地区最具代表性的土地利用/覆被变化类型（Tan et al.，2019）。

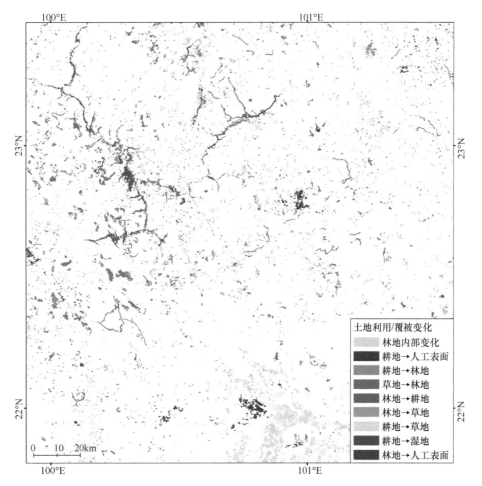

图 11.7　云南省 1990～2015 年典型土地利用/覆被变化类型空间分布（局部）

以小湾水电站、糯扎渡水电站为代表的水利枢纽工程建设引起的湿地面积急剧扩大（Hennig et al.，2013），是澜沧江流域最典型的土地利用/覆被变化特征。滇北、滇东北是退耕还林工程、天然林保护工程的核心区，耕地大量转变为林地是该区域最突出的土地利用/覆被变化类型。

云南省绝大部分区域 1990～2015 年 1km 格网土地利用/覆被动态变化率不高。动态变化率大于 90%的区域仅占云南省全域的 0.04%，集中分布在滇中城市群（以人工表面扩张为主）和西双版纳地区（以乔木园地扩张为主）。动态变化率超过 50%的区域也仅占 0.67%，93.20%区域的土地利用/覆被动态变化率低于 10%。

2. 土地利用/覆被变化矩阵

云南省 1990～2015 年土地利用/覆被变化矩阵如表 11.3 所示。25 年间，云南省最主要的土地利用/覆被变化类型是林地内部转化（2092.96km²）、耕地转变为人工表面（1785.26km²）、耕地转变为林地（964.72km²）、草地转变为林地（955.62km²）和林地转变为耕地（618.69km²），占全部变化的 69.10%。

表 11.3　云南省 1990～2015 年土地利用/覆被变化矩阵　　　（单位：km²）

1990 年 ＼ 2015 年	林地	草地	耕地	湿地	人工表面	其他	合计
林地	2092.96	480.53	618.69	291.19	343.32	7.79	3834.48
草地	955.62	0.83	84.40	141.92	228.27	5.32	1416.36
耕地	964.72	457.49	53.91	398.07	1785.26	8.82	3668.27
湿地	5.58	10.42	37.86	216.02	12.97	7.46	290.31
人工表面	2.21	0.20	0.56	10.80	15.19	0.06	29.02
其他	2.11	0.50	1.59	37.26	6.60	0.01	48.07
合计	4023.20	949.97	797.01	1095.26	2391.61	29.46	9286.51

25 年间，云南省林地新增 4023.20km²，减少 3834.48km²，净增加 188.72km²。无论是新增林地还是减少的林地，林地内部的变化都占主导（2092.96km²），分别占新增林地和减少林地总面积的 52.02%和 54.58%，其中，以天然林地转变为人工林地（乔木园地和灌木园地）最为突出。

草地 25 年间增加 949.97km²，减少 1416.36km²，净减少 466.39km²。云南省水热条件优越，林地砍伐后形成的草地能够在较短时期内（<10 年）再次演替为林地，这是云南省 25 年间草地减少的主要原因之一（占比 67.27%）。

25 年间，云南省耕地增加 797.01km²，减少 3668.27km²，净减少 2871.26km²，其变化与人工表面的扩张（1785.26km²，占比 48.67%）、退耕还林还草政策的实施（964.72km²，占比 26.30%）有关。

湿地 25 年间新增 1095.26km²，减少 290.31km²，净增加 804.95km²。湿地的增加主要来源于大型水利枢纽工程的建设，淹没耕地 398.07km²（占比 36.34%），淹没林地 291.19km²（占比 26.59%）。

人工表面 25 年间增加了 2391.61km²，减少 29.02km²，净增加 2362.59km²。人工表面面积的增加与该区域日益增强的社会经济活动密切相关，主要表现为城镇扩张和交通基础设施建设的大力推进，占用耕地 1785.26km^2（占比 74.65%），林地 343.32km^2（占比 14.36%），草地 228.27km^2（占比 9.54%）。

其他类型 25 年间增加 29.46km^2，减少 48.07km^2，净减少 18.61km^2，变化相对较小。

3. 各土地利用/覆被类型的动态变化率

据遥感监测数据统计，云南省 1990~2015 年各土地利用/覆被类型的动态变化率如图 11.8 所示。人工表面 25 年间增加了 2362.59km^2，虽然面积变化的绝对值小于耕地、林地等，但其面积基数小，导致其动态变化率达到了 97.32%，相当于在 1990 年人工表面的基础上将近翻了一倍。湿地 25 年间新增了 804.95km^2，主要来源于小湾、糯扎渡两个大型水电工程的建设，考虑到湿地面积基数也较小，动态变化率达到了 27.26%。耕地面积变化的绝对值最大，但其面积基数也相对较大，动态变化率为 4.40%。草地、林地和其他类型的净变化量相对较小，其动态变化率均小于 1%。

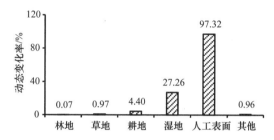

图 11.8　云南省 1990~2015 年各土地利用/覆被类型动态变化率

云南省 25 年间各土地利用/覆被一级类型的面积变化趋势如图 11.9 所示。林地面积在 1990~2010 年呈增长趋势，2010~2015 年林地面积呈下降趋势。草地面积 25 年间呈波动下降趋势。耕地面积持续下降，且下降速率越来越快，2010~2015 年，耕地面积年减少速率达到 182.72km^2/a。云南省湿地面积 25 年间呈增加趋势，其中 2010~2015 年，湿地面积增加速率最快。25 年间，云南省人工表面面积也呈持续增加的趋势，且人工表面面积增加的速率越来越快，2010~2015 年，云南省人工表面面积年均增加 188.50km^2。

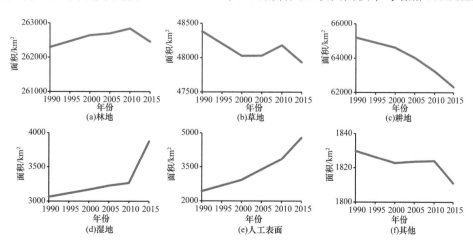

图 11.9　云南省 1990~2015 年土地利用/覆被一级类型面积变化趋势

11.5　云南省 1990～2015 年不同时期土地利用/覆被变化特征

图 11.10 展示了云南省 1990～2015 年不同时期土地利用/覆被年动态变化率。1990～2005 年土地利用/覆被年动态变化率仅为 0.08%，低于 1990～2015 年土地利用/覆被年动态变化率（0.10%）。自 2005 年以来，云南省土地利用/覆被年动态变化率开始增加，2005～2010 年土地利用/覆被年动态变化率增加到 0.11%，2010～2015 年再次升高到 0.14%，成为 25 年间土地利用/覆被年动态变化率最快的时期。云南省各时期土地利用/覆被动态变化详细特征及其变化原因见 11.5.1～11.5.4 节的分析。

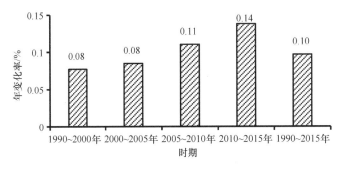

图 11.10　云南省不同时期土地利用/覆被年动态变化率对比

11.5.1　云南省 1990～2000 年土地利用/覆被变化特征

1990～2000 年云南省土地利用/覆被总变化面积 2961.14km²，年动态变化率 0.08%，其变化矩阵如表 11.4 所示。1990～2000 年，云南省主要土地利用/覆被变化类型是林地内部变化（682.65km²）、草地→林地（620.42km²）、耕地→人工表面（444.69km²）、耕地→林地（381.33km²）和林地→耕地（316.54km²），占全部变化面积的 82.59%。

表 11.4　云南省 1990～2000 年土地利用/覆被变化矩阵　　　　（单位：km²）

1990 年＼2000 年	林地	草地	耕地	湿地	人工表面	其他	合计
林地	682.65	285.81	316.54	31.34	28.50	1.20	1346.04
草地	620.42	0.09	12.64	6.65	21.46	0.27	661.53
耕地	381.33	16.09	11.81	69.53	444.69	4.47	927.92
湿地	1.92	3.37	6.45	0.07	0.29	0.11	12.21
人工表面	0.14	0.04	0.04	0.01	0.12	0.01	0.36
其他	1.04	0.37	1.02	9.46	1.19		13.08
合计	1687.50	305.77	348.50	117.06	496.25	6.06	2961.14

常绿阔叶林转变为灌木园地（茶园）和乔木园地（橡胶园）是云南省林地内部变化的主要类型。云南省南部的西双版纳地处热带，气候炎热、湿润，适合橡胶生长（张佩

芳等，1999）。在巨大的经济利益的驱动下，该区域大片原始森林被垦殖为橡胶园地（廖谌嫚等，2014；Ahlheim et al.，2015）。云南省普洱、临沧、保山等区域气候条件适合茶树的生长，该区域也存在将原生林地垦殖为茶园的现象（Xu et al.，2018）。云南省优越的水热条件，也为林地的快速生长和自然演替提供了保障，从而导致一些原始森林的砍伐迹地（草丛）能够在短期内再次自然演替为林地。云南省是一个少数民族大省，部分少数民族同胞仍然采用开垦荒地和林地以扩大耕地面积，特别是偏远山区和边境地区，从而导致了该时期云南省境内存在大量的林地与耕地间的相互转变现象（Li et al.，2006）。云南省也是我国林业资源最为丰富的地区之一，在天然林禁伐令颁布前，承担着大量的林业生产任务，导致局部林区森林砍伐现象十分突出（Frayer et al.，2014）。随着社会经济的发展，云南省城镇化进程不断加快，导致原有城镇周边大面积耕地向人工表面转变。

11.5.2　云南省 2000～2005 年土地利用/覆被变化特征

2000～2005 年云南省土地利用/覆被变化总面积 1626.97km^2，年均变化率与前 10 年相差不大，变化矩阵如表 11.5 所示。林地内部变化（516.65km^2）、耕地→人工表面（438.95km^2）、耕地→林地（179.11km^2）和林地→耕地（110.37km^2）是云南省 2000～2005 年最主要的土地利用/覆被变化类型，占该时期总变化面积的 76.53%。该时期林地内部变化的强度明显高于前 10 年，该阶段云南省橡胶园和茶园扩张的规模和速率明显上升。云南省于 2000 年开始试点"退耕还林还草"工程，2002 年全面实施，该时段共监测出退耕还林面积 179.11km^2。部分退耕地由于退耕时间较短，其光谱特征仍与耕地相似，导致在监测结果中常难以有效识别该类退耕地，因此，退耕地面积可能存在一定程度的低估（Liu et al.，2019；陈正发等，2019）。虽然退耕还林还草等生态保护工程的实施一定程度遏制了林地减少的趋势，但在一些边远地区，砍伐森林用于耕作的现象仍然存在（Li et al.，2006）。与前 10 年相比，近 5 年人工表面面积扩张的速率明显加快。

表 11.5　云南省 2000～2005 年土地利用/覆被变化矩阵　　　（单位：km^2）

2000 年 ＼ 2005 年	林地	草地	耕地	湿地	人工表面	其他	合计
林地	516.65	28.18	110.37	49.31	18.72	0.69	723.92
草地	78.88	0.03	19.79	1.07	7.51	0.02	107.30
耕地	179.11	79.14	22.90	28.09	438.95	0.64	748.83
湿地	2.91	3.23	12.98	22.50	1.24	1.66	44.52
人工表面	0.04	0.03	0.05	0.01	0.07	0.00	0.20
其他	0.80	0.05	0.26	0.94	0.15		2.20
合计	778.39	110.66	166.35	101.92	466.64	3.01	1626.97

11.5.3　云南省 2005～2010 年土地利用/覆被变化特征

2005～2010 年云南省土地利用/覆被变化总面积 2118.54km^2，与 2000～2005 年相比，总变化面积明显增加，年变化率也从 0.08%增加到 0.11%，变化矩阵如表 11.6 所示。耕地→人工表面（412.07km^2）、林地内部变化（395.08km^2）、耕地→草地（357.25km^2）、耕地→林地（248.57km^2）、草地→林地（215.92km^2）是云南省 2005～2010 年最主要的土地利用/覆被变化类型，占该时期变化总面积的 76.89%。该时期云南省林地内部变化的规模明显减小，乔木园地和灌木园地扩张速率有所下降，这与国际橡胶价格的走势以及橡胶园潜在适宜种植区日益减少有关（刘晓娜等，2014）。退耕还林还草工程引起的土地利用/覆被变化明显，该阶段共检测出退耕还林面积 248.57km^2，退耕还草面积 357.25km^2。与前 5 年相比，人工表面的扩张速率变化不大。

表 11.6　云南省 2005～2010 年土地利用/覆被变化矩阵　　　　（单位：km^2）

2005 年 ＼ 2010 年	林地	草地	耕地	湿地	人工表面	其他	合计
林地	395.08	73.07	187.86	38.12	25.73	0.59	720.45
草地	215.92		46.72	4.44	14.25	1.87	283.20
耕地	248.57	357.25	15.16	18.49	412.07	1.82	1053.36
湿地	1.74	3.66	13.65	23.18	3.09	5.66	50.98
人工表面	0.04	0.04	0.07	0.02	0.79	0.00	0.96
其他	0.28	0.08	0.27	5.26	3.69	0.01	9.59
合计	861.63	434.10	263.73	89.51	459.62	9.95	2118.54

11.5.4　云南省 2010～2015 年土地利用/覆被变化特征

2010～2015 年云南省土地利用/覆被总变化面积 2646.46km^2，高于 2000～2005 年和 2005～2010 年土地利用/覆被变化面积，是云南省 25 年间变化速率最快的 5 年，年变化率达到 0.14%，变化矩阵如表 11.7 所示。林地内部变化（503.96km^2）、耕地→人工表面（490.21km^2）、耕地→湿地（286.62km^2）、林地→人工表面（270.49km^2）、草地→人工表面（185.08km^2）和林地→湿地（174.18km^2）是该时期最主要的土地利用/覆被变化类型，占该时期变化总面积的 72.19%。5 年间云南省最突出的土地利用/覆被变化特征是人工表面扩张面积急剧增加，湿地面积也呈快速增长的态势。人工表面的增加与建设用地、交通基础设施以及光伏等新能源设施加速发展有关。湿地的扩张与境内小湾水电站和糯扎渡水电站的蓄水发电有关。整体来看，5 年间人类活动在土地利用/覆被驱动力中的主导作用进一步加强。

表 11.7　云南省 2010～2015 年土地利用/覆被变化矩阵　　（单位：km²）

2010 年＼2015 年	林地	草地	耕地	湿地	人工表面	其他	合计
林地	503.96	114.88	18.28	174.18	270.49	6.10	1087.89
草地	42.33	0.72	6.03	131.01	185.08	3.17	368.34
耕地	160.21	5.94	7.18	286.62	490.21	1.94	952.10
湿地	0.28	0.34	6.55	170.59	8.41	0.07	186.24
人工表面	2.01	0.10	0.42	10.77	14.22	0.04	27.56
其他	0.00	0.00	0.06	22.63	1.64		24.33
合计	708.79	121.98	38.52	795.80	970.05	11.32	2646.46

11.6　云南省土地利用/覆被变化驱动力系统分析及对国土空间管理的启示

11.6.1　云南省土地利用/覆被变化驱动力系统

1. 1990～2015 年云南省土地利用/覆被变化驱动力总体特征

本节参考 Plieninger 等（2016）和孔令桥等（2018）对土地利用/覆被变化驱动力因子的划分方法，结合云南省的实际情况，将云南省土地利用/覆被变化的驱动力系统归并为城镇化、生态保护、基础设施建设、水资源利用与开发、农业开发、人类过度利用、自然灾害与气候变化 7 个驱动力因子。对于每一种土地利用/覆被变化类型，根据实际情况确定主导的驱动力因子，统计后得到如表 11.8 所示的不同驱动力因子对云南省 1990～2015 年土地利用/覆被变化的影响程度。

表 11.8　各驱动力对 1990～2015 年不同土地利用/覆被变化的影响

	变化面积/km²						
	城镇化	生态保护	基础设施建设	水资源利用与开发	农业开发	自然灾害与气候变化	人类过度利用
林地	−106.03	1627.40	−219.95	−284.04	−333.19	−14.95	−480.53
草地	−109.83	−426.60	−118.46	−133.59	−155.22	−13.65	490.95
耕地	−1502.90	−1192.35	−299.63	−373.59	530.50	−33.29	0.00
湿地	−10.55	−4.76	−2.41	838.02	−38.68	33.76	−10.42
人工表面	1734.70	−1.45	641.65	−10.62	−1.44	−0.24	0.00
其他	−5.40	−2.23	−1.20	−36.18	−1.98	28.37	0.00
合计	1734.70	2382.50	641.65	838.02	1084.53	62.13	490.95
占比/%	23.98	32.93	8.87	11.58	14.99	0.86	6.79

1）生态保护

云南省在 1990～2015 年因生态保护而导致的土地利用/覆被变化总面积达到了 2382.50km²，在土地利用/覆被变化驱动力系统中的贡献率达到了 32.93%。因生态环境保护，25 年间，云南省净增加林地 1627.40km^2，草地面积减少 426.60km^2，耕地面积净减少 1192.35km^2。

2）城镇化

25 年间，云南省因城镇化引起的土地利用/覆被变化总面积达 1734.70km^2，在驱动力系统中的贡献率达到 23.98%。城镇化占用耕地面积最大，25 年间，约有 1502.90km^2 的耕地被城镇建设用地所占据。另外，约有 109.83km^2 的草地和 106.03km^2 的林地在城镇化过程中被占用。湿地和其他类型被城镇化所占据的面积分别为 10.55km^2 和 5.40km^2。

3）农业开发

25 年间，云南省因农业开发引起的土地利用/覆被变化总面积 1084.53km^2，在驱动力系统中的贡献率为 14.99%。其中，因农业开发新增耕地 797.00km^2，但其中约有 266.50km^2 的耕地改种经济效益更好的各类园地，从而导致耕地共新增 530.50km^2。因农业开发新增的园地共 287.52km^2。

4）水资源利用与开发

云南省水资源丰富（何大明等，1999）。25 年间，云南省因水资源利用与开发引起的土地利用/覆被变化总面积 838.02km^2，在驱动力系统中的贡献率为 11.58%。水资源利用与开发淹没的耕地面积最大，总面积达 373.59km^2，淹没林地 284.04km^2，草地 133.59km^2，其他类型 36.18km^2，另外约有 10.62km^2 的人工表面也被湿地所淹没。

5）基础设施建设

25 年间，随着云南省在基础设施建设领域投入力度的不断加大，共导致 641.65km^2 的国土发生了土地利用/覆被类型的变化，在驱动力系统中的贡献率为 8.87%。新增的基础设施占用耕地 299.63km^2，占用林地 219.95km^2，占用草地 118.46km^2。

6）人类过度利用

25 年间，云南省因人类过度利用引起的土地利用/覆被变化总面积达到 490.95km^2，在驱动力系统中的贡献率为 6.79%。其中不合理利用导致林地减少 480.53km^2，湿地减少 10.42km^2，林地和湿地减少的区域绝大部分都转变为草地。

2. 不同时期土地利用/覆被变化驱动力的差异

从不同时期来看，各个驱动力因子对云南省土地利用/覆被变化的贡献率差异显著（图 11.11）。1990～2000 年，农业开发和城镇化是引起云南省土地利用/覆被变化最重要的两种驱动力，其贡献率分别为 46.02% 和 19.14%。该时段，云南省大部分地区主要依赖传统的开垦荒地、林地以扩大耕地面积，特别是少数民族地区。同时，云南省一些气候条件优越的地区已开始意识到特色水果产业、橡胶产业和茶产业带来的丰厚效益，开始尝试大面积园地种植。改革开放促使云南省社会经济得以迅速发展，城镇扩张速度逐步加快，也带动了基础设施的建设。

云南省森林资源丰富，然而长期以来森林资源的大面积砍伐，给当地的生态环境带来很大影响。2000～2005 年，在国家的统一安排部署下，云南省先后启动并实施了退耕还林还草工程、天然林保护工程等一系列生态保护工程（Liu et al.，2019），使得生态保护在云南省土地利用/覆被变化驱动力系统中的贡献率不断攀升，由前 10 年的 13.63%，上升到 41.85%。相对而言，农业开发在土地利用/覆被变化驱动力系统中的贡献率明显下降，降低到 30.61%。该时段，云南省城镇化在驱动力系统中的贡献率变化不大。

2005~2010 年，云南省各驱动力因子对土地利用/覆被变化的贡献率与 2000~2005 年相差不大。生态保护和农业开发在土地利用/覆被变化驱动力系统中的贡献率略有下降，分别下降到 38.22%和 30.25%。城镇化的贡献率保持平稳。

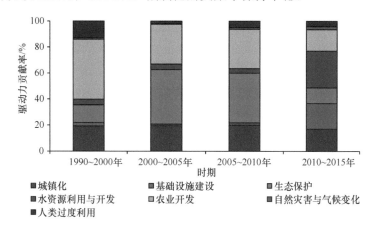

图 11.11　云南省不同时期各驱动力对土地利用/覆被变化的贡献率对比

2010~2015 年，随着糯扎渡水电站和小湾水电站进入蓄水发电阶段，水资源利用与开发在土地利用/覆被变化驱动力系统中的贡献率不断上升，达到 28.21%。虽然该阶段城镇扩张的总面积明显高于前三个时期，但由于该时期云南省土地利用/覆被变化总面积也有大幅增加，城镇化在土地利用/覆被变化驱动力系统中的贡献率变动较小，但基础设施建设的贡献率却上升到 19.67%。此外，该阶段自然灾害与气候变化在土地利用/覆被变化驱动力系统中的贡献率有所上升，达到了 2.29%，需要在促进经济社会发展和保护生态环境的同时，科学防控自然灾害和气候变化可能带来的影响。

11.6.2　对云南省国土空间管理启示

综合分析 25 年间云南省土地利用/覆被变化的过程及其驱动力，对于未来云南省国土空间管理有如下的启示：

1. 保护基本农田，因地制宜发展特色优势农业，推进优势农产品向优势产区集中

云南省 25 年间耕地面积净减少 2871.25km²，保护耕地，特别是基本农田，势在必行。首先，需要坚持数量、质量和生态全面管护，加大土地整理复垦开发补充耕地力度，进一步加强以水浇地、坡改梯和中低产田改造为主的高稳产农田建设，提高农业综合生产能力（陈正发等，2020）。同时，依托云南省优越的水热资源，加快发展特色优势农业，巩固提升烟、糖、茶、胶等传统优势产业，大力发展花卉、中药材、蔬菜、水果、干果、食用菌等新兴优势产业（龙荣华等，2013；陈艺齐等，2019）。最后，推进优势农产品向优势产区集中，重点建设规模化、集约化的特色农产品商品基地，形成一批优质特

色农产品产业群、产业带（叶艳萍等，2020）；在水资源短缺地区积极发展旱作节水农业和水源工程建设，提高抗旱能力（陆琳，2010）；在山区、半山区和岩溶地区因地制宜改变传统农业耕作方式，积极发展草地畜牧业，促进山区人民脱贫致富（张泽军，2008）。

2. 集约利用建设用地，保障交通、能源、水利等基础设施用地，加强基于空间信息技术的土地资源监管，提高土地利用效率

云南省 25 年间人工表面面积净增加 2362.60km^2，侵占了大量的耕地和林地。未来需要坚持合理有序开发，大力推进节约集约利用建设用地。以资源环境承载力为依据，以人口城镇化为核心，以功能互补的城市群为主体形态，形成以滇中地区为发展极、沿综合交通运输网络展开的"一极三向五群"空间开发战略布局（祁苑玲和周晓琴，2019）。推动产业结构优化升级，促进土地利用方式的转变。保障重点能源建设用地，统筹安排水能、太阳能、风能、地热等能源开发用地（武方圆等，2014）；协调安排交通用地，发展综合交通运输体系（耿彦斌等，2016）；合理开发和保护水资源，以加强水利基础设施建设为重点，提高防洪抗旱能力，确保城乡居民生活用水安全，留足生态用水，保障工农业生产用水（陈坚，2016）；积极应对，科学防控自然灾害和气候变化可能带来的影响（周桂华和杨子汉，2014）。积极推进全省旅游业改革和发展，保障旅游用地需求（郭静姝等，2020）。要充分利用遥感、地理信息等空间信息技术，建立土地利用信息系统和土地利用动态监测系统，及时了解各地土地利用动态变化情况和发展趋势，为土地执法检查和监管提供依据，从而提高土地利用效率。

3. 加强天然林保护力度，严格控制人工林发展，促进森林资源可持续利用

云南省是我国生物多样性最丰富的区域，在全球生物多样性保护中具有重要地位，是西南生态屏障的重要组成部分（王晓娜等，2019）。监测结果显示，25 年间云南省林地砍伐面积达到 3834.49km^2，主要源自人工林的大面积扩张。未来需加强天然林保护力度，严禁天然林砍伐，并严格控制人工林种植面积，在生态重要区和立地条件不适宜区，退人工经济林(桉树林和橡胶林)还天然生态林，改善生态系统服务质量(Li et al.，2007)。加强森林防火、森林病虫害防治，促进天然林保护（林建萍，2016）。深化林下产品深加工、发展森林旅游业，带动林区周边居民的脱贫致富（李娅等，2014）。强化以遥感为主体的森林资源监测手段，建立起动态的森林资源管理数据库，实现森林资源的有效监管（李柱，2012）。

4. 构建自然保护地体系，促进生物多样性保护与恢复

对云南生物多样性资源开展系统性普查、评估、论证，在对各类型自然保护地整合优化的基础上，对生物多样性资源应化尽化，应保尽保，构建以国家公园为主体、自然保护区为基础、各类自然公园为补充的自然保护地体系（郑进烜等，2014）。解决各类自然保护地重叠设置、多头管理、边界不清、权责不明、保护与发展矛盾突出等问题，有效保护生物多样性（张治军等，2020）。加强迁地保护，使国家战略性生物物种与遗传资源得到较好保存（刘冬梅等，2018）。构建国家、地方、社会资金多元化投入机制，针对退化生态系统和物种单一人工生态系统极其脆弱、濒危物种恢复种类少、外来入侵物种防控范围小等问题，构建恢复技术方法体系，进行试点示范。进行顶层设计规划，加强非自然保护地的生物多样性保护优先区域及其他重要和关键区域的濒危生态系统和物种的恢复，重点关注云南特有的生态系统和珍稀濒危物种（李玉媛等，2003）。进一步加强干热河谷、石漠化土地的治理与恢复（张信宝和陈玉德，1997）。

参 考 文 献

陈坚. 2016. 加快推进云南水利供给侧结构性改革的认识与实践. 中国水利, 22: 1-3.

陈艺齐, 董晓波, 陈蕊, 等. 2019. 云南高原特色农业绿色发展路径和对策研究. 中国热带农业, 5: 15-20.

陈正发, 史东梅, 何伟, 等. 2019. 1980—2015 年云南坡耕地资源时空分布及演变特征分析. 农业工程学报, 35: 256-265.

陈正发, 史东梅, 何伟, 等. 2020. 基于"要素-需求-调控"的云南坡耕地质量评价. 农业工程学报, 36: 236-246.

冯彦, 李运刚. 2010. 哀牢山——元江河谷对区域地理分异的影响. 地理学报, 65: 595-604.

耿彦斌, 姚金炳, 谢典. 2016. 云南综合交通运输体系构建问题探究. 中共云南省委党校学报, 17: 107-111.

郭静姝, 王锐, 李瑾. 2020. 云南省生态旅游与经济可持续发展浅析. 南方农业, 14: 101-102.

何大明, 杨明, 冯彦. 1999. 西南国际河流水资源的合理利用与国际合作研究. 地理学报, 54: 29-37.

孔令桥, 张路, 郑华, 等. 2018. 长江流域生态系统格局演变及驱动力. 生态学报, 38: 741-749.

李娅, 唐文军, 陈波. 2014. 云南省林下经济发展战略研究——基于 AHP-SWOT 分析. 林业经济, 36: 42-47.

李玉媛, 司马永康, 方波, 等. 2003. 云南省国家重点保护野生植物资源的现状与评价. 云南植物研究: 181-191.

李柱. 2012. 遥感技术在云南省森林资源清查中的应用. 山东林业科技, 42: 107-108.

廖谌婳, 李鹏, 封志明, 等. 2014. 西双版纳橡胶林面积遥感监测和时空变化. 农业工程学报, 30: 170-180.

林建萍. 2016. 浅谈云南森林资源保护与利用. 内蒙古林业调查设计, 39: 21-23, 68.

刘冬梅, 李俊生, 肖能文. 2018. "一带一路"倡议下云南生物遗传资源保护与可持续利用. 环境与可持续发展, 43: 108-111.

刘晓娜, 封志明, 姜鲁光, 等. 2014. 西双版纳土地利用/土地覆被变化时空格局分析. 资源科学, 36: 233-244.

龙荣华, 潘丽云, 浦恩达, 等. 2013. 云南蔬菜产业发展的问题与思考. 中国农学通报, 29: 101-104.

陆琳. 2010. 云南机械化旱作农业的现状与发展. 中国农机化, 5: 19-23.

明庆忠, 童绍玉, 朱晓辉, 等. 2016. 云南地理. 北京: 北京师范大学出版社.

祁苑玲, 周晓琴. 2019. 对云南国土空间开发的思考. 创造, 3: 59-63.

王晓娜, 赵艳君, 李宜繁. 2019. 云南生物多样性和生物物种资源保护创新发展的思考. 科技经济导刊, 27: 82, 107.

武方圆, 黄宇鹏, 李国杰. 2014. 云南省可再生能源开发战略研究. 云南水力发电, 30: 21-24, 55.

叶艳萍, 王卫清, 樊建麟, 等. 2020. 云南省高原特色农业产业集群竞争力的现状及演进——基于 16 州 (市)37 个农业产业 2002—2017 年数据分析. 湖南农业科学, 4: 91-96.

张佩芳, 赫维人, 何祥, 等. 1999. 云南西双版纳森林空间变化研究. 地理学报, 54: 139-145.

张信宝, 陈玉德. 1997. 云南元谋干热河谷区不同岩土类型荒山植被恢复研究. 应用与环境生物学报, 3: 13-18.

张泽军. 2008. 云南省岩溶地区生态修复与草地畜牧业发展的思考. 草业科学, 25: 87-92.

张治军, 李华, 刘绍娟, 等. 2020. 刍议西南生态安全屏障战略下云南生物多样性保护对策. 林业建设, 4: 34-38.

郑进烜, 吴霞, 华朝朗, 等. 2014. 自然保护区在建设生态文明和美丽云南中的地位与作用. 林业调查规划, 39: 51-53, 79.

周桂华, 杨子汉. 2014. 2013 年云南主要自然灾害灾情综述. 灾害学, 29: 148-155.

Ahlheim M, Borger T, Fror O. 2015. Replacing rubber plantations by rain forest in Southwest China-who would gain and how much? Environmental Monitoring and Assessment, 187: 3.

Frayer J, Muller D, Sun Z L, et al. 2014. Processes Underlying 50 Years of Local Forest- Cover Change in Yunnan, China. Forests, 5: 3257-3273.

Hennig T, Wang W L, Feng Y, et al. 2013. Review of Yunnan's hydropower development. Comparing small and large hydropower projects regarding their environmental implications and socio-economic consequences. Renewable & Sustainable Energy Reviews, 27: 585-595.

Li H M, Aide T M, Ma Y X, et al. 2007. Demand for rubber is causing the loss of high diversity rain forest in SW China. Biodiversity and Conservation, 16: 1731-1745.

Li R Q, Dong M, Peng H, et al. 2006. Agricultural expansion in Yunnan Province and its environmental consequences. Chinese Science Bulletin, 51: 136-142.

Liu Z Y, Wang B, Zhao Y S, et al. 2019. Effective Monitoring and Evaluation of Grain for Green Project in the Upper and Middle Reaches of the Yangtze River. Polish Journal of Environmental Studies, 28: 729-738.

Plieninger T, Draux H, Fagerholm N, et al. 2016. The driving forces of landscape change in Europe: A systematic review of the evidence. Land Use Policy, 57: 204-214.

Tan J B, Li A N, Lei G B, et al. 2019. A SD-MaxEnt-CA model for simulating the landscape dynamic of natural ecosystem by considering socio-economic and natural impacts. Ecological Modelling, 410: 108783.

Xu W H, Qin Y W, Xiao X M, et al. 2018. Quantifying spatial-temporal changes of tea plantations in complex landscapes through integrative analyses of optical and microwave imagery. International Journal of Applied Earth Observation and Geoinformation, 73: 697-711.

Zhang Z M, Wang B, Buyantuev A, et al. 2019. Urban agglomeration of Kunming and Yuxi cities in Yunnan, China: the relative importance of government policy drivers and environmental constraints. Landscape Ecology, 34: 663-679.

第12章 西藏自治区土地利用/覆被变化

西藏自治区简称"藏"，地处我国西南部，地理范围介于 26°52′～36°32′N，78°24′～99°06′E。西藏自治区总面积超过 120 万 km²，约占我国陆地总面积的 1/8，仅次于新疆维吾尔自治区。西藏自治区北部以昆仑山、唐古拉山为界，与新疆维吾尔自治区、青海省相邻；东以金沙江为界和四川省相望；东南部在横断山区与云南省相连；西部和南部以喜马拉雅山为界与印度、尼泊尔、不丹、缅甸等国接壤（图 1.2）。

西藏自治区地势由西北向东南倾斜，平均海拔超过 4000m，是青藏高原的主体部分，素有"世界屋脊"之称。西藏自治区地形复杂，可大致划分为三大地理单元：北部是藏北高原，位于昆仑山、唐古拉山和冈底斯山、念青唐古拉山之间；在冈底斯山和喜马拉雅山之间，即雅鲁藏布江及其支流流经的地方，是藏南谷地；藏东是高山峡谷区，为一系列由东西走向逐渐转为南北走向的高山深谷，系横断山脉的一部分。西藏自治区境内拥有海拔超过 7000m 的高峰 50 多座，超过 8000m 高峰 11 座。西藏自治区也是南亚、东南亚的"江河之源"，被称为"亚洲的水塔"。西藏高原复杂多样的地形地貌，形成了独特的高原气候，空气稀薄，日照充足，气温较低，降水较少，年平均最高气温–3～12℃，年降水量自东南向西北递减（古格.其美多吉，2013）。

西藏自治区下辖 6 个地级市（拉萨市、日喀则市、昌都市、林芝市、山南市、那曲市）和 1 个地区（阿里地区）。

截至 2015 年，西藏自治区常住人口 323.97 万人，其中，城镇人口 89.87 万人，乡村人口 234.10 万人。全年人口出生率为 15.75‰，死亡率为 5.10‰，人口自然增长率为10.65‰。西藏自治区 2015 年实现地区生产总值 1026.39 亿元，在全国排名 31。按产业分，第一产业增加值 96.89 亿元；第二产业增加值 376.19 亿元；第三产业增加值 553.31亿元。三次产业结构比为 9.4∶36.7∶53.9。全区人均地区生产总值达到 31999 元，低于全国平均水平（49228.73 元）。

12.1 西藏自治区 2015 年土地利用/覆被现状

以西藏自治区土地利用/覆被遥感监测数据集为基准，图 12.1 展示了西藏自治区局部区域 2015 年土地利用/覆被空间分布格局，西藏自治区全域 2015 年土地利用/覆被空间分布格局见附图 1。整体来看，藏北高原以草地和稀疏植被为主，其间分布了数量众多的高原湖泊；雅鲁藏布江谷地是西藏自治区耕地和人工表面分布最为集中的区域；藏东横断山区和藏南的喜马拉雅山东段分布了大片的森林。

据遥感监测数据统计，西藏自治区 2015 年各土地利用/覆被类型的面积及其所占比例如表 12.1 所示。草地是西藏自治区面积最大的土地利用/覆被类型，总面积 854654.03km²，

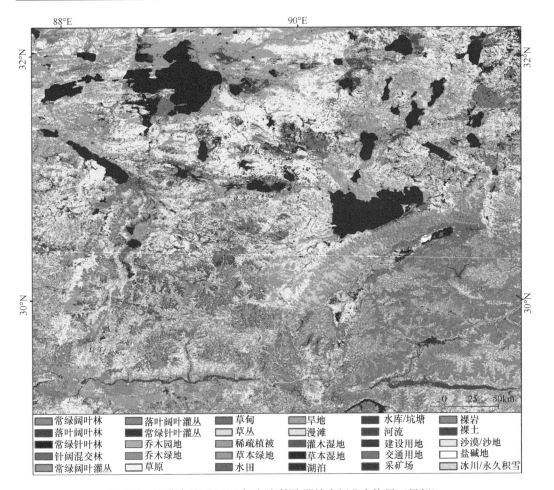

图 12.1　西藏自治区 2015 年土地利用/覆被空间分布格局（局部）

表 12.1　西藏自治区 2015 年土地利用/覆被结构

一级类别	面积/km²	比例/%	二级类别	面积/km²	占一级类面积比例/%
			常绿阔叶林	8553.53	5.09
			落叶阔叶林	399.19	0.24
			常绿针叶林	73436.21	43.74
			针阔混交林	2370.59	1.41
林地	167892.18	13.96	常绿阔叶灌丛	10054.05	5.99
			落叶阔叶灌丛	69270.17	41.26
			常绿针叶灌丛	3792.43	2.26
			乔木园地	2.15	0.00
			乔木绿地	13.86	0.01
			草原	348672.25	40.80
			草甸	113516.45	13.28
草地	854654.03	71.07	草丛	3.12	0.00
			稀疏植被	392459.89	45.92
			草本绿地	2.32	0.00

续表

一级类别	面积/km²	比例/%	二级类别	面积/km²	占一级类面积比例/%
耕地	5823.65	0.48	水田	230.67	3.96
			旱地	5592.98	96.04
湿地	61435.22	5.11	灌木湿地	377.72	0.62
			草本湿地	18796.56	30.60
			湖泊	32408.81	52.75
			水库/坑塘	106.32	0.17
			河流	3231.12	5.26
			漫滩	6514.69	10.60
人工表面	899.83	0.08	建设用地	345.65	38.41
			交通用地	543.62	60.41
			采矿场	10.56	1.18
其他	111794.31	9.30	裸岩	38410.25	34.36
			裸土	41830.66	37.42
			沙漠/沙地	141.84	0.13
			盐碱地	4439.23	3.97
			冰川/永久积雪	26972.33	24.12

占比达到 71.07%。林地总面积 167892.18km²，占比 13.96%。湿地总面积 61435.22km²，占自治区总面积的 5.11%。耕地和人工表面面积占比均不超过 1%，其总面积分别为 5823.65km² 和 899.83km²。其他类型（冰川/永久积雪、裸岩、裸土等）总面积 111794.31km²，约占西藏自治区总面积的 9.30%。

草地是畜牧业的基础，超过 70% 的草地面积奠定了畜牧业在西藏自治区国民经济结构中的主导地位。草地以草原（覆盖度 $C \geqslant 0.2$，湿润指数 $K<1$）和稀疏植被（$0.04 \leqslant$ 覆盖度 $C<0.2$）为主，其面积分别占草地总面积的 40.80% 和 45.92%，草甸（覆盖度 $C \geqslant 0.2$，湿润指数 $K \geqslant 1$）面积占比仅为 13.28%。草原和稀疏植被主要分布在以藏北高原为主体的半干旱和干旱气候区，草甸主要分布在西藏东部的半湿润气候区。

西藏自治区的林地主要分布在藏东的横断山区和喜马拉雅山东段。林地中常绿针叶林和落叶阔叶灌丛面积占比最大，分别占林地总面积的 43.74% 和 41.26%。其中，常绿针叶林主要分布在西藏自治区东南部雅鲁藏布江及其支流的两岸；落叶阔叶灌丛在高原面上广泛分布。

西藏自治区湿地中湖泊和草本湿地的面积占比最大，分别达到 52.75% 和 30.60%。其中湖泊集中分布在由冈底斯山、唐古拉山围成的藏北高原腹地；草本湿地在藏东地区广泛分布，尤其那曲地区分布最为集中。

西藏自治区境内的其他类型包括裸土、裸岩、冰川/永久积雪等，主要分布在海拔超过 5000m 的区域，其面积分别占其他类型总面积的 34.36%、37.42% 和 24.12%。

12.2　西藏自治区各市/地区土地利用/覆被结构特征

据遥感监测数据统计，西藏自治区各市/地区土地利用/覆被结构如表 12.2 所示。

表 12.2 西藏自治区各市/地区 2015 年土地利用/覆被结构 （单位：km^2）

一级类型	二级类型	拉萨市	日喀则市	昌都市	林芝市	山南市	那曲市	阿里地区
林地	常绿阔叶林	1.35	105.20	364.04	3394.17	4674.74	14.03	0.00
	落叶阔叶林	0.16	20.56	43.84	183.39	151.08	0.00	0.16
	常绿针叶林	0.62	1414.46	11299.10	40466.94	19749.56	477.07	28.45
	针阔混交林	0.00	5.51	171.20	910.42	1283.46	0.00	0.00
	常绿阔叶灌丛	35.33	1280.44	1254.85	4564.57	1807.64	1109.94	1.28
	落叶阔叶灌丛	4931.76	11052.52	17320.46	17628.66	5966.43	5121.86	7248.47
	常绿针叶灌丛	0.00	621.06	766.18	2287.69	27.83	7.20	82.46
	乔木园地	0.64	0.00	0.00	0.20	1.31	0.00	0.00
	乔木绿地	8.09	0.75	0.03	0.00	4.98	0.00	0.00
草地	草原	5996.12	42023.93	35670.87	19982.44	17518.69	134817.37	92662.83
	草甸	7679.05	16448.30	20277.63	5055.65	5547.41	43665.65	14842.76
	草丛	0.00	0.00	2.10	1.02	0.00	0.00	0.00
	稀疏植被	6318.16	58119.32	7619.18	6581.54	8124.97	145278.92	160417.82
	草本绿地	2.27	0.05	0.00	0.00	0.00	0.00	0.00
耕地	水田	0.00	0.00	4.49	108.05	118.13	0.00	0.00
	旱地	693.85	1186.39	1404.13	1160.81	1001.67	125.25	20.87
湿地	灌木湿地	0.91	117.54	15.19	79.48	35.69	120.72	8.19
	草本湿地	458.24	2941.58	207.30	1.07	322.28	9541.92	5324.17
	湖泊	804.21	1601.67	132.31	215.35	1054.79	18916.57	9683.92
	水库/坑塘	50.68	0.67	0.00	37.15	3.71	10.97	3.14
	河流	114.74	516.52	263.89	417.36	356.46	1219.25	342.90
	漫滩	64.10	517.90	41.26	111.48	264.62	3957.66	1557.67
人工表面	建设用地	118.24	72.95	16.58	28.99	38.55	40.00	30.33
	交通用地	50.59	59.92	57.84	50.37	26.56	183.01	115.32
	采矿场	3.01	0.00	1.94	3.08	2.37	0.06	0.10
其他	裸岩	1041.39	7940.49	7806.85	6197.10	1903.28	8164.87	5356.27
	裸土	451.92	9545.20	4428.99	4207.48	2328.41	13599.09	7269.56
	沙漠/沙地	0.69	29.66	1.87	53.17	54.45	2.00	0.00
	盐碱地	2.05	237.19	0.00	0.00	40.28	1238.36	2921.34
	冰川/永久积雪	643.36	4628.82	3233.33	2209.31	2332.58	3873.34	10051.59
合计		29471.53	160488.60	112405.50	115936.90	74741.93	391485.10	317969.60

拉萨市的土地利用/覆被结构中草地是主体，总面积 19995.60km^2，占比 67.85%。草地中草甸面积（7679.05km^2，占草地面积 38.40%）稍大于草原面积（5996.12km^2，占草地面积 29.99%）和稀疏植被面积（6318.16km^2，占草地面积 31.60%）。林地总面积4977.96km^2，占比为 16.89%，几乎全是落叶阔叶灌丛（4931.76km^2，占林地面积 99.07%）。湿地面积 1492.89km^2，占比 5.07%，湖泊（804.21km^2，占湿地面积 53.87%）和草本湿地（458.24km^2，占湿地面积 30.69%）是主体。耕地总面积 693.85km^2，占比 2.35%，全部为旱地。人工表面面积 171.85km^2，占比 0.58%。其他类型总面积 2139.42km^2，占比7.26%，以裸岩（占其他类型面积 48.68%）、裸土（占其他类型面积 21.12%）和冰川/永久积雪（占其他类型面积 30.07%）为主。

日喀则市草地总面积 116591.59km²，占比 72.65%。草地中稀疏植被面积（58119.32km²，占草地面积 49.85%）大于草原面积（42023.93km²，占草地面积 36.04%）和草甸面积（16448.30km²，占草地面积 14.11%）。林地总面积 14500.51km²，占比 9.04%，以落叶阔叶灌丛为主（11052.52 km²，占林地面积 76.22%）。湿地总面积 5695.88km²，占比 3.55%，草本湿地（2941.58km²，占湿地面积 51.64%）和湖泊（1601.67km²，占湿地面积 28.12%）在湿地中的比重较大。其他类型总面积 22381.37km²，占比 13.95%，裸土（占其他类型面积 42.65%）和裸岩（占其他类型面积 35.48%）面积相对较大。

昌都市草地总面积 63569.78km²，占比 56.55%，草原（35670.87km²，占草地面积 56.11%）和草甸（20277.63km²，占草地面积 31.90%）是主体，稀疏植被面积相对较小（7619.18km²，占草地面积 11.99%）。林地面积 31219.71km²，占比 27.77%，常绿针叶林（11299.10km²，占林地面积 36.19%）和落叶阔叶灌丛（17320.46km²，占林地面积 55.48%）面积最大。耕地总面积 1408.62km²，占比 1.25%，几乎为旱地（99.68%）。其他类型总面积 15471.03km²，占比 13.76%，裸岩（占其他类型面积 50.46%）、裸土（占其他类型面积 28.63%）和冰川/永久积雪（占其他类型面积 20.90%）面积相对较大。

林芝市林地总面积 69436.03km²，占比 59.89%。常绿针叶林（40466.94km²，占林地面积 58.28%）和落叶阔叶灌丛（17628.66km²，占林地面积 25.39%）是面积最大的两种林地类型。草地总面积 31620.65km²，占比 27.27%，以草原（19982.44km²，占草地面积 63.19%）为主，草甸（5055.65km²，占草地面积 15.99%）和稀疏植被（6581.54km²，占草地面积 20.81%）次之。耕地总面积 1268.85km²，占比 1.09%，主要为旱地（占耕地面积 91.48%），水田面积 108.05km²（占耕地面积 8.52%）。其他类型总面积 12667.06km²，占比 10.93%，裸岩（占其他类型面积 48.92%）和裸土（占其他类型面积 33.22%）占比较大，冰川/永久积雪（占其他类型面积 17.44%）的分布面积相对较广。

山南市林地总面积 33667.04km²，占比 45.04%，以常绿针叶林（19749.56km²，占林地面积 58.66%）为主。草地总面积 31191.06km²，占比 41.73%，以草原（17518.69km²，占草地面积 56.17%）为主，稀疏植被（8124.97km²，占草地面积 26.05%）次之。湿地总面积 2037.55km²，占比 2.73%，湖泊是其主体，面积 1054.79km²（占湿地面积 51.77%）。耕地总面积 1119.80km²，占比 1.50%，旱地是主体（1001.67km²，占耕地面积 89.45%），但也有少量水田分布（118.13km²，占耕地面积 10.55%）。其他类型面积 6659.00km²，占比 8.91%，以冰川/永久积雪（占其他类型面积 35.03%）、裸土（占其他类型面积 34.97%）和裸岩（占其他类型面积 28.58%）为主。

那曲市草地面积 323761.93km²，占比 82.70%，稀疏植被（145278.92km²，占草地面积 44.87%）和草原（134817.37km²，占草地面积 41.64%）是面积最大的两种草地类型，草甸分布也较为广泛，面积 43665.65km²（占草地面积 13.49%）。湿地总面积 33767.07km²，占比 8.63%，湖泊（18916.57km²，占湿地面积 56.02%）和草本湿地（9541.92km²，占湿地面积 28.26%）是其主体，漫滩面积也相对较大（3957.66km²，占湿地面积 11.72%）。其他类型总面积 26877.66km²，占比 6.87%，裸土面积最大（13599.09km²，占其他类型面积 50.60%），裸岩（占其他类型面积 30.38%）和冰川/永久积雪（占其他类型面积 14.41%）次之。

阿里地区草地面积 267923.41km^2，占比 84.26%。稀疏植被（160417.82km^2，占草地面积 59.87%）和草原（92662.83km^2，占草地面积 34.59%）是最主要的草地类型。其他类型总面积 25598.76km^2，占比 8.05%，其中，冰川/积雪面积最大，10051.59km^2（占其他类型面积 39.27%），裸土（占其他类型面积 28.40%）和裸岩（占其他类型面积 20.92%）次之。湿地总面积 16919.99km^2，占比 5.32%，以湖泊（9683.92km^2，占湿地面积 57.23%）和草本湿地（5324.17km^2，占湿地面积 31.47%）为主。

12.3　西藏自治区土地利用/覆被地形分布特征

12.3.1　西藏自治区土地利用/覆被垂直分布特征

1. 总体特征

西藏自治区海拔高低悬殊，珠穆朗玛峰海拔达到 8848m，是世界第一高峰，藏东南雅鲁藏布江河谷，海拔仅 100m 左右，两者相差 8600m 以上。巨大的高差导致西藏自治区的土地利用/覆被类型随着海拔的变化形成了显著的垂直地带性特征，图 12.2 展现了西藏自治区不同海拔梯度上土地利用/覆被类型的组成结构。在海拔低于 3000m 的地区，林地是最主要的土地利用/覆被类型，面积占比超过 90%。在海拔超过 3000m 的区域，随着海拔升高，林地的面积占比逐步下降，在海拔 6500m 以上的区域仅有少量的林地分布，主要为灌木林地。草地所占面积比例，从海拔 3000~3500m 时的 19.07%，攀升到海拔 4500~5000m 时的 82.81%。海拔 6000m 以上的区域，植被覆盖区范围较小，主要以裸岩、裸土和冰川/永久积雪等其他类型为主，其面积占比超过 90%。

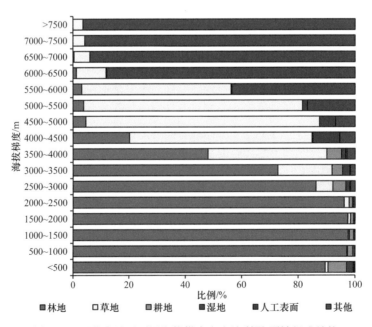

图 12.2　西藏自治区不同海拔梯度上土地利用/覆被组成结构

2. 典型土地利用/覆被类型垂直分布特征

图 12.3 展示了西藏自治区典型土地利用/覆被类型的空间分布与海拔之间的关系。随着海拔的增加，土地利用/覆被类型也展现出垂直地带性特征，从低到高依次分布着：常绿阔叶林、常绿针叶林、旱地、常绿阔叶灌丛（落叶阔叶灌丛）、草甸（草原）、稀疏植被、裸岩（裸土）、冰川/永久积雪。

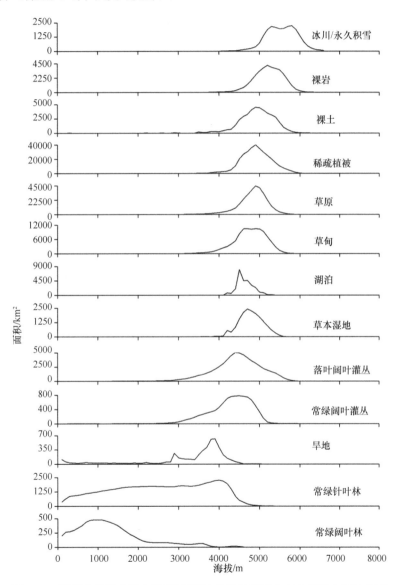

图 12.3　西藏自治区典型土地利用/覆被类型的空间分布与海拔之间的关系

林地中，常绿阔叶林在 3600m 以下区域分布广泛，约占常绿阔叶林总面积的98.34%，其中，1900m 以下区域分布最为集中（面积占比 82.56%）。常绿针叶林分布在4500m 以下的区域内（面积占比 98.89%）。常绿阔叶灌丛主要分布在 3700～5000m 海拔梯度带内（面积占比 87.82%）。落叶阔叶灌丛在 3700～5400m 分布最为集中（面积占比 86.38%）。

西藏自治区的旱地在海拔低于 4500m 的区域均有分布，其中海拔 3500～4100m 的区域分布最集中（面积占比 56.83%）。

西藏自治区的湖泊集中分布在 4200～5100m 的海拔梯度带内（面积占比 97.84%），草本湿地则主要分布在海拔 4200～5300m 的区域内（面积占比 95.93%）。

草地中，草原主要分布在 4300～5400m 海拔梯度带内（面积占比 90.84%），其中，4700～5100m 是其分布的核心区（面积占比 59.40%）。草甸主要分布在 4100～5400m 的海拔梯度带内（面积占比 92.45%），其中，4600～5000m 是其分布的核心区（面积占比 48.63%）。稀疏植被主要分布在 4400～5600m 海拔梯度带内（面积占比 91.82%），其中，4700～5100m 是其分布的核心区（面积占比 51.03%）。

裸岩集中分布在 4600～5800m 的海拔梯度带内（面积占比 93.02%），裸土集中分布在 4400～5600m 的海拔梯度内（面积占比 90.24%）。冰川/永久积雪在海拔高于 4300m 的区域均有分布，其中 5000～6000m 分布面积最广（面积占比 89.45%）。

12.3.2 西藏自治区土地利用/覆被坡度分异特征

1. 总体特征

参照《土地利用现状调查技术规程》中的坡度分级方案，得到如图 12.4 所示的西藏自治区各坡度带土地利用/覆被结构特征。整体来看，草地是各个坡度带内面积占比最大的土地利用/覆被类型，占比均超过 50%。其中，坡度介于 2°～6°的区域，草地的面积占比最大，达到了 85.74%。湿地在坡度小于 2°的平坦地区集中分布，约占湿地总面积的 69.37%。人工表面集中分布在坡度小于 6°的区域，约占人工表面总面积的 75.96%。

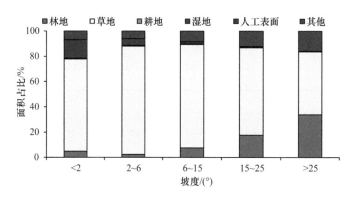

图 12.4 西藏自治区各坡度带土地利用/覆被组成结构

2. 典型土地利用/覆被类型坡度分异特征

图 12.5 展示了西藏自治区几个典型土地利用/覆被类型的坡度分异特征。林地中常绿阔叶林和常绿针叶林的坡度分布峰值在 30°左右[图 12.5（a）、（b）]，而落叶阔叶灌丛

的坡度分布峰值在 25°～30° [图 12.5（c）]。低于 25°的区域，林地易受人类活动的影响；高于 25°的各个坡度带，虽然随着坡度增加林地所占的比例不断上升，但各坡度带的面积基数不断下降，导致林地的绝对面积也不断减少。

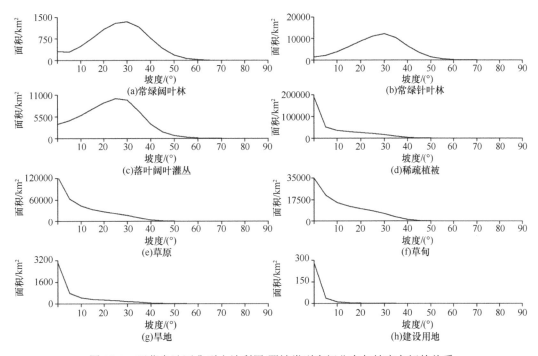

图 12.5　西藏自治区典型土地利用/覆被类型空间分布与坡度之间的关系

西藏自治区草地中，草甸、草原和稀疏植被均主要分布在坡度小于 40°的区域，其面积分别占各草地类型总面积的 97.96%、97.69%和 98.53%[图 12.5（d）～（f）]。随着坡度的增加，各草地类型的比例不断下降。

西藏自治区的旱地在坡度小于 40°的区域均有分布（面积占比 97.61%），呈现出随坡度增加面积比例下降的趋势[图 12.5（g）]。建设用地集中分布在 5°以下的区域（面积占比 80.98%）[图 12.5（h）]，坡度越高，建设用地分布越少。

12.3.3　西藏自治区土地利用/覆被坡向分异特征

图 12.6 展示了西藏自治区典型土地利用/覆被类型在各个坡向上的分布状况。常绿阔叶林主要分布在阳坡（面积占比 40.86%）和半阳坡（面积占比 35.74%）[图 12.6（a）]。常绿针叶林主要分布在阴坡（面积占比 29.64%）和半阴坡（面积占比 26.26%）[图 12.6（b）]。常绿阔叶灌丛主要生长在阴坡（面积占比 28.24%）和半阳坡（面积占比 26.44%）[图 12.6（c）]，落叶阔叶灌丛也主要生长在阴坡（面积占比 29.24%）和半阴坡（面积占比 27.11%）[图 12.6（d）]。草甸、草原和稀疏植被均为一年生草本植被，在西藏自治区没有明显的坡向分布偏好[图 12.6（e）～（g）]。冰川/永久积雪更多分布在阴坡（面积占比 34.65%）[图 12.6（h）]。

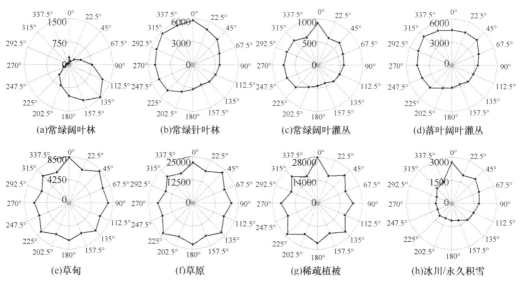

图 12.6　西藏自治区典型土地利用/覆被类型的空间分布与坡向之间的关系

12.4　西藏自治区 1990～2015 年土地利用/覆被变化总体特征

1. 土地利用/覆被变化空间分布特征

以西藏自治区 1990～2015 年 5 期土地利用/覆被遥感监测数据集为基础,分析了西藏自治区土地利用/覆被变化总体特征(图 12.7 和附图 2)。据遥感监测数据统计,1990～2015 年西藏自治区土地利用/覆被变化面积 10663.19km²,约占西藏自治区总面积的0.89%,年均土地利用/覆被变化率为 0.04%。

1990～2015 年西藏自治区土地利用/覆被变化集中分布在藏北高原腹地、喜马拉雅山系东段的低海拔地区以及雅鲁藏布江河谷地区。藏北高原土地利用/覆被变化以湖泊面积扩张为主。喜马拉雅山系东段的土地利用/覆被变化类型主要是林地和耕地之间的快速转变。此外,青藏铁路、拉萨-林芝高速公路、拉萨-日喀则铁路等交通用地占用则是人类活动导致的土地利用/覆被变化在西藏自治区的另外一个典型表现。

西藏自治区绝大部分区域 1990～2015 年 1km 格网土地利用/覆被动态变化率不高。动态变化率大于 90%的区域仅占西藏自治区全域的 0.17%,集中分布在藏北高原(以湖泊扩张为主)。动态变化率超过 50%的区域仅占 0.48%,98.26%区域的土地利用/覆被动态变化率低于 10%。

2. 土地利用/覆被变化矩阵

表 12.3 展示了西藏自治区 1990～2015 年土地利用/覆被变化矩阵。25 年间西藏自治区最主要的土地利用/覆被变化类型是草地转变为湿地(3571.22km²)、其他类型转变为湿地(2812.67km²)、湿地转变为草地(697.88km²)、湿地内部变化(567.58km²)和林地转变为耕地(550.95km²),占全部变化的 76.90%。

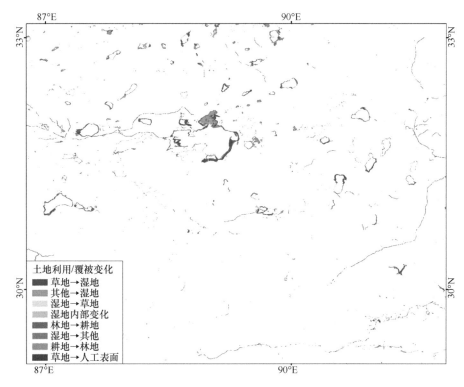

图 12.7　西藏自治区 1990～2015 年土地利用/覆被变化空间分布（局部）

表 12.3　西藏自治区 1990～2015 年土地利用/覆被变化矩阵　（单位：km²）

2015 年 1990 年	林地	草地	耕地	湿地	人工表面	其他	合计
林地	107.78	63.72	550.95	17.20	83.54	42.37	865.56
草地	79.67	230.21	46.80	3571.22	300.01	223.75	4451.66
耕地	307.16	9.94	9.03	18.40	73.63	0.96	419.12
湿地	5.55	697.88	11.96	567.58	16.78	356.95	1656.70
人工表面			0.36	0.27	17.95		18.58
其他	17.54	214.76	8.76	2812.67	18.31	179.53	3251.57
合计	517.70	1216.51	627.86	6987.34	510.22	803.56	10663.19

　　25 年间，西藏自治区林地新增 517.70km²，减少 865.56km²，净减少 347.86km²，林地的变化主要发生在藏南森林集中分布区，新增的林地主要来源于耕地（307.16km²，占比 59.33%），而减少的林地也主要转变为耕地（550.95km²，占比 63.65%）。草地 25 年间增加 1216.51km²，减少了 4451.66km²，净减少 3235.15km²，减少的草地主要位于高原湖泊扩张区，总面积 3571.22km²，占草地减少面积的 80.22%。耕地 25 年间增加 627.86km²，减少 419.12km²，净增加 208.74km²，其变化与林地的变化相呼应。25 年间，西藏自治区湿地新增 6987.34km²，减少 1656.70km²，净增加 5330.64km²，主要位于藏北高原腹地。新增的湿地主要淹没了草地（3571.22km²，占比 51.11%）和其他类型（2812.67km²，占比 40.25%）。人工表面 25 年间增加 510.22km²，减少 18.58km²，净增

加491.64km²,以建设用地和基础交通设施的增加为主。其他类型25年间增加803.56km²,减少3251.57km²,净减少2448.01km²,其他类型的变化也主要发生在高原湖泊扩张区,主要转变为湿地（占比86.50%）。

3. 各土地利用/覆被类型的动态变化率

据遥感监测数据统计,西藏自治区1990~2015年各土地利用/覆被类型的动态变化率如图12.8所示。人工表面虽然25年间仅增加了491.64km²,其面积变化的绝对值小于林地、耕地和其他类型,但其面积基数小,其动态变化率最大,达到120.44%。湿地25年间新增了5330.64km²,主要来源于湖泊面积的扩张,其动态变化率次之,达到了10.75%。西藏自治区耕地面积变化的绝对值和耕地的面积基数均较小,其动态变化率为3.72%。其他类型变化面积达到了2448.01km²,其动态变化率为2.03%。草地虽然变化面积达到3235.15km²,但其面积基数最大,导致其动态变化率相对较小,仅为0.38%。林地面积变化的绝对值和面积基数均较小,其动态变化率为0.20%。

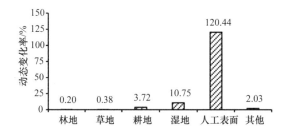

图12.8　西藏自治区1990~2015年各土地利用/覆被类型动态变化率

西藏自治区25年间各土地利用/覆被一级类型的面积变化趋势如图12.9所示。林地面积25年间变化不显著。草地面积25年间呈下降趋势,其中,2000~2005年和2010~2015年,草地下降速率最快,年均分别下降255.77km²和282.07km²。耕地

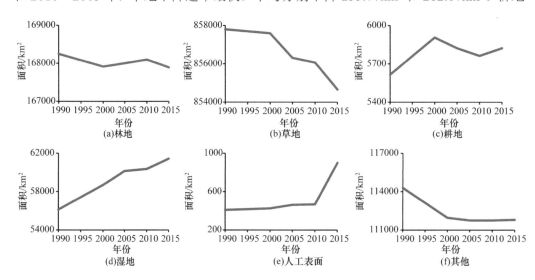

图12.9　西藏自治区近25年间土地利用/覆被一级类型面积变化趋势

25 年间，面积呈波动上升趋势。西藏自治区湿地面积 25 年间呈增加趋势，除 2005～2010 年之外，其余各个时期湿地面积增加速率均超过 200km^2/a。25 年间，西藏自治区人工表面面积也呈增加的趋势，2010～2015 年，西藏自治区人工表面面积快速增长，年均增加 86.69km^2。

12.5　西藏自治区 1990～2015 年不同时期土地利用/覆被变化特征

图 12.10 展示了西藏自治区 1990～2015 年不同时期土地利用/覆被年动态变化率。1990～2000 年西藏自治区土地利用/覆被年动态变化率为 0.03%，自 2000 年以来，西藏自治区土地利用/覆被年动态变化率开始增加，2000～2005 年土地利用/覆被年动态变化率增加到 0.04%，2005 年后又有所下降，降到 0.03%，最近的 5 年（2010～2015 年）再次升高到 0.05%，成为西藏自治区 25 年间土地利用/覆被年动态变化最快的时期。各时期土地利用/覆被动态变化详细特征及其变化原因见 12.5.1～12.5.4 节的分析。

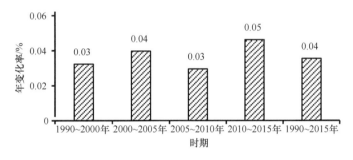

图 12.10　西藏自治区不同时期土地利用/覆被年动态变化率对比

12.5.1　西藏自治区 1990～2000 年土地利用/覆被变化特征

1990～2000 年西藏自治区土地利用/覆被总变化面积 3881.05km^2，变化矩阵如表 12.4 所示。该时段西藏自治区最主要的土地利用/覆被变化类型包括其他类型→湿地（2154.55km^2）、草地→湿地（552.59km^2）、林地→耕地（385.26km^2）、其他类型→草地（243.18km^2）和湿地→草地（107.36km^2），占变化总面积的 88.71%。在全球气候变暖的背景下，青藏高原区域气温升温的速率是全球平均升温速率的 2 倍（Yao，2019），气温升高加速部分冰川的消融，再加之近年来青藏高原的降水量也有所增加（Wu et al.，2007），均为湖泊提供了充足的补给，从而使湿地面积不断增加（Zhang et al.，2017）。虽然整体上，1990～2000 年西藏自治区湿地呈增长的趋势，但局部区域（如雅鲁藏布江河谷），湿地萎缩仍然存在，湿地萎缩主要与局部区域降水减少和蒸散增加有关（除多等，2012）。在西藏东南部，受原始耕作方式的限制，有不少区域砍伐原始森林以获取耕地和木材，从而导致 385.26km^2 的林地转变为耕地（杨春艳等，2015）。

表 12.4　西藏自治区 1990～2000 年土地利用/覆被变化矩阵　　（单位：km²）

1990 年 ＼ 2000 年	林地	草地	耕地	湿地	人工表面	其他	合计
林地	31.15	29.37	385.26	6.82	0.25	11.22	464.07
草地	4.85	36.97	1.01	552.59	3.58	25.64	624.64
耕地	80.46	1.90		4.90	12.53	0.05	99.84
湿地	1.22	107.36	0.91	43.01	0.19	29.34	182.03
其他	9.82	243.18	3.42	2154.55	0.04	99.46	2510.47
合计	127.50	418.78	390.60	2761.87	16.59	165.71	3881.05

12.5.2　西藏自治区 2000～2005 年土地利用/覆被变化特征

2000～2005 年西藏自治区土地利用/覆被总变化面积 2387.26km²，年动态变化率高于前十年土地利用/覆被的年动态变化率，变化矩阵如表 12.5 所示。草地→湿地（1391.84km²）、其他类型→湿地（283.74km²）和湿地→草地（151.97km²）仍然是该时期最主要的土地利用/覆被变化类型，占变化总面积的 76.21%。另外，耕地→林地（143.80km²）的面积也较大。与前十年相比，该时期土地利用/覆被的典型变化仍然是湿地的扩张，仅在转入和转出的面积和占比上有所不同。藏东南区域与前 10 年相比，森林砍伐的幅度下降，但耕地转变为林地（弃耕后林地自然恢复）的面积有所上升。

表 12.5　西藏自治区 2000～2005 年土地利用/覆被变化矩阵　　（单位：km²）

2000 年 ＼ 2005 年	林地	草地	耕地	湿地	人工表面	其他	合计
林地	43.42	15.82	58.17	0.42	0.83	12.48	131.14
草地	21.20	50.27	2.72	1391.84	30.11	8.73	1504.87
耕地	143.80	5.11	0.14	1.71	6.31	0.05	157.12
湿地	3.79	151.97	9.25	66.93	0.00	62.76	294.70
其他	6.00	2.86	3.99	283.74	0.04	2.80	299.43
合计	218.21	226.03	74.27	1744.64	37.29	86.82	2387.26

12.5.3　西藏自治区 2005～2010 年土地利用/覆被变化特征

2005～2010 年西藏自治区土地利用/覆被总变化面积 1772.91km²，与 2000～2005 年相比，总变化面积有所下降，变化矩阵如表 12.6 所示。草地→湿地（641.03km²）、湿地→草地（431.31km²）、草地内部变化（144.35km²）、湿地内部变化（120.37km²）和湿地→其他类型（101.92km²）是该时期最主要的土地利用/覆被变化类型，占变化总面积的 81.16%。与前两个阶段不同的是，草地、湿地内部的转变面积逐步增加。草地内部的转变与该时期人类活动增加有一定关系，特别是放牧强度的增加，导致部分草原和草甸退化，并逐步演变为稀疏植被。湿地内部的变化主要是湖泊和草本湿地之间的变化。

表 12.6 西藏自治区 2005～2010 年土地利用/覆被变化矩阵 （单位：km²）

2005 年 ＼ 2010 年	林地	草地	耕地	湿地	人工表面	其他	合计
林地	15.21	11.20	26.49	0.00	0.15	0.10	53.15
草地	51.87	144.35	3.94	641.03	1.72	14.63	857.54
耕地	79.73	3.72	0.00	5.00	2.66	0.22	91.33
湿地	0.89	431.31	0.88	120.37	0.00	101.92	655.37
其他	1.75	12.56	0.00	95.98	0.00	5.23	115.52
合计	149.45	603.14	31.31	862.38	4.53	122.10	1772.91

12.5.4 西藏自治区 2010～2015 年土地利用/覆被变化特征

2010～2015 年西藏自治区土地利用/覆被总变化面积 2546.52km²，高于 2000～2005 年和 2005～2010 年的土地利用/覆被变化面积，但低于 1990～2000 年的土地利用/覆被变化面积，变化矩阵如表 12.7 所示。草地→湿地（992.10km²）、其他类型→湿地（300.15km²）、草地→人工表面（264.63km²）、草地→其他类型（176.47km²）、湿地→其他类型（171.28km²）、湿地内部变化（108.64km²）是该时期最主要的土地利用/覆被变化类型，占总变化面积的 79.06%。与之前 20 年相比，湿地扩张仍然是该时期最具代表性的土地利用/覆被变化类型，草地和其他类型仍然是湿地扩张所侵占的主要土地利用/覆被类型。人类活动在该时期有进一步增强的趋势，城镇化开始加速，拉萨-日喀则铁路、拉萨-林芝公路的修建，以及一系列牧民定居工程的实施促使 264.63km² 的草地转变为人工表面。

表 12.7 西藏自治区 2010～2015 年土地利用/覆被变化矩阵 （单位：km²）

2010 年 ＼ 2015 年	林地	草地	耕地	湿地	人工表面	其他	合计
林地	18.85	13.82	83.25	11.86	82.31	18.71	228.80
草地	1.83	7.06	39.23	992.10	264.63	176.47	1481.32
耕地	4.18	0.06	8.89	7.51	52.31	0.66	73.61
湿地	0.02	47.37	0.93	108.64	16.62	171.28	344.86
人工表面	0.00		0.36	0.27	17.95		18.58
其他	0.01	2.64	1.35	300.15	18.23	76.97	399.35
合计	24.89	70.95	134.01	1420.53	452.05	444.09	2546.52

12.6 西藏自治区 1990～2015 年湖泊变化

纵观西藏自治区 1990～2015 年土地利用/覆被变化，湖泊的变化是其中最显著且最具代表性的变化类型。湖泊作为陆地水圈的组成部分，参与自然界的水分循环，对气候的波动变化极为敏感，是揭示全球气候变化与区域响应的重要信息载体（Yang and Lu，

2014）。西藏自治区是青藏高原的主体，聚集了全球海拔最高、数量最多、面积最大的高原湖泊群（万玮等，2014；Mao et al.，2018）。监测西藏自治区高原湖泊变化，成为研究高原气候环境变化问题的一个重要组成部分（张国庆，2018）。本节以西藏自治区湖泊为对象，以长时间序列土地利用/覆被遥感监测数据集为数据源，系统分析西藏自治区近 25 年（1990~2015 年）湖泊的时空变化特征。

12.6.1　西藏自治区 2015 年湖泊空间分布格局

以西藏自治区 2015 年土地利用/覆被遥感监测数据集为基础，从中提取湖泊这一土地利用/覆被类型，得到西藏自治区湖泊空间分布格局。整体来看，西藏自治区的湖泊分布较为广泛，面积超过 10km^2 的湖泊主要分布在藏北高原腹地，雅鲁藏布江河谷区域也有少量大型湖泊分布。相对来说，藏东的昌都市、林芝市大型湖泊相对较少，但面积小于 1km^2 的湖泊在该区域大量分布，特别是喜马拉雅山脉和念青唐古拉山脉的高山区。

色林错和纳木错是西藏自治区面积最大的两个湖泊。色林错位于申扎、班戈和尼玛 3 县交界处，冈底斯山北麓。纳木错位于西藏自治区中部，南边和东边分别是冈底斯山脉和念青唐古拉山脉，北部是藏北高原。纳木错曾是西藏自治区面积最大的湖泊，自 20 世纪 90 年代以来，色林错面积不断扩大，到 2010 年前后，色林错湖面面积已超越纳木错湖面面积，成为西藏自治区面积最大的湖泊。

从海拔分布来看，西藏自治区绝大部分湖泊分布在 4500~5200m 的海拔梯度范围内（图 12.11），特别是面积超过 100km^2 的大型湖泊在该海拔梯度上分布较为集中，如，色林错湖面海拔约为 4530m；纳木错湖面海拔约为 4718m；扎日南木错湖面海拔约为 4613m；玛旁雍错湖面海拔约为 4588m。究其原因，一方面，西藏自治区平均海拔大于 4000m，高原面上地势相对平坦，四周有高大山体的环绕，有利于湖泊的发育；另一方面，冰川、积雪的消融给湖泊提供了充足的补给来源，从而造就了湖泊在这一海拔梯度广泛广布。

从绝对数量来看，4900~5000m 海拔梯度内分布湖泊的绝对数量最大。5000m 以上区域分布的湖泊绝大部分是中小湖泊，尤以冰川消融形成的冰湖最多（Nie et al.，2017）。

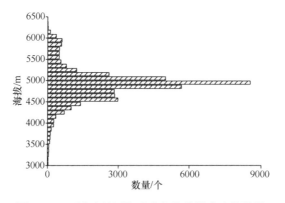

图 12.11　西藏自治区湖泊在各海拔梯度上的数量

12.6.2 西藏自治区 1990～2015 年湖泊时空变化格局

1. 湖泊变化空间分布特征

影响湖泊面积变化的因素有两个：一是湖盆的地形；二是补给来源。湖盆边缘越平坦，湖泊面积越易扩张，边缘越陡峭，湖泊面积越稳定。当水源补给增加，湖泊面积呈扩张趋势，补给减少，湖泊面积呈萎缩趋势。短期来看，湖盆的地形几乎不变，湖泊面积是否发生变化主要与补给水源和湖面蒸散有关（Zhang et al.，2017）。西藏自治区湖泊的补给来源主要有三个：天然降水补给、高山冰川积雪融水及冻土消融补给。补给来源的差异，导致了西藏自治区不同区域湖泊呈现不同的面积变化特征（Song et al.，2014）。西藏自治区 1990～2015 年间湖泊呈扩张态势（图 12.12），其中藏北高原湖泊面积扩张趋势更加显著，雅鲁藏布江谷地湖泊有萎缩趋势（万玮等，2014）。在全球平均气温不断升高的背景下，西藏自治区所在的青藏高原升温幅度约是全球升温幅度的两倍（Yao，2019），温度升高，加速了冰川和积雪消融的速率，同时，冻土活动层不断增厚，均为湖泊提供了充足的补给来源（Liu et al.，2010）。

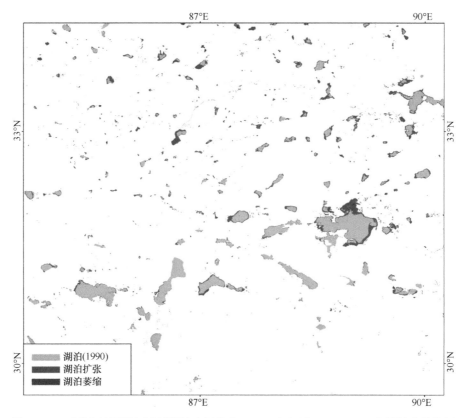

图 12.12 西藏自治区局部区域湖泊空间分布（1990 年）及 1990～2015 年湖泊变化格局

2. 不同时期湖泊变化特征

据遥感监测数据统计，西藏自治区 1990～2015 年 5 个时期湖泊总面积由 1990 年的 27150.08km² 增加到 2015 年的 32408.09km²，增长幅度达到了 19.37%（表 12.8）。不同面积的湖泊个数也呈增加的趋势。面积超过 1000km² 的湖泊由 1990 年的 2 个，增加到 2015 年的 3 个。面积超过 100km² 的湖泊由 1990 年的 51 个，增加到 2015 年的 67 个。面积超过 1km² 的湖泊由 1990 年的 871 个，增加到 2015 年的 933 个。

表 12.8　西藏自治区 1990～2015 年湖泊面积和数量

年份	面积/km²	个数（面积>1000km²）	个数（面积>100km²）	个数（面积>1km²）
1990	27150.08	2	51	871
2000	29649.91	2	56	891
2005	31092.83	2	62	896
2010	31393.47	3	64	902
2015	32408.09	3	67	933

西藏自治区 25 年间湖泊面积近似呈线性增长趋势，年均增加面积约为 208.76km²（图 12.13）。整体来看，1990～2005 年湖泊面积增长的速率较 2005～2015 年快。图 12.14 展示了西藏自治区湖泊面积增加最为典型的色林错的面积变化过程。色林错面积变化最为剧烈的区域位于湖泊北部，南部和东南部变化相对较小，这与湖盆地形和水位有关。

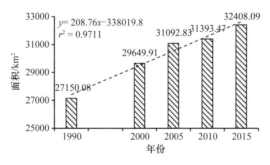

图 12.13　西藏自治区 1990 年、2000 年、2005 年、2010 年和 2015 年 5 个时期湖泊总面积

3. 湖泊变化引起的土地利用/覆被变化类型

湖泊的扩张和萎缩变化必然会引起变化区域土地利用/覆被类型的改变。基于 1990～2015 年西藏自治区土地利用/覆被遥感监测数据集，得到如图 12.15 所示的湖泊扩张淹没和湖泊萎缩形成的土地利用/覆被类型。

湖泊扩张淹没的主要土地利用/覆被类型是湖泊周边的稀疏植被、盐碱地、裸土、草原和草本湿地。西藏自治区的湖泊主要位于干旱、半干旱区的藏北高原腹地，稀疏植被和草原是该区域主导的土地利用/覆被类型，因此，大面积的稀疏植被和草原伴随湖面的扩大而被淹没。高原湖泊大多是内流湖，湖泊的盐分含量高，多数为咸水湖，并且湖泊

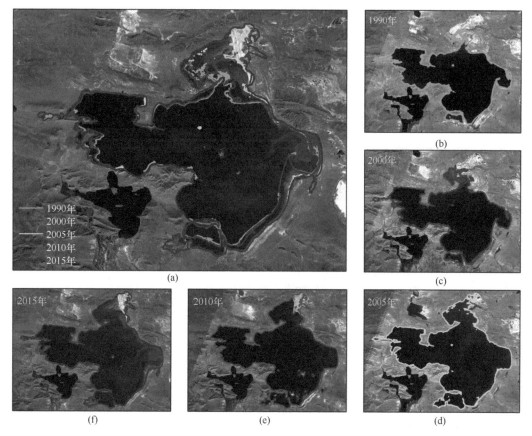

图 12.14　1990～2015 年色林错湖面面积变化过程

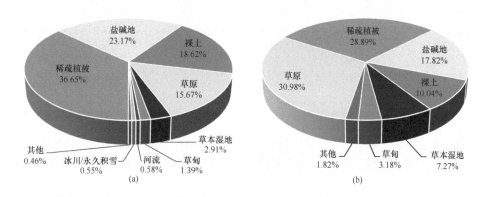

图 12.15　西藏自治区 1990～2015 湖泊扩张淹没（a）和湖泊萎缩形成（b）的土地利用/覆被类型

水面受补给源的季节波动长期处于消长交替演变状态，因此在湖泊周边形成了大量的盐碱地和裸土，湖泊扩张势必会大量淹没这些盐碱地和裸土。

西藏自治区南部的部分湖泊受补给源的影响呈现出萎缩趋势。这些湖泊湖面萎缩的区域，绝大部分转变成了草原、稀疏植被、盐碱地、裸土和草本湿地。整体来看，湖泊萎缩形成的土地利用/覆被类型和湖泊扩张淹没的土地利用/覆被类型较为相似。

12.7　西藏自治区土地利用/覆被变化驱动力系统分析及对国土空间管理的启示

12.7.1　西藏自治区土地利用/覆被变化驱动力系统

1. 1990～2015 年西藏自治区土地利用/覆被变化驱动力总体特征

本研究参考 Plieninger 等（2016）和 Song 等（2009）对土地利用/覆被变化驱动力因子的划分方法，结合西藏自治区的实际情况，将西藏自治区土地利用/覆被变化的驱动力系统归并为城镇化、生态保护、基础设施建设、水资源利用与开发、农业开发、人类过度利用、气候变化和自然灾害 8 个驱动力因子。对于每一种土地利用/覆被变化类型，根据实际情况确定主导的驱动力因子，统计后得到如表 12.9 所示的不同驱动力因子对西藏自治区 1990～2015 年土地利用/覆被变化的影响程度。

表 12.9　各驱动力对 1990～2015 年不同土地利用/覆被变化的影响

| | 变化面积/km² | | | | | | | |
	城镇化	生态保护	基础设施建设	水资源利用与开发	农业开发	气候变化	自然灾害	人类过度利用
林地	−9.76	409.65	−73.59	−8.88	−550.87	−8.32	−42.37	−63.72
草地	−65.19	144.76	−234.55	−50.62	−46.80	−2861.44	−223.75	102.43
耕地	−45.18	−316.56	−28.90	−11.48	618.76	−6.93	−0.96	0.00
湿地	−6.58	−5.55	−10.20	85.81	−11.96	5317.83	0.00	−38.71
人工表面	131.57	0.00	360.69	−0.25	−0.36	−0.02	0.00	0.00
其他	−4.86	−232.30	−13.45	−14.59	−8.76	−2441.13	267.09	0.00
合计	131.57	803.22	360.69	85.81	629.46	8082.24	267.09	102.43
贡献率/%	1.26	7.68	3.45	0.82	6.02	77.25	2.55	0.98

1）气候变化

西藏自治区所在的青藏高原是全球气候变化最敏感的区域之一。25 年间，气候变化使西藏自治区共有 8082.24km² 的国土空间发生了土地利用/覆被变化，是西藏自治区土地利用/覆被变化驱动力系统中最重要的驱动力，其贡献率达到了 77.25%，主导了西藏自治区的土地利用/覆被变化格局。气候变化最直接的影响是湿地面积（主要是高原湖泊）快速扩张，净扩张面积达到 5317.83km²，扩张的湿地主要淹没了草地（2861.44km²）和其他类型（2441.13km²）。

2）生态保护

西藏自治区平均海拔超过 4000m，是我国重要的生态安全屏障（钟祥浩等，2006）。然而其生态环境十分脆弱，一旦破坏难以恢复，生态环境保护就显得尤为重要。1990～2015 年，西藏自治区因生态保护而导致的土地利用/覆被变化总面积达到 803.22km²，在土地利用/覆被变化驱动力系统中的贡献率达到了 7.68%。因生态环境保护，25 年间，西藏自治区净增加林地 409.65km²，净增加草地 144.76km²，耕地面积净减少 316.56km²，其他类型面积净减少 232.30km²。

3）农业开发

25 年间，西藏自治区因农业开发引起的土地利用/覆被变化总面积 629.46km²，在驱动力系统中的贡献率为 6.02%。因农业开发新增耕地 627.87km²，其中有 550.87km² 的新增耕地（主要分布于藏东南地区）来源于林地垦荒。同时也有 9.11km² 的耕地改变了耕种方式，转而种植经济效益更好的各类园地。

4）城镇化与基础设施建设

经济社会的发展促进西藏自治区城镇规模逐步扩大，同时，包括青藏铁路在内的一系列基础设施建设不断加快，也带来了土地利用/覆被类型的变化（德吉央宗等，2018）。25 年间，西藏自治区因城镇化和基础设施建设导致的土地利用/覆被变化总面积分别为 131.57km² 和 360.69km²，在驱动力系统中的贡献率分别为 1.26% 和 3.45%。

5）自然灾害

西藏自治区地处喜马拉雅构造带，构造活动活跃，自然灾害频发且风险高（崔鹏等，2014）。25 年间，西藏自治区因自然灾害导致的土地利用/覆被变化总面积达到 267.09km²，在驱动力系统中的贡献率为 2.55%。自然灾害共破坏森林 42.37km²，草地 223.75km²。

6）人类过度利用

25 年间，西藏自治区因人类过度利用引起的土地利用/覆被变化总面积达到 102.43km²，在驱动力系统中的贡献率约为 0.98%。其中不合理利用导致林地减少 63.72km²，湿地减少 38.71km²，林地和湿地减少的面积几乎都转化为草地。

2. 不同时期土地利用/覆被变化驱动力的差异

从不同时期来看，各个驱动力因子对西藏自治区土地利用/覆被变化的贡献率差异显著（图 12.16）。

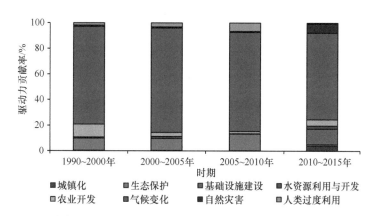

图 12.16　西藏自治区不同时期各驱动力因子对土地利用/覆被变化的贡献率对比

1990～2000 年，气候变化是引起西藏自治区土地利用/覆被变化最重要的驱动力因子，贡献率达到 76.27%。在全球平均气温明显上升的大背景下，西藏自治区所在的青藏高原地区气温上升的幅度更为显著，气温上升导致冰川/永久积雪加速融化，冻土活动层变厚，最终引起高原湖泊面积持续扩张（闫立娟等，2016）。

2000～2005 年，西藏自治区各驱动力对土地利用/覆被变化的贡献率变化不大，气候变化仍然是最主要的驱动力，其贡献率有所上升，上升到 81.61%。农业开发在该阶段的贡献率逐步下降，由前 10 年的 10.06%，下降到 3.11%。该时期西藏自治区人类活动的强度明显增加，因人类过度利用而引起的土地利用/覆被变化面积明显增加，其贡献率也上升到 3.05%。

2005～2010 年，气候变化对土地利用/覆被变化的贡献率有所下降，下降到 77.39%。但人类在该区域的活动强度明显增加，人类过度利用的贡献率达到了 6.44%，集中体现在过度放牧对草地的破坏上。

2010～2015 年，气候变化对土地利用/覆被变化的贡献率再次下降，下降到 67.72%，但仍然是西藏自治区最为重要的土地利用/覆被变化驱动力。人类活动在该时期的强度仍然大，但主要体现为城镇化和基础设施建设，两者的贡献率分别达到了 4.04% 和 12.22%。该时期自然灾害在驱动力系统中的贡献率也达到了 7.04%。

12.7.2　对西藏自治区国土空间管理启示

综合分析 25 年间西藏自治区土地利用/覆被变化的过程及其驱动力，对于未来西藏自治区国土空间管理有如下的启示。

1. 要加大科学研究投入，提升科学认知，调整产业结构，积极应对气候变化背景下日趋活跃的自然灾害

青藏高原是区域气候控制器，对气候变化异常敏感。近年来，随着全球气候变化的加剧以及人类活动影响，西藏高原的生态环境发生了显著的变化。一方面，需要加大科学研究投入，量化辨识气候变化和人类活动对高寒草地生态系统的影响；强化科学观测，提高科学研究水平和评估报告质量，为政府决策提供科学支撑（张宪洲等，2015）。另一方面，发展环境保护与绿色经济相融合的科学理念，建立绿色经济社会发展指数，积极探索西藏资源节约型、环境友好型发展道路，主动适应气候变化。另外，需要加强中央政府的统筹协调作用和转移支付力度，建立羌塘高原生态文明建设示范区，在实现农牧民增收的同时，保护和建设国家生态系统安全屏障（王小丹等，2017）。在全球变暖、人类活动加强的背景下，西藏自治区自然灾害趋于活跃，特别是滑坡、泥石流、山洪、冰湖溃决、雪灾等自然灾害（姚晓军等，2014；崔鹏等，2015）。需加强山地灾害危险性评估，提高灾害风险防范能力；对于重大工程应注重源头避灾，切实重视灾害勘察，准确判识潜在风险；建立涉灾部门协调机制，增强民众灾害风险意识，提高灾害风险管理水平（崔鹏等，2015）。

2. 根据区域土地资源分布特征，因地制宜制定土地利用方向，促进土地资源高效利用

西藏自治区地域辽阔，自然条件复杂多样，各区域资源禀赋条件、社会经济条件各不相同，为此需针对各区域的特点，因地制宜地制订适合各个区域的土地利用方针。例如，藏中地区（雅鲁藏布江中游、拉萨河和年楚河下游）应巩固和加强种植业为主、牧业为辅的农牧业基础地位，兼顾农、牧、林等产业的协调发展，优化农业产业结构，大力投入高寒农业科学技术研发，改进现有耕种方式，提高青稞质量和产量，发展高效、优质、高产的现代化高原农业（摆万奇等，2014）。藏东地区应坚持以农牧为主，以牧促农，以农养牧，农林牧相结合的土地利用方式，因地制宜地扩大豆科、绿肥、青饲料种植面积，充分利用低海拔地区的热量条件，提高复种指数，加强园地经营管理，提高园地优质高产科研水平（余成群和钟志明，2015）。藏南地区应农牧结合，提高农业生产水平，发展特优农产品，稳步发展畜牧业，加强草场的保护与恢复，充分利用与邻国传统的睦邻友好关系，发挥边境对外开放区位优势，积极实施商贸兴边战略（潘俊宁，2015）。藏北地区应发挥天然草地的高原畜牧业生产优势，坚持以牧为主，提高草地生产力，大力发展牧业主体经济（白玲等，2012）。

3. 加强西藏自治区生态环境保护，增强西藏高原国家生态安全屏障功能

加强大江大河源头等重要生态功能、重点地区土壤侵蚀、土地沙化综合治理和封禁保护区建设。加快实施退牧还草、人工种草和草原鼠虫害防治等工程，巩固退耕还林和退牧还草成果，完善相关政策措施。加强生态环境功能区、国土综合利用和整治规划（孙鸿烈等，2012）。将重要生态功能保护区建设、地质灾害防治、美丽乡村示范工程、重点区域生态环境综合治理、生物多样性保护、湖泊保护、矿山迹地恢复和环境基础设施等列入《西藏生态安全屏障保护与建设规划》（张宪洲等，2016）。以科技作为依托，研究、引进和推广生态环境保护方面的技术，开展各层次和多种形式的科技协作和横向联合，协同攻关。多渠道筹集资金，增加科技投入，以科技引导带动全区生态环境保护工作（葛全胜等，2015）。进一步加大西藏国家生态安全屏障保护与建设投入力度，加快推进西藏高原国家生态安全屏障建设（钟祥浩等，2010）。

4. 加强草地保护，控制放牧强度，促进畜牧业健康可持续发展

西藏自治区 70%的国土空间是草地，草地保护对于西藏自治区生态环境保护和经济社会可持续发展均具有十分重要的地位（赵卫等，2015）。加强天然草场、重要江河源区水源涵养林和原始林保护，禁止不合理开发。严格禁止开垦草地和湿地，加强植被恢复和保护，控制过度放牧对草地生态系统的破坏，依托遥感、地理信息系统、GPS 等空间信息技术，建立草地利用强度监测系统，对草地资源实施有效的监管，遏制草地和湿地的退化趋势（张宪洲等，2016）。天然草场基地建设应建立在合理利用与保护现有草场的基础上，加强低海拔区人工饲草、饲料基地建设，做好牧草的种植与库存，适当发展牲畜圈养。调整畜群结构，以草定畜，有计划地进行分片轮牧。

参 考 文 献

白玲, 孟凡栋, 贾书刚, 等. 2012. 西藏那曲地区草地畜牧业现状调查及其发展趋势分析. 西藏大学学报(自然科学版), 27: 19-22.

摆万奇, 姚丽娜, 张镱锂, 等. 2014. 近 35a 西藏拉萨河流域耕地时空变化趋势. 自然资源学报, 29: 623-632.

除多, 普穷, 拉巴卓玛, 等. 2012. 近 40a 西藏羊卓雍错湖泊面积变化遥感分析. 湖泊科学, 24: 494-502.

崔鹏, 陈容, 向灵芝, 等. 2014. 气候变暖背景下青藏高原山地灾害及其风险分析. 气候变化研究进展, 10: 103-109.

崔鹏, 苏凤环, 邹强, 等. 2015. 青藏高原山地灾害和气象灾害风险评估与减灾对策. 科学通报, 60: 3067-3077.

德吉央宗, 李爱农, 张正健, 等. 2018. 拉萨市 1990—2010 年土地覆被变化分析. 西藏科技, 3: 29-32.

葛全胜, 方创琳, 张宪洲, 等. 2015. 西藏经济社会与科技协同发展的战略方向及创新对策. 中国科学院院刊, 30: 285-293.

古格.其美多吉. 2013. 西藏地理. 北京: 北京师范大学出版社.

潘俊宁. 2015. 关于西藏边境贸易的现状、问题及对策研究. 商, 39: 115.

孙鸿烈, 郑度, 姚檀栋, 等. 2012. 青藏高原国家生态安全屏障保护与建设. 地理学报, 67: 3-12.

万玮, 肖鹏峰, 冯学智, 李晖, 马荣华, 段洪涛, 赵利民. 2014. 卫星遥感监测近 30 年来青藏高原湖泊变化. 科学通报, 59: 701-714.

王小丹, 程根伟, 赵涛, 等. 2017. 西藏生态安全屏障保护与建设成效评估. 中国科学院院刊, 32: 29-34.

闫立娟, 郑绵平, 魏乐军. 2016. 近 40 年来青藏高原湖泊变迁及其对气候变化的响应. 地学前缘, 23: 310-323.

杨春艳, 沈渭寿, 王涛. 2015. 近 30 年西藏耕地面积时空变化特征. 农业工程学报, 31: 264-271.

姚晓军, 刘时银, 孙美平, 等. 2014. 20 世纪以来西藏冰湖溃决灾害事件梳理. 自然资源学报, 29: 1377-1390.

余成群, 钟志明. 2015. 西藏农牧业转型发展的战略取向及其路径抉择. 中国科学院院刊, 30: 313-321.

张国庆. 2018. 青藏高原湖泊变化遥感监测及其对气候变化的响应研究进展. 地理科学进展, 37: 214-223.

张宪洲, 何永涛, 沈振西, 等. 2015. 西藏地区可持续发展面临的主要生态环境问题及对策. 中国科学院院刊, 30: 306-312.

张宪洲, 王小丹, 高清竹, 等. 2016. 开展高寒退化生态系统恢复与重建技术研究, 助力西藏生态安全屏障保护与建设. 生态学报, 36: 7083-7087.

赵卫, 沈渭寿, 刘波, 等. 2015. 西藏地区草地承载力及其时空变化. 科学通报, 60: 2014-2028.

钟祥浩, 刘淑珍, 王小丹, 等. 2006. 西藏高原国家生态安全屏障保护与建设. 山地学报, 24: 129-136.

钟祥浩, 刘淑珍, 王小丹, 等. 2010. 西藏高原生态安全研究. 山地学报, 28: 1-10.

Liu J, Kang S, Gong T, et al. 2010. Growth of a high-elevation large inland lake, associated with climate change and permafrost degradation in Tibet. Hydrology and Earth System Sciences, 14: 481-489.

Mao D, Wang Z, Yang H, et al. 2018. Impacts of Climate Change on Tibetan Lakes: Patterns and Processes. Remote Sensing, 10: 358.

Nie Y, Sheng Y, Liu Q, et al. 2017. A regional-scale assessment of Himalayan glacial lake changes using satellite observations from 1990 to 2015. Remote Sensing of Environment, 189: 1-13.

Plieninger T, Draux H, Fagerholm N, et al. 2016. The driving forces of landscape change in Europe: A systematic review of the evidence. Land Use Policy, 57: 204-214.

Song C, Huang B, Richards K, et al. 2014. Accelerated lake expansion on the Tibetan Plateau in the 2000s: Induced by glacial melting or other processes? Water Resources Research, 50: 3170-3186.

Song X, Yang G, Yan C, et al. 2009. Driving forces behind land use and cover change in the Qinghai-Tibetan Plateau: a case study of the source region of the Yellow River, Qinghai Province, China. Environmental Earth Sciences, 59: 793-801.

Wu S H, Yin Y H, Zheng D, et al. 2007. Climatic trends over the Tibetan Plateau during 1971-2000. Journal of Geographical Sciences, 17: 141-151.

Yang X K, Lu X X. 2014. Drastic change in China's lakes and reservoirs over the past decades. Scientific Reports, 4: 6041.

Yao T D. 2019. Tackling on environmental changes in Tibetan Plateau with focus on water, ecosystem and adaptation. Science Bulletin, 64: 417-417.

Zhang G, Yao T, Piao S, et al. 2017. Extensive and drastically different alpine lake changes on Asia's high plateaus during the past four decades. Geophysical Research Letters, 44: 252-260.

第13章 三峡库区土地利用/覆被变化

水利工程尤其是特大型水利工程的建设通常会利用、改造和重塑库区及其周边的土地（陈昱等，1987；Zhang et al.，2009），同时，相伴而来的移民安置、城镇迁建、设施配套等主体性工程（周万村等，1987；陈国阶，1995），以及库区社会经济发展与后期扶持政策，常常会多重叠加作用于库区土地上，使库区土地利用/覆被类型变化更加激烈（Fu et al.，2010；邓华等，2016）。

作为世界性的大型水利工程之一，三峡水利枢纽工程的建设与开发形成了三峡库区这一地理单元。它位于长江中上游，跨越鄂中山区及川东峡谷地带，北屏大巴山，南依川鄂高原，地形复杂，以山地丘陵为主。三峡库区在行政上包括重庆市的巫山县、巫溪县、奉节县、云阳县等 22 个区/县和湖北省的秭归县、兴山县等 4 个区/县。三峡水利枢纽工程于 1994 年正式开工建设，2003 年开始试验性蓄水，2009 年工程竣工（黄维和王为东，2016）。三峡水利枢纽工程的兴建，在防洪、发电、航运等方面产生了巨大的经济社会效益（程根伟和陈桂蓉，2007），也深刻改变了库区的土地利用/覆被格局（江晓波等，2004）。同时，伴随三峡水利枢纽工程的建设，库区也先后实施了长江流域防护林工程、天然林资源保护工程、退耕还林还草工程和库周绿化带工程等生态保护工程，初步建立以森林植被为主、林草相结合的国土生态安全体系，预防崩塌、滑坡、泥石流等地质灾害的发生，确保库区的生态环境安全和水库运行安全（Xu et al.，2011；毛华平等，2014）。整体来看，工程建设与生态保护并举，共同塑造了三峡库区土地利用/覆被时空变化格局。本章以三峡库区为研究区，基于我们生产的长时间序列土地利用/覆被遥感监测数据集，分析了 1990～2015 年三峡库区土地利用/覆被变化过程、驱动力系统以及三峡库区消落带的空间格局及其地上生物量。

13.1 三峡库区土地利用/覆被特征

13.1.1 三峡库区土地利用/覆被总体特征

图 13.1 和表 13.1 展示了三峡库区 2015 年土地利用/覆被空间分布格局及其结构特征。由表 13.1 可知，林地是三峡库区面积最大的土地利用/覆被类型，总面积 36764.82km²，占比达到了 61.94%，这也间接说明库区森林覆盖率相对较高，生态环境总体质量相对较好。耕地次之，总面积 17316.23km²，占比为 29.17%。湿地总面积 1486.97km²，占比为 2.51%。草地总面积 2103.28km²，占比为 3.54%。人工表面总面积 1687.25km²，占比为 2.84%。其他类型（裸土）的总面积仅 0.72km²。

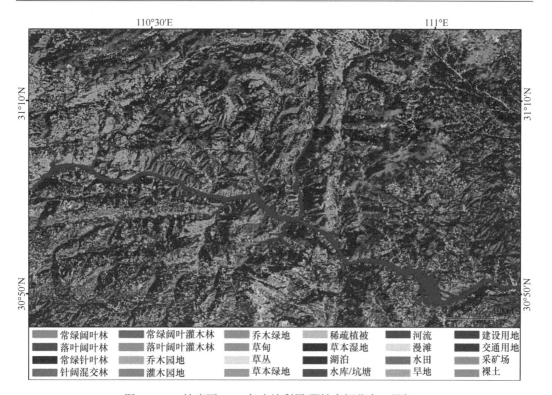

图 13.1　三峡库区 2015 年土地利用/覆被空间分布（局部）

　　三峡库区的林地主要分布在重庆市境内的巫溪县、巫山县、武隆县、石柱土家族自治县，以及湖北省境内的宜昌市、巴东县、秭归县和兴山县。林地以常绿针叶林为主，其面积占林地总面积的 51.65%，常绿阔叶林、常绿阔叶灌木林次之，其面积在林地中占比分别为 15.85%和 11.39%。

　　三峡库区的耕地主要分布在库区西部的平行岭谷区。耕地中水田和旱地的面积占比分别为 18.55%和 81.45%。旱地是耕地的绝对主体，分布在具有一定坡度的缓坡区域。水田集中分布在地形相对平坦的平行岭谷谷地。

　　三峡库区湿地中水库/坑塘面积最大，总面积为 949.53km^2，占湿地总面积的 63.86%，主要是由于三峡水利枢纽拦蓄而形成，是三峡库区土地利用/覆被变化监测重点关注的类型。河流总面积 488.51km^2，占湿地总面积的 32.85%。其他湿地类型面积相对较小。

　　三峡库区草地主要分布在库区北部的大巴山区和库区南部的武陵山区，分布相对分散。草地以草丛为主，其面积占比达到了 86.15%。

　　三峡库区人工表面主要分布在重庆市市区和各县级行政区中心。人工表面以建设用地为主，约占人工表面总面积的 91.83%。

表 13.1　三峡库区土地利用/覆被结构（2015 年）

一级类别	面积/km²	比例/%	二级类别	面积/km²	比例/%
林地	36764.82	61.94	常绿阔叶林	5828.43	15.85
			落叶阔叶林	2426.42	6.60

续表

一级类别	面积/km²	比例/%	二级类别	面积/km²	比例/%
林地	36764.82	61.94	常绿针叶林	18990.83	51.65
			针阔混交林	759.25	2.07
			常绿阔叶灌木林	4186.96	11.39
			落叶阔叶灌木林	3449.02	9.38
			乔木园地	799.03	2.17
			灌木园地	277.60	0.76
			乔木绿地	47.28	0.13
草地	2103.28	3.54	草甸	197.62	9.40
			草丛	1812.05	86.15
			草本绿地	66.05	3.14
			稀疏植被	27.56	1.31
耕地	17316.23	29.17	水田	3212.51	18.55
			旱地	14103.72	81.45
湿地	1486.97	2.51	草本湿地	0.55	0.04
			湖泊	41.78	2.81
			水库/坑塘	949.53	63.86
			河流	488.51	32.85
			漫滩	6.60	0.44
人工表面	1687.25	2.84	建设用地	1549.51	91.83
			交通用地	101.68	6.03
			采矿场	36.06	2.14
其他	0.72	0.00	裸土	0.72	100.00

13.1.2　三峡库区各区/县土地利用/覆被结构

基于三峡库区各县级行政区的空间范围图，逐一统计了各区/县土地利用/覆被类型的面积及其比例，如表13.2所示。

重庆市主城区所在的区/县（大渡口区、江北区、沙坪坝区、九龙坡区、南岸区、渝北区）及其毗邻区/县（璧山区和长寿区），由人类活动所营造的土地利用/覆被类型（人工表面、耕地等）占比较大，超过了50%，其中大渡口区和九龙坡区超过了65%。巴南区、万州区、涪陵区、开州区、武隆区、丰都县、云阳县、奉节县、巫山县、巫溪县、石柱土家族自治县、夷陵区、兴山县、秭归县和巴东县的林地面积相对较大，其面积占比均超过了50%。其中，兴山县的林地占比达到了81.09%，武陵区、巫溪县、石柱土家族自治县、夷陵区、秭归县和巴东县的林地占比均超过了70%，是三峡库区生态屏障的核心区域。

表 13.2 三峡库区各区/县土地利用/覆被结构

（单位：km²）

土地利用/覆被类型	大渡口区	江北区	沙坪坝区	九龙坡区	南岸区	北碚区	渝北区	巴南区	万州区	涪陵区	璧山区	江津区	长寿县
常绿阔叶林	9.05	22.41	70.22	55.65	34.34	193.43	175.61	209.68	216.26	220.58	132.69	505.33	152.71
落叶阔叶林	0.27	0.48	0.00	0.47	0.00	0.00	40.80	4.36	121.92	53.18	1.32	56.10	32.92
常绿针叶林	3.40	22.00	45.92	22.49	55.00	146.58	185.78	378.10	1033.84	753.38	160.87	532.67	143.57
针阔混交林	0.02	0.48	1.64	0.76	3.51	11.13	4.39	97.22	42.14	55.46	14.42	90.78	4.27
常绿阔叶灌木林	1.16	13.75	1.32	8.17	19.69	6.52	99.57	164.31	397.98	278.97	19.67	71.40	104.42
落叶阔叶灌木林	5.58	2.69	0.00	14.75	4.45	0.00	8.85	102.94	239.03	115.64	7.26	107.92	25.92
乔木园地	0.08	0.16	1.33	1.73	0.05	13.77	7.11	0.44	95.86	10.82	0.30	123.75	50.92
灌木园地	0.07	1.06	0.08	1.00	0.66	7.24	27.35	0.64	18.24	6.99	0.52	25.26	18.52
乔木绿地	1.64	3.17	3.85	1.78	1.60	1.27	18.37	2.24	4.22	2.04	0.00	0.05	0.46
草甸	0.00	0.00	0.00	0.00	0.00	0.00	0.00	0.00	0.00	0.00	0.00	0.00	0.00
草丛	1.14	5.64	7.47	5.37	5.02	25.32	73.27	9.12	78.73	30.89	0.14	51.99	41.01
草本绿地	5.32	6.63	14.33	8.38	7.02	2.69	10.65	3.75	1.04	0.11	0.00	3.92	0.57
稀疏植被	0.00	0.00	0.00	0.00	0.00	0.00	0.01	0.00	0.79	0.00	0.00	0.00	0.00
草本湿地	0.00	0.00	0.00	0.00	0.00	0.00	0.00	0.00	0.00	0.00	0.00	0.00	0.00
湖泊	0.00	0.00	0.00	0.00	0.00	0.00	0.00	0.00	0.00	0.04	0.00	0.00	41.41
水库坑塘	0.37	0.83	4.39	7.62	4.51	5.44	8.21	11.61	115.77	46.11	10.67	16.90	21.23
河流	12.33	23.89	13.05	9.17	18.82	15.85	19.52	28.36	10.60	54.39	1.75	93.96	23.07
漫滩	0.00	0.00	0.00	0.04	0.00	0.00	0.00	0.00	0.00	0.00	0.00	2.45	0.00
水田	11.72	16.56	21.07	49.62	25.68	56.60	119.99	227.84	212.49	192.36	221.96	549.30	237.13
旱地	24.42	62.49	115.36	136.25	76.92	231.08	481.87	490.42	798.82	996.09	323.73	901.70	406.78
建设用地	37.18	55.33	120.49	100.09	69.97	71.29	178.59	58.38	83.24	119.61	33.77	72.77	107.86
交通用地	0.25	1.49	3.23	2.16	2.82	0.82	5.89	5.93	10.52	6.02	0.78	5.21	2.32
采矿场	2.35	0.45	1.73	2.31	1.25	2.11	7.27	2.74	1.25	3.42	0.34	1.70	3.26
裸土	0.00	0.00	0.00	0.00	0.00	0.00	0.00	0.00	0.00	0.04	0.00	0.00	0.00

续表

土地利用/覆被类型	开州区	武隆区	丰都县	忠县	云阳县	奉节县	巫山县	巫溪县	石柱土家族自治县	夷陵区	兴山县	秭归县	巴东县
常绿阔叶林	427.25	596.27	293.07	196.59	133.25	229.25	135.12	389.42	369.31	328.39	223.66	184.06	324.84
落叶阔叶林	82.81	112.41	149.72	82.94	65.71	209.71	149.12	188.94	212.41	247.24	29.98	214.67	368.92
常绿针叶林	1098.84	1048.93	868.25	430.70	1092.76	1496.41	1088.73	1841.84	791.70	2102.25	1215.32	1041.72	1389.79
针阔混交林	116.73	51.83	111.25	55.37	6.91	0.00	0.00	0.00	90.92	0.00	0.00	0.00	0.00
常绿阔叶灌木林	442.65	272.58	167.04	129.86	368.55	391.16	226.75	79.67	337.70	121.06	199.33	104.07	159.62
落叶阔叶灌木林	122.71	152.30	68.70	132.17	287.73	315.20	307.19	452.24	321.62	210.97	208.17	112.31	122.68
乔木园地	49.64	1.20	19.20	44.22	146.98	155.37	45.24	11.89	18.97	0.00	0.00	0.00	0.00
灌木园地	20.34	1.74	30.16	16.62	8.42	5.30	17.99	37.99	31.41	0.00	0.00	0.00	0.00
乔木绿地	2.42	0.00	0.46	0.61	0.28	0.00	0.00	0.00	0.09	2.73	0.00	0.00	0.00
草甸	57.80	0.00	0.00	0.00	0.00	0.00	14.12	118.53	0.00	0.00	0.00	0.00	7.17
草丛	55.04	45.07	50.36	25.55	157.52	118.98	135.05	147.09	186.54	115.55	116.10	138.91	185.17
草本绿地	0.40	0.00	0.00	0.15	1.04	0.00	0.00	0.00	0.05	0.00	0.00	0.00	0.00
稀疏植被	0.42	0.00	2.66	0.02	0.11	0.00	0.00	0.00	23.55	0.00	0.00	0.00	0.00
草本湿地	0.55	0.00	0.00	0.00	0.00	0.00	0.00	0.00	0.00	0.00	0.00	0.00	0.00
湖泊	0.00	0.00	0.00	0.00	0.00	0.00	0.00	0.00	0.00	0.00	0.00	0.33	0.00
水库/坑塘	39.47	10.78	60.40	96.36	116.58	65.89	72.21	1.74	21.36	66.89	7.19	81.45	55.54
河流	15.56	17.53	11.27	6.14	8.41	15.88	4.07	18.73	5.25	27.34	17.94	7.14	8.50
漫滩	0.00	0.88	0.00	0.00	0.00	0.00	0.00	0.00	0.00	0.58	0.00	0.01	2.64
水田	313.18	117.09	91.56	84.59	172.78	119.58	55.88	13.08	122.80	117.15	14.43	20.97	27.10
旱地	1102.72	423.11	894.57	839.30	1046.57	966.59	699.71	699.35	416.60	604.48	279.35	373.74	711.68
建设用地	51.03	28.43	61.19	45.58	28.11	26.44	22.76	15.52	47.27	84.80	1.58	18.59	9.64
交通用地	0.96	1.43	11.23	11.08	2.30	1.99	1.23	0.40	2.88	16.71	1.13	1.21	1.69
采矿场	1.93	0.56	2.34	0.19	0.05	0.00	0.00	0.00	0.81	0.00	0.00	0.00	0.00
裸土	0.00	0.67	0.00	0.00	0.02	0.00	0.00	0.00	0.00	0.00	0.00	0.00	0.00

13.2　三峡库区土地利用/覆被地形特征

13.2.1　三峡库区土地利用/覆被垂直分布特征

1. 总体特征

三峡库区不同海拔梯度内土地利用/覆被结构如图 13.2 所示。海拔低于 500m 的平原和丘陵地区，耕地和林地是面积占比最大的两种土地利用/覆被类型，占比分别为42.40%和41.23%。随着海拔升高，林地的面积占比逐步攀升，增加到 1500～2000m 海拔梯度的86.02%；之后，随后海拔升高，面积占比开始下降，下降到 2500～3000m 海拔梯度的 43.90%。耕地的面积占比则随着海拔的增加而下降，2000～2500m 海拔梯度时耕地面积仅占 0.42%。草地的面积占比随着海拔的增加而逐步上升，由海拔低于 500m时的 3.04%，上升到 2500～3000m 海拔梯度的 56.08%，成为高海拔地区面积占比最大的土地利用/覆被类型。人工表面主要分布在低海拔地区，随着海拔的升高，面积占比也呈下降的趋势，由海拔低于 500m 时的 6.83%，降低到 2000～2500m 海拔梯度的 0.02%。湿地面积占比同样随着海拔的升高而下降，由海拔低于 500m 时的 6.49%，降低到 1500～2000m 海拔梯度的 0.02%。

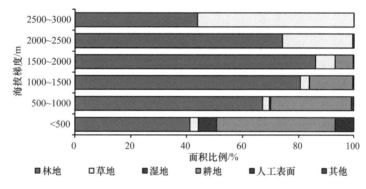

图 13.2　三峡库区不同海拔梯度带内土地利用/覆被结构

2. 典型土地利用/覆被类型的垂直分布特征

图 13.3 展示了三峡库区典型土地利用/覆被类型的空间分布与海拔之间的关系。随着海拔的增加，土地利用/覆被类型的垂直地带性特征并不显著。对大部分植被类型来说，三峡库区的海拔尚未达到其适宜生境的海拔上限，没有表现出显著的地带性分布规律。

常绿阔叶林在海拔 2000m 以下的区域均有分布（面积占比 98.58%），其中，海拔低于 1000m 分布最为集中（面积占比 64.69%）。常绿针叶林集中分布于海拔 300～1300m（面积占比 76.66%），海拔超过 1000m，随着海拔升高其分布面积不断下降。常绿阔叶灌丛分布的核心区位于海拔 200～1000m（面积占比 64.12%），而落叶阔叶灌丛在 200～1600m 的梯度带内大面积分布（面积占比 86.35%）。乔木园地在海拔 800m 以下的区域集中分布（面积占比 86.79%），主要为各种果园。

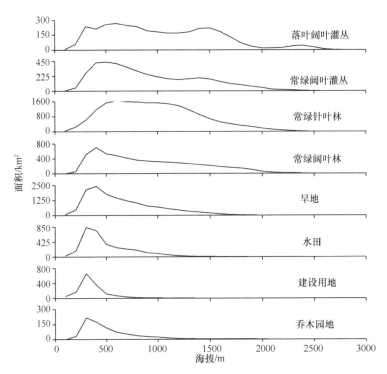

图 13.3　三峡库区 2015 年典型土地利用/覆被的海拔梯度分异特征

耕地中水田分布的海拔较旱地低，旱地在海拔低于 1100m 以下集中分布（面积占比89.34%），而水田则更多分布在海拔小于 800m 的区域（面积占比 89.01%）。建设用地主要分布在海拔 600m 以下的区域（面积占比 92.31%）。

13.2.2　三峡库区土地利用/覆被坡度分异特征

1. 总体特征

参照《土地利用现状调查技术规程》中的坡度分级方案，得到如图 13.4 所示的三峡库区各坡度带土地利用/覆被结构特征。坡度小于 2° 的平坦区域，主要分布着与人类活动

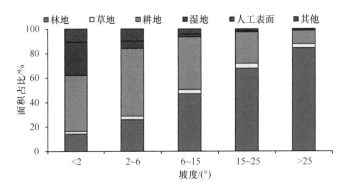

图 13.4　三峡库区不同坡度带内土地利用/覆被结构

密切相关的耕地、湿地、人工表面等，其中，耕地的面积占比最大，达到 45.71%，湿地面积占比 27.15%，人工表面面积占比 10.75%，自然植被面积占比小。坡度位于 2°～6°的区域，耕地是面积最大的土地利用/覆被类型，面积占比达到 55.31%，自然植被面积占比逐步攀升，林地面积占比达到 26.04%。坡度超过 6°后，林地是面积最大的土地利用/覆被类型，且随着坡度的增加，其面积占比逐步增大；耕地面积占比随坡度的增加不断下降，坡度超过 25°后，耕地的面积占比为 11.01%。

2. 典型土地利用/覆被类型坡度分异特征

图 13.5 展示了三峡库区典型土地利用/覆被类型在不同坡度带内的分布状况。受人类活动干扰小、处于自然生长状态下的土地利用/覆被类型[如林地，图 13.5（a）～（d）]大多有一个"适宜"的坡度带，在坡度分布图上常常呈现出"单峰"的形状，其峰值均在 15°～20°的坡度带内。地形平坦区人类活动强度大，人类很容易将它们改造成满足需求的土地利用/覆被类型（周万村，2001）。

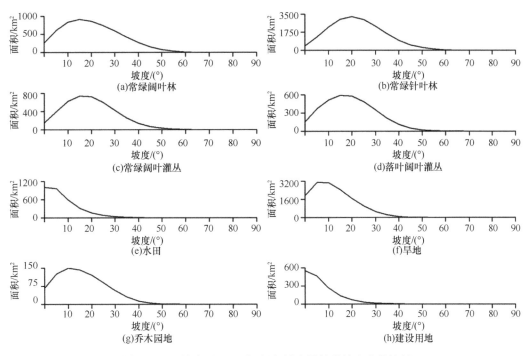

图 13.5　三峡库区 2015 年土地利用/覆被的坡度分异特征

与人类活动密切相关的土地利用/覆被类型[如水田和建设用地，图 13.5（e）、（h）]，随坡度增加呈现出"单调下降"的趋势。水田和建设用地均集中分布在坡度小于 15°的区域，占各自总面积的 90.91%和 92.96%。旱地[图 13.5（f）]和乔木园地[图 13.5（g）]分布受坡度的限制弱于水田和建设用地，常分布在坡度较缓的区域，呈现出"单峰"的形状，其峰值在 5°～10°附近。

13.2.3 三峡库区土地利用/覆被坡向分异特征

图 13.6 展示了三峡库区典型土地利用/覆被类型的坡向分异特征。常绿阔叶林更适宜生长在阳坡（面积占比 33.60%）和半阳坡（面积占比 30.96%）；常绿针叶林主要生长在阴坡（面积占比 33.41%）和半阴坡（面积占比 28.25%）[图 13.6（a）]。常绿阔叶灌丛和落叶阔叶灌丛在阳坡的面积占比更高，分别为 30.41% 和 28.08%，常绿阔叶灌丛这种倾向更为明显[图 13.6（b）]。园地也更加倾向于分布在阳坡和半阳坡[图 13.6（c）]，其中，乔木园地（主要是各类果园）在阳坡的面积占比（30.06%）高于灌木园地（主要是茶园）在阳坡的面积占比（29.84%），而灌木园地在半阳坡的面积占比（29.14%）高于乔木园地（26.00%）。三峡库区的水田主要分布在平坝，也有一些梯田，主要分布在西北坡和东南坡，旱地则更多分布在阳坡（面积占比 29.62%）[图 13.6（d）]。

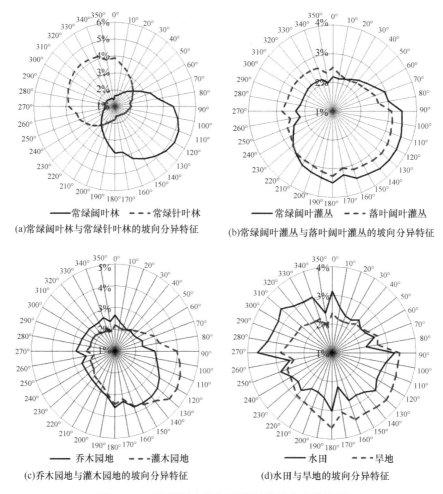

(a)常绿阔叶林与常绿针叶林的坡向分异特征

(b)常绿阔叶灌丛与落叶阔叶灌丛的坡向分异特征

(c)乔木园地与灌木园地的坡向分异特征

(d)水田与旱地的坡向分异特征

图 13.6 三峡库区土地利用/覆被的坡向分异特征

13.3　近 25 年三峡库区土地利用/覆被变化

13.3.1　三峡库区土地利用/覆被变化总体特征

1990～2015 年，三峡库区人工表面、湿地和林地的面积增长明显，分别增加了 1103.24km² 、349.42km² 和 431.34km² ，其中人工表面面积的增幅最大（188.91%），其次为湿地（30.72%），林地由于面积基数大，增幅为 1.19%。草地面积共增加 49.63km² 。耕地面积整体减少，减少了 1893.64km² ，减少幅度为 9.86%。自然裸露的其他类型（如裸土）面积减少了 39.99km² ，减少幅度为 98.23%，基本消失（表 13.3）。

表 13.3　三峡库区不同年份土地利用/覆被结构

土地利用/覆被类型	1990 年		2000 年		2005 年		2010 年		2015 年	
	面积/km²	比例/%	面积/km²	比例/%	面积/km²	比例/%	面积/km²	比例/%	面积/km²	比例/%
林地	36333.48	61.21	36340.53	61.22	36599.39	61.66	36883.29	62.14	36764.82	61.94
草地	2053.65	3.46	2060.74	3.47	2123.60	3.58	2112.98	3.56	2103.28	3.54
耕地	19209.87	32.36	18929.89	31.89	18202.97	30.67	17562.57	29.59	17316.23	29.17
湿地	1137.55	1.92	1144.11	1.93	1310.44	2.21	1480.79	2.49	1486.97	2.51
人工表面	584.01	0.98	840.04	1.42	1108.64	1.87	1318.93	2.22	1687.25	2.84
其他	40.71	0.07	43.96	0.07	14.22	0.02	0.72	0.00	0.72	0.00

三峡库区土地利用/覆被类型的变化具有较为明显的时间变异特征（表 13.3 和表 13.4）。1990～2000 年，林地面积变化不大（7.05km² ），但在 2000～2005 年和 2005～2010 年分别增加了 258.86km² 和 283.90km² ，2010～2015 年面积减少了 118.47km² 。1990～2015 年，湿地面积大幅增加（+349.42km² ），其中 2000～2005 年和 2005～2010 年的两个时间段分别增加了 166.33km² 和 170.34km² 。三峡水库蓄水是该时期湿地面积显著增加的主要原因（宋述军和周万村，2012）。耕地是 25 年间面积变化最大的（–1893.64km² ）土地利用/覆被类型，其中，1990～2000 年，耕地面积减少了 279.98km² ，2000～2005 年和

表 13.4　三峡库区 1990～2015 年各土地利用/覆被类型面积变化及其年动态度

土地利用/覆被类型	1990～2000 年		2000～2005 年		2005～2010 年		2010～2015 年	
	变化面积/km²	年动态度/%	变化面积/km²	年动态度/%	变化面积/km²	年动态度/%	变化面积/km²	年动态度/%
林地	7.05	0.00	258.86	0.14	283.90	0.16	–118.47	–0.06
草地	7.09	0.03	62.86	0.61	–10.62	–0.10	–9.70	–0.09
耕地	–279.98	–0.15	–726.92	–0.77	–640.40	–0.70	–246.34	–0.28
湿地	6.56	0.06	166.33	2.91	170.34	2.60	6.18	0.08
人工表面	256.04	4.38	268.60	6.39	210.29	3.79	368.32	5.59
裸土	3.24	0.80	–29.73	–13.53	–13.50	–18.99	0.00	0.00
合计	—	0.09	—	0.34	—	0.30	—	0.18

2005～2010 年耕地面积减少最为明显，分别达到 726.92km^2 和 640.40km^2，2010～2015 年又减少了 246.34km^2。人工表面面积在 25 年间处于持续扩张的状态，其中 2010～2015 年面积增加最为剧烈，增加了 368.32km^2。

从表 13.4 可以看出，1990～2000 年，三峡库区综合土地利用/覆被年动态度为 0.09%，土地利用/覆被变化速率总体上较为平缓。其中人工表面的年动态度绝对值最大，为 4.38%。

2000～2005 年和 2005～2010 年土地利用/覆被类型变化速率明显增加，综合土地利用/覆被年动态度分别为 0.34% 和 0.30%。其中，2000～2005 年人工表面、湿地和裸土的年动态度绝对值较大，分别为 6.39%、2.91% 和 13.53%，其次为耕地和草地，年动态度绝对值为 0.77% 和 0.61%，林地由于面积基数大，年动态度仅为 0.14%。2005～2010 年人工表面的年动态度绝对值为 3.79%，较 2000～2005 年有所下降，湿地和裸土的年动态度仍然较大，分别为 2.60% 和 18.99%。裸土面积基数小，年动态度变化较大。林地和耕地的年动态度变化与前 5 年保持一致。

2010～2015 年，土地利用/覆被变化速度有所下降，综合年动态度为 0.18%。人工表面的年动态度绝对值最大（5.59%），其次是耕地，年动态度变化较前 10 年有明显的下降，为 –0.28%，草地、湿地、林地的年动态度较小。

从年动态度分析可以看出，各个时段三峡库区的人工表面均是变化幅度较大的土地利用/覆被类型，其次是湿地和耕地，林地、草地等自然植被较为稳定，裸土面积基数较小，微小的变化就会导致较大的年动态度变化，到后期基本消失。

基于三峡库区 25 年间土地利用/覆被转移矩阵，从中提取各时期变化面积大于 50km^2 的变化类型，结果如表 13.5 所示。1990～2000 年最为典型的土地利用/覆被变化类型是人工表面的扩张（林地→人工表面、耕地→人工表面）。2000～2015 年的土地利用/覆被类型转换十分活跃，主要形式包括林地、耕地转为人工表面和湿地；耕地转为林地和草地。

表 13.5 三峡库区 1990～2015 年主要土地利用/覆被变化类型 （单位：km^2）

土地利用/覆被变化	1990～2000 年	2000～2005 年	2005～2010 年	2010～2015 年
林地→人工表面	63.86	66.69		119.99
耕地→人工表面	179.08	201.10	166.73	231.88
林地→湿地			51.19	
耕地→湿地		118.53	102.03	
耕地→林地		374.52	391.96	
耕地→草地		63.81		

人工表面占用林地除 2005～2010 年相对较少外，其他各个时期面积均较大。4 个时期均有较大面积的耕地转变为人工表面。耕地转为湿地主要发生在 2000～2010 年（蓄水期间）。林地转变为湿地主要发生在 2005～2010 年（175m 高位蓄水期间）。耕地向林地和草地转变集中发生在 2000～2010 年（退耕还林期间）。

25 年间三峡库区土地利用/覆被典型变化的空间分布格局如图 13.7 所示，最明显的变化类型是人工表面的扩张，主要分布于重庆主城区及长江干流两侧。森林面积增加在秭归、巫山、巫溪、奉节、云阳等区县的山区最为明显。湿地增加大多分布在长江主要干流和主要支流，耕地是新增湿地淹没的主要土地利用/覆被类型。

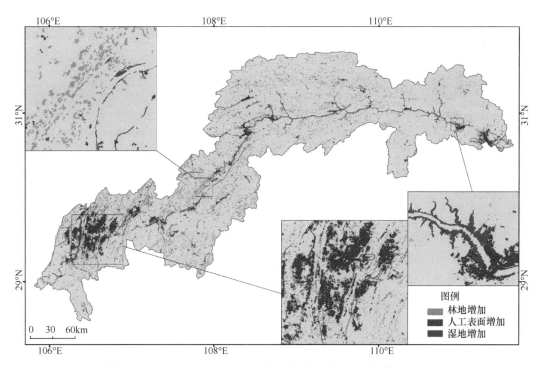

图 13.7　三峡库区 1990～2015 年土地利用/覆被典型变化空间分布

13.3.2　三峡水利枢纽淹没区土地利用/覆被变化

三峡水库淹没区指因三峡水利枢纽修建被水体淹没的区域（Bao et al.，2015），它是三峡库区土地利用/覆被变化的核心区。一方面，由于水库蓄水，原来长江干流两岸的大面积土地直接转变为湿地；另一方面，由于土地淹没而带来的移民搬迁工程，间接导致了库区周边县/市土地利用/覆被的变化。分析三峡水利枢纽淹没区土地利用/覆被变化，有助于了解水利枢纽修建对自然生态系统和人类活动区的影响程度。

据遥感监测数据统计，得到如图 13.8 所示的三峡水利枢纽淹没区淹没前的土地利用/覆被结构状况。从自然生态系统和人工生态系统来看，淹没区侵占人工生态系统的比例（64.25%）明显高于自然生态系统（35.75%）。原因主要有以下两方面：一方面，相对平坦的地形，底蕴深厚的历史文化，使淹没区成为当地最为重要的人口聚集区，社会经济也更为发达（闵婕等，2016）；另一方面，适宜的地形和水热条件，使其成为当地主要的农耕区，农业种植历史悠久，耕地面积占比也较高（周万村，2001）。因此，水利枢纽的修建对人工生态系统的影响要大于对自然生态系统的影响。

从土地利用/覆被类型来看，旱地是三峡库区淹没面积最大的土地利用/覆被类型[图 13.8（b）]，超过了淹没区总面积的一半（52.22%），这与淹没区曾是该区域主要的农耕区有关。其次是常绿阔叶灌丛，面积占比达到 17.36%。受用材、薪炭等人类需求的影

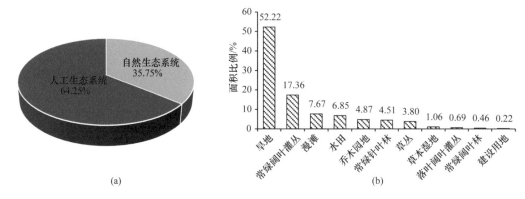

图 13.8 三峡水利枢纽淹没区淹没的各土地利用/覆被类型面积比例

响，传统农耕区周围的天然林被不同程度砍伐，形成大量次生灌丛。淹没区常绿阔叶灌丛淹没面积较大，与次生灌丛分布有关。长江干流在地形较平坦区域冲积形成了大量的河滩地，是水库蓄水首先被淹没的区域，占比也较大（贺秀斌和鲍玉海，2019）。建设用地虽然占淹没区的比例仅 0.22%，但包含了 13 个县城，是移民搬迁的主体，对土地利用/覆被变化的间接影响非常大。

13.3.3 三峡库区耕地变化

三峡库区耕地的变化是多种因素共同作用的结果：①三峡水库蓄水淹没了原长江干流河道两侧地势低平处的耕地；②移民搬迁，特别是采用"后靠安置"方式安置的移民，大多在其新家园周边开垦耕地以满足生活所需；③三峡库区也是退耕还林还草工程的核心区，坡耕地的退耕导致耕地的减少；④城镇化占用了原有城镇周边的耕地。在以上因素的共同作用下，三峡库区耕地呈现逐年下降的趋势（图 13.9），由 1990 年的 19113.11km^2，下降到 2015 年的 17234.56km^2。其中，2000～2010 年（三峡蓄水期），三峡库区耕地面积下降幅度最为剧烈。

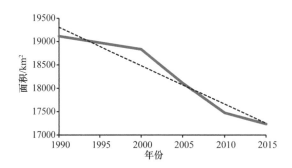

图 13.9 三峡库区近 25 年耕地面积变化

统计三峡库区 25 年间不同时期耕地转入和转出的面积（表 13.6），我们发现，耕地转入面积明显少于耕地转出面积，耕地面积呈净减少的趋势。不同时期，驱动耕地变化的因素不同，导致各个时期耕地转入和转出面积的差异显著。

表 13.6 三峡库区 1990～2015 年耕地转入和转出类型面积统计（单位：km²）

类型	1990～2000 年		2000～2005 年		2005～2010 年		2010～2015 年	
	转入	转出	转入	转出	转入	转出	转入	转出
林地	42.03	106.30	9.54	363.09	7.85	387.96	0.36	8.37
草地	5.27	24.12	0.00	63.76	0.66	3.09	0.00	0.09
湿地	4.04	9.39	0.00	74.06	1.52	80.01	0.07	6.51
人工表面	0.00	157.73	0.00	185.56	0.00	157.39	0.00	233.10
其他	0.00	0.26	0.51	0.00	2.77	0.00	0.00	0.21
总计	51.34	297.80	10.05	686.47	12.80	628.45	0.43	248.28

1990～2000 年，三峡水利枢纽工程正式动工，长达十余年的三峡库区移民工程也同步实施，移民过程中出现了毁林开荒的现象，遥感监测结果显示共有 42.03km² 的林地转变为耕地。同时，为了保护三峡库区的生态环境，减少水土流失，一些生态保护政策的实施使得部分区域的耕地开始转变为林地（廖晓勇等，2003）。城镇化过程也是该阶段耕地减少的原因之一，共有 157.73km² 的耕地转变为人工表面。

2000～2005 年，三峡库区退耕还林还草等生态保护工程正式实施（陈国阶，2006），遥感监测结果显示该阶段共有 363.09km² 的耕地转变为林地，有 63.76km² 的耕地转变为草地。同时，三峡水利枢纽工程在该阶段开始试验蓄水，共有 74.06km² 的耕地转变为湿地。城市化进程在这一时段开始加速，共有 185.56km² 的耕地转变为人工表面。

2005～2010 年，三峡水利枢纽工程完工开始蓄水发电，三峡库区水位第一次达到 175m（程根伟和陈桂蓉，2007），淹没耕地 80.01km²。退耕还林还草工程的持续实施，共有 387.96km² 耕地转变为林地。城镇化进程占用耕地 157.39km²。

2010～2015 年，三峡库区耕地减少的幅度下降，该时期各类生态保护工程处于巩固期，未检测出新增的耕地退耕现象。城镇化的进程在该时期再次加速，共导致 233.10km² 的耕地转变为人工表面。不容忽视的是，由于大量的农村劳动力进城务工，农村开始出现耕地撂荒现象（He et al.，2020）。

总的来说，三峡库区地形起伏大，在人地矛盾突出的山区，坡耕地成为解决了当地居民粮食问题的重要手段（陈治谏等，2004）。然而坡耕地的开垦，加重了区域水土流失，给当地生态环境带来严重的负面影响（韦杰和贺秀斌，2011）。要实现三峡库区生态环境和社会经济的可持续发展，就不得不减少坡耕地的种植面积，特别是陡坡耕地。据遥感监测数据统计，25 年间，在退耕还林还草工程等生态保护工程的带动下，三峡库区各个坡度带上耕地面积均有不同程度的减少（表 13.7）。其中，坡度超过 25°的坡耕地下降幅度最大，其面积由 1990 年的 2279.36km²，下降到 2015 年的 1322.87km²，下降幅度达到 956.48km²。地形平坦区也存在耕地面积下降的情况，主要与城镇化不断加速以及三峡水利枢纽蓄水淹没了原长江干流和主要支流两侧地势低平处的耕地有关（Lei et al.，2012）。虽然，三峡库区当前仍然存在 1322.87km² 坡度大于 25°的坡耕地，但这些坡耕地大多实施了"坡改梯"等一系列水土保持措施，耕地的水土流失程度明显降低（周萍等，2010；Jiu et al.，2019）。同时，近年来，由于农村青壮年劳动力大量进城务工，三峡库区耕地撂荒现象开始凸显，大量耕地存在不同程度的撂荒，促使当地生态环境逐步向好发展（He et al.，2020）。

表 13.7　三峡库区 25 年间不同时期不同坡度带上耕地减少面积统计（单位：km^2）

时期	<5°	5°～10°	10°～15°	15°～20°	20°～25°	>25°
1990～2000 年	51.05	58.12	33.59	6.72	23.15	105.80
2000～2005 年	12.97	53.82	63.45	73.68	63.77	454.49
2005～2010 年	32.76	23.63	78.45	85.01	71.10	346.58
2010～2015 年	42.80	39.67	40.18	43.73	24.43	49.61
总计	139.58	175.24	215.67	209.14	182.44	956.48

不同海拔梯度带内耕地面积减少的比例随着海拔升高呈"U"形形态（图 13.10）。海拔 200m 以下的区域，减少的耕地主要与三峡水库蓄水以及城镇化发展有关。200～2000m 海拔梯度带内导致耕地减少的因素众多，但起主导作用的是城镇化发展和退耕还林还草等生态保护工程。三峡库区高海拔地区坡度相对较大，是坡耕地集中分布区之一，因此，2000m 以上区域耕地减少主要与退耕还林还草等生态保护工程有关。

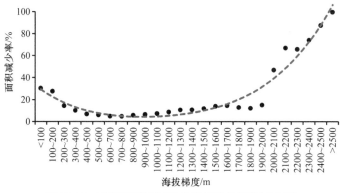

图 13.10　三峡库区不同海拔梯度耕地面积减少率

从坡度分布来看，各坡度带内耕地减少的面积随着坡度增加呈现"S"形曲线形态（图 13.11），即地势平坦地区耕地减少比例低，地势陡峭地区耕地减少的比例高，这与退耕还林还草等生态保护工程的实施有密切关系。

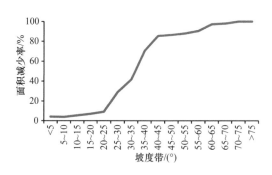

图 13.11　三峡库区不同坡度带耕地面积减少率

13.4　三峡库区消落带空间格局及地上生物量遥感估算

消落带（Water-level Fluctuation Zone）又称消落区或涨落带，是指因水库运行调度而在库区河流两侧形成的周期性水位涨落的特殊区域，也就是水库最低水位与最高水位之间的地貌单元（贺秀斌和鲍玉海，2019）。三峡水库最高蓄水位 175m，最低蓄水位 145m。根据防汛要求，三峡水库的运行调度规律为：每年的 6～9 月按防洪限制水位在 145m 运行，9 月下旬开始蓄水，水位迅速上升，10 月底升至最高蓄水位 175m；11～12 月保持最高蓄水位 175m，1～4 月为供水期，水位缓慢下降，5 月底又降到防洪限制水位 145m。水库的运行调度在库区形成垂直高差 30m，特大型狭长消落带，涉及重庆市和湖北省的 20 余个县（市、区）（鲍玉海等，2014）。土地利用/覆被遥感监测中所关注的三峡水库淹没区，主要指处于常年水淹状态的区域，即蓄水位 145m 所淹没的区域，对 145～175m 蓄水位季节性水淹区域（三峡水库消落带）的空间格局缺乏监测。同时，库区消落带的植物能在出露期间得以快速的恢复和生长，到 10 月水位达到 175m 时已累积大量的生物量，并在蓄水淹没后腐烂分解，可能给库区水环境带来严重威胁（谭秋霞等，2013）。本节以三峡库区消落带为研究对象，借助多种观测手段（地–空–天立体协同观测），开展三峡库区消落带空间格局分析和地上生物量遥感估算研究，支撑三峡库区水环境、水生态、消落带开发与保护等研究，促进三峡库区生态文明建设。

13.4.1　三峡库区消落带空间格局

1. 基于卫星遥感影像的消落带自动提取

根据三峡水库水位运行调度规律，最低水位（145m 附近）一般出现在每年的 6～8 月，最高水位（175m 附近）一般出现在每年的 10～12 月。收集 2017～2019 年三峡库区全域最高和最低水位附近云量小于 20%的 Sentinel-2 卫星遥感影像，其中，最高水位时段获取遥感影像的平均水位高度为 173.75m，最低水位时段获取遥感影像的平均水位高度为 146.26m，接近三峡水库运行调度的最高水位和最低水位，从而确保提取消落带范围的准确性。

消落带自动提取策略为：利用归一化植被指数（normalized difference vegetation index，NDVI）最大值合成法合成 145m 低水位时期的遥感影像，凸显植被信息，获取低水位时期最小的水域空间分布范围；利用 NDWI（归一化水体指数）最大值合成法合成 175m 高水位时期的遥感影像，凸显水休信息，获取高水位时期最大的水域空间分布范围，两者的差值即为消落带的空间分布范围。利用该策略提取了三峡库区消落带空间分布范围，局部河段消落带细节信息见图 13.12。

2. 三峡库区消落带空间格局

分析表明，三峡库区重庆至宜昌段干支流流域的消落带总面积为 240.41km²，其

低水位　　　　　　　　　　　　高水位　　　　　　　　　　　消落带

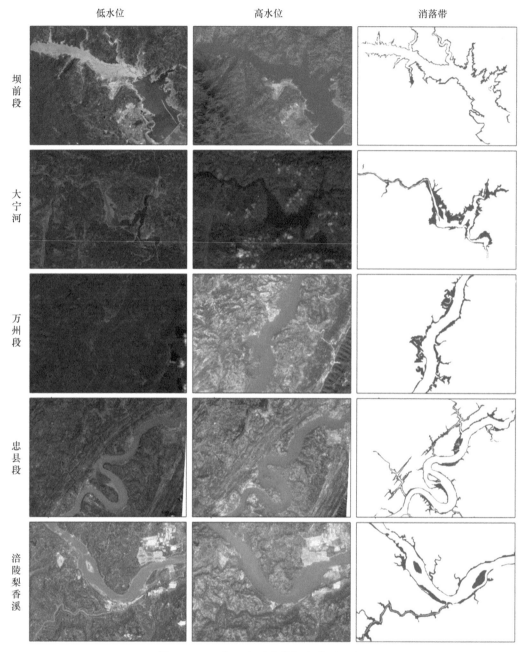

图13.12　局部河段消落带提取结果对比

中，重庆段消落带面积208.25km^2，面积占比86.62%；湖北段消落带面积32.16km^2，占比13.38%，三峡库区消落带主要分布在重庆市境内。此外，长江干流河道消落带面积121.92km^2，占比50.72%；支流河道消落带面积为118.47km^2，占比49.28%。各区县干、支流河道消落带面积统计见表13.8。

表 13.8 三峡库区各区县消落带面积统计

省域	区/县	消落带面积/km²			比例/%
		干流河道	支流河道	总面积	
重庆	重庆主城	4.05	0.51	4.56	1.90
	巴南	5.17	0.64	5.82	2.42
	渝北	1.16	0.22	1.39	0.58
	长寿	3.37	1.60	4.97	2.07
	涪陵	17.92	11.87	29.79	12.39
	武隆	—	0.68	0.68	0.28
	丰都	12.35	4.82	17.17	7.14
	忠县	16.55	11.60	28.15	11.71
	石柱	3.18	1.29	4.46	1.86
	万州	20.44	2.94	23.38	9.73
	开州	—	15.39	15.39	6.40
	云阳	9.32	23.73	33.05	13.75
	奉节	7.12	13.18	20.30	8.44
	巫溪	—	0.36	0.36	0.15
	巫山	6.12	12.66	18.78	7.81
湖北	巴东	3.24	4.58	7.83	3.26
	兴山	—	3.40	3.40	1.41
	秭归	8.03	9.00	17.03	7.08
	夷陵	3.90	—	3.90	1.62
合计		121.92	118.47	240.41	100

从表 13.8 可以看出，三峡库区消落带主要分布在涪陵、丰都、忠县、万州、云阳、奉节、巫山等区县，消落带面积占整个三峡库区消落带总面积的 70.97%。这些区域支流较多且河道坡度较缓，当水位快速变化时出露/淹没面积较大。

分区/县来看，涪陵境内消落带面积 29.79km²，其中，干流河道消落带面积 17.92km²，支流河道消落带面积 11.87km²，主要分布在梨香溪和乌江流域。丰都境内消落带面积为 17.17km²，其中，干流河道消落带面积 12.35km²，支流河道消落带面积 4.82km²。忠县境内消落带面积为 28.15km²，其中，干流河道消落带面积 16.55km²，支流河道消落带面积 11.60km²，主要分布在黄金河和汝溪河流域。万州境内消落带面积为 23.38km²，其中，干流河道消落带面积 20.44km²，支流河道消落带面积 2.94km²。云阳境内消落带面积 33.05km²，其中干流河道消落带面积 9.32km²，支流河道消落带面积 23.73km²，主要分布在小江流域，该支流也是三峡库区消落带面积分布最多的支流流域。开州境内消落带面积 15.39km²，全部分布在小江子流域。奉节境内消落带面积 20.30km²，其中干流河道消落带面积 7.12km²，支流河道消落带面积 13.18km²，主要分布在梅溪河和草堂河流域。巫山境内消落带面积为 18.78km²，其中干流河道消落带面积 6.12 km²，支流河道消落带面积 12.66km²，主要分布在大宁河流域。秭归境内消落带面积为 17.03km²，其中干流河道消落带面积 8.03km²，支流河道消落带面积 9.00km²，主要分布在香溪河流域。湖北巴东县和兴山县长江干流两侧山高谷深，消落带出露不明显。长江干流流经的区县中，支流流域消落带面积大于干流河道的包括重庆的云阳、奉节、巫山和湖北的巴东、秭归。

13.4.2　三峡库区消落带地上生物量遥感估算

1. 基于卫星遥感影像的消落带地上生物量遥感估算

利用野外采集的地面样本和遥感影像对三峡库区消落带草地地上生物量进行估算。野外样本采集在每年的 8～9 月生物量最大的时段内开展，与影像获取时间同步。本研究通过建立地面实测的地上生物量和遥感影像植被指数之间的回归模型，选择最优的回归模型对地上生物量进行估算。分别计算归一化植被指数 NDVI 和比值植被指数 RVI 等常用反映植被长势的指数，构建实测地上生物量和 NDVI、RVI 的回归模型，如图 13.13 所示。地上生物量和 NDVI 呈现指数关系，当 NDVI 较高时，其对地上生物量的敏感程度降低。草地地上生物量和 RVI 大致呈现线性关系，当地上生物量较高时，RVI 能够较好地反应出不同地上生物量之间的差异，因此，选用 RVI 指数构建地上生物量估算建模。

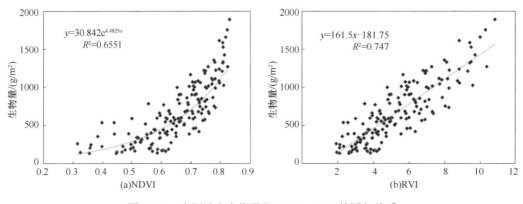

图 13.13　实测地上生物量和 NDVI、RVI 的回归关系

利用基于 RVI 的地上生物量估算模型（AGB=161.5×RVI−181.75），计算得到整个三峡库区消落带的地上生物量为 8.33 万吨，典型流域/断面的地上生物量估算结果见图 13.14。

2. 三峡库区消落带地上生物量空间格局

三峡库区各区县消落带地上生物量估算统计结果见表 13.9。各区县地上生物量总重量和消落带面积大致呈正比例关系。消落带地上生物量总量最大的区县依次为涪陵（15.26%）、忠县（13.16%）、云阳（11.12%）、万州（11.07%）、开州（9.04%）、丰都（8.19%），即主要分布在长江干流的涪陵至奉节段。单位面积地上生物量较高的区县包括重庆主城区（651g/m²）、巴南（545g/m²）、石柱（521g/m²）、渝北（492g/m²）、开州（489g/m²），即单位面积消落带含有较高地上生物量的区域主要分布在三峡库区的上游区域。奉节、巫山、秭归虽然消落带面积较大，但其河道两侧单位面积的地上生物量明显偏低（分别为197g/m²、213g/m²、249g/m²），故地上生物量总量也较低。

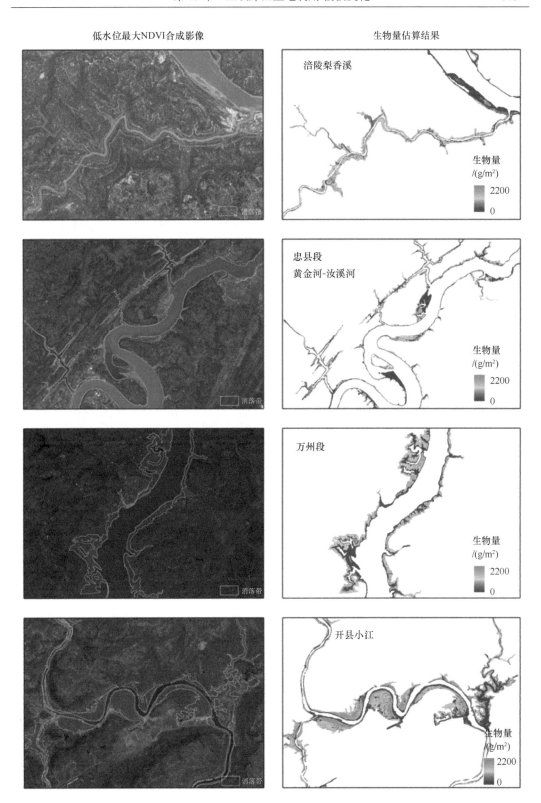

图 13.14　典型河段/流域地上生物量估算结果

表 13.9 三峡库区各区县消落带地上生物量统计结果

省域	区县	消落带面积/km²	比例/%	消落带地上生物量/吨	比例/%	单位面积地上生物量/（g/m²）
重庆	重庆主城	4.56	1.90	2965	3.56	651
	巴南	5.82	2.42	3170	3.81	545
	渝北	1.39	0.58	682	0.82	492
	长寿	4.97	2.07	1779	2.14	358
	涪陵	29.79	12.39	12703	15.26	426
	武隆	0.68	0.28	196	0.23	291
	丰都	17.17	7.14	6820	8.19	397
	忠县	28.15	11.71	10961	13.16	389
	石柱	4.46	1.85	2326	2.79	521
	万州	23.38	9.73	9214	11.07	394
	开州	15.39	6.40	7524	9.04	489
	云阳	33.05	13.75	9257	11.12	280
	奉节	20.30	8.44	3998	4.80	197
	巫溪	0.36	0.15	46	0.05	127
	巫山	18.78	7.81	3998	4.80	213
湖北	巴东	7.83	3.26	1773	2.13	227
	兴山	3.40	1.42	818	0.98	240
	秭归	17.03	7.08	4235	5.09	249
	夷陵	3.90	1.62	796	0.96	204
合计/平均		240.41	100.00	83261	100.00	346

13.5　三峡库区土地利用/覆被变化驱动力分析

1. 1990～2015 年三峡库区土地利用/覆被变化驱动力总体特征

本研究参考 Plieninger 等（2016）和孔令桥等（2018）对土地利用/覆被变化驱动力因子的划分方法，结合三峡库区的实际情况，我们将三峡库区土地利用/覆被变化的驱动力系统归并为城镇化、生态保护、基础设施建设、水资源利用与开发、农业开发、人类过度利用、自然灾害与气候变化等 7 个驱动力因子。其中，生态保护主要指各类生态保护工程和政策；基础设施建设主要包括交通基础设施和工矿设施建设；水资源利用与开发主要指水利枢纽、水库建设等；人类过度利用主要指人类乱砍滥伐等行为。对于每一种土地利用/覆被变化类型，根据实际情况确定主导的驱动力因子，统计后得到如表 13.10 所示的各驱动力因子对三峡库区 1990～2015 年土地利用/覆被变化的贡献。

（1）生态保护

1990～2015 年，三峡库区因生态环境保护而引起的土地利用/覆被总变化面积达到 999.42km²，在驱动力系统中的贡献率达到了 41.41%，成为三峡库区土地利用/覆被变化最主要的驱动力因子。受其影响，三峡库区林地和草地面积呈净增加趋势，林地净增加 866.64km²，草地净增加 79.21km²，耕地退耕 939.49km²。

表 13.10　各驱动力因子对三峡库区 1990～2015 年土地利用/覆被变化的贡献

土地利用/覆被类型	变化面积/km²						
	城镇化	生态保护	基础设施建设	水资源利用与开发	农业开发	自然灾害与气候变化	人类过度利用
林地	−192.18	866.64	−41.18	−88.18	−41.63	−4.25	−13.34
草地	−15.26	79.21	−2.90	−13.17	−12.31	−0.65	13.39
耕地	−621.54	−939.49	−60.59	−167.89	65.29	−0.63	0.00
湿地	−6.75	−0.76	−1.12	308.43	−4.19	−2.61	−0.06
人工表面	836.78	−2.91	105.88	−2.02	−3.59	−0.01	0.00
其他	−1.05	−2.68	−0.09	−37.17	−3.57	8.14	0.00
变化总面积	836.78	999.42	105.88	308.43	136.91	9.00	17.06
占比/%	34.67	41.41	4.39	12.78	5.67	0.37	0.71

（2）城镇化

三峡库区因城镇化引起的土地利用/覆被变化面积达 836.78km²，在驱动力系统中的贡献率为 34.67%。其中，城镇化侵占耕地 621.54km²，占用林地 192.18km²，占用草地 15.26km²，占用湿地 6.75km²。

（3）水资源利用与开发

三峡库区水能资源丰富，水资源的利用与开发是三峡库区土地利用/覆被变化的主要驱动力之一，在驱动力系统中的贡献率达到 12.78%。三峡水库等水利枢纽工程的修建和蓄水发电，共引起三峡库区 308.43km² 的国土空间发生了土地利用/覆被类型的变化，主要表现为湿地面积的增加。新增湿地淹没的耕地面积最大，约 167.89km²；林地次之，为 88.18km²；裸地和草地淹没面积分别为 37.17km² 和 13.17km²。

（4）农业开发

虽然三峡库区耕地面积急剧减少，但局部区域农业开发活动仍然存在，主要表现为耕地开垦（以三峡库区移民"后靠"开垦最为突出）、园地种植（唐强等，2010）。25 年间，三峡库区因农业开发活动引起的土地利用/覆被变化面积为 136.91km²，在驱动力系统中的贡献率为 5.67%。虽然，农业开发活动新增了 116.82km² 的耕地（旱地和水田），但同时又有 51.53km² 的耕地转变为园地，耕地面积仅增加了 65.29km²。

（5）其他驱动力因子

基础设施的建设（主要是高速公路、铁路等基础设施建设）引起三峡库区约 105.88km² 的国土发生了土地利用/覆被变化，在驱动力系统中的贡献率为 4.39%。新增的基础设施占用耕地面积 60.59km²，占用林地面积 41.18km²。人类过度利用、自然灾害与气候变化也是引起三峡库区土地利用/覆被变化的驱动力，有些是渐变的，但总体影响的面积相对较小，分别为 17.06km² 和 9.00km²，在驱动力系统中，贡献率均低于 1%。

2. 不同时期土地利用/覆被变化驱动力的差异

从不同时期来看,各个驱动力因子对三峡库区土地利用/覆被变化的贡献率差异显著(图 13.15)。

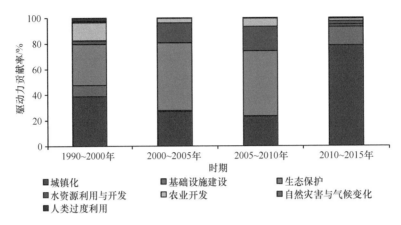

图 13.15　三峡库区不同时期各驱动力因子对土地利用/覆被变化的贡献率对比

建设前期（1990～2000 年），三峡库区土地利用/覆被变化面积 532.39km²。城镇化、生态保护和农业开发是引起三峡库区土地利用/覆被变化最重要的三个驱动力因子，贡献率分别为 38.37%、32.08%和 14.02%。城镇化的快速推进，使得大量透水的耕地转换为不透水的城镇用地。同时，旨在提高农民收入而开展的农业结构调整，也改变了部分耕地的用途，如用于经济林果、牧草种植或水产养殖（廖晓勇等，2003）。1996 年以来，三峡库区先后启动了一、二期移民工程，移民数量达到 31.2 万人，安置、迁建及配套设施用地是导致耕地和自然植被减少的主要原因（周万村等，1987；陈国阶，1995）。耕地的增加源自该时期国家实施了严格保护耕地的政策，如 1997 年冻结建设用地占用耕地一年、1998 年实施用途管制、1999 年提出"总量动态平衡"等都促使大量荒草地被开垦为耕地（图 13.16）（邵景安等，2013）。水域增加主要源于大江截流和试验性蓄水，淹没了大量耕地、林草地和城镇村庄（Zhang et al.，2009）。建设用地增加归因于安置、迁建和设施配套用地增加，占用了大量耕地、林地和草地。

建设中期（2000～2010 年），三峡库区土地利用/覆被变化总面积 1898.24km²。其中，2000～2005 年，生态保护在三峡库区土地利用/覆被变化驱动力系统中的贡献率不断攀升，达到 52.93%。相对而言，虽然因城镇化带来的土地利用/覆被变化总面积在上升，但其贡献率下降到 26.85%。水资源利用与开发驱动力因子的贡献率由 1990～2000 年的 2.87%上升到 15.45%。2005～2010 年，水资源利用与开发在驱动土地利用/覆被变化的贡献率上比 2000～2005 年略有上升，上升到 18.95%。生态保护和城镇化的贡献率比 2000～2005 年略有下降，分别下降到 50.83%和 18.95%。

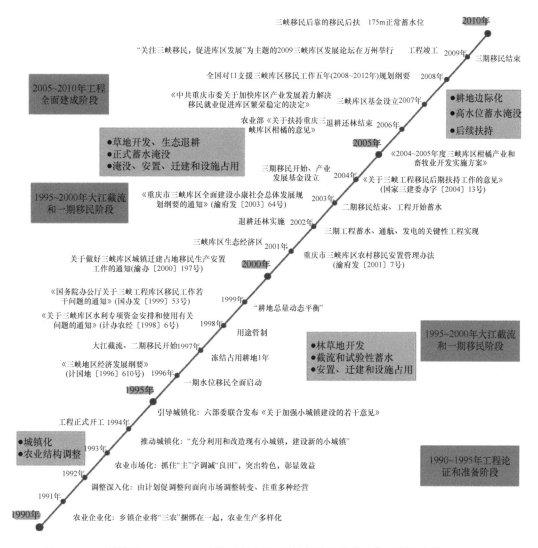

图 13.16 三峡库区 1990～2010 年与土地利用/覆被变化相关的政策（邵景安等，2013）

　　建设中期三峡工程先后开展了多次汛期后试验性蓄水（2003 年开始蓄水至 135m 水位，2006 年蓄水至 156m 水位，2010 年蓄水至 175m 水位），湿地面积迅速增加，淹没了大量的林地、草地、耕地和裸地。天然林保护工程、退耕还林还草等生态保护工程也先后在该时期启动，库区生态环境有所改善，森林面积显著增加，坡耕地面积持续下降（程辉等，2015）。建设中期，三峡库区移民工程所涉及的区域和人数较初期阶段更大，人工表面面积增加更加显著，建设用地、交通用地等基础设施建设是该阶段耕地和自然植被减少的主要原因之一。2006 年前林地面积的增加主要来自退耕还林还草工程的贡献，之后则主要由森林工程、农业结构调整（果园增加）等因子所驱动（唐强等，2010）。耕地面积的减少与水库淹没、移民安置、城镇迁建等占用耕地以及退耕还林还草政策的实施有关，虽然该阶段通过土地整治增加了部分耕地（王铭烽等，2017），但不足以抵消耕地占用和退耕带来的耕地流失。

建设后期（2010～2015 年），三峡库区土地利用/覆被变化面积 522.80km²，变化速率比建设中期（2000～2010 年）明显减缓，但仍然比建设初期（1990～2000 年）几乎快了一倍。城镇化的进程不断加速，导致城镇化在三峡库区土地利用/覆被变化驱动力系统中的贡献率上升到 78.52%，同时，基础设施建设的贡献率也达到了 14.47%，两者约引起了该时期三峡库区 93%的土地利用/覆被变化。

自 2009 年以来，三期移民工程结束，三峡水利工程竣工，建筑用地、交通用地等人工表面面积增加速度逐渐放缓，但随着经济发展及城市化进程的推进，城镇化和基础设施建设仍是该阶段导致耕地面积减少的主要因素（贡献率达 93.96%）（闵婕等，2016）。后移民阶段，土地整治、坡耕地改良和高标准基本农田建设是促使耕地面积增加和粮食产量增加的主要驱动因素（罗明等，2016）。此外，2008 年"森林重庆""绿地行动"和2014 年国务院印发的《全国对口支援三峡库区合作规划（2014～2020 年）》相继实施，为三峡库区生态环境改善和生态安全保障提供了有力支持（冯应斌等，2014；Xiong et al.，2017）。然而，三峡库区特有的巨大消落带空间年际有节律的消长导致其地上生物量也出现了有节律的变化，这有可能是三峡库区水环境变化的重要不利驱动因素之一，值得后续持续关注和研究。

13.6　小　　结

三峡工程是我国有史以来最大型的水利枢纽工程项目，伴随着移民安置、城镇迁建、设施配套等工程实施和环境变化，驱动了库区土地利用/覆被剧烈变化。本章系统分析了三峡水利枢纽工程建设前后土地利用/覆被变化的格局、过程及驱动力。三峡库区 2015 年土地利用/覆被结构以林地为主，林地面积比例达到 61.94%，耕地次之，面积占比 29.17%。1990～2015 年，三峡库区土地利用/覆被年动态度为 0.09%，表现出较为明显的时间变异特征。建设初期（1990～2000 年）最典型的土地利用/覆被变化类型是人工表面的扩张（林地→人工表面、耕地→人工表面）。三峡移民安置、迁建及配套设施建设是导致耕地和自然植被转变为人工表面的主要原因。建设中期（2000～2010 年）最典型的土地利用/覆被变化转变为耕地的大面积减少和湿地的逐步增加。天然林保护工程、退耕还林还草等生态保护工程的实施是该时期耕地大面积减少的主要原因之一，这也有利于改善三峡库区的生态环境状况。该时期三峡工程先后开展了多次汛期后试验性蓄水是导致湿地面积逐步增加的主要因素。建设后期（2010～2015 年），人工表面的扩张是最突出的土地利用/覆被变化类型。三峡建设后期，社会经济发展及城市化进程的推进是导致该时期土地利用/覆被变化的主导因素。

三峡水利枢纽淹没区对原有人工生态系统的淹没面积远大于对自然生态系统的淹没面积，旱地是淹没面积最大的土地利用/覆被类型，占淹没区总面积的 52.22%。受水库淹没、退耕还林还草工程、城市化进程等的影响，三峡库区耕地面积呈现持续下降的态势，特别是坡度超过 25°的坡耕地下降幅度最大。遥感监测显示，三峡库区当前仍然存在 1322.87km² 坡度大于 25°的坡耕地，但这些坡耕地大多实施了"坡改梯""土地整理"等一系列水土保持措施和"保肥增效"措施，耕地的水土流失程度明显降低。消落带是三峡库区运行调度在库区沿岸形成的特殊区域。遥感监测表明,三峡库区消落带总面积 240.40km²,其中,重庆段消落带面积占比 86.62%,主要分布在涪陵、丰都、忠县、万州、云阳、奉节、巫山等区县。三峡库区消落带的地上生物量为 8.33 万吨,其中,长江干流的涪陵至奉节段地上生物量最大,要关注其水环境效应。

参 考 文 献

鲍玉海, 贺秀斌, 钟荣华, 等. 2014. 三峡水库消落带植被重建途径及其固土护岸效应. 水土保持研究, 21: 1-5.

陈国阶. 1995. 三峡工程移民战略与目标体系. 人文地理, 10: 8-13.

陈国阶. 2006. 三峡工程环境影响的再认识. 世界科学, 6: 2-8.

陈昱, 周万村, 刘琼招. 1987. 长江三峡环境遥感初探. 遥感信息, 4: 8-12.

陈治谏, 廖晓勇, 刘邵权, 等. 2004. 三峡库区坡耕地持续性利用技术及效益分析. 水土保持研究, 11: 85-87.

程根伟, 陈桂蓉. 2007. 试验三峡水库生态调度,促进长江水沙科学管理. 水利学报: 526-530.

程辉, 吴胜军, 王小晓, 等. 2015. 三峡库区生态环境效应研究进展. 中国生态农业学报, 23: 127-140.

邓华, 邵景安, 王金亮, 等. 2016. 多因素耦合下三峡库区土地利用未来情景模拟. 地理学报, 71: 1979-1997.

冯应斌, 何建, 杨庆媛. 2014. 三峡库区生态屏障区土地利用规划生态效应评估. 地理科学, 34: 1504-1510.

贺秀斌, 鲍玉海. 2019. 三峡水库消落带土壤侵蚀与生态重建研究进展. 中国水土保持科学, 17: 160-168.

黄维, 王为东. 2016. 三峡工程运行后对洞庭湖湿地的影响. 生态学报, 36: 6345-6352.

江晓波, 马泽忠, 曾文蓉, 等. 2004. 三峡地区土地利用/土地覆被变化及其驱动力分析. 水土保持学报, 18: 108-112.

孔令桥, 张路, 郑华, 等. 2018. 长江流域生态系统格局演变及驱动力. 生态学报, 38: 741-749.

廖晓勇, 陈治谏, 刘邵权, 等. 2003. 三峡库区坡耕地粮经果复合垄作技术效益评价. 水土保持学报, 17: 37-40.

罗明, 杨庆媛, 刘苏, 等. 2016. 重庆市不同地貌类型区高标准基本农田建设关键影响因子研究. 广东农业科学, 43: 156-164, 152.

毛华平, 杨兰蓉, 许人骥, 等. 2014. 三峡水库库周生态屏障建设对策研究. 水土保持学报, 28: 63-68, 72.

闵婕, 杨庆媛, 唐璇. 2016. 三峡库区农村居民点空间格局演变——以库区重要区万州为例. 经济地理, 36: 149-158.

邵景安, 张仕超, 魏朝富. 2013. 基于大型水利工程建设阶段的三峡库区土地利用变化遥感分析. 地理研究, 32: 2189-2203.

宋述军, 周万村. 2012. 三峡库区 1995—2008 年土地利用/覆被变化分析. 四川大学学报(工程科学版), 44: 193-197.

谭秋霞, 朱波, 花可可. 2013. 三峡库区消落带典型草本植物淹水浸泡后可溶性有机碳的释放特征. 环境科学, 34: 3043-3048.

唐强, 贺秀斌, 鲍玉海, 等. 2010. 三峡库区柑橘园生态复合经营模式. 中国水土保持: 10-12.

王铭烽, 田风霞, 贺秀斌, 等. 2017. 三峡库区耕地质量评价. 山地学报, 35: 556-565.

韦杰, 贺秀斌. 2011. 三峡库区坡耕地水土保持措施研究进展. 世界科技研究与发展, 7: 41-45.

周萍, 文安邦, 贺秀斌, 等. 2010. 三峡库区循环农业及流域水土保持综合治理模式研究. 中国水土保持, 10: 5-8.

周万村. 2001. 三峡库区土地自然坡度和高程对经济发展的影响. 长江流域资源与环境, 10: 15-21.

周万村, 孙育秋, 邹仁元, 等. 1987. 三峡库区地表覆盖环境容量遥感分析. 长江三峡工程对生态与环境影响及其对策研究论文集. 中国科学院三峡工程生态与环境科研项目领导小组. 北京: 科学出版社: 1072-1089.

Bao Y, Gao P, He X. 2015. The water-level fluctuation zone of Three Gorges Reservoir — A unique geomorphological unit. Earth-Science Reviews, 150: 14-24.

Fu B J, Wu B F, Lu Y H, et al. 2010. Three Gorges Project: Efforts and challenges for the environment. Progress in Physical Geography-Earth and Environment, 34: 741-754.

He X B, Wang M F, Tang Q, et al. 2020. Decadal loss of paddy fields driven by cumulative human activities in the Three Gorges Reservoir area, China. Land Degradation & Development, 31: 1990-2002.

Jiu J, Wu H, Li S. 2019. The Implication of Land-Use/Land-Cover Change for the Declining Soil Erosion Risk in the Three Gorges Reservoir Region, China. Int J Environ Res Public Health, 16: 1856.

Lei Z, Bingfang W, Liang Z, et al. 2012. Patterns and driving forces of cropland changes in the Three Gorges Area, China. Regional Environmental Change, 12: 765-776.

Plieninger T, Draux H, Fagerholm N, et al. 2016. The driving forces of landscape change in Europe: A systematic review of the evidence. Land Use Policy, 57: 204-214.

Xiong Q L, Xiao Y, Ouyang Z Y, et al. 2017. Bright side? The impacts of Three Gorges Reservoir on local ecological service of soil conservation in southwestern China. Environmental Earth Sciences, 76: 323.

Xu X, Tan Y, Yang G, et al. 2011. Impacts of China's Three Gorges Dam Project on net primary productivity in the reservoir area. Science of the Total Environment, 409: 4656-4662.

Zhang J, Zhengjun L, Xiaoxia S. 2009. Changing landscape in the Three Gorges Reservoir Area of Yangtze River from 1977 to 2005: Land use/land cover, vegetation cover changes estimated using multi-source satellite data. International Journal of Applied Earth Observation and Geoinformation, 11: 403-412.

第 14 章　西南地区退耕还林遥感监测

西南地区生态环境整体上较为脆弱（石培礼和李文华，1999）。从 20 世纪中叶到 21 世纪初，受自然条件和人类活动长期的作用，该地区生态环境恶化的趋势不断加剧，森林覆盖率降低、荒漠化、草原沙化、水土流失、土壤肥力丧失、作物产量降低或低下等问题日益严重（刘淑珍等，1998；董玉祥和陈克龙，2002），主要表现如下：①森林锐减，覆盖率减低，导致森林生态系统遭到严重破坏。从 20 世纪 50 年代开始，按国家计划对西南森林进行长达 40 多年大面积掠夺性采伐，森林资源已遭到严重破坏，加之营造林工作没有及时跟上，采营比例严重失调，造成森林覆盖率大幅度下降（周彬等，2010）。②土地退化、沙化、碱化和鼠虫害草地面积不断增加，草原生态环境已全面恶化（张宪洲等，2016）。③大面积水土流失现象仍未根本遏制，土地资源受到严重破坏，特别是两江一河（金沙江、雅砻江、大渡河）的高山峡谷区和川中丘陵地区（崔鹏等，2008）。

西南山区地形起伏大，适宜耕种的土地资源较为稀缺，在耕地短缺的情况下，更多的边缘土地、林地和坡地被开垦为耕地，这加剧了本来就脆弱的山地生态系统的退化，也导致了对土地资源的过度利用和土地质量及生产力的恶化（石培礼和李文华，1999）。退耕还林是党中央、国务院站在中华民族生存和发展的全局高度做出的重大战略决策。其目的是恢复植被，减少水土流失，防沙治沙，改善恶化的生态环境，增加农民收入，即"农民得利，国家得绿"（Liao and Zhang，2008；Liu et al.，2008）。它也是实施西部大开发战略中生态环境建设的基本内容。

1999～2006 年，中央累计投入 1303 亿元，共安排退耕地造林任务 9.26 万 km²、配套荒山荒地造林任务 13.68 万 km² 和封山育林任务 1.33 万 km²。涉及国土面积 96%，包括我国生态类型的 2 个大区（长江流域及南方地区、黄河流域及北方地区），11 个类型区（热带、亚热带、温带、暖温带水土流失区、风蚀沙化区和自然灾害频发区等）（李世东，2004）。退耕还林工程的实施，明显改变了西南地区土地利用/覆被的结构，耕地面积减少，林地面积逐步攀升（Liu et al.，2019）。由于退耕地主要发生在坡度大于 25°的坡耕地区域，坡耕地的面积和比例也随之下降。总体来看，退耕还林及其带来的相关变化是近期我国山区土地利用/覆被变化的显著特点之一。本章以西南退耕还林遥感监测为主线，基于我们生产的长时间序列土地利用/覆被数据集，系统分析了西南地区及其各省级行政区因退耕还林工程带来的土地利用/覆被变化状况。

14.1　西南地区退耕前耕地结构与分布

耕地面积、结构及其空间分布是退耕还林还草工程实施前需要摸清的重要基础信息，特别是坡耕地面积和比例。考虑到退耕还林还草工程最早于 1999 年试点，本节以 1990 年的土地利用/覆被遥感监测数据集为基础（Lei et al.，2016），结合地形数据、数字山地图（邓伟等，2015）等基础数据，系统分析西南地区及其各省/直辖市/自治区退耕前耕地的结构及其分布特征。

14.1.1　西南地区退耕前耕地总体特征

1. 西南地区退耕前耕地结构特征

据土地利用/覆被遥感监测数据统计，退耕还林工程实施前，西南地区共有耕地 26.14 万 km^2（表 14.1），约占西南地区国土总面积的 11.22%，是仅次于林地和草地的土地利用/覆被类型。成都平原、川东丘陵地区、云南和贵州的"坝子"、雅鲁藏布江河谷是西南地区耕地集中分布的区域，其他区域分布较为分散。

表 14.1　西南地区退耕前耕地结构

省级行政区	耕地面积/km^2	比例/%	耕地类别	面积/km^2	比例/%
重庆市	31940.05	12.22	水田	7364.57	23.06
			旱地	24575.48	76.94
四川省	107827.20	41.26	水田	42307.62	39.24
			旱地	65519.58	60.76
贵州省	50792.70	19.43	水田	6590.14	12.97
			旱地	44202.56	87.03
云南省	65193.50	24.94	水田	9041.62	13.87
			旱地	56151.88	86.13
西藏自治区	5615.35	2.15	水田	227.55	4.05
			旱地	5387.80	95.95
西南地区	261368.80	100.00	水田	65531.49	25.07
			旱地	195837.31	74.93

从行政区划来看，四川省耕地面积最大，总面积为 10.78 万 km^2；其次是云南省，耕地面积 6.52 万 km^2；贵州省排第三，耕地面积 5.08 万 km^2；重庆市耕地面积 3.19 万 km^2；西藏自治区耕地面积最小，仅 0.56 万 km^2。

从耕地类型来看，西南地区的耕地中旱地的面积大于水田的面积，其中旱地 19.58 万 km^2，水田 6.55 万 km^2，旱地和水田的面积比例约为 3：1。重庆市的水田和旱地面积比例与整个西南地区的比例最近似。四川省旱地和水田面积的比例约为 3：2，与成都平原以及川东丘陵地区较为平缓的地形，以及便利的灌溉条件有密切关系。云南省和贵州省的水田和旱地比例相似，水田占比约为 13%，一方面与该地区地形过于破碎，缺乏水田分布的大面积平坦空间有关；另一方面喀斯特地区保水性较差，不利于水田的耕种。西藏自治区仅在雅鲁藏布江下游两侧有少量水田分布，其面积占比不足 5%。

坡耕地是山区耕地最显著的特征，其保水和保肥性能较差，是山区水土流失的核心区之一，也是退耕还林还草工程实施的重点区域。据遥感监测数据统计，西南地区山区耕地面积占总耕地面积的 90.89%（表 14.2），其比例非常高，退耕还林还草的压力较大。

表 14.2 西南地区退耕前山区耕地面积及比例状况

省级行政区	山区耕地面积/km²	山区耕地面积比例/%	耕地类型	山区面积/km²	山区面积比例/%
重庆市	30232.53	94.65	水田	6691.97	90.87
			旱地	23540.56	95.79
四川省	91692.22	85.04	水田	31389.44	74.19
			旱地	60302.78	92.04
贵州省	49069.43	96.61	水田	5968.64	90.57
			旱地	43100.79	97.51
云南省	61106.54	93.73	水田	7319.64	80.95
			旱地	53786.89	95.79
西藏自治区	5461.55	97.26	水田	118.99	52.29
			旱地	5342.56	99.16
西南地区	237562.27	90.89	水田	51488.69	78.57
			旱地	186073.59	95.01

从各省级行政区来看，西藏自治区山区耕地所占比例最大，约占其总耕地面积的 97.26%；贵州省、重庆市和云南省次之，山区耕地面积比例分别为 96.61%、94.65% 和 93.73%；相对来说，四川省山区耕地面积占比相对低一些，其比例为 85.04%。

从山区耕地类型来看，山区旱地面积占西南地区旱地总面积的比例（95.01%）明显高于山区水田面积占西南地区水田总面积的比例（78.57%）。山区水田主要分布在山间盆地、山区河流台地，以及水资源便利的山地梯田等。分省级行政区来看，各省级行政区山区旱地面积的比例均超过了 90%，山区水田面积的比例差异较大，西藏自治区山区水田面积比例仅为 52.29%，而重庆市和贵州省山区水田面积比例超过了 90%。

2. 西南地区退耕前耕地垂直分布特征

西南地区海拔分异大，海拔高差超过 8000m，特殊的地形和地貌也造就了西南地区耕地的垂直分布特征（图 14.1）。从统计上看，无论是水田还是旱地，海拔低于 2000m 的区域是其核心分布区，2000m 以上的区域，海拔越高，分布越少。水田集中分布在 200～1000m 的海拔梯度带内（面积占比 77.46%），1000～2500m 仅有少量分布，2500m 以上的区域基本无水田分布。旱地集中在海拔 200～2500m 的海拔梯度带内（面积占比 93.45%），其中，在 300～700m 梯度带内分布面积最广（面积占比 32.45%）；700～4000m

的海拔梯度带内，随着海拔升高，旱地面积逐渐降低；4000m 以上的区域，旱地面积分布很少。

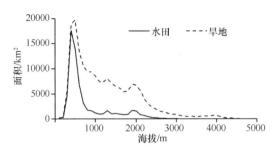

图 14.1　西南地区退耕前耕地的垂直分布特征

3. 西南地区退耕前耕地坡度分异特征

西南地区可供耕作的大面积平坦区域相对较少，形成了独特的耕地坡度分异特征（图 14.2）。随着坡度的升高，水田分布面积明显减少，且以梯田为主，30°以上区域基本无水田分布。旱地的分布特征与水田有所差异。坡度小于 10°的区域，由于水田作物的产量和经济价值更高，被优先种植，旱地面积相对稳定。坡度超过 10°的区域，旱地面积随着坡度的增加也表现出下降的趋势，坡度超过 25°仍有较大面积的旱地分布，部分区域的旱地甚至分布在坡度超过 45°的陡坡地段，50°以上的区域基本没有旱地分布。

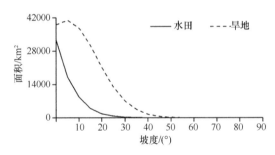

图 14.2　西南地区退耕前耕地的坡度分异特征

4. 西南地区退耕前耕地坡向分异特征

光照是作物生长的限制因素之一，耕地所在区域的坡向决定了作物的光照条件。图 14.3 展现了西南地区水田和旱地的坡向分异特征。相对来说，水田的分布基本上与坡向没有关系，而旱地则更易于分布在光照充足的阳坡（面积占比 28.51%）和半阳坡（面积占比 27.22%）。水田对水分需求高，多分布在灌溉条件较好的平坝地区或有水利之便的缓坡梯田，日照受地形影响相对较小。旱地作物耐旱性较强，对水资源的需求明显少于水田，且多数处于坡度较陡的空间，日照会受到地形的影响，其分布与坡向存在一定的趋向性。

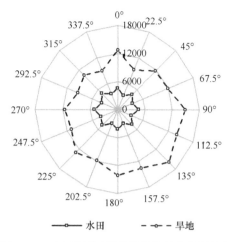

图 14.3　西南地区退耕前耕地的坡向分异特征

14.1.2　各省级行政区退耕前耕地结构与分布

1. 四川省退耕前耕地结构与分布

四川省退耕前耕地总面积 107827.2km², 其中, 旱地 65519.58km², 水田 42307.62km², 旱地和水田的面积比例分别为 60.76% 和 39.24%, 接近 3:2[图 14.4 (a)]。四川省山区耕地总面积 91692.22km², 山区耕地占四川省耕地总面积的比例达到 85.04%, 其中, 山区水田面积占水田总面积的比例达到了 74.19%, 山区旱地面积占旱地总面积的比例为 92.04%[图 14.4 (b)]。

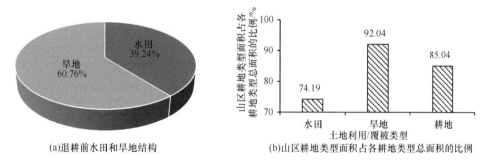

图 14.4　四川省退耕前耕地结构

从退耕前耕地的垂直分布来看, 四川省水田和旱地的垂直分布均呈现出先增加后减少的"单峰"分布特征, 其峰值均位于海拔 300～500m 的梯度带内 (图 14.5)。相对来说, 水田核心分布区为 300～500m (面积占比 79.65%), 旱地核心分布区为 300～600m (面积占比 60.68%)。500～1000m 海拔梯度带内, 随着海拔的升高, 水田和旱地面积均迅速下降, 但水田下降的速率更快。海拔 1000m 以上, 其水田面积占水田总面积的比例较小 (4.87%), 其旱地面积占旱地总面积的比例为 25.79%。海拔超过 2000m 的区域几乎无水田分布, 海拔超过 4000m 的区域几乎无旱地分布。

四川省水田呈现出单调下降的坡度分异规律 (图 14.6), 即随着坡度的增加, 水田面积持续减少，坡度小于 10°的区域分布了 75.86%的水田。旱地则呈现先小幅上升后逐步下降的坡度分异规律（图 14.6）。坡度小于 10°的区域，旱地面积较为稳定，坡度超过 10°后，随坡度增加，旱地面积下降，坡度超过 25°的陡坡旱地面积占旱地总面积的 12.21%。

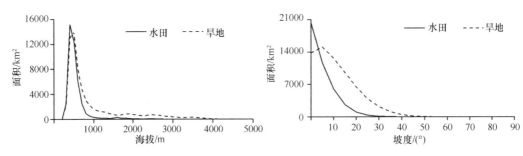

图 14.5　四川省退耕前耕地的垂直分布特征　　　图 14.6　四川省退耕前耕地的坡度分异特征

2. 重庆市退耕前耕地结构与分布

重庆市退耕前耕地总面积 31940.05km²，其中，旱地 24575.48km²，水田 7364.57km²，旱地和水田的面积比例分别为 76.94%和 23.06%，接近 3∶1[图 14.7（a）]。重庆市共有山区耕地 30232.53km²，山区耕地占重庆市耕地总面积的 94.65%，其中山区水田面积占水田总面积的比例达到了 90.87%，而山区旱地面积占旱地总面积的比例达到了 95.79%[图 14.7（b）]。

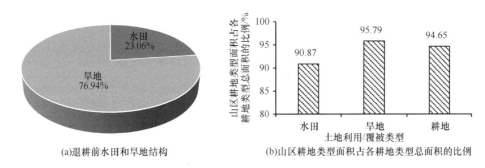

(a)退耕前水田和旱地结构　　　　　(b)山区耕地类型面积占各耕地类型总面积的比例

图 14.7　重庆市退耕前耕地结构

从退耕前耕地的垂直分布特征来看，重庆市水田和旱地的垂直分布统计上呈现出先增加后减少的"单峰"分布特征，其分布的峰值均位于海拔 400m 左右的梯度带内（图 14.8）。水田分布核心范围为 200~600m（面积占比 82.85%），旱地分布核心范围为 200~1500m（面积占比 97.80%）。

从退耕前耕地的坡度分异规律来看，重庆市水田和旱地的坡度分布表现出完全不同的分布特征（图 14.9）。水田呈现出单调下降的分布规律，即随着坡度的增加，水田分布面积持续减少。旱地则呈现先增加后减少的"单峰"分布规律，峰值位于 5°~10°的坡度带内，坡度超过 10°后，随着坡度的增加，旱地的面积急剧下降，坡度超过 25°的旱地面积占旱地总面积的 12.54%。

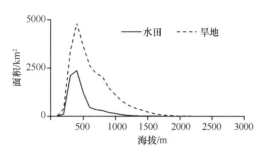
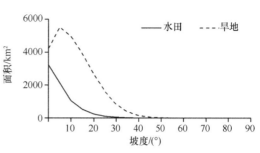

图 14.8　重庆市退耕前耕地的垂直分布特征　　　　图 14.9　重庆市退耕前耕地的坡度分异特征

3. 贵州省退耕前耕地结构与分布

贵州省退耕前耕地总面积 50792.7km², 其中, 旱地 44202.56km², 水田 6590.14km², 旱地和水田的面积比例分别为 87.03%和 12.97%[图 14.10 (a)]。贵州省山区耕地总面积 49069.43km², 山区耕地占贵州省耕地总面积的 96.61%, 其中, 山区水田面积占水田总面积的比例达到了 90.57%, 山区旱地面积占旱地总面积的比例达到了 97.51%[图 14.10 (b)]。

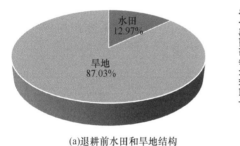
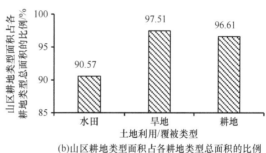

(a)退耕前水田和旱地结构　　　　　　　　(b)山区耕地类型面积占各耕地类型总面积的比例

图 14.10　贵州省退耕前耕地结构

从退耕前耕地的垂直分布特征来看, 贵州省旱地呈现出"双峰"的分布特征, 两个峰值分别位于 800～1000m 和 1200～1300m 的海拔梯度带内 (图 14.11), 500～1400m 的海拔梯度是贵州省旱地分布的核心区域 (面积占比 78.87%), 海拔超过 1400m 之后, 旱地面积逐步下降, 2800m 以上的区域基本无旱地分布。水田的垂直分布特征并无明显的集中分布区, 相对来说, 海拔 800～1400m 梯度带内水田的面积占比较大 (67.76%), 海拔 2100～2300m 的梯度带内也有水田分布 (6.91%)。

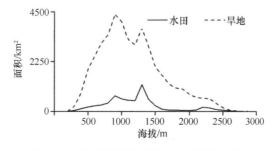

图 14.11　贵州省退耕前耕地的垂直分布特征

退耕前贵州省水田呈现出单调下降的坡度分异规律（图 14.12），即随着坡度的增加，水田分布面积缓慢下降。旱地则呈现出先增加后减少的"单峰"分布特征，峰值位于 5°～15°的坡度带内（面积占比 61.21%），坡度超过 15°后，随着坡度的增加，旱地的面积急剧下降，坡度超过 25°的陡坡旱地面积占旱地总面积的 13.72%。

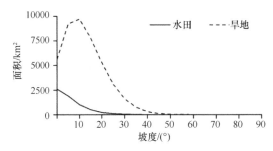

图 14.12　贵州省退耕前耕地的坡度分异特征

4. 云南省退耕前耕地结构与分布

云南省退耕前耕地总面积 65193.50km², 其中，旱地 56151.88km², 水田 9041.62km², 旱地和水田的面积比例分别为 86.13%和 13.87%[图 14.13（a）]。云南省山区耕地总面积 61106.54km², 山区耕地占云南省耕地总面积的 93.73%, 其中，山区水田面积占水田总面积的 80.95%, 山区旱地面积占旱地总面积的 95.79%[图 14.13（b）]。

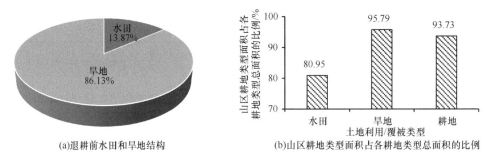

(a)退耕前水田和旱地结构　　　　　(b)山区耕地类型面积占各耕地类型总面积的比例

图 14.13　云南省退耕前耕地结构

从退耕前耕地的垂直分布来看，云南省水田和旱地的垂直分布均呈现出先增加后减少的"单峰"分布特征，其分布的峰值均位于海拔 1800～2000m 的梯度带内（图 14.14）。水田分布的核心区域为 1100～2300m（面积占比 85.56%），旱地分布的核心区域为 700～

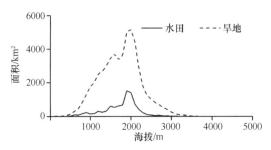

图 14.14　云南省退耕前耕地的垂直分布特征

2600m（面积占比 93.93%）。海拔超过 3000m 的区域无水田分布，海拔超过 4000m 的区域几乎无旱地分布。

退耕前云南省的水田随坡度增加呈现出明显的单调下降分布规律（图 14.15），即随着坡度的增加，水田的面积下降。坡度小于 10° 的水田约占水田总面积的 86.55%。退耕前云南省的旱地也呈现出单调下降的分布特征，坡度超过 25° 的陡坡旱地面积占旱地总面积的 14.26%。

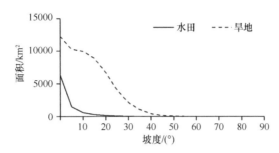

图 14.15　云南省退耕前耕地的坡度分异特征

5. 西藏自治区退耕前耕地结构与分布

西藏自治区退耕前耕地总面积 5615.35km²，其中，旱地 5387.80km²，水田 227.55km²，旱地和水田的面积比例分别为 95.95% 和 4.05%[图 14.16（a）]。西藏自治区山区耕地总面积 5461.55km²，山区耕地占西藏自治区耕地总面积的比例达到 97.26%，其中，山区水田面积占水田总面积的比例仅为 52.29%，但山区旱地面积占旱地总面积的比例高达99.16%[图 14.16（b）]。

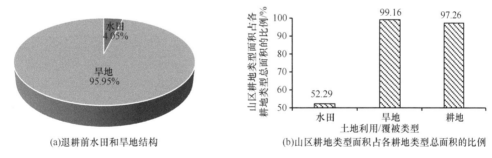

(a)退耕前水田和旱地结构　　　　　　　(b)山区耕地类型面积占各耕地类型总面积的比例

图 14.16　西藏自治区退耕前耕地结构

从退耕前耕地的垂直分布来看，西藏自治区由于海拔垂直范围广，水田和旱地的集中分布区具有明显的差异（图 14.17）。水田主要分布在林芝市南部海拔低于 300m 的区域（面积占比 85.39%），而旱地则集中分布在海拔 3000~4500m 的梯度范围内（面积占比 79.58%），其中 3700~4100m 是旱地分布最为集中的区域之一（面积占比 47.12%），主要位于年楚河流域，2900~3100m 是旱地另一个集中分布区（面积占比 10.92%），主要位于雅鲁藏布江河谷林芝段。

从退耕前耕地的坡度分异规律来看，西藏自治区水田和旱地的坡度分布呈现出相似的分布特征（图 14.18）。旱地呈现出单调下降的分布规律，即随着坡度的增加，旱地分布面积逐步下降，坡度超过 25% 的陡坡旱地占旱地总面积的 12.58%。

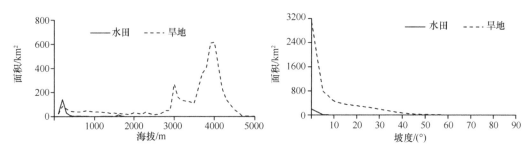

图 14.17 西藏自治区退耕前耕地的垂直分布特征 图 14.18 西藏自治区退耕前耕地的坡度分异特征

14.2 四川省退耕还林遥感监测

14.2.1 四川省退耕还林总体状况

四川省是最早开始退耕还林还草试点的省份。由遥感监测数据统计,2000~2015 年,四川省因退耕还林还草工程的实施导致的土地利用/覆被变化总面积为 5503.53km²。整体来看,变化主要发生在四川盆地周边山区以及攀西地区,成都平原和川东丘陵地区地形平坦区较少分布,川西高原因耕地分布较少而分布较为有限。

从退耕地的来源统计看,绝大部分由旱地退耕而来,总面积 4338.77km²,约占退耕地总面积的 78.84%;由水田退耕而导致的土地利用/覆被变化面积 1164.76km²,占退耕地总面积的 21.16%,主要转变为园地[图 14.19(a)]。从退耕地的转入类型来看,四川省绝大部分退耕地转变为乔木园地(3865.76km²,70.24%)[图 14.19(b)].

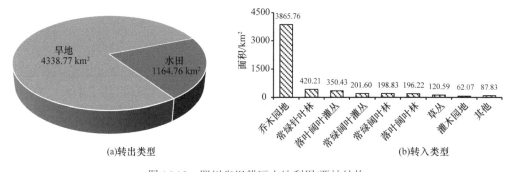

(a)转出类型   (b)转入类型

图 14.19 四川省退耕区土地利用/覆被结构

14.2.2 四川省坡耕地变化

遥感监测四川省各坡度带内的耕地退耕情况,统计结果如图 14.20 所示。整体来看,坡度越陡,退耕的比例越大,坡度越缓,退耕比例越小,整体呈现出"S"形曲线的特征。四川省坡度小于 20°的区域退耕比例小于 8%,坡耕地(坡度超过 25°)的退耕比例为 72.61%。

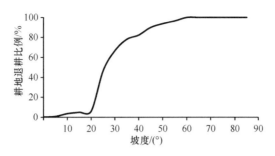

图 14.20　四川省不同坡度耕地退耕比例

　　四川盆地周围山区和横断山区有大部分耕地位于坡度超过 25°的区域（刘淑珍和沈镇兴，1992），若严格执行退耕政策，则这些区域的居民将面临"无地可耕，无粮可种"的局面，从而导致部分坡耕地上仍然存在耕地种植的情况（朱波等，2004）。考虑到陡坡耕地本身的面积基数较小（占耕地总面积的 7.96%），虽然未能完全退耕，但剩余坡度大于 25°的耕地（占耕地总面积的 2.18%）已实施了"坡改梯"等一系列水土保持措施，以达到"保肥增效"和降低水土流失的效果（蔡雄飞等，2012）。受经济林种植效益的刺激，四川省一些缓坡区域，出现了居民自愿将耕地退耕为经济林的现象，导致一些本不该退耕的区域也存在退耕现象（欧定华和夏建国，2016），它们是否会影响区域粮食安全，需要进一步研究。

14.3　重庆市退耕还林遥感监测

14.3.1　重庆市退耕还林总体状况

　　由遥感监测数据统计，2000～2015 年，重庆市因退耕还林还草工程的实施而引起的土地利用/覆被变化总面积为 1841.30km²，重庆市各区/县均有退耕还林引起的土地利用/覆被变化。

　　从退耕地的来源来看，绝大部分由旱地退耕而来，总面积 1768.60km²，约占退耕地总面积的 96.05%；由水田退耕而来的土地利用/覆被变化面积 72.70km²，仅占退耕地总面积的 3.95%[图 14.21（a）]。从退耕地的转入类型来看，重庆市绝大部分退耕地转变

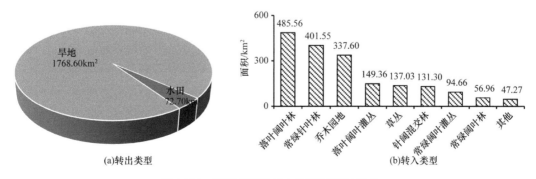

图 14.21　重庆市退耕区土地利用/覆被结构

为落叶阔叶林（485.56km²，26.37%）、常绿针叶林（401.55km²，21.81%）和乔木园地（337.60km²，18.34%）[图14.21（b）]。

14.3.2 重庆市坡耕地变化

遥感监测重庆市各个坡度带内耕地的退耕情况，统计结果如图14.22所示。整体来看，坡度越陡，退耕的比例越大，坡度越缓，退耕比例越小。虽然退耕还林政策要求大于25°的坡耕地需要退耕，但考虑到部分山区坡度大于25°的耕地比重较大这一实际情况，若严格执行退耕政策，则导致当地居民"无地可耕"，对粮食安全产生影响（周万村，2001）。同时，三峡库区绝大部分区域位于重庆市，三峡库区移民安置中有大部分采取了"就地后靠"安置方式，相对来说，后靠区域的坡度较淹没区的坡度大，坡耕地种植是解决移民基本生活问题的主要方式（韦杰和贺秀斌，2011；Cao et al.，2013）。整体来看，重庆市坡度小于20°的区域退耕比例小于5%，坡度大于25°的坡耕地退耕比例为73.54%，剩余未退耕的坡度大于25°的耕地面积占耕地总面积的2.87%。

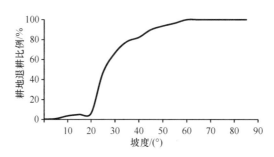

图14.22 重庆市不同坡度耕地退耕比例

14.4 贵州省退耕还林遥感监测

14.4.1 贵州省退耕还林总体状况

由遥感监测数据统计，2000～2015年，贵州省因退耕还林还草工程的实施导致的土地利用/覆被变化总面积为5503.53km²。贵州省各市/州均有大量的退耕地存在，其中北部地区稍多于南部地区。从退耕地的来源来看，绝大部分是由旱地退耕而来，总面积5232.61km²，约占退耕地总面积的99.93%[图14.23（a）]。从退耕地的转入类型来看，贵州省的耕地主要退耕为常绿针叶林（2295.39km²，43.83%）、草丛（1752.99km²，33.48%）和落叶阔叶林（575.71km²，10.99%）[图14.23（b）]。

14.4.2 贵州省坡耕地变化

遥感监测贵州省各个坡度带内的耕地退耕情况，统计结果如图14.24所示。整体来

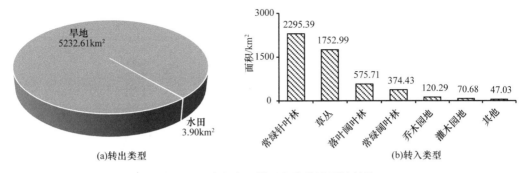

图 14.23　贵州省退耕区土地利用/覆被结构

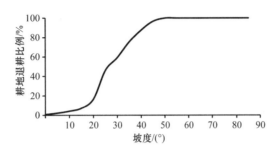

图 14.24　贵州省不同坡度耕地退耕比例

看，坡度越陡，退耕的比例越大，坡度越缓，退耕比例越小，整体呈现出"S"形曲线的特征。贵州省与其他省份一样，同样面临坡耕地面积大、坡度陡等问题。若严格执行退耕政策，则不少居民将面临无地可耕的局面（闫慧敏等，2012）。对于一个少数民族较为聚集的省份，此种情况更为突出。因此，贵州省和其他省份一样，遥感监测显示存在坡度大于25°的耕地仍在种植的情况。整体来看，贵州省坡度小于20°的区域退耕比例小于5%，坡度大于25°的坡耕地退耕比例为80.49%，剩余坡度大于25°的耕地面积占耕地总面积的2.70%。

14.5　云南省退耕还林遥感监测

14.5.1　云南省退耕还林总体状况

由遥感监测数据统计，2000～2015 年，云南省因退耕还林还草工程的实施导致的土地利用/覆被变化总面积为 1422.21km²。滇东北的昭通市、滇北的楚雄、滇中以及滇南的普洱市是云南省退耕还林最为集中的区域。从退耕地的来源来看，绝大部分是由旱地退耕而来，总面积 1379.21km²，约占退耕地总面积的 96.98%；由水田退耕而导致的土地利用/覆被变化面积为43.00km²，仅占退耕地总面积的3.02%[图 14.25（a）]。从退耕地的转入类型来看，云南省退耕地主要转变为草丛（452.19km²，31.79%）、常绿阔叶林（313.03km²，22.01%）和常绿针叶林（232.05km²，16.32%）[图 14.25（b）]。

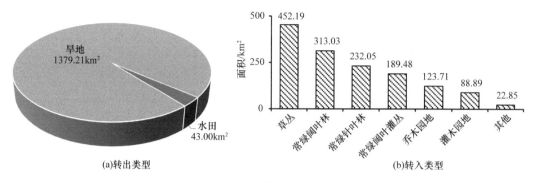

图 14.25　云南省退耕区土地利用/覆被结构

14.5.2　云南省坡耕地变化

遥感监测云南省各个坡度带内的耕地退耕情况，统计结果如图 14.26 所示。整体来看，坡度越陡，退耕的比例越大，坡度越缓，退耕比例越小，整体呈现出"S"形曲线的特征。云南省是一个少数民族大省，省内居住了 25 个少数民族，部分居住在地形起伏较大的边远山区，若严格执行坡度大于 25°的坡耕地需要退耕的政策，则这些区域的居民将面临无地可耕的局面，对于世代以种粮为生的少数民族居民，不可能做到全面退耕（谭永忠等，2017）。整体来看，云南省坡度小于 20°的区域退耕比例小于 5%，坡度大于 25°的坡耕地退耕比例为 61.95%，剩余坡度大于 25°的耕地面积占耕地总面积的 4.86%。

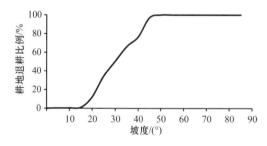

图 14.26　云南省不同坡度耕地退耕比例

14.6　西藏自治区退耕还林遥感监测

14.6.1　西藏自治区耕地变化总体状况

西藏自治区退耕还林还草工程实施是引起该区域耕地变化的原因之一，同时，藏东南传统的农业耕作方式（"刀耕火种"）也是引起该区域耕地变化原因之一。本节将两者结合起来，综合分析 1990～2015 年西藏自治区耕地变化状况。据遥感监测数据统计，西藏自治区 1990～2020 年耕地转化为林地和草地的总面积为 317.10km²。整体来看，因退耕还林导致的耕地向林地和草地转变的区域主要分布在雅鲁藏布江河谷，而因农业耕作方式引起的变化主要发生在藏东南的林芝市。

从变化源来看，绝大部分变化是由旱地转化而来，总面积 317.05km^2，约占变化总面积的 99.98%[图 14.27（a）]。从转入类型来看，绝大部分变化区域转变为常绿针叶林（134.72km^2，42.49%）和常绿阔叶林（122.26km^2，38.56%）[图 14.27（b）]。

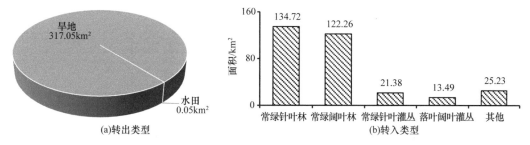

图 14.27　西藏自治区耕地变化区土地利用/覆被结构

14.6.2　西藏自治区坡耕地变化

遥感监测西藏自治区各个坡度带内的耕地减少的情况，统计结果如图 14.28 所示。整体来看，坡度越陡，耕地减少的比例越大，坡度越缓，耕地减少的比例越小，整体呈现出"S"形曲线的特征。西藏自治区以畜牧业为主，传统农业所占比重低，适宜农业种植的区域相对较少，导致西藏自治区耕地面积小（杨春艳等，2015）。西藏自治区耕地转变为林地和草地的区域集中分布在藏东南的林芝市，其变化的区域与退耕还林还草政策的相关性不大，导致一些坡度较大的区域仍然存在较大比重的坡耕地。整体来看，西藏自治区坡度小于 20°的区域有小于 5%的耕地转变为林地和草地。坡度大于 25°的坡耕地转变为其他类型的比例为 63.46%，剩余坡度大于 25°的耕地面积占耕地总面积的 4.67%。

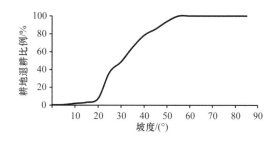

图 14.28　西藏自治区不同坡度耕地向林地和草地转化的比例

14.7　坡耕地改良工程对西南地区粮食总产的影响

遥感监测结果表明，在退耕还林还草工程的影响下，西南地区各省级行政区耕地面积均呈现持续减少的趋势。对于山区耕地面积占比超过 90%的西南地区，受可开垦耕地的限制，若严格执行退耕政策，则导致当地居民"无地可耕"，并对粮食安全产生影响（周万村，2001）。遥感监测结果也显示，坡度超过 25°的陡坡耕地难以完全退耕，局部区域仍然存在坡度超过 25°的陡坡耕地。虽然陡坡耕地未完全退耕，但耕地总面积持续减少的趋势一直存在。另外，近年来随着大量农村劳动力进城务工，山区耕地开始出现大面积撂荒现象（He et al.，2020），使耕地面积进一步减少，势必会影响粮食总产量。从图 14.29 政府统计结果也可以看出，退耕还林还草政策实施后，绝大部分省级行政区的粮食总产在 2000～2010 年均出现了不同程度的下降。

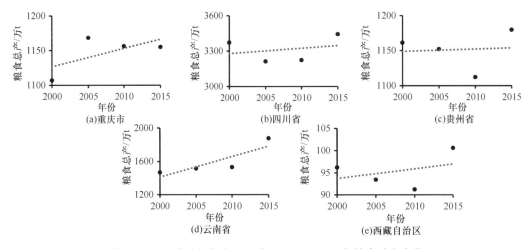

图 14.29　西南地区各省级行政区 2000～2015 年粮食总产变化

坡耕地由于逐年翻耕，地表裸露期长，水土流失严重，使山区耕地资源遭到极大破坏，土层减薄、肥力下降的现象很普遍（王伟和贺莉莎，2019）。坡耕地改良工程减少了耕地水土流失，保护了水土资源，增厚了土层，提高了蓄水保土和抗御自然灾害的能力，改善了农业生产条件，促进了粮食产量的稳定增长（张信宝等，2012）。同时，各级政府大力推动中低产田改造和高标准农田建设，建成了旱涝保收、高产稳产的高标准农田，有效缓解了耕地减少给粮食安全带来的风险（刘新卫等，2012）。此外，随着农业前沿技术的不断进步和农业科技成果的不断转移转化，培育出一批适应能力更强的农作物新品种，为粮食产量的提升奠定了技术基础（赵其国和黄季焜，2012）。

在退耕还林工程实施的背景下，随着"坡改梯""土地整理""土地流转""高标准农田"建设等一系列耕地改良和保护工程的实施，再加之农业科技水平的不断提高，西南各省级行政区的粮食单产均实现了持续增加（图 14.30），部分抵消了因耕地面积减少对粮食总产量的影响，总产量基本上保持了稳中有升的局面（图 14.29）。

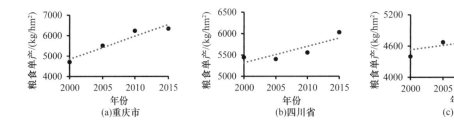

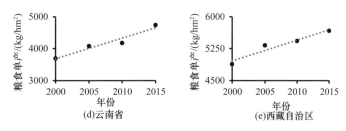

图 14.30　西南地区各省级行政区 2000～2015 年粮食单产变化

14.8　小　　结

遥感监测结果表明，退耕还林还草工程实施前，西南地区共有耕地 26.14 万 km^2，约占西南地区国土总面积的 11.22%，其中，山区耕地面积 23.76 万 km^2，约占耕地总面积的 90.89%。退耕还林还草工程的实施，明显改变了西南地区土地利用/覆被的结构，耕地面积持续下降，林地面积逐步攀升。由于退耕地主要发生在坡度大于 25° 的陡坡耕地区域，坡耕地的面积和比例也随之下降，平均各省下降约 5.77%～9.69%。退耕还林还草工程导致各个省级行政区耕地面积普遍下降，然而采取了"坡改梯""土地整理""土地流转""高标准农田"建设等一系列耕地保护与改良工程，再加之农业科技水平的提高，粮食单产持续增加，部分抵消了因耕地面积减少对粮食总产量的影响。

参 考 文 献

蔡雄飞, 王玉宽, 徐佩, 等. 2012. 我国南方山区坡耕地水土保持措施研究进展. 贵州农业科学, 40:
　　97-100.
崔鹏, 王道杰, 范建容, 等. 2008. 长江上游及西南诸河区水土流失现状与综合治理对策. 中国水土保
　　持科学, 6: 43-50.
邓伟, 李爱农, 南希. 2015. 中国数字山地图(1∶670 万). 北京: 中国地图出版社.
董玉祥, 陈克龙. 2002. 长江上游地区土地沙漠化现状及其驱动力的研究. 长江流域资源与环境, 11:
　　84-88.
李世东. 2004. 中国退耕还林研究. 北京: 科学出版社.
刘淑珍, 柴宗新, 张建平, 等. 1998. 我国西南地区土地荒漠化及其防治对策. 山地研究, 16: 176-181.
刘淑珍, 沈镇兴. 1992. 四川省陡坡耕地分布与退耕模式探讨. 地理学与国土研究, 8: 24-26.
刘新卫, 李景瑜, 赵崔莉. 2012. 建设 4 亿亩高标准基本农田的思考与建议. 中国人口·资源与环境, 22:
　　1-5.
欧定华, 夏建国. 2016. 城市近郊区景观格局变化特征、潜力与模拟——以成都市龙泉驿区为例. 地理
　　研究, 35: 534-550.
石培礼, 李文华. 1999. 中国西南退化山地生态系统的恢复——综合途径. AMBIO-人类环境杂志, 28:
　　390-397, 461, 389.
谭永忠, 何巨, 岳文泽, 等. 2017. 全国第二次土地调查前后中国耕地面积变化的空间格局. 自然资源
　　学报, 32: 186-197.
王伟, 贺莉莎. 2019. 云南省坡耕地现状调查及分析. 中国水土保持, 4: 20-23.
韦杰, 贺秀斌. 2011. 三峡库区坡耕地水土保持措施研究进展. 世界科技研究与发展, 7: 41-45.
闫慧敏, 刘纪远, 黄河清, 等. 2012. 城市化和退耕还林草对中国耕地生产力的影响. 地理学报, 67:

579-588.

杨春艳, 沈渭寿, 王涛. 2015. 近30年西藏耕地面积时空变化特征. 农业工程学报, 31: 264-271.

张宪洲, 王小丹, 高清竹, 等. 2016. 开展高寒退化生态系统恢复与重建技术研究,助力西藏生态安全屏障保护与建设. 生态学报, 36: 7083-7087.

张信宝, 王世杰, 孟天友. 2012. 石漠化坡耕地治理模式. 中国水土保持, 9: 41-44.

赵其国, 黄季焜. 2012. 农业科技发展态势与面向2020年的战略选择. 生态环境学报, 21: 397-403.

周彬, 蒋有绪, 臧润国. 2010. 西南地区天然林资源近60年动态分析. 自然资源学报, 25: 1536-1546.

周万村. 2001. 三峡库区土地自然坡度和高程对经济发展的影响. 长江流域资源与环境, 10: 15-21.

朱波, 罗怀良, 杜海波, 等. 2004. 长江上游退耕还林工程合理规模与模式. 山地学报, 22: 675-678.

Cao Y G, Bai Z K, Zhou W, et al. 2013. Forces driving changes in cultivated land and management countermeasures in the Three Gorges Reservoir Area, China. Journal of Mountain Science, 10: 149-162.

He X B, Wang M F, Tang Q, et al. 2020. Decadal loss of paddy fields driven by cumulative human activities in the Three Gorges Reservoir area, China. Land Degradation & Development, 31: 1990-2002.

Lei G B, Li A N, Bian J H, et al. 2016. Land Cover Mapping in Southwestern China Using the HC-MMK Approach. Remote Sensing, 8: 305.

Liao X, Zhang Y. 2008. Economic impacts of shifting sloping farm lands to alternative uses. Agricultural Systems, 97: 48-55.

Liu J G, Li S X, Ouyang Z Y, et al. 2008. Ecological and socioeconomic effects of China's policies for ecosystem services. Proceedings of the National Academy of Sciences of the United States of America, 105: 9477-9482.

Liu Z Y, Wang B, Zhao Y S, et al. 2019. Effective Monitoring and Evaluation of Grain for Green Project in the Upper and Middle Reaches of the Yangtze River. Polish Journal of Environmental Studies, 28: 729-738.

第 15 章 西南地区城镇化遥感 监测与空间模拟

15.1 概 述

城镇是人类重要的生产和生活场所之一。城镇化是人类活动在工业化过程中随社会生产力的发展而引起的人口在地域空间上集聚的现象,是人类社会发展进步必然要经历的过程,也是当今世界社会经济发展的重要现象之一(陈明星,2015;Gong et al.,2020)。我国自改革开放以来,大量农村人口聚集到城市,加快了我国城镇化进程(王雷等,2012)。尤其是 20 世纪 90 年代以后,随着工业化进程的加速,中国城镇化进入到快速发展时期(Zhao et al.,1995),到 2011 年,中国城镇化率超过 50%,每年约有 2000 万人迁入城镇,目前已有超过一半的人口生活在城镇范围内(刘长松,2015)。

城镇也是区域土地利用/覆被变化最为剧烈的单元之一,常作为土地利用/覆被变化研究的典型区(黎夏等,2007)。一方面,随着社会经济的持续发展和人口的自然增长,城镇外部原有非建设用地逐步被建设用地所取代,城镇空间范围不断向外延伸;另一方面,城镇内部空间结构也随着经济社会发展而不断优化重组,主要表现为城镇建筑密度的变化、内部功能空间的频繁演替,以及新产业空间的边缘化布局等(马荣华等,2007;方创琳等,2016)。准确掌握和获取城镇的空间范围、动态变化过程和未来的演变趋势对于城镇管理和城镇可持续发展政策的制定至关重要,而遥感正好提供了监测区域、国家乃至全球尺度城镇化过程的手段(陈学泓等,2016;赵旦等,2019)。

当前城镇化相关研究更多地聚焦于平原区的大中型城市,对于山区的中小型城镇的相关研究相对缺乏,这不利于全面、客观地反映一个地区或一个国家的城镇化特征与规律,也将影响到山区城镇发展宏观政策的制定和山区人民的脱贫致富(邓伟等,2013)。受山区特殊的地形条件、山地灾害(如崩塌、滑坡、泥石流、地震等)等的影响,山区城镇化的过程受到的限制比平原地区城镇更大,呈现出更加复杂的扩张特征(陈国阶等,2004),这给城镇化过程的模拟与未来情景的预测提出了新的挑战。

城市化过程也将带来一系列的资源、生态和环境问题,如城市水资源不足、可利用耕地资源下降、城市内涝、城市热环境异常、空气环境质量下降等(White et al.,2002;Grimm et al.,2008)。城市化过程的生态环境效应正成为世界各国、各地区高度关注的紧迫性问题之一。

本章基于土地利用/覆被遥感监测数据集,系统分析我国西南地区城镇化过程所蕴含的特征与规律(15.2 节);并以岷江上游的山区城镇为研究对象,发展适用于山区城镇化过程模拟与未来情景预测的方法(15.3 节);考虑到城镇化过程中可能带来的生态环境效应,本章以热环境效应为例,通过新旧城区热环境特征的对比来揭示成都市城镇化过程所引起的热环境差异(15.4 节)。

15.2　西南地区城镇化过程遥感监测

我国西南地区多山地,城镇化过程不可避免会受到山地起伏地形的限制,从而呈现出与平原地区城镇不同的变化特征与规律。本研究以西南地区(川、渝、黔、滇、藏)为研究区,基于我们所生产的 1990~2015 年长时间序列 30m 分辨率土地利用/覆被遥感监测数据集,从中提取建设用地作为城镇的空间范围,全面分析西南地区城镇空间分布格局及其时空演化特征。

15.2.1　西南地区城镇空间分布格局

西南地区的城镇建设用地集中分布区主要位于成都平原、四川盆地东部的丘陵地区,以及云贵高原的"坝子",除重庆部分区域外,建设用地集中分布区的地形相对平坦。地形平坦地区,土地资源丰富,交通便利,建筑物修建成本低,有利于聚落的形成,进而不断演化成城镇(王雷等,2012)。地形起伏较大的青藏高原、横断山区、四川盆地周边山区、武陵山区、乌蒙山区等区域城镇建设用地分布相对分散且规模较小。地形和河流的切割,阻碍了人群的交流,再加上频繁的山地灾害,限制了聚落的形成与发展,导致很难形成规模较大的城镇(丁锡祉和刘淑珍,1990)。

据遥感监测数据统计,西南地区建设用地总面积 13756.27km²,占该区域国土总面积的 0.59%,面积占比低于我国东部沿海地区,这与西南地区以山地为主的地形地貌密切相关。

从行政区划来看,建设用地总面积最大的省份是四川省(4507.12km²),其次是云南省(3878.92km²),贵州省和重庆市建设用地总面积分别为 2744.71km² 和 2279.87km²,西藏自治区建设用地总面积最小,仅 345.65km²(图 15.1)。但从建设用地面积占比来看,重庆市建设用地面积占比最大,达到了 2.77%;贵州省次之(1.56%);云南省占比为 1.01%;四川省虽总面积最大,但其面积占比为 0.93%;西藏自治区面积占比最低,仅为 0.03%(图 15.1)。从各省级行政区内建设用地空间分布格局来看,建设用地集中分布在省会城市,各地市州行政中心的建设用地面积次之,各县级行政中心的建设用地面积再次之。整体来说,建设用地面积的大小与其所隶属的行政级别有明显的关系。

城镇建设用地的规模与当地居住的人口以及社会经济发展水平有关(鲍超,2014)。一般来说,人口越多,所占用的居住用地面积也越大;经济越活跃,对建设用地的需求也越多。本研究分别建立了西南 5 个省级行政区 2015 年城镇建设用地面积与各省级行政区 2015 年人口总量和 GDP 总量之间的线性关系(图 15.2)。从拟合结果来看,人口总量、GDP 都与建设用地之间具有很好的相关性,这也间接说明了建设用地需要满足人的基本居住需求,并服务于社会经济发展的功能属性。

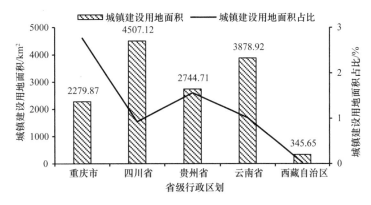

图 15.1　省级行政区城镇建设用地面积及比例

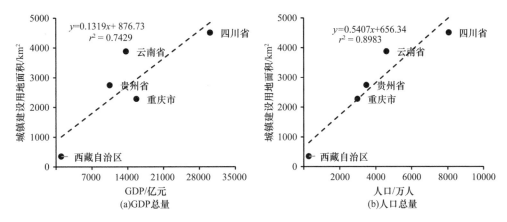

图 15.2　西南地区各省级行政区建设用地面积与 GDP 总量（a）和人口总量（b）的关系

　　基于西南地区土地利用/覆被遥感监测数据集和中国数字山地图（邓伟等，2015），经叠加分析后发现，西南地区山区城镇面积占比达到了 45.43%（如表 15.1 所示）。西藏自治区山区城镇面积比例最高，达到了 61.43%；贵州省和重庆市次之，其面积比例均超过了 50%，也就是说有一半以上的城镇位于山区；云南省山区城镇面积比例也达到了48.40%；相对来说，四川省山区城镇面积的比例在西南地区最低，为 31.55%。

表 15.1　西南地区山区城镇面积及其占比

地区	城镇面积/km²	山区城镇面积/km²	山区城镇占比/%
四川省	4507.12	1421.87	31.55
重庆市	2279.87	1141.43	50.07
贵州省	2744.71	1596.74	58.18
云南省	3878.92	1877.46	48.40
西藏自治区	345.65	212.33	61.43
西南地区	13756.27	6249.83	45.43

　　由图 15.3 所示，总体上来看，西南地区城镇建设用地主要分布在海拔 200～2300m的区域。不同省级行政区之间，城镇建设用地分布格局差异显著。重庆市城镇建设用地主要分布在海拔 200～500m（面积占比 86.54%）；四川省集中分布在海拔 300～700m（面

积占比 88.16%）；贵州省城镇建设用地分布在海拔 500～1500m（面积占比 80.18%）；云南省城镇建设用地分布在海拔 800～2300m 的区域内（面积占比 92.36%）；西藏自治区城镇建设用地集中分布的海拔最高，主体介于 3500～4000m 之间（面积占比 66.34%）。整体来看，西南 5 个省级行政区城镇建设用地集中分布区的海拔由低到高的顺序为：重庆市<四川省<贵州省<云南省<西藏自治区，这与各个省份省会城市所在地区海拔的排序基本一致。

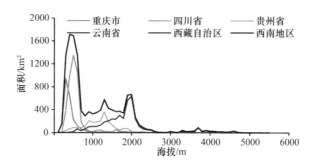

图 15.3　西南地区各省级行政区建设用地海拔分布

与海拔相比，坡度对城镇建设用地的限制作用更为明显。图 15.4 展示了西南地区各省级行政区城镇建设用地的坡度分异特征。整体来看，城镇建设用地主要分布在坡度较缓的区域，坡度越大，分布越少，坡度超过 30°的区域，城镇建设用地较少存在。省级行政区之间的城镇建设用地坡度分异特征相似度高。四川省城镇建设用地随着坡度的增加，面积下降最为迅速；云南省和贵州省次之。重庆市主城区位于山区，有限的地形平坦区早已开发殆尽，使其不得不依托山地地形建设城镇。西藏自治区城镇建设用地面积小，城镇周边尚存在大片平坦和缓坡区域，因此坡度较大区域几乎没有开发。

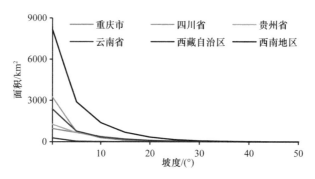

图 15.4　西南地区各省级行政区建设用地坡度分布

15.2.2　1990～2015 年西南地区城镇空间变化特征

城镇空间变化过程可以侧面反映一个区域社会经济状况的变化过程，社会经济发展势头越好，城市变化的幅度和速率也就越快，反之越慢。西南地区五个省级行政区城镇空间扩张的幅度和速度与东部沿海经济强省城镇扩张的幅度与速度尚有差距（赵旦等，

2019），同时，西南地区各省级行政区之间以及其内部不同地市之间的城镇扩张规模和
速度也有明显的差异（见本书第 8～12 章）。图 15.5 所显示了西南地区 5 个省会城市
1990～2015 年城镇建设用地空间变化格局和过程，体现了显著差异。

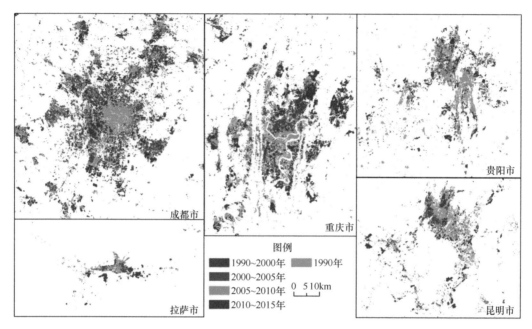

图 15.5　西南地区省会城市 1990～2015 年城镇建设用地扩张空间分布格局

　　从空间分布特征来看，西南地区城镇扩张主要发生在 5 个省级行政中心所在地，以
及市级行政中心所在地。城镇扩张规模以及扩张方向是城镇变化研究较为关注的对象。

　　以西南地区省会城市为例，城镇扩张的方向总体上受所在城镇当前正在执行的中
长期总体规划和地形的限制。两江新区、贵安新区、天府新区、滇中新区等国家级新
区的建设促进了各区域城镇的发展，也改变了城镇原有的发展布局。地形在城镇扩张
中的限制作用在西南地区各省会城镇中均有体现。成都市地处成都平原，中心城区的
城镇扩张受地形的影响相对较小，但卫星城镇都江堰市和龙泉驿区的城镇扩张则分别
受到龙门山脉和龙泉山脉的限制。重庆市区位于中梁山山脉和铜锣山山脉之间，其城
镇扩张受东西两侧山脉影响大，呈现出向南、北两个方向扩张的趋势。昆明市位于滇
池东北部，其城镇扩张主要沿滇池向南发展，整体上受山地地形的影响较小，但与水
资源密切相关。贵阳市三面环山，仅西北部和南面地形相对平坦，因此，城镇变化呈
现出向西北方向的观山湖区和南面的花溪区扩张的趋势。拉萨市作为西藏自治区的首
府，其城镇建设用地规模相对较小，在河谷狭长地形的限制下，其城镇变化主要沿拉
萨河河谷向东西两侧扩张。

　　在整个西南地区，城镇扩张规模一般与城镇原有规模以及城镇所在的行政区的行
政等级密切相关。一般来说，城镇原有规模越大，吸纳人口的能力和经济活力越强，
城镇扩张规模也相对越大。省级行政中心所在城镇的扩张规模通常大于地市级行政中
心所在的城镇，地市级大于区县级，区县级大于乡镇级（刘涛等，2015）。人口的不断

积聚，扩大了对居住、生活和生产用地的需求，增加了社会经济活力，城镇规模得以不断扩大。相反，乡镇由于人口的流失，社会经济活力逐步下降，城镇扩张的动力越来越不足。

据遥感监测数据统计，25 年间西南地区城镇建设用地共新增 6464.27km²，较 1990 年西南地区城镇建设用地面积（7292.00km²），增加了约 88.65%（图 15.6）。按省级行政区来看，重庆市城镇建设用地新增 1205.48km²，增长比率达到了 112.20%，新增面积超过 1990 年原有城镇建设用地面积；四川省新增城镇建设用地面积最大，共新增 2247.96km²，增长了 99.50%；贵州省新增城镇建设用地面积 1162.75km²，增长了 73.50%；云南省增加了 1716.70km² 的城镇建设用地，增长比率达到了 79.39%；西藏自治区新增城镇建设用地最小，仅 131.39km²，增长比率最低，但也达到了 61.33%。

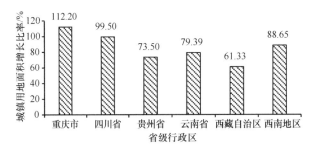

图 15.6　西南各省级行政区 25 年间城镇建设用地面积增长比率

从变化时段来看，1990～2000 年西南地区城镇建设用地总变化面积为 962.47km²，变化面积和变化速率相对较低（图 15.7）。2000 年以后，随着西部大开发战略的实施，带动了城镇建设用地扩张的幅度和速率明显提升，2000～2005 年，西南地区城镇建设用地新增面积 1446.91km²，5 年时间新增面积超过了前 10 年新增面积。2005～2010 年，共新增城镇建设用地 1365.19km²。2010～2015 年，共有 2689.70km² 的城镇建设用地增加，城镇扩张的幅度和速度均有明显提升。

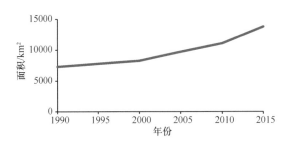

图 15.7　西南地区 25 年间城镇建设用地面积

不同时期各省级行政区城镇建设用地的扩张面积和年变化率差异均很显著（图 15.8）。1990～2000 年，各省级行政区城镇建设用地的扩张面积及年变化率均较低，2010～2015 年是 25 年来各省级行政区城镇建设用地扩张面积及年增长率最快的阶段。除云南省外，其余各省级行政区城镇建设用地的扩张面积及年增长率均随着时间的推移而不断加快，特别是贵州省的变化趋势最为显著。西藏自治区前三个时期，城镇建设用地增长较为缓慢，但 2010～2015 年在国家相关政策的支持下，特别是西藏农牧民安居工程的实施，带动其城镇建设用地扩张面积和速率的明显提升。

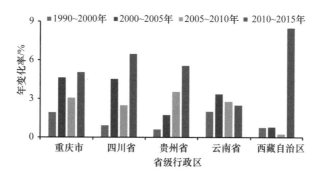

图 15.8　西南各省级行政区不同时期城镇建设用地年变化率

为了进一步分析地形对西南地区城镇扩张的限制，本节统计了各省级行政区不同年份城镇建设用地的平均海拔，如图 15.9 所示。西南地区城镇建设用地主要呈现向低海拔扩张的趋势[图 15.10（f）]，但各省级行政区城镇建设用地平均海拔变化的趋势差异较为显著。重庆市、四川省和西藏自治区城镇建设用地平均海拔呈下降趋势，这与各个地区主要城市的发展方向有关，特别是省会城市。例如，四川省省会成都逐步向海拔较低的南部（天府新区）和东部（东部新区）发展，重庆市市区也逐步向海拔较低的北部（两江新区）发展。贵州省和云南省城镇建设用地的平均海拔呈逐步攀升的态势，这与这些地区主要城市的原有建设用地位于地势相对低洼的区域有关。例如，贵阳市原有城镇建设用地坐落于贵阳盆地的底部，随着城市规模的不断扩大，只能向地势高处发展。

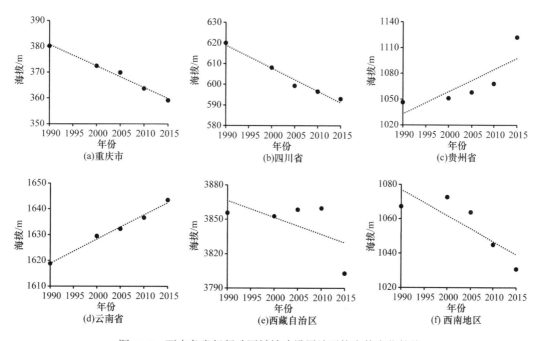

图 15.9　西南各省级行政区城镇建设用地平均海拔变化趋势

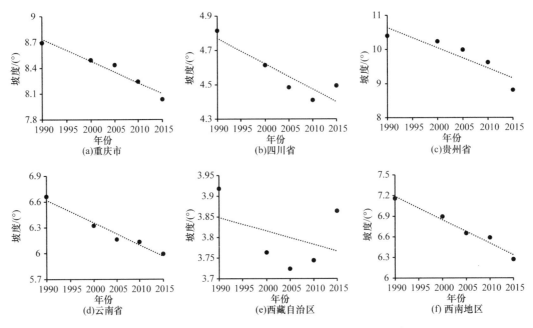

图 15.10 西南各省级行政区城镇建设用地平均坡度变化趋势

坡度对城镇发展的限制作用相比海拔更为突出，图 15.10 展示了西南各省级行政区城镇扩张过程中城镇建设用地平均坡度的变化趋势。随着城镇扩张，西南地区及其各省级行政区的城镇建设用地均呈现出向坡度更小的区域发展的态势，这与地势越平坦越有利于城镇建设密切相关，同时也能反映城市扩张主要是占用了基本农田。

15.3 典型山区城镇变化过程模拟与预测

对山区来说，可利用土地资源先天不足，而城镇扩张势必会激化土地资源供需的矛盾。协调山区土地资源供需冲突，优化山区土地资源空间配置，避免国土空间规划工作陷入主观和随意，迫切需要全面了解和掌控山区城镇变化的过程（邓伟和唐伟，2013）。城镇变化过程模拟与预测研究正好提供了解决这一问题的技术手段。与平原区城镇变化相比，山区特殊的地形条件、频发的山地灾害（如崩塌、滑坡、泥石流、地震等），使得山区城镇变化过程更为复杂（陈国阶等，2004），常用的土地利用/覆被变化过程模型（如元胞自动机、CLUE 系列模型等）难以有效表达这一特征（Veldkamp and Fresco，1996；黎夏等，2007）。我们以四川省岷江上游地区的典型山区城镇为例，充分考虑了山地地形条件、山地灾害等的限制作用，通过对 Dyna-CLUE 模型进行改进，并结合系统动力学（SD）模型，构建适合山区城镇变化过程的土地利用时空模拟与预测模型，预测未来不同情景下的城镇用地变化趋势（严冬等，2016），为山区城镇用地规划、城镇发展政策制定提供技术与方法支撑。

15.3.1 山区城镇扩张的地理限制和适宜空间

地理限制区域是模拟山区城镇用地扩张的一个关键输入参数，用于确定适宜城镇发展的区域。通常来说，山区地形及山地灾害等因素对山区城镇扩张的限制作用长期保持不变，未来新建城镇的选址倾向与历史时期也基本保持一致，因此，本研究地理限制区域通过分析 1990～2010 年新增城镇用地的空间格局来确定。具体操作如下：以 2010 年和 1990 年 2 期土地利用/覆被数据集中城镇建设用地的范围之差为掩膜，提取山地灾害危险性分区、高程、起伏度、坡度、到主干道（国道、省道）的距离等地理要素，并分析提取要素的数值分布，以确定适宜城镇用地扩张的地理要素阈值，通过栅格交集运算得到地理限制区域，提取流程如图 15.11 所示（严冬，2015）。其中，山地灾害危险性分区参考了南希等（2015）使用的方法，起伏度和坡度可通过 DEM 数据提取。

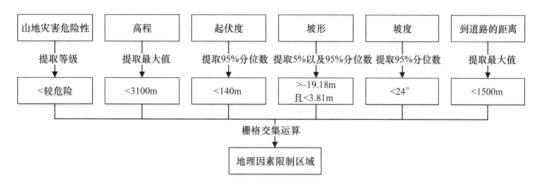

图 15.11　岷江上游城镇发展适宜空间的地理限制区域提取流程

基于上述方法，得到如图 15.12 所示的岷江上游地区适宜城镇建设区空间分布。统计可得，岷江上游地区城镇建设用地适宜区总面积为 168.91km²，其中，汶川县 41.70km²、理县 12.59km²、茂县 59.09km²、松潘县 41.40km²、黑水县 14.13km²。城镇建设用地

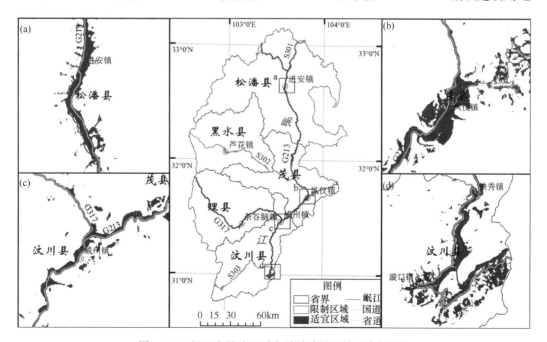

图 15.12　岷江上游地区适宜城镇建设区地理空间分布

适宜区将作为模拟模型中政策与限制区域模块的输入参数，同时城镇建设用地适宜区的统计面积也是判断模型模拟结果是否超出该地区承载能力的依据。

15.3.2　基于 Dyna-CLUE 改进模型和 SD 模型耦合的山区城镇用地情景模拟方法

耦合 Dyna-CLUE 改进模型和 SD 模型进行山区城镇用地扩张情景模拟包括两部分：①以 SD 模型作为 Dyna-CLUE 改进模型非空间部分的宏观土地需求模拟模型，预测不同发展情景下岷江上游地区未来 20 年的城镇用地需求面积；②基于 Dyna-CLUE 改进模型对空间部分进行微观土地利用分配，模拟对应情景下城镇用地分布。耦合模型能够充分发挥 Dyna-CLUE 模型在微观土地利用空间格局最优分配上的优势，以及 SD 模型在情景模拟和宏观驱动因素反映上的优势。耦合模型具体流程如图 15.13 所示。

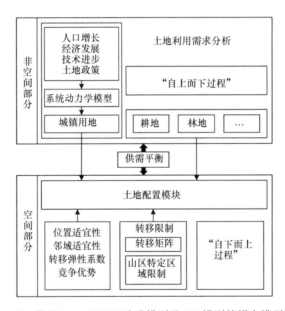

图 15.13　基于 Dyna-CLUE 改进模型及 SD 模型的耦合模型流程

1. 山区城镇用地扩张的 SD 模型构建

SD 模型用于预测未来不同发展情景下的区域城镇用地的总量需求。城镇用地的变化是自然和人文因素综合作用的结果，但研究表明，在短时间尺度内，人文因素是城镇用地变化的主导因素（Lambin et al.，2001）。因此，考虑到模拟的时间跨度，本研究选取人文因素作为主导因素来构建山区城镇用地 SD 模型。该模型主要包括土地利用和社会经济两个子系统。对于土地利用子系统，城镇用地同耕地之间的关系最紧密；同时，由于山区适宜建设的土地较为有限，交通用地的发展也会占用大量耕地，从而影响城镇用地的变化，因此选择了城镇用地、耕地及交通用地等土地利用类型。对于社会经济子系统，从影响城镇用地变化的宏观因素考虑，模型选用人口增长及经济发展为主导因素，选用土地政策（退耕还林还草政策）以及技术进步（粮食单产）为辅助因素。岷江上游地区城镇不仅需容纳本地人口，还需在旅游季节容纳大量游客，因此，人口因素分为城镇常住人口和游客。经济因素需综合考虑岷江上游地区 3 个产业的发展。鉴于岷江上游地区山地灾害频发，在构建 SD 模型时需要将山地灾害因素纳入其中。在分析各子系统和各要素之间的相互作用关系基础上，利用 Vensim 软件构建岷江上游地区山区城镇用地 SD 模型（图 15.14），并根据统计数据确定各节点之间的函数关系。

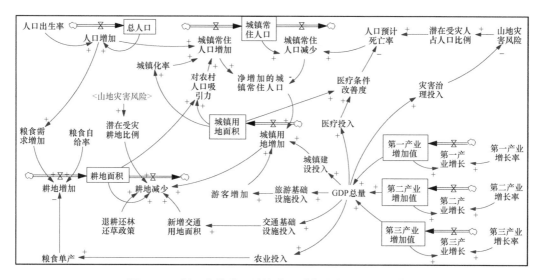

图 15.14　岷江上游地区城镇发展系统动力学（SD）模型

2. 未来发展情景设置

岷江上游地区是"5.12"汶川大地震的重灾区，汶川地震后，受灾后重建政策的引导，大量资金及劳动力的投入使得城镇得以迅速恢复，同时基础设施的改善也吸引了大量的游客，进一步促进了城镇的迅速扩张。由统计数据可知，在 2000 年前，整个岷江上游地区农业占据较大比重，且高于第三产业，第二产业的发展也处于一个波动较大的时期，总体来说，处于一个发展程度较低的阶段。综合岷江上游地区不同时期的发展状况，本研究将发展情景设置为低速发展、惯性发展和高速发展 3 种情景。

在情景参数设置时，需将受汶川地震影响较大的 2008 年和 2009 年排除。低速发展以 1990～2000 年 3 个产业各自的平均增长率及人口平均出生率作为输入参数；惯性发展以 1990～2007 年、2010～2012 年 3 个产业各自的平均增长率以及人口平均出生率作为输入参数；高速发展以 2010～2012 年 3 个产业各自的平均增长率以及人口平均出生率作为输入参数。基于统计数据计算得到各个时期的具体参数，如表 15.2 所示。

表 15.2　不同发展情景参数设置

发展情景	人口出生率/‰	第一产业增长率/%	第二产业增长率/%	第三产业增长率/%
低速发展	16.03	10.08	18.36	14.06
惯性发展	12.12	9.80	21.44	16.39
高速发展	9.39	14.02	32.39	16.47

3. Dyna-CLUE 改进模型的空间模拟及参数设置

Dyna-CLUE 模型空间部分的核心是通过比较同一位置不同土地利用类型的总适宜性来进行空间分配，将总适宜性最大的土地利用类型分配在该位置，分配后各土地利用类型总量与土地需求总量保持一致。总适宜性的计算公式如式（15.1）所示。

$$Ptot_{i,t,lu} = Ploc_{i,t,lu} + Pnbh_{i,t,lu} + Elas_{lu} + Comp_{t,lu} \tag{15.1}$$

式中，i 为空间位置；t 为时间；lu 为土地利用类型；$Ptot_{i,t,lu}$ 为总适宜性，是模型进行空间分配的依据；$Ploc_{i,t,lu}$ 为位置适宜性，表示 lu 在 t 时刻出现在位置 i 的可能性；$Pnbh_{i,t,lu}$ 为邻域适宜性，表示邻域对于 lu 在 t 时刻出现在位置 i 的影响；$Elas_{lu}$ 为转移弹性系数，表示 lu 转变为其他土地利用类型的难易程度，一般为 0~1 的数值，值越接近 1 说明该土地利用类型越难发生转变；$Comp_{t,lu}$ 表示竞争优势变量，当空间分配结果不满足土地需求时，需要调整 $Comp_{t,lu}$ 的大小，重新计算 $Ptot_{i,t,lu}$，直到空间分配结果满足土地需求。由式（13.1）可知，位置适宜性和邻域适宜性是与位置和土地利用类型都相关的参数，转移弹性系数和竞争优势变量仅与土地利用类型相关。

原始模型中位置适宜性一般通过 Logistic 回归计算获取，在土地利用的演化和分配上以统计和经验模型为基础，而真实情况中，驱动因子与土地利用类型之间往往存在非线性关系。同时，模型中仅计算了起始年份的邻域因子，而随着模拟时间的改变，邻域的影响也随之改变。针对以上不足，本研究中将位置适宜性的计算改为通过级联前馈神经网络模型完成，将邻域适宜性的计算改为由前一年的土地利用数据计算获取，使之成为逐年变化的数据。

改进后的 Dyna-CLUE 模型对土地利用动态变化的模拟过程包括以下 7 个步骤。

（1）提取驱动因子栅格数据和初始土地利用栅格数据的样本数据，分别作为输入神经元和输出神经元训练级联前馈神经网络。

（2）根据土地政策与限制区域确定初始土地利用栅格数据，以及驱动因子栅格数据中被允许参数变化模拟的栅格，土地政策与限制区域外的栅格不参与之后的步骤。

（3）以驱动因子栅格数据为输入神经元，运用训练好的神经网络计算栅格 i 上土地利用类型 lu 的位置适宜性 $Ploc_{i,t,lu}$。

（4）根据式（13.1）计算栅格 i 上土地利用类型 lu 的总适宜性 $Ptot_{i,t,lu}$。

（5）比较栅格 i 不同土地利用类型的总适宜性大小，将总适宜性最大的土地利用类型分配给该栅格。

（6）按照土地需求优先次序比较分配之后各土地利用类型的总面积和土地需求面积，若分配面积大于需求面积，就减小 $Comp_{t,lu}$ 的值；反之，则增大 $Comp_{t,lu}$ 的值。

（7）重复步骤（3）～（6），直到各土地利用类型的分配面积满足需求面积，保存该年的模拟结果并进入下一年的模拟。

针对不同的研究区域和研究时间需对各参数进行不同的设置，即设定适用于研究区的转换规则和模拟初始数据。具体设置如下：

（1）通过统计 1990~2010 年转换为城镇用地的土地利用转移矩阵来确定转移弹性系数，其计算公式如式（15.2）所示。

$$\text{Elas}_{lu} = 1 - \text{ATran}_{lu} / \text{ATran}_{total} \tag{15.2}$$

式中，Elas_{lu} 为转移弹性系数；ATran_{lu} 为土地利用类型 lu 转变为城镇用地的面积；ATran_{total} 为其他土地利用类型转变为城镇用地的总面积。土地利用转移矩阵及转移弹性系数设置如表 15.3 所示。

表 15.3　1990～2010 年土地利用转移矩阵及转移弹性系数

	草地	城镇用地	耕地	灌木	荒地	林地	湿地	水体	乡村用地
城镇用地/km²	0.63	0.00	7.06	1.52	0.15	0.32	0.00	0.58	0.06
Elas_{lu}	0.94	1.00	0.32	0.85	0.99	0.97	1.00	0.94	0.99

（2）在实际模拟过程中假定乡村用地无法转变为城镇用地，城镇用地和水体无法进行转变，其他土地利用类型无法转变为水体，此外，不同土地利用类型之间均可在一个时间步长内相互转变，根据上述规则建立岷江上游地区不同土地利用间的允许转移矩阵，如表 15.4 所示。其中，0 表示不允许转移，1 表示允许转移。

表 15.4　岷江上游地区不同土地利用间的允许转移矩阵

转移前	转移后								
	草地	城镇用地	耕地	灌木	荒地	林地	湿地	水体	乡村用地
草地	1	1	1	1	1	1	1	0	1
城镇用地	0	1	0	0	0	0	0	0	0
耕地	1	1	1	1	1	1	1	0	1
灌木	1	1	1	1	1	1	1	0	1
荒地	1	1	1	1	1	1	1	0	1
林地	1	1	1	1	1	1	1	0	1
湿地	1	1	1	1	1	1	1	0	1
水体	0	0	0	0	0	0	0	1	0
乡村用地	1	0	1	1	1	1	1	0	1

（3）竞争优势变量值在模拟迭代过程中会不断改变，并没有固定的初始值，本研究将所有土地利用类型的竞争优势变量的初始值均设置为 0.5。

（4）邻域影响分析参照 Verburg 等（2004）在荷兰分析不同土地利用类型之间相互影响的方法。为计算的方便，邻域采用 Moore 型邻域。

（5）本研究旨在探究山区城镇用地的扩张，故在设置土地需求时，仅对城镇用地需求面积进行设置，假定其余土地利用类型为自由转变。

（6）模型选用国道距离、省道距离、县道距离、乡道距离、一级河流距离、二级河流距离、城镇距离、居民地距离、单位面积第一产业增加值、单位面积第二产业增加值、单位面积第三产业增加值、单位面积 GDP、单位面积人口、单位面积粮食占有量等 14 个驱动因子作为计算位置适宜性的数据。其中，前 6 个驱动因子为固定不变的驱动因子，后 8 个驱动因子为随时间变化的驱动因子，需同初始土地利用数据的时间保持同步。

15.3.3　基于耦合模型的岷江上游山区城镇扩张模拟与分析

1. SD 模型总量预测精度验证

以 1990 年统计数据为起始数据，设置 SD 模型中总人口、城镇常住人口、耕地面积以及 3 个产业增加值，以 1990～2010 年统计数据的均值设置人口出生率及 3 个产业增长率，模拟得到 1991～2010 年的城镇用地面积。将模拟结果与 2000 年、2005 年和 2010 年的现有数据进行对比，3 年的模拟精度分别达到 98.03%、97.80%和 99.37%。结果表明，本研究中构建的山区城镇用地 SD 模型模拟结果精度较高，模拟结果能作为 Dyna-CLUE 改进模型非空间部分的城镇用地需求。

2. Dyna-CLUE 改进模型适用性评估

为评估 Dyna-CLUE 改进模型在山区城镇用地扩张模拟上的适用性，本研究从模型模拟的总量精度、位置精度及模拟结果合理性 3 个方面予以评价。其中，模拟结果合理性主要是对山区地理因素限制作用的表达，即模拟的城镇用地是否超出了限制区域。

本研究以岷江上游汶川县为例，验证模型模拟结果的准确性。1990 年、2000 年、2005 年和 2010 年的城镇用地面积为遥感监测真实值，本研究假定相邻时间间隔内城镇面积均为线性增长，从而获取逐年的土地需求数据。以 1990 年土地利用数据及驱动因子数据为初始数据，模拟得到 1991～2010 年城镇用地范围。对比城镇用地模拟面积和实际城镇用地面积，得到图 15.15 所示的模型总量模拟精度。Dyna-CLUE 改进模型对岷江上游地区城镇用地的模拟面积与实际面积基本一致，精度基本保持在 99%以上，总体来看，总量模拟精度较高且稳定。

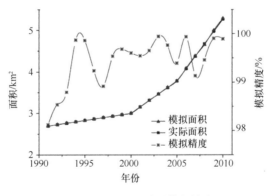

图 15.15　汶川县总量模拟精度

将 2000 年、2005 年和 2010 年模拟结果与现状图进行对比，并采用 Kappa 系数定量评价模型模拟的位置精度。对比结果存在以下 3 种情况：①模拟结果未达到实际范围；②模拟结果超出实际范围；③模拟范围与实际范围一致。图 15.16 以汶川县威州镇主城区为例，展示了模型模拟的位置精度。

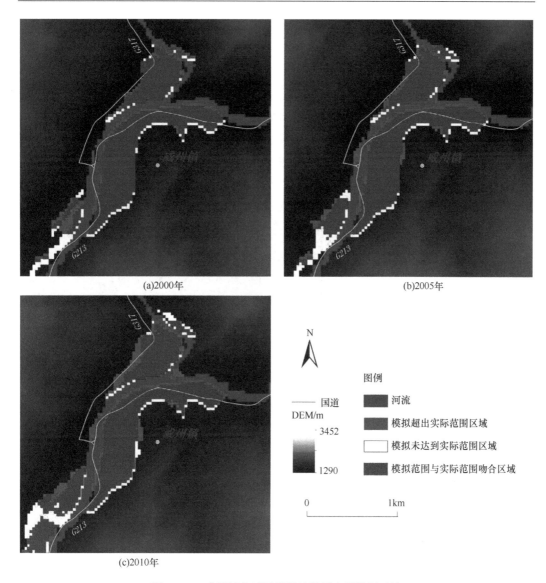

(a)2000年　　　　　　　　　　(b)2005年

(c)2010年

图 15.16　威州镇主城区模拟结果同实际情况对比

由图 15.16 可知，模拟结果大部分区域与实际情况相吻合。通过计算得到 2000 年、2005 年和 2010 年的 Kappa 系数分别为 0.88、0.83 和 0.77，均在 0.75 以上，说明 Dyna-CLUE 改进模型能够较好地反映山区城镇用地的空间演化分布特征。

到 2010 年，模拟结果并未超出地理限制区域，故本研究将模拟结果扩展到 2030 年。通过对比设置地理限制区域和未设置地理限制区域条件下的模拟结果，判断在模拟过程中模型是否将城镇用地的扩张严格控制在地理限制区域内，对比结果如图 15.17 所示。

由图 15.17 可知，当不设置地理限制区域时，城镇用地在多个方向上向外扩张，这点与平原区城镇的扩张方式相同，部分城镇用地开始向陡坡、悬崖等不适宜城镇扩张的区域发展，与山区城镇扩张的实际情况相违背；当设置地理限制区域时，城镇的扩张被

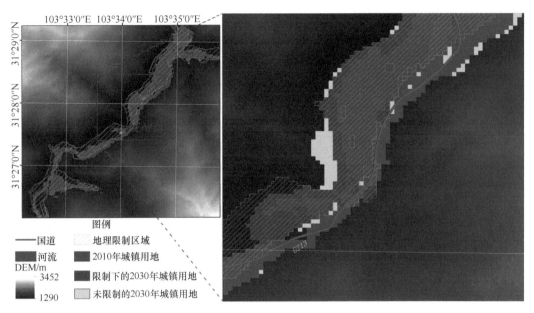

图 15.17　是否设置地理限制区域的模拟结果对比

严格地限制在限制区域内部，城镇用地沿山间平地向两边扩张的趋势更为明显，说明 Dyna-CLUE 改进模型能很好地表达山区地形和山地灾害等地理因素对城镇扩张的限制作用，其模拟结果合理。

通过以上 3 个方面的评估可知，Dyna-CLUE 改进模型在总量模拟精度、位置模拟精度及模拟结果的合理性上都有较好的表现，适用于山区城镇用地扩张的模拟工作。

3. 不同发展情景下的岷江上游山区城镇变化预测

根据设置的 3 种不同发展情景，将参数带入构建好的岷江上游地区山区城镇用地 SD 模型，可以得到 2011～2030 年岷江上游地区城镇用地面积的预测结果（图 15.18）。

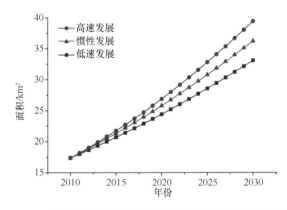

图 15.18　2011～2030 年不同发展情景下岷江上游地区城镇用地预测面积

将 3 种不同发展情景下的预测结果分别代入 Dyna-CLUE 改进模型，以 2010 年土地利用实际数据和驱动因子数据作为初始数据，模拟岷江上游地区 2011～2030 年的城镇用地范围。由于岷江上游地区 5 个县共包含了 18 个镇，从城镇发展规模及受到地形和山地灾害等因素限制程度综合考虑，本研究选取汶川县威州镇展示模拟结果（图 15.19）。

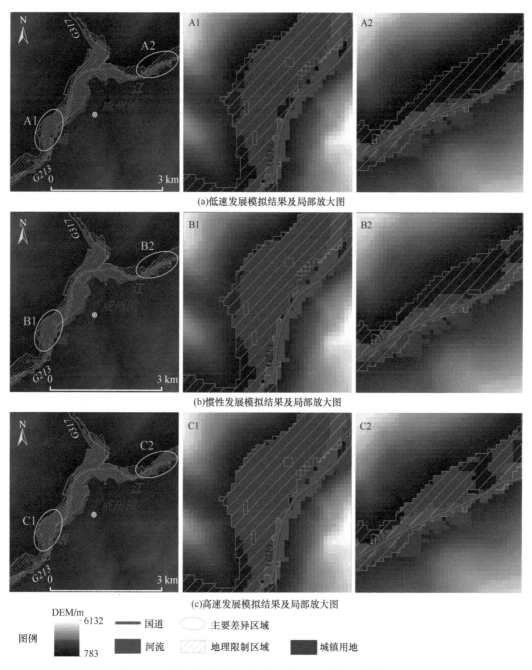

(a)低速发展模拟结果及局部放大图

(b)惯性发展模拟结果及局部放大图

(c)高速发展模拟结果及局部放大图

图 15.19　汶川县威州镇不同发展情景下城镇用地模拟结果

由图 15.19 可知，在低速发展和惯性发展模式下，岷江上游地区城镇主要是在原有城镇用地基础上向外进行扩张，并未脱离城镇主体在新的区域出现大量新建城镇。在高速发展模式下，由于存在地理限制区域的控制，在原有城镇用地基础上，向外扩张已不能满足新城建设的需要，城镇开始沿着山谷或河谷向两端扩张，离原有城镇越近的区域越容易转变为新的城镇用地。

为研究不同发展情景下其他土地利用类型受城镇扩张影响程度的区别，以及由此造成的后果。我们统计了岷江上游地区不同发展情景下，城镇用地扩张占用其他土地利用类型的面积以及比例，如表 15.5 所示。

表 15.5 2030 年不同发展情景下岷江上游城镇用地占用其他土地利用类型的面积及比例

土地利用类型	草地	耕地	灌木	荒地	林地	湿地
低速发展/km^2	0.55	13.33	1.37	0.22	0.18	0.05
占转移面积比例/%	3.52	84.86	8.70	1.42	1.16	0.34
惯性发展/km^2	0.92	15.33	2.06	0.29	0.30	0.08
占转移面积比例/%	4.83	80.79	10.87	1.51	1.58	0.43
高速发展/km^2	1.44	16.85	2.91	0.38	0.44	0.08
占转移面积比例/%	6.54	76.24	13.15	1.71	1.98	0.38

由表 15.5 可知，随着发展速度的加快，城镇用地扩张对其他土地利用类型的影响也呈现逐渐增大的趋势，其中耕地所受影响要明显高于其他土地利用类型。根据模拟结果中城镇扩张的区域得知，离城镇越近的耕地受到的影响越大。由于城镇所占用的耕地基本为山谷和河谷之间的优质耕地，这些耕地的损失，将对整个岷江上游地区的第一产业造成严重的负面影响。从低速发展到高速发展，虽然城镇扩张占用的耕地面积越来越大，但其在总转移面积中所占的比例却逐渐减小；除湿地外，其他土地利用类型在总转移面积中所占的比例逐渐增大，说明随着城镇扩张程度的加剧，其对自然环境的影响也逐渐增大。特别是草地和灌木，它们是岷江上游地区城镇周边最主要的植被类型，对它们的破坏会进一步加剧该地区城镇周边的生态环境问题。

15.4 成都市新旧城区热环境特征对比分析

城市化过程中，城市空间日益膨胀，混凝土建筑、柏油马路等城市不透水面面积的不断增加，植被、水域等面积的不断压缩，从而导致了城市地表温度显著高于周边非城市区域。准确理解和认识我国城市化过程中不同发展阶段的城市规划布局对城市热环境的影响具有重要的现实意义，它将为未来新城区的合理规划和可持续发展提供重要的参考价值。四川省成都市作为我国西南重镇，快速的经济发展推动了城市空间的急剧扩张。其城市布局也由单中心城市逐步向多中心环状分布发展。尤其是在成都市南面的高新区及天府新区，近年来涌现出一大片新城区，新城区的城市发展理念与旧城区形成鲜明对比。以成都市为例，我们选择了成都市二环以内（包含武侯区、青羊区、成华区、锦江区和金牛区等主城区的部分区域）为旧城区，旧城区南面（南二环至绕城高速的部分高新区）为新城区（图 15.20），对成都市新城区与旧城区的热环境效应差异进行了对比研究（何炳伟等，2017）。

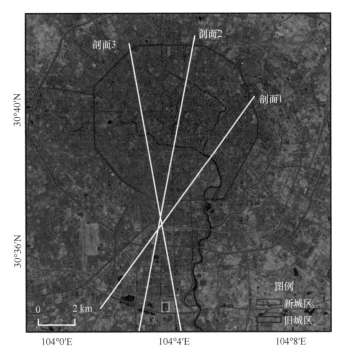

图 15.20　研究区及新旧城区划定

15.4.1　新旧城区地表温度分布特征对比

基于Landsat-8卫星遥感数据和单通道反演算法（Jimenez-Munoz and Sobrino，2003），反演得到 2014 年 8 月 13 日成都市新旧城区地表温度。为减少水体对新旧城区热环境特征对比分析的影响，本研究仅考虑城市区陆地地表温度的差异性。从新旧城区地表温度的空间分布图（图 15.21）可看出，旧城区的地表温度相比新城区呈现整体偏高的趋势。旧城区中心区域及北部地区地表温度要高于南部地区，区域内呈现出多个地表温度偏高的热点区域，经实地调查发现，该区域主要为密集的建筑用地，并且有些地区的建筑用地类型比较单一，植被覆盖也较少。另外，在旧城区河流两岸的绿化带及市区内绿地公园区，由于较好的植被覆盖条件，地表温度相比周围建筑用地要低 8℃左右。新城区中部偏西、北部少量地区存在地表温度偏高的热点区域，与旧城区类似，该区域是建筑用地密度大且建筑用地类型单一、城市绿化较少的区域，南部偏东地区地表温度略低，其余地区的地表温度分布相对均匀，并呈现出形状比较规则的低温度斑块。

从图 15.22 可看出，新旧城区的温度直方图走势都服从正态分布趋势，温度动态范围集中在 31～41℃，旧城区最高温度为 46℃，最低温度为 25.7℃，平均温度为 36.7℃，新城区最高温度为 48℃，最低温度为 25.1℃，平均温度为 34.7℃。也可以看出，旧城区的整体温度高于新城区。

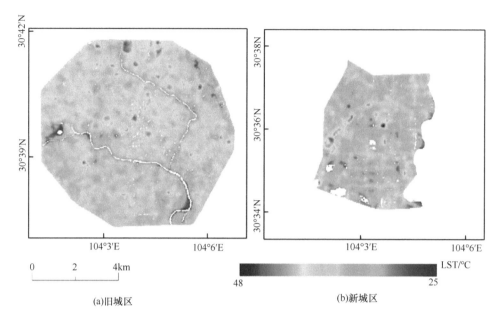

图 15.21　成都市新旧城区地表温度分布

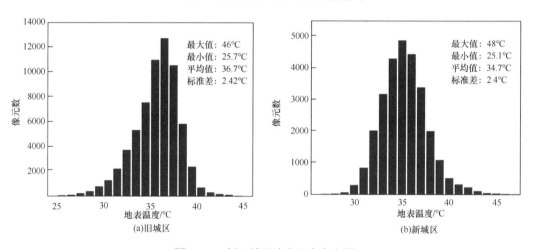

图 15.22　新旧城区地表温度直方图

15.4.2　新旧城区关键剖面热环境对比

为了进一步比较新旧城区城市热场的空间总体变化趋势，揭示城市热场的宏观特征，热场的剖面分析是一个较好的途径。考虑剖面线所经过区域的典型性，本节从不同方向做 3 条贯穿整个研究区域的剖面线（图 15.20），提取出沿剖面线方向的地表温度数据，然后分别统计新旧城区的地表温度平均值，并选取若干个经过剖面线方向的典型区域进行分析（见图 15.23 中 A、B、C、D、E、F 及其对应的 Google 地图）。

图 15.23 显示了沿不同的剖面线方向地表温度的空间变化。从图中可看出，3 条剖面方向上地表温度都伴有不同幅度的起伏，出现明显的"峰""谷"。对于旧城区，3 个地表温度"低谷区"对应的地区都是靠近水体、植被覆盖相对较好、建筑用地和

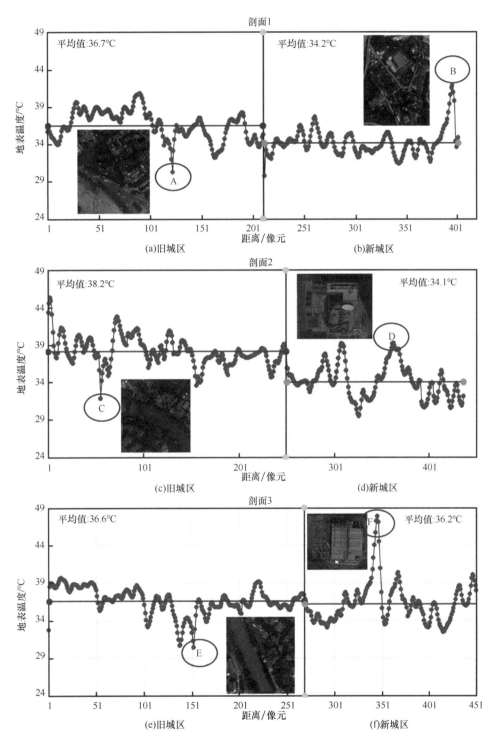

图 15.23 不同剖面线方向的地表温度变化

剖面 1：A 代表滨江东路路段，B 代表黄荆村；剖面 2：C 代表大安西滨河路路段，
D 代表商贸中心区；剖面 3：E 代表锦官桥滨河路，F 代表家居市场

植被分布相对均匀的地方（锦官桥滨河路路段）。对于新城区，3 个地表温度"高峰区"对应的地区大都建筑用地密集，建筑用地类型单一，周边植被覆盖稀少，缺少水体，有些地区的建筑用地材料属于高蓄热材料（黄荆村），并且位于交通要道。这说明植被和水体有利于降低城市地表温度，缓解城市热岛效应；而建筑用地起着升温的作用，尤其是在建筑用地类型单一，建筑用地密集的地区升温效果很明显。此外，还可看出剖面 1 和剖面 2 方向旧城区到新城区的地表温度都呈现明显下降的趋势。对于剖面 1 方向旧城区的平均地表温度达到 36.5℃，新城区达到 34.2℃，剖面 2 方向旧城区的平均地表温度为 38.2℃，新城区的地表温度为 34.1℃，而剖面 3 方向旧城区到新城区的地表温度下降趋势则不太明显，原因是沿着这条剖面线方向经过的是旧城区植被覆盖比较好的地区导致地表温度下降较快，但是整体上旧城区的平均地表温度仍然要高于新城区。由上分析可知，旧城区的城市热场强度要强于新城区，其城市热环境有着更为严峻的形势。

15.4.3　新旧城区热环境差异影响因素分析

城市建城区中最主要的地表参数是建筑用地和植被，它们的空间分布情况直接影响到城市热环境的状况。我们分别选择建筑用地指数 IBI（Xu，2008）和归一化差值植被指数 NDVI，分析建设用地和植被分布的差异是否是造成新旧城区热环境效应差异的主要原因（仅考虑市区陆地部分的影响）。

（1）新旧城区建筑用地对比分析

旧城区的中部区域及北部地区是建筑用地分布最密集的地区，新城区的中部偏西、北部地区及南部偏东地区是建筑用地分布较密集的地区，这都与其地表温度的空间分布趋势基本一致。从图 15.24 可以看出，新旧城区的建筑用地指数有基本相同的直方图走势，数值的动态范围也基本一致。旧城区的建筑用地指数平均值为 0.52，新城区的建筑用地指数平均值为 0.47，这说明旧城区的建筑用地密度要高于新城区。

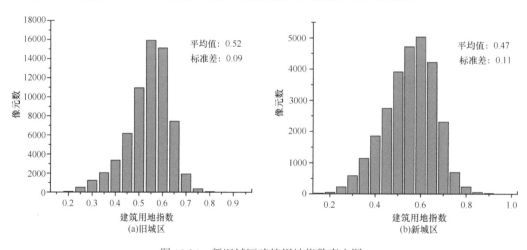

图 15.24　新旧城区建筑用地指数直方图

（2）新旧城区植被空间对比分析

旧城区河流两岸的绿化带、市区内绿地公园区及学校等地区，植被覆盖较好，新城区的中部及中部偏西南、南部及其偏西南地区和沿河流岸边的绿化带是植被覆盖较好的区域，相对应的这些地区地表温度相对较低。图 15.25 表明，新旧城区的植被指数的动态范围比较一致，直方图走势也基本相同。旧城区植被指数的平均值为 0.43，新城区的植被指数的平均值为 0.46，这说明新城区的城市绿化方面要好于旧城区。

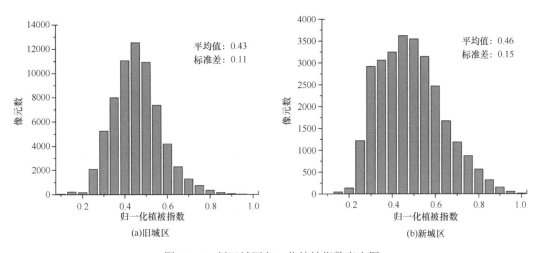

图 15.25　新旧城区归一化植被指数直方图

（3）新旧城建筑用地与植被景观格局对比分析

为了进一步探究新旧城区建筑用地和植被空间分布上的差异，本研究引入景观生态学中的香农多样性指数（Shannon'diversity index，SHDI）。SHDI 能综合反映景观格局的丰富度和复杂度，值越大，土地利用类型越丰富、破碎化程度越高。首先根据植被指数 NDVI 值将绿地景观分为 4 类：低植被区（NDVI 值在 0～0.2）；中植被区（NDVI 值在 0.2～0.5）；中高植被区（NDVI 值在 0.5～0.75）；高植被区（NDVI 值在 0.75～1）。根据建筑用地指数 IBI 值将建筑景观分为 4 类：低密度（IBI 值在 0～0.2）；中密度（IBI 值在 0.2～0.5）；次高密度（IBI 值在 0.5～0.8）；高密度（IBI 值在 0.8～1）。进而借助景观分析软件 Fragstats4.3 计算新旧城区建筑用地指数 IBI 和植被指数 NDVI 的多样性指数，结果如表 15.6 所示。

表 15.6　新旧城区多样性指数计算结果

类型	SHDI	
	IBI	NDVI
旧城区	0.6746	1.2425
新城区	0.7489	1.3618

从表 15.6 可以看出，新城区建筑用地的多样性指数略高于旧城区，表明新城区的建筑用地景观更丰富，其破碎化程度更高，景观类别分布也趋于均匀。同样，新城区植被的多样性指数也大于旧城区，说明新城区的植被景观多样性增加，植被景观的破碎化程

度也更高，景观类别分布也更均匀。

以上分析可以看出，旧城区比新城区的建筑用地密度高，而新城区的城市绿化好于旧城区。新城区的建筑用地和植被景观的多样性指数都大于旧城区，城市景观格局丰富，破碎化程度高，这有利于城市内热源的扩散。例如，新城区的植被景观类别分布趋于均匀、破碎化程度较高，因而有效地隔断了易形成热岛效应的高密度的建筑用地，这就利于城市内景观间能量交换更加方便，从而在缓解城市热岛效应、改善城市热环境起到重要的作用。因而采用景观生态学中的多样性指数分析城市中建筑用地和植被分布上的差异对城市热环境效应的影响是可行的。在以后的城市规划布局中也应当注意协调好建筑用地和植被的比例，使城市绿地空间格局与建筑景观格局的规划布局更加合理。当然，城市水体与城市绿地一样，对于缓解城市热环境效应也起着重要的作用。本研究只分析了建筑用地指数、植被指数与城市热环境效应的关系，但是水体、绿地、不透水面在空间上如何优化镶嵌才能更好地改善城市热环境效应，乃至提高城市功能和宜居环境，都是值得进一步深入探究的问题。

15.5 小　结

城镇用地是最集约、效益最高的土地利用类型，也是区域土地利用/覆被变化最为剧烈的单元之一。据遥感监测结果显示，西南地区建设用地总面积占该区域国土总面积的0.59%，而山区城镇面积占西南总城镇面积的45.43%。25年间，西南地区城镇建设用地共新增6464.27km²，较1990年西南地区城镇建设用地面积增加了约88.65%。

城镇化过程的模拟与预测对于城镇管理和可持续发展政策的制订至关重要。对山区城镇来说，可利用土地资源先天不足，山区特殊的地形条件、频发的山地灾害使得城镇化过程更为复杂，这给山地城镇化过程的模拟与预测提出了新的挑战。我们以四川省岷江上游地区的典型山区城镇为研究对象，充分考虑了山地地形条件、山地灾害等的限制作用，通过对Dyna-CLUE模型进行改进，并结合系统动力学（SD）模型，构建适合山区城镇变化过程的土地利用时空模拟与预测模型，预测未来不同情景下的城镇用地变化趋势，为山区城镇用地规划、城镇发展政策制定提供技术与方法支撑。

城市区域密集的不透水面可能导致较为严重的热环境效应等环境问题。我们以成都市新、旧城区热环境对比分析为例，探讨了建筑用地指数、植被指数与热环境效应的关系。研究表明，建筑用地密度高，城市植被覆盖少的地区易于形成"热岛效应"，而合理的城市景观规划布局则有利于改善城市热环境，进而优化城市功能和宜居环境。

参 考 文 献

鲍超. 2014. 中国城镇化与经济增长及用水变化的时空耦合关系. 地理学报, 69: 1799-1809.

陈国阶, 方一平, 高延军. 2004. 2003 中国山区发展报告. 北京: 商务印书馆.

陈明星. 2015. 城市化领域的研究进展和科学问题. 地理研究, 34: 614-630.

陈学泓, 曹鑫, 廖安平, 等. 2016. 全球 30m 分辨率人造地表遥感制图研究. 中国科学: 地球科学, 46: 1446-1458.

邓伟, 方一平, 唐伟. 2013. 我国山区城镇化的战略影响及其发展导向. 中国科学院院刊, 28: 66-73.

邓伟, 李爱农, 南希. 2015. 中国数字山地图(1∶670 万). 北京: 中国地图出版社.

邓伟, 唐伟. 2013. 试论中国山区城镇化方向选择及对策. 山地学报, 31: 168-173.

丁锡祉, 刘淑珍. 1990. 影响中国城市分布和建设的地貌因素. 西南师范大学学报(自然科学版), 15: 453-461.

方创琳, 周成虎, 顾朝林, 等. 2016. 特大城市群地区城镇化与生态环境交互耦合效应解析的理论框架及技术路径. 地理学报, 71: 531-550.

何炳伟, 赵伟, 李爱农, 等. 2017. 基于 Landsat 8 遥感影像的新旧城区热环境特征对比研究——以成都市为例. 遥感技术与应用, 32: 1141-1150.

黎夏, 杨青生, 刘小平. 2007. 基于 CA 的城市演变的知识挖掘及规划情景模拟. 中国科学(D 辑: 地球科学), 37: 1242-1251.

刘长松. 2015. 新城市主义与中国低碳城镇化路径. 发展研究: 12-18.

刘涛, 齐元静, 曹广忠. 2015. 中国流动人口空间格局演变机制及城镇化效应——基于2000年和2010年人口普查分县数据的分析. 地理学报, 70: 567-581.

马荣华, 顾朝林, 蒲英霞, 等. 2007. 苏南沿江城镇扩展的空间模式及其测度. 地理学报: 1011-1022.

南希, 严冬, 李爱农, 等. 2015. 岷江上游流域山地灾害危险性分区. 灾害学, 30: 113-120.

王雷, 李丛丛, 应清, 等. 2012. 中国 1990~2010 年城市扩张卫星遥感制图. 科学通报, 57: 1388-1403.

严冬. 2015. 基于 Dyna-CLUE 改进模型的岷江上游地区城镇扩张模拟. 北京: 中国科学院大学.

严冬, 李爱农, 南希, 等. 2016. 基于 Dyna-CLUE 改进模型和 SD 模型耦合的山区城镇用地情景模拟研究——以岷江上游地区为例. 地球信息科学学报, 18: 514-525.

赵旦, 吴炳方, 曾源, 等. 2019. 2000~2015 年中国人工表面变化遥感监测分析. 地理科学, 39: 1982-1989.

Gong P, Chen B, Li X, et al. 2020. Mapping essential urban land use categories in China (EULUC-China): preliminary results for 2018. Science Bulletin, 65: 182-187.

Grimm N B, Faeth S H, Golubiewski N E, et al. 2008. Global change and the ecology of cities. Science, 319: 756-760.

Jimenez-Munoz J C, Sobrino J A. 2003. A generalized single-channel method for retrieving land surface temperature from remote sensing data. Journal of Geophysical Research-Atmospheres, 108: 4688.

Lambin E F, Turner B L, Geist H J, et al. 2001. The causes of land-use and land-cover change: moving beyond the myths. Global Environmental Change-Human and Policy Dimensions, 11: 261-269.

Veldkamp A, Fresco L O. 1996. CLUE: A conceptual model to study the conversion of land use and its effects. Ecological Modelling, 85: 253-270.

Verburg P H, de Nijs T C, van Eck J R, et al. 2004. A method to analyse neighbourhood characteristics of land use patterns. Computers, Environment and Urban Systems, 28: 667-690.

White M A, Nemani R R, Thornton P E, et al. 2002. Satellite evidence of phenological differences between urbanized and rural areas of the eastern United States deciduous broadleaf forest. Ecosystems, 5: 260-273.

Xu H. 2008. A new index for delineating built-up land features in satellite imagery. International Journal of Remote Sensing, 29: 4269-4276.

Zhao, Xiao B, Zhang L. 1995. Urban Performance and the Control of Urban Size in China. Urban Studies, 32: 813-845.

第16章 西双版纳天然林退化模拟与风险评估

16.1 概 述

森林是陆地生态系统的主体之一，具有复杂的结构和功能。它不仅为人类提供了大量的林产品，还具有历史、文化、美学、休闲等方面的价值，并在维持生物多样性、保护生态环境、减缓自然灾害、调节全球碳平衡和生物地球化学循环等方面发挥着不可替代的作用（刘世荣等，2015）。天然林是指起源于天然状态，未经干扰或干扰程度较轻，仍然保持较好的自然性或者干扰后自然恢复的森林。与人工林相比，天然林具有较高的生物多样性、较复杂的群落结构、较丰富的生境特征和较高的生态系统稳定性。

我国天然林分布不匀，东北地区和西南地区是天然林两大集中分布区，分别占全国天然林总面积的22%和28%（国家林业局，2009）。西南天然林分布区又位于全球25个生物多样性热点地区之内（Myers et al.，2000），在生物多样性保护和区域生态安全维护等方面发挥着重要作用。然而，1998年之前西南地区天然林长期处于过度采伐和不合理经营状态，导致天然林资源锐减、生态功能退化，并带来了严重的生态经济后果。1998年长江特大洪灾是西南地区天然林长期破坏与退化结果的集中暴发（周彬等，2010）。自1999年开始，西南地区全面实施天然林保护和退耕还林还草两大生态保护工程，天然林退化的趋势有所遏制，但部分区域天然林退化现象仍然存在。开展天然林退化的模拟与风险评估研究将有助于揭示天然林退化的深层次原因，预判在全球变化和人类活动普遍增强的大背景下，未来天然林潜在退化的趋势。它将为决策者管理和保护天然林资源提供支撑，也有利于提高普通公众的生态保护意识，维持天然林生物多样性和生态系统稳定性，促进天然林生态系统的健康可持续发展。

云南省西双版纳傣族自治州位于我国的西南边陲，毗邻越南和老挝，是我国热带雨林重要的分布区域，包含了我国唯一的热带雨林自然保护区（杨清等，2006）。区域包括景洪、勐海、勐腊三个行政区，总面积19117km²。按照2015年12月31日环境保护部发布的《中国生物多样性保护优先区域范围》，西双版纳州被列入保护优先区域目录中。该区域地处低纬度地区，北回归线以南，位于热带和亚热带的过渡带。由于距离海洋较近，来自北部湾东南暖湿气流和孟加拉湾西南暖湿气流对区内气候的影响较大，形成了雨量充沛、湿度大的水湿状况。区域四季不明显，但一年分为干湿两季，5~10月份为雨季，其余月份为干季，区域春冬季多雾，为热带植物提供了适宜的环境（刘文杰等，2004；朱华等，2015）。

复杂的地形和气候条件造就了其丰富的物种分布（Myers et al.，2000；Zhu et al.，

2015)，而且特有种突出，包括兰科植物、云南金钱槭、华盖木、印度野牛、白颊长臂猿、印支虎等重要物种及其栖息地，在我国生物多样性保护中占有十分重要的位置（Olson and Dinerstein，1998；Myers et al.，2000）。该区占全国国土面积不足 0.5%，却拥有我国保护植物总数的 33%以上，是世界上植物种类密度最大的区域之一，被国内和国际公认为重要的生物多样性保护中心（Zhu，1997；杨清等，2006）。

西双版纳地区天然林生态系统在维持地区生物多样性、保证区域生态功能和服务正常运行上发挥着无法替代的作用，其内部环境多样，生态位极其丰富，为珍稀物种提供物质基础和适宜的栖息环境，是珍稀生物重要的栖息区域（Zhang and Cao，1995）。区域天然林主要包括栲树林(*Castanopsis fargesii*)、木棉林(*Bombax malabaricum*)、榄仁林(*Terminalia myriocarpa*)、望天树林(*Parashorea chinensis*)、网络脉托果(*Semecarpus reticulate*)和牡竹林(*Dendrocalamus strictus*)。其中栲树林在整个区域广泛分布，木棉林区域分布范围有限。

同时，西双版纳是我国西南边境对外开放的重要的区域，属于云南省下属的一个少数民族自治州，有汉族、傣族、哈尼族等 13 种民族，区域内多山，因此民族、山区和边疆是西双版纳的特征，并决定了西双版纳地区社会经济特点。在平坦的河谷地区的傣族主要以传统的水田耕作为主，而在山区的少数民族则以"刀耕火种"的轮歇农业为主。"刀耕火种"这种传统且比较原始的耕作方式随着人口压力的增加，加剧了对森林的砍伐、土壤的流失以及缩短了轮歇周期，影响该地区农民收入，这也是导致该区少数民族的经济发展相对落后的主要原因之一（李增加，2008）。随着经济和人口的发展，区域橡胶林、耕地以及茶园大幅度扩张，并成为西双版纳地区的支柱产业，然而这些覆被类型的扩张往往是以森林砍伐为代价，区域天然林近年来显著退化，现存的生态系统面积极为有限，不利于区域天然林的发展和生物多样性的保护。为了减缓这种变化趋势，区域内建立了多个自然保护区，区域天然林的退化趋势有所减缓。虽然天然林生境面积退化近年来显著减弱，但是随着全球变暖的影响，气候变化已经深刻影响到了区域生态环境的格局，区域人工林有进一步扩张的趋势（Zomer et al.，2014；Zomer et al.，2015）。

总体而言，西双版纳天然林生态系统是区域生物多样性的重要组成部分，受人类活动、自然环境的影响，区域天然林生境大面积丧失，同时加上气候胁迫、外来种入侵、病虫害和洪水的影响，区域生物多样性水平发生较大变化（Guo et al.，2002）。因此，这些因素如何驱动天然林景观格局演变以及未来的空间格局变化趋势是区域研究的热点。本章以云南省南部的西双版纳傣族自治州为例，基于土地利用/覆被遥感监测数据，分析了天然林时空变化格局（16.2 节），结合空间模型模拟天然林退化过程（16.3 节和 16.4 节），预测了该区域天然林在气候变化和人为干扰下未来演变趋势及风险（16.5 节和 16.6 节）。

16.2　西双版纳天然林时空动态变化

16.2.1　西双版纳 1973～2015 年天然林动态变化格局

天然林时空动态变化格局分析是天然林退化模拟与风险评估的基础。基于我们生产的西南地区土地利用/覆被遥感监测数据集，从中提取了西双版纳傣族自治州 1973 年、1980 年、1990 年、2000 年、2010 年、2015 年六期 30m 土地利用/覆被数据，如图 16.1

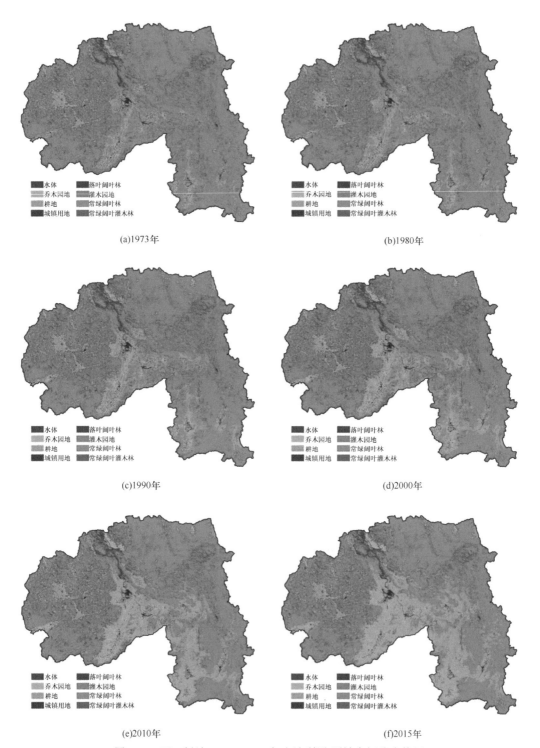

(a)1973年   (b)1980年

(c)1990年   (d)2000年

(e)2010年   (f)2015年

图 16.1　西双版纳 1973～2015 年土地利用/覆被空间分布格局

所示。根据天然林的定义以及西双版纳地区天然林的实际情况，提取土地利用/覆被数据集中的常绿阔叶林、落叶阔叶林、常绿阔叶灌木林作为天然林。橡胶园、茶园等人工林的扩张是导致西双版纳地区天然林退化的主要因素，我们提取了乔木园地（橡胶林、普洱茶树林等）和灌木园地（茶园等）以分析天然林的变化和人工林的扩张之间的关系。除此之外，对其他土地利用/覆被类别进行了合并处理。

西双版纳 1973~2015 年各个时期天然林均呈退化趋势，主要退化为人工林（乔木园地、灌木园地）和耕地（图 16.2）。据统计，天然林转变为人工林和耕地的面积分别占天然林总退化面积的 93.54% 和 5.62%；新增的人工林和耕地也均来自天然林（占比超过95%）。其中，1980~2010 年，该区域人工林扩张和天然林退化最显著；2010~2015 年该趋势显著降低。

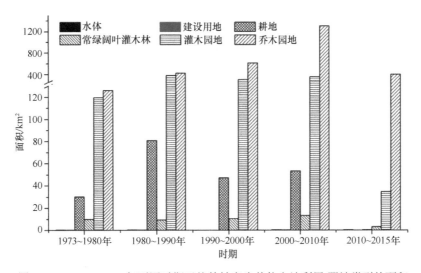

图 16.2　1973~2015 年不同时期天然林转变为其他土地利用/覆被类型的面积

16.2.2　西双版纳天然林退化驱动力分析

天然林退化与自然环境要素和社会经济要素之间的关系难以定量化，但引起天然林退化的乔木园地、灌木园地和耕地扩张与社会经济要素以及自然环境要素之间的关系还是很显著的（谭剑波，2018）。例如，耕地扩张与人口、GDP 增加存在显著的正相关关系。本研究利用乔木园地、灌木园地和耕地的扩张趋势，开展天然林退化的驱动力分析。

1. 乔木园地扩张

西双版纳是我国重要的橡胶产地（西双版纳年鉴编辑委员会，2015）。随着人口增加，橡胶需求增大，以及国际橡胶价格飙升，导致西双版纳大量天然林垦植为橡胶林（李红梅等，2007；邹国民等，2015）。温度是影响乔木园地扩张的主要自然限制因子（刘少军等，2015）。随着全球气候变暖，橡胶林适宜的种植区呈现向较高海拔区域扩张的趋势（Zomer et al.，2014）。随着生态环境保护力度的加大以及当地居民保护意识的增强，近期西双版纳天然林转变为橡胶林的速率明显放缓（刘晓娜等，2014）。

（1）社会经济因素

基于统计年鉴提供的 1973～2015 年西双版纳傣族自治州橡胶种植面积、价格、户籍人口、GDP 等数据，经线性回归分析后发现：橡胶种植面积与人口、橡胶价格之间存在明显的正相关关系[图 16.3（a）]，橡胶种植面积与第二产业 GDP 具有显著的相关关系[图 16.3（b）]。橡胶生产包括合成加工等一系列流程，是西双版纳地区第二产业的支柱，第二产业的增长和投入直接与区域橡胶种植规模有关。由分析可知，橡胶价格、人口、第二产业 GDP 是导致西双版纳乔木园地不断扩张的主要驱动因素。

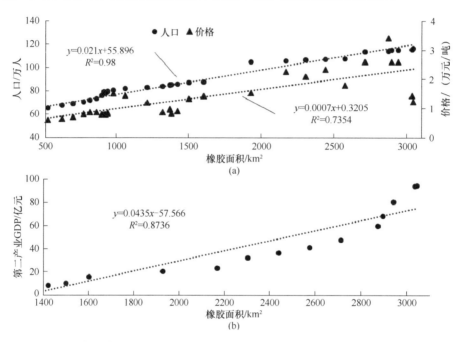

图 16.3 西双版纳橡胶种植面积与橡胶价格和人口（a）以及第二产业 GDP（b）之间的相关关系

（2）自然环境因素

橡胶林的生长对气候环境要求较高，特别是对温度敏感，因此橡胶种植气候适宜区的开发程度将直接影响未来橡胶种植区扩张。橡胶种植气候适宜区的确定是进一步分析的基础。最大熵值（Maximum Entropy，MaxEnt）模型能够在仅知道部分样本分布知识的前提下，合理推断未知的分布区域（Phillips et al.，2006）。刘少军等（2015）利用 MaxEnt 模型构建了我国橡胶林种植气候适宜性指数，获取了我国橡胶林的适宜种植区域。本研究也同样利用 MaxEnt 模型构建橡胶种植气候适宜性指数，再通过设定适宜性指数的阈值，得到西双版纳橡胶种植气候适宜分布区。

首先，基于土地利用/覆被数据集，随机抽取 1000 个橡胶林样点。其中，500 个样点用于 MaxEnt 模型的训练，500 个样点用于确定橡胶种植气候适宜区的划分阈值。其次，从中国气象数据共享网获取西双版纳地区及其周围气象站点的最高温、最低温、年均温、年累计降水、积温、最冷月均温和最暖月均温等环境要素数据,采用考虑地形的局部薄板样条插值方法获得该区域各环境要素的空间插值曲面(谭剑波等,2016)。然后,利用 500 个橡胶林训练样点的环境要素数据训练 MaxEnt 模型,得到西双版纳橡胶林种植的气候适宜性指数。指数值越大,说明橡胶树种植的气候适宜程度就越高。获取另外 500 个橡胶林样本的气候适宜性指数,统计其频率直方图,从而得到划分橡胶种植气候适宜性指数的阈值。最后,基于橡胶种植气候适宜性指数和划分阈值,得到西双版纳橡胶林种植气候适宜区(图 16.4)。

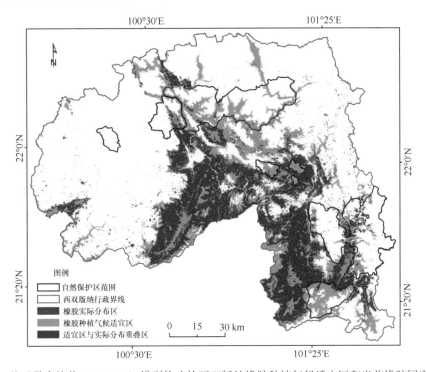

图 16.4　基于最大熵值(MaxEnt)模型构建的西双版纳橡胶种植气候适宜区和当前橡胶园空间分布

　　将西双版纳橡胶林种植气候适宜区、自然保护区范围和当前乔木园地空间分布范围叠加分析后发现:当前乔木园地已占用了橡胶种植气候适宜区总面积的 86.4%,未来可供橡胶种植的区域较为有限。然而,随着全球平均气温的不断攀升,可能会使西双版纳橡胶种植气候适宜区不断扩大(Zomer et al.,2014;刘少军等,2015)。因此,需要将未来气候模式,纳入到模拟预测过程中,从而考虑在全球气候变化的背景下,西双版纳未来橡胶林扩张可能会对天然林退化造成的影响。

2. 灌木园地

　　西双版纳的灌木园地主要是茶园。驱动茶园扩张的因素包括茶叶价格、人口增长、第一产业的增加值和投入值。为了定量分析各驱动因素与灌木园地扩张之间的关系,构建了茶园面积与茶叶价格、户籍人口以及第一产业 GDP 之间的相关关系(图 16.5)。茶叶价格与茶园面积之间不存在显著的相关关系。近十余年茶叶价格没有发生显著的变化,但茶园面积却呈显著增长的趋势。区域人口与茶园面积之间存在显著的正相关关系

（r^2=0.7405）。茶园的经济效益高，在区域人口不断增长带来的经济压力下，当地居民选择种植茶园等经济作物以缓解经济压力。另外，随着茶叶的药用健康价值被不断发掘（Weng et al.，2017），茶叶需求量也不断攀升，从而导致西双版纳茶园面积不断扩张。

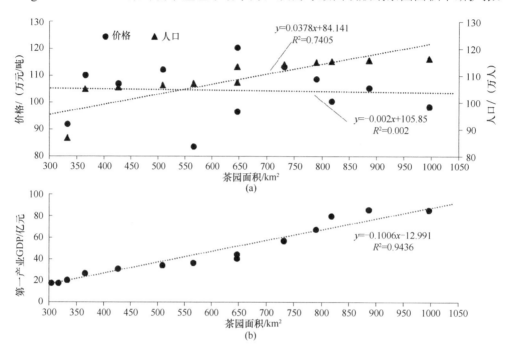

图 16.5　西双版纳茶园面积与茶叶价格和户籍人口（a）以及第一产业 GDP（b）之间的相关关系

3. 耕地

耕地的扩张与人口增长和社会经济的发展息息相关。耕地面积与人口呈现显著的负相关关系（图 16.6），这似乎与人口增加会促使耕地面积扩张的常识不符。西双版纳种植经济作物（橡胶、茶）带来的经济效益明显高于粮食种植，人口增加会促使当地居民改变原有耕地的种植模式，并通过外购粮食填补粮食缺口，从而导致人口与耕地面积的负相关关系（孙涛等，2008）。第一产业 GDP 与耕地面积也呈负相关关系，这也与耕地向经济林地转变有关。当居民改变耕地种植模式，开始在耕地上经营经济林时，势必会提升经济价值，有利于第一产业 GDP 的增长。

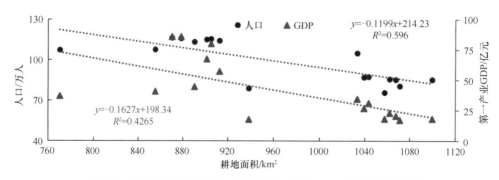

图 16.6　西双版纳耕地面积与人口和第一产业 GDP 之间的相关关系

16.3　天然林退化模拟与预测方法

天然林退化模拟与预测属于土地利用/覆被变化模拟与预测的研究范畴,其研究对象是自然生态系统。相比于常见的城市扩张模拟与预测研究,自然生态系统变化过程的模拟与预测更加复杂。自然生态系统的变化不仅受社会经济因素的影响,同时还受到自然环境的制约,需要同时考虑多种土地利用/覆被类型间的相互转换。

目前,常用的土地利用/覆被模拟与预测模型包括:系统动力模型(System Dynamics,SD)、元胞自动机模型(Cellular Automata,CA)、多智能体、CLUE(Conversion of Land Use and its Effects Model)系列模型等(刘纪远和邓祥征,2009;唐华俊等,2009)。生态系统类型空间分布的预测模型包括 MaxEnt 模型等。

SD 模型以反馈和控制理论为基础,采用计算机仿真手段,将现实过程抽象为因果过程,并借助"流"的概念,构建多重因果反馈机制,实现从一个时间段向另一个时间段的模拟(Forrester,1994)。SD 模型作为一种自上而下的宏观数量模型,难以预测未来土地利用/覆被变化的空间位置(张晓荣等,2020)。同时,SD 模型预测过程中更多关注社会经济的影响,较少考虑自然环境变化的驱动,因此仅仅利用 SD 模型尚不能满足天然林退化模拟与预测的需求(裴相斌和赵冬至,2000;严冬等,2016)。

CA 模型与 SD 模型相反,是一种自下而上的模型(Von Neumann and Burks,1966)。它认为某一空间位置下一个时刻的状态是由元胞自身以及邻域内元胞相互作用决定的,是一种时空和状态都离散的空间动力学模型,能有效地模拟二维空间复杂的动态过程(周成虎,1999;Li et al.,2013)。但 CA 模型主要关注元胞与邻域间的相互作用,很少考虑社会、经济等宏观因素对土地利用/覆被系统带来的影响(Han et al.,2009;赵莉等,2016)。因此,许多学者开始将 CA 模型与社会经济模型相互耦合,综合考虑社会经济以及空间关系对土地利用/覆被变化的影响,提高土地利用/覆被模拟与预测的精度(何春阳等,2005;Liu et al.,2017)。对于天然林退化模拟预测来说,CA 模型和 SD 模型的耦合仍然难以全面体现自然环境变化对天然林退化过程的影响。

MaxEnt 模型是一种利用已有的物种分布数据对未知分布开展无偏估计的模型(Phillips and Dudík,2008)。它充分考虑了自然环境对生态系统空间分布的制约,但很少考虑人类活动对生态系统空间分布的影响,仅能得到生态系统潜在空间分布信息。

综合以上分析,单纯依赖某一个模型很难满足天然林退化模拟与预测研究的需求。因此,我们提出将 CA 模型、SD 模型以及 MaxEnt 模型耦合,构建 SD-MaxEnt-CA 耦合模型(Tan et al.,2019),以充分发挥各个模型的优势,全面考虑社会经济和自然环境对天然林退化的影响。SD-MaxEnt-CA 耦合模型将利用 SD 模型从宏观上控制转换量,利用 CA 模型获取具体的转换空间位置,利用 MaxEnt 模型将自然环境要素纳入空间模拟过程,实现天然林退化过程的模拟。其基本原理如公式(16.1)所示:

$$S_{t+1} = f(S_t, N_t, SD_{t+1}, P_{t+1}, E_{t+1}) \tag{16.1}$$

式中，S_{t+1} 和 S_t 分别为 $t+1$ 和 t 时刻天然林面积；N 为邻域效应的影响；SD 为系统动力模型对元胞的影响；P 和 E 分别为环境因素和保护措施对元胞的影响。

SD-MaxEnt-CA 耦合模型包括需求分析、模型训练和模型模拟三个部分，其耦合建模流程如图 16.7 所示。需求分析主要用于确定天然林未来的变化总量，是模型的非空间部分，而模型训练和模型模拟主要确定天然林变化的空间位置，是模型的空间模拟部分。

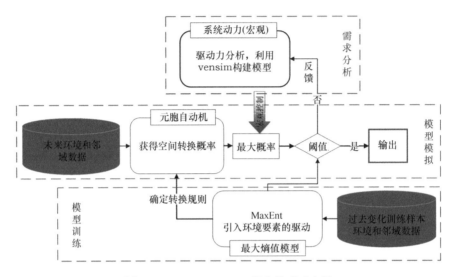

图 16.7　SD-MaxEnt-CA 耦合模型示意图

需求分析用于控制模拟过程中天然林变化的总面积。它主要利用历史时期土地利用/覆被的变化信息，分析天然林变化的驱动力，并结合区域社会经济数据，采用 Vensim PLE® 软件，构建天然林变化的 SD 模型，实现对未来天然林变化面积的预测。

模型训练主要利用 MaxEnt 模型确定 CA 模型的参数和获取转换概率的阈值。它以历史时期天然林变化区域为训练样本，获取样本的地形、气象、邻域等空间属性信息，并将其作为输入数据层，通过 MaxEnt 模型，得到各个输入数据层的权重，确定 CA 模型的参数。转换概率阈值的确定则以耦合模型得到的天然林空间转换概率图为基础，获取训练样本的空间转换概率值，从而确定转换概率的阈值。

模型模拟则利用 SD 模型和 CA 模型确定天然林未来转变的时空分布。首先，需要根据训练阶段构建的模型和未来时期自然环境数据，得到天然林未来转化为各土地利用/覆被类型的空间概率分布图。然后，根据转换概率值的大小，结合 SD 模型获取的转换面积，从高到低确定转换的区域。如果某一位置同时有多种土地利用/覆被类型满足转换需求，则以转换概率最大的土地利用/覆被类型作为该位置最终的转换类型。最后根据训练得到的转换阈值，判断各个有效转换位置是否发生了变化，如果转换面积小于 SD 预测的转换面积，则反馈到 SD 模型中，重新调整 SD 模型中天然林的转换面积，再次判断天然林转换为其他土地利用/覆被类型的空间分布，不断循环，直到转换面积与 SD 模型模拟的转换面积一致。

16.4　西双版纳天然林退化模拟

16.4.1　西双版纳天然林退化 SD 模型构建

16.2.1 节分析发现西双版纳地区天然林主要退化为乔木园地、灌木园地和耕地。天然林退化 SD 模型可以表达为公式（16.2）：

$$S_{N.t+1} = S_{N.t} - \left(P_R \times \Delta S_{R.t-(t+1)} + P_T \times \Delta S_{T.t-(t+1)} + P_A \times \Delta S_{A.t-(t+1)} \right) \tag{16.2}$$

$$\Delta S_{R.t-(t+1)} = \left(P_{Rubber.input} \times \frac{dGDP^{2nd}}{dt} + P_{Pop.rubber} \times \frac{dPopulation}{dt} \right. \\ \left. + P_{Price.rubber} \times \frac{dPrice.rubber}{dt} - Limitation1 \right) \times \Delta t \tag{16.3}$$

$$\Delta S_{A.t-(t+1)} = \left(P_{Pop.Agri} \times \frac{dPopulation}{dt} + P_{Tour} \frac{dTourists}{dt} \right. \\ \left. - P_{Agri.input} \times \frac{dGDP^{1st}}{dt} - Limitation2 \right) \times \Delta t \tag{16.4}$$

$$\Delta S_{T.t-(t+1)} = \left(P_{Tea.input} \times \frac{dGDP^{1st}}{dt} + P_{Pop.tea} \times \frac{dPopulation}{dt} \right. \\ \left. + P_{Price.tea} \frac{dPrice.tea}{dt} - Limitation3 \right) \times \Delta t \tag{16.5}$$

式中，$S_{N.t+1}$ 和 $S_{N.t}$ 是天然林在 $t+1$ 时刻和 t 时刻的面积；P_R、P_T 和 P_A 分别是天然林转变为乔木园地、灌木园地和耕地的贡献率，即天然林转变为各土地利用/覆被类型的面积占该土地利用/覆被类型总转入面积的比例；$\Delta S_{R.t-(t+1)}$、$\Delta S_{T.t-(t+1)}$ 和 $\Delta S_{A.t-(t+1)}$ 是各土地利用/覆被类型从 t 时刻到 $t+1$ 时刻的转变面积；Δt 是 t 时刻到 $t+1$ 时刻的时间间隔；式（16.3）～式（16.5）中的 $dVar/dt$ 表示社会经济变量的变化速率，其中，GDP^{2nd} 代表第二产业 GDP，GDP^{1st} 代表第一产业 GDP，Population 代表户籍人口，Tourists 代表旅游人口，Price.rubber 代表橡胶价格，Price.tea 代表茶叶价格；公式中的 P 代表各个社会经济变量对于该类型面积变化的贡献率；Limitation 是用于响应 CA 模型的反馈信息，包括气候条件和保护措施对其扩张的限制。

根据驱动力分析（16.2.2 节），利用逻辑回归的方法获取了各类型扩张的面积与各要素之间的关系，采用 Vensim PLE® 软件，构建了西双版纳天然林退化的 SD 模型（图 16.8）。

乔木园地的增加受人口、第二产业以及橡胶价格的驱动[式（16.3）]。人口的增加作为耕地面积扩张的一个潜在因子参与 SD 模型建模过程[式（16.4）]。第一产业的投入，有利于提升生产力水平，与耕地面积的增加成负相关。灌木园地的增加则与第一产业的投入、人口增加呈正相关，虽然历史上茶叶价格与灌木园地的扩张相关性不大，但随着茶叶需求量增大，茶叶的价格有上涨的趋势，因此将茶叶价格作为潜在因子参与 SD

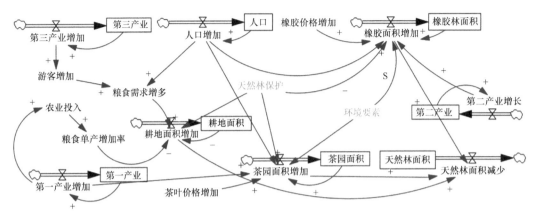

图 16.8　西双版纳地区天然林退化的 SD 模型

模型模拟过程中[式（16.5）]。区域户籍人口的增加、旅游人口的增加以及橡胶和茶叶价格的上涨都对天然林的退化起到正反馈的作用。

16.4.2　西双版纳天然林退化空间模拟

天然林退化在区域内是否发生常常受邻域、距离、保护区范围、自然环境条件和类型转化的转化代价等多个因子的共同控制。我们将以上因素综合纳入到耦合模型的构建过程中，设计了详细的西双版纳天然林退化耦合模型框架，如图 16.9 所示。

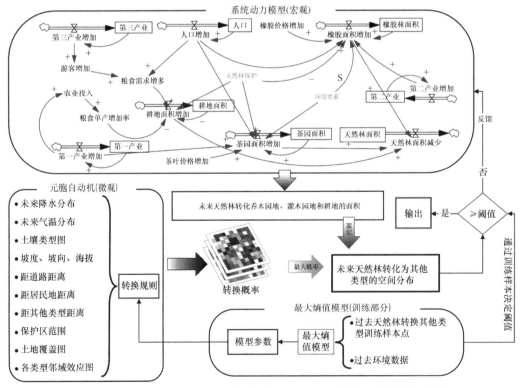

图 16.9　基于 SD-MaxEnt-CA 耦合模型的西双版纳天然林退化预测模型框架

　　模型训练以 1990～2000 年西双版纳土地利用/覆被数据为基础数据，获取天然林转变为耕地、灌木园地和乔木园地的空间转换信息，结合 MaxEnt 模型和历史时期天然林退化训练样本，获取 CA 模型参数及转换阈值。考虑到天然林转为三种土地利用/覆被类型的样本总量大，模型构建时采用随机抽样的方式获取训练样本（Li and Yeh，2002）。

　　模型构建后，我们分别计算了天然林转换为乔木园地、耕地和灌木园地的受试者工作特征曲线（Receiver Operating Characteristic，ROC）的 AUC（Area Under Curve）值（图 16.10）。所有变化的 AUC 值均大于 0.8，说明构建的模型比较稳健，能较好地表征天然林转换为各土地利用/覆被类型的变化过程。根据天然林转换概率空间分布数据，结合 1990～2000 年真实的变化区域，从而获取各个类型的转换概率阈值。

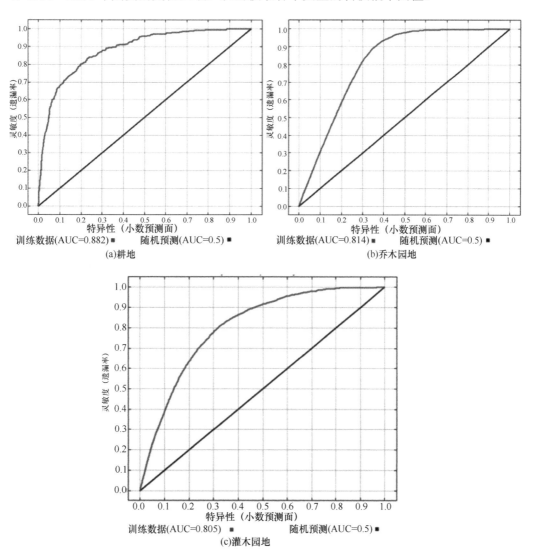

图 16.10　模拟模型的 ROC 曲线以及对应的 AUC 值

模型模拟部分则基于构建的天然林转换为耕地、乔木园地和灌木园地的 CA 模型，结合当前的自然环境数据，得到 2000～2010 年天然林转换为各土地利用/覆被类型的概率空间分布图（图 16.11），并结合 SD 模型中得到的各类型变化面积以及转换概率阈值，获取天然林转化的空间位置信息。具体步骤如下：利用 2000 年天然林空间分布图，提取目标转换区。在目标转换区内，根据各类型的转换概率分布，从高到低确定潜在的转换像元，直至潜在像元的面积与 SD 模型的预测结果一致。然而，各土地利用/覆被类型之间的潜在转换区可能存在空间重叠的情况，此时需要根据重叠区各土地利用/覆被类型的转换概率值大小，将概率值最大的土地利用/覆被转换类型作为该像元最终的潜在转换类型。若潜在转换区中各像元的转换概率均大于转换概率阈值，则认为满足了限制条件，输出为最终的结果。如果存在小于转换概率阈值的像元，则以小于转换阈值像元的总面积为限制变量（limitation），返回到 SD 模型中，重新开展 SD 模型模拟，调整 SD 模型模拟的转换面积。通过迭代，直至所有类型所有像元均满足条件。

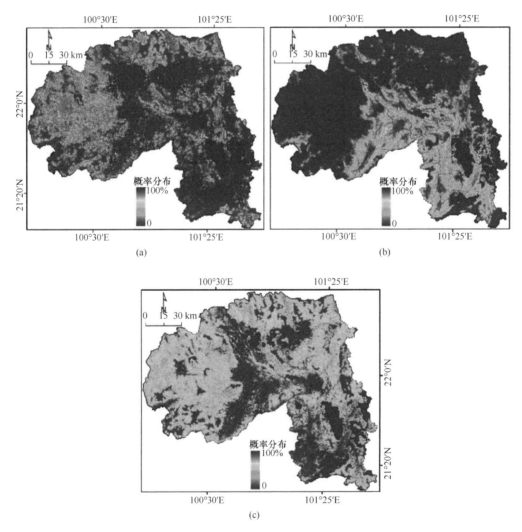

图 16.11 天然林转化为耕地（a）、乔木园地（b）和灌木园地（c）的概率空间分布

16.4.3　西双版纳天然林退化模拟精度验证

1. 总量需求模拟精度

经对比，2000~2015 年西双版纳 SD 模型预测的各土地利用/覆被类型的面积接近真实的统计数据（图 16.12），拟合的 r^2 均大于 0.9，灌木园地、耕地和乔木园地的模拟精度分别为 96.29%、90.13% 和 99.57%。总体来看，SD 模型较好地表征了西双版纳地区灌木园地、耕地和乔木园地的扩张趋势，模拟结果满足耦合模型对天然林退化为灌木园地、耕地和乔木园地的面积总量的需求。

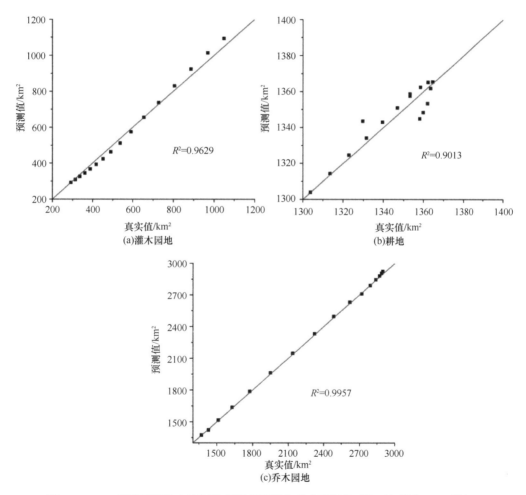

图 16.12　SD 模型预测各土地利用/覆被的面积与真实面积的对比（红线为 1:1 线）

基于构建的西双版纳天然林退化 SD 模型，得到西双版纳 2000~2010 年耕地、乔木园地和灌木园地的转入面积以及天然林的退化面积（表 16.1）。预测的各类型的变化面积与西双版纳 2000~2010 年各类型真实的变化面积比较接近。同时，本研究对比了有反馈和无反馈的 SD 模型预测的结果（表 16.1），发现无反馈的 SD 模型模拟结果表现出一定程度的高估,有反馈的 SD 模型模拟结果有轻微的低估,但更接近真实值。这也说明自然环境要素对各土地利用/覆被类型间的转换有一定的限制作用,模拟和预测过程中需要充分考虑(Liu et al.,2017)。

表 16.1　2000~2010 年各类型变化面积预测结果与真实值对比

类型	耕地			乔木园地			灌木园地			天然林		
	真实	有反馈预测	无反馈预测	真实	有反馈预测	无反馈预测	真实	有反馈预测	无反馈预测	真实	有反馈预测	无反馈预测
面积/km^2	53.8	57.9	83.2	1346.9	1359.4	1462.1	362.2	361.7	377.1	−1707.4	−1723.1	−1862.3
精度/%	—	92.4	45.4	—	99.1	92.4	—	99.7	96.0	—	99.1	91.7

2. 空间分布模拟精度

基于 SD-MaxEnt-CA 耦合模型预测得到 2000~2010 年西双版纳天然林退化空间分布图,通过与 2000~2010 年天然林实际变化图的对比,验证模型模拟的变化空间位置的精度。整体来看,天然林转换为耕地的面积较少,变化图斑分布比较零散,与真实结果的空间一致性相对较差[图 16.13(a)]。天然林转化为乔木园地的面积较大,预测结果与真实图之间的空间一致性较高[图 16.13(b)],其中,变化真实发生但模型未能预测出的区域主要分布在西双版纳自然保护区内和高海拔地区[图 16.13(b1,b3)],该现象的出现与以下两方面的因素密切相关。一方面,预测模型将保护区范围和环境作为控制因子,限定了橡胶林在这些区域扩张,然而真实情况下,保护区内仍有少量乔木园地分布;另一方面,抗寒性橡胶品种的培育,使得橡胶树种植范围可以延伸到高海拔地区。

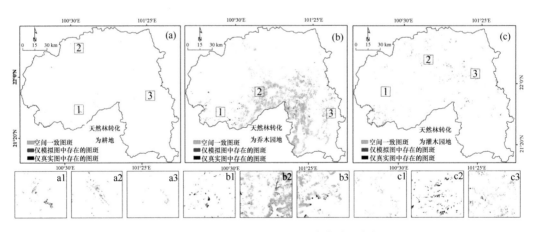

图 16.13　2000~2010 年预测结果和真实结果空间对比

天然林转换为灌木园地的预测结果与真实图之间的一致性相对较好。转化真实发生但模型未能预测出的区域也主要分布在西双版纳自然保护区内[图 16.13(c2)],这与乔木园地的情况基本一致。实际转化未发生但模型预测出的区域主要分布在西双版纳的西部[图 16.13(c1)]。西双版纳西部是灌木园地的集中分布区,也是扩张较为剧烈的区域,模型在该区域可能存在过度学习的现象。

预测得到的土地利用/覆被图与真实土地利用/覆被图十分吻合，空间一致性很高，但部分区域也存在差异，如真实土地利用/覆被图中保护区内乔木园地扩张现象仍然存在，但预测图中没有体现[图 16.14（a2，b2）]；西双版纳西部地区在真实土地利用/覆被中存在乔木园地明显扩张的趋势，但预测图中未出现[图 16.14（a1，b1）]。

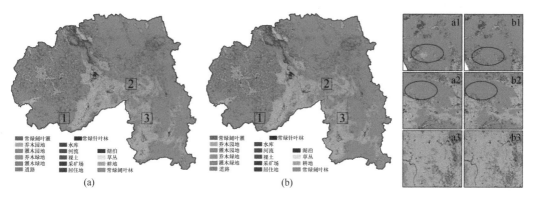

图 16.14　西双版纳 2010 年土地利用/覆被真实图（a）和模型预测图（b）的对比

根据空间一致性的面积统计，天然林转换为乔木园地的预测结果与真实变化的空间一致性达到了 87.6%，耕地的空间一致性较差，仅为 67.9%（表 16.2）。相对于乔木园地的扩张受环境的控制，耕地的开垦主要发生在居住地周围。遥感影像的尺度性，导致一些小规模的聚落未能被识别，使这些居住地周边耕地的扩张在模拟中未能体现。总体上，天然林退化的空间一致性达到了 84.2%，也说明我们提出的耦合模型能充分表征社会经济和自然环境对天然林退化的影响，也可以为其他自然生态系统潜在分布预测和土地利用/覆被变化模拟提供借鉴。

表 16.2　2000～2010 年预测结果和真实结果面积对比统计

类型	耕地			乔木园地			灌木园地			天然林		
	真实	预测	重叠区	真实	预测	重叠区	真实	预测	重叠区	真实	预测	重叠区
面积/km²	53.4	57.2	36.3	1299.8	1302.7	1138.4	354.2	353.7	263.3	−1707.4	−1711.6	−1438.0
精度/%	67.9			87.6			74.3			84.2		

16.5　西双版纳天然林退化未来情境预测

基于 16.4 节构建的 SD 模型，根据 2000～2015 年各输入参数的变化率，获取了 2010～2060 年西双版纳耕地、乔木园地、灌木园地和天然林的变化面积（图 16.15）。以 SD 模型预测结果和 4 种气象数据未来情景模式（IPCC，2014）为输入数据，利用 SD-MaxEnt-CA 耦合模型预测了 2010～2060 年西双版纳天然林动态变化过程（图 16.16，表 16.3）。

2010～2060 年，西双版纳地区天然林转换为灌木园地的面积将超过乔木园地（图 16.15），灌木园地的扩张将成为西双版纳地区天然林退化最主要的驱动因子。相对于乔木园地，灌木园地适宜种植的区域范围更广，且经济效益更高，并且随着茶叶需求量

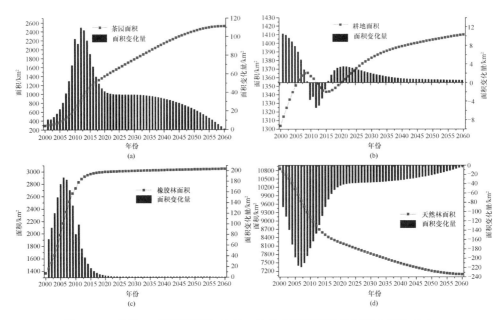

图 16.15　基于 SD 模型预测的 2000～2060 年西双版纳地区灌木园地（a）、
耕地（b）、乔木园地（c）和天然林（d）面积及面积变化量

表 16.3　2010～2060 年不同排放模式下各土地利用/覆被类型的转换面积

类型	耕地				乔木园地				灌木园地				天然林			
RCP	2.6	4.5	6.0	8.5	2.6	4.5	6.0	8.5	2.6	4.5	6.0	8.5	2.6	4.5	6.0	8.5
转换面积/10km^2	1.8	2.1	1.1	1.4	25.1	26.2	28.3	28.7	112.5	101.3	104.9	94.2	−139.4	−129.7	−134.3	−123.3

的不断攀升，灌木园地未来扩张趋势将更加明显。乔木园地主要分布在热带雨林区域，受天然林保护政策以及乔木园地种植气候适宜区的限制，其未来扩张并不显著。从不同排放模式下各土地利用/覆被类型未来的变化面积来看，灌木园地与耕地的变化趋势较为类似，越高的排放模式，天然林转换为灌木园地和耕地的面积越少（表 16.3）。乔木园地刚好相反，更高的排放情景，则意味着更大面积的天然林转化为乔木园地。RCP 8.5情景下，天然林转化为乔木园地的面积达到最大值，这与温度升高、橡胶种植气候适宜区扩大有关。灌木园地中的茶树喜欢湿润的环境（Ji et al.，2016），随着排放模式的升高，区域环境愈发干热，越不利于茶树的生长。考虑到灌木园地是西双版纳未来天然林最主要的转换类型，因此天然林的退化面积与灌木林的转换面积随不同排放情景下的变化趋势基本一致，即随着更高的排放模式天然林退化面积有减小的趋势（表 16.3）。

　　不同排放模式下，天然林转换为各土地利用/覆被类型的空间一致性较高（图 16.16）。未来天然林转换为灌木园地主要发生在西双版纳北部和西部，且保护区内也会出现。未来天然林转换为乔木园地主要发生在西双版纳中南部海拔较高的地区。温度是限制乔木园地扩张的重要因素之一，随着温度的升高，高海拔低温地区也开始适合橡胶林种植，导致乔木园地有向高海拔低温区域扩张的趋势。随着排放模式的升高，天然林转换为灌木园地的面积减少(图 16.16 窗口 1)，而天然林转换为乔木园地的面积将逐步增大(图 16.16 窗口 2)，这与统计的转换面积的变化趋势吻合（Zomer et al.，2014）。

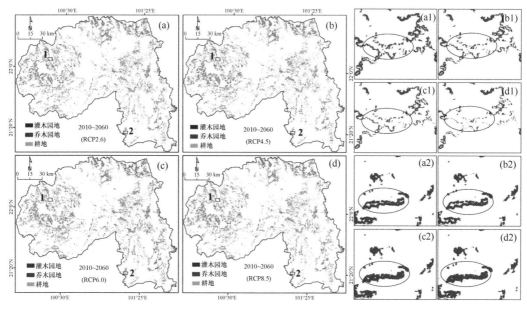

图 16.16　2010~2060 年不同排放模式下西双版纳天然林转化为耕地、
乔木园地和灌木园地的空间分布

　　由于灌木园地扩张是驱动西双版纳未来天然林退化的主要因素，因此，需警惕西双版纳西部和北部自然保护区内灌木园地潜在的扩张风险。未来天然林转换为乔木园地的区域位于西双版纳中南部海拔较高的热带雨林区，需加强对高海拔地区天然林的巡视，防止乔木园地侵占。

16.6　西双版纳天然林退化风险评估

　　在实现西双版纳未来天然林退化面积和退化空间分布预测的基础上，结合 IUCN 生态系统受威胁状况评估体系（17.2 节，方法部分将在第 17 章集中介绍），利用基于过去变化的拟合模型、PRD(绝对变化率) 模型、ARD(绝对变化量) 模型和 SD-MaxEnt-CA 耦合模型，分别预测未来西双版纳天然林生境面积退化率，开展了西双版纳地区天然林生境范围退化风险评估。

　　通常来说，拟合模型是最简单的预测过去和未来时期变化量的方法。基于西双版纳 1973~2015 年 6 期土地利用/覆被数据，统计 6 个时期西双版纳天然林面积，拟合得出西双版纳 1965 年以及 2065 年天然林生态系统面积（图 16.17）。利用公式（17.2），计算得到过去和未来天然林生境面积退化率为 35.93% 和 35.50%，根据表 17.2 中 IUCN 生态系统受威胁状况评估标准的阈值，评估天然林受威胁程度均为易危（VU）。

　　ARD 模型和 PRD 模型是另外两种天然林生境面积退化率的计算方法。结合 1990~2010 年两期天然林面积统计数据，采用 ARD 模型和 PRD 模型分别计算得到了西双版纳天然林过去和未来 50 年生境面积退化率（图 16.18）。过去 50 年 PRD 模型计算得到西双版纳天然林生境面积退化率为 43.26%，ARD 模型得到的退化率为 46.41%，天然

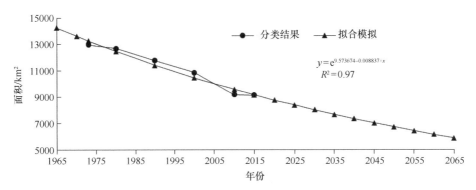

图 16.17　基于拟合模型得到的 1965～2065 年西双版纳地区天然林面积

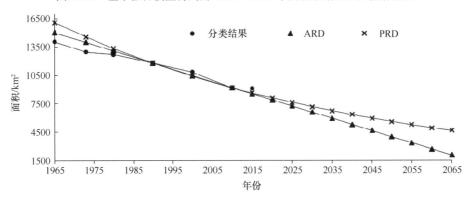

图 16.18　PRD 和 ARD 模型计算的 1965～2065 年西双版纳地区天然林面积

林受威胁等级均为 VU。未来 50 年 PRD 模型计算得到西双版纳天然林生境面积退化率为 49.42%，天然林受威胁等级为 VU，而 ARD 模型计算的退化率为 77.83%，受威胁等级为 EN（濒危）。

利用 SD-MaxEnt-CA 耦合模型，我们分别获取西双版纳四种排放情景模式下的未来天然林生境面积的退化率。其中，RCP 2.6 排放情景下，天然林生境面积退化率为 22.67%；RCP 4.5 排放情景下退化率为 21.13%；RCP 6.0 排放情景下退化率为 22.02%；RCP 8.5 排放情景下退化率为 20.56%。四种排放情景模式下，天然林受威胁等级均为 NT（近危）。

西双版纳区域水热条件良好且种植资源丰富，历史上未出现大面积的破坏活动。因此，我们根据《西双版纳傣族自治州林业志》（西双版纳傣族自治州林业局，2011）中记载的区域森林覆盖率作为历史时期区域天然林面积，获取历史时期区域天然林面积退化率为 35.72%，对应的受威胁等级为 VU。

评估结果表明各个模型评估的结果比较接近（表 16.4），也间接说明 IUCN 生态系统受威胁状况评估标准 A 中各指标间的稳定性较高。SD-MaxEnt-CA 耦合模型评估的风

表 16.4　各模型下西双版纳天然林生境面积退化评估结果

	拟合模型	ARD 模型	PRD 模型	耦合模型	历史资料
过去 50 年	VU	VU	VU		
未来 50 年	VU	EN	VU	NT	
历史变化					VU

险最低，其退化率与拟合模型的结果最接近，说明在考虑社会经济以及环境等要素的综合影响下，西双版纳地区天然林退化速率有很大程度地减缓。ARD 模型在未来 50 年的评估风险最高，其获取到的退化率远高于其他模型结果，说明经验模型很难精确模拟复杂生态系统未来长期（50 年）变化情况。

16.7　小　　结

为了充分考虑社会经济以及自然环境对自然生态系统时空模拟与预测的影响，我们提出了耦合 SD 模型、CA 模型以及 MaxEnt 模型的天然林退化模拟与预测方法，实现了西双版纳天然林退化时空变化过程的模拟和未来 50 年天然林退化情境的预测。SD 模型的加入使得模拟过程充分考虑了社会经济的影响，而 MaxEnt 模型的引入使得空间模拟过程充分考虑了气候变化的潜在影响，也解决了 CA 模型中权重和决策规则如何确定的问题，同时通过反馈机制，使模拟过程更加符合实际规律。验证结果表明模拟空间一致性的精度达到 84.2%，未来情景预测与预期结果较为一致，模型整体的可靠性较高。

1973～2015 年西双版纳各个时段天然林均呈退化趋势，主要退化为人工林（乔木园地、灌木园地）和耕地，其中乔木园地占比最大。橡胶价格上升、人口增长、第二产业 GDP、第一产业 GDP 是引起天然林退化最主要的驱动因素。未来 50 年，西双版纳地区天然林转换为灌木园地的面积将超过乔木园地，灌木园地的扩张将成为西双版纳地区天然林退化最主要的驱动因子，需警惕自然保护区内灌木园地潜在的扩张风险。在全球变化影响的大背景下，随着排放模式的升高，天然林退化面积有减小的趋势，天然林受威胁状况整体处于易危状况，需警惕天然林退化带来的生态环境恶化的风险。

参 考 文 献

国家林业局. 2009. 中国森林资源报告:第七次全国森林资源清查. 北京: 中国林业出版社.

何春阳, 史培军, 陈晋, 等. 2005. 基于系统动力学模型和元胞自动机模型的土地利用情景模型研究. 中国科学: 35: 464-473.

李红梅, 马友鑫, 郭宗峰, 等. 2007. 基于 RS 和 GIS 的西双版纳土地覆被动态变化. 山地学报, 25: 280-289.

李增加. 2008. 西双版纳土地利用/覆盖变化及其气候效应研究. 硕士论文, 中国科学院研究生院.

刘纪远, 邓祥征. 2009. LUCC 时空过程研究的方法进展. 科学通报, 54: 3251-3258.

刘少军, 周广胜, 房世波. 2015. 中国橡胶树种植气候适宜性区划. 中国农业科学, 48: 2335-2345.

刘少军, 周广胜, 房世波, 等. 2015. 未来气候变化对中国天然橡胶种植气候适宜区的影响. 应用生态学报, 26: 2083-2090.

刘世荣, 马姜明, 缪宁. 2015. 中国天然林保护、生态恢复与可持续经营的理论与技术. 生态学报, 35: 212-218.

刘文杰, 张一平, 李红梅, 等. 2004. 西双版纳热带季节雨林内雾特征研究. 植物生态学报植物生态学报, 28: 264-270.

刘晓娜, 封志明, 姜鲁光, 等. 2014. 西双版纳土地利用/土地覆被变化时空格局分析. 资源科学, 36: 233-244.

裴相斌, 赵冬至. 2000. 基于 GIS-SD 的大连湾水污染时空模拟与调控策略研究. 遥感学报, 4: 118-124.

孙涛, 周英, 金俊军, 等. 2008. 西双版纳州农业产业结构优化与粮食安全. 云南农业科技: 18-19.

谭剑波. 2018. 基于遥感的我国西南地区 IUCN 生态系统红色名录研究. 北京: 中国科学院大学.

谭剑波, 李爱农, 雷光斌. 2016. 青藏高原东南缘气象要素 Anusplin 和 Cokriging 空间插值对比分析. 高原气象, 35: 875-886.

唐华俊, 吴文斌, 杨鹏, 等. 2009. 土地利用/土地覆被变化(LUCC)模型研究进展. 地理学报, 64: 456-468.

西双版纳傣族自治州林业局. 2011. 西双版纳傣族自治州林业志. 昆明: 云南民族出版社.

西双版纳年鉴编辑委员会. 2015. 西双版纳年鉴. 昆明: 云南科技出版社.

严冬, 李爱农, 南希, 等. 2016. 基于 Dyna-CLUE 改进模型和 SD 模型耦合的山区城镇用地情景模拟研究——以岷江上游地区为例. 地球信息科学学报, 18: 514-525.

杨清, 韩蕾, 陈进, 等. 2006. 西双版纳热带雨林的价值、保护现状及其对策. 广西农业生物科学, 25: 341-348.

张晓荣, 李爱农, 南希, 等. 2020. 基于 FLUS 模型和 SD 模型耦合的中巴经济走廊土地利用变化多情景模拟. 地球信息科学学报, 22: 2393-2409.

赵莉, 杨俊, 李闯, 等. 2016. 地理元胞自动机模型研究进展. 地理科学, 36: 1190-1196.

周彬, 蒋有绪, 臧润国. 2010. 西南地区天然林资源近 60 年动态分析. 自然资源学报, 25: 1536-1546.

周成虎. 1999. 地理元胞自动机研究. 北京: 科学出版社.

朱华, 王洪, 李保贵, 等. 2015. 西双版纳森林植被研究. 植物科学学报, 33: 641-726.

邹国民, 杨勇, 曹云清, 等. 2015. 西双版纳橡胶种植业现状、问题及发展的探讨. 热带农业科技, 38: 1-3.

Forrester J W. 1994. System dynamics, systems thinking, and soft OR. System Dynamics Review, 10: 245-256.

Guo H, Padoch C, Coffey K, et al. 2002. Economic development, land use and biodiversity change in the tropical mountains of Xishuangbanna, Yunnan, Southwest China. Environmental Science & Policy, 5: 471-479.

Han J, Hayashi Y, Cao X, et al. 2009. Application of an integrated system dynamics and cellular automata model for urban growth assessment: A case study of Shanghai, China. Landscape and Urban Planning, 91: 133-141.

IPCC. 2014. Climate Change 2014 Impacts, adaptation, and vulnerability. Part B Regional aspects.

Ji W, Zhang L, Zhang J, et al. 2016. Characteristics of agricultural climate resources in Xishuangbanna tea area under global climate change. Southwest China Journal of Agricultural Sciences, 29: 2988-2993.

Li X, Liu Y, Liu X, et al. 2013. Knowledge transfer and adaptation for land-use simulation with a logistic cellular automaton. International Journal of Geographical Information Science, 27: 1829-1848.

Li X, Yeh A G-O. 2002. Neural-network-based cellular automata for simulating multiple land use changes using GIS. International Journal of Geographical Information Science, 16: 323-343.

Liu D, Zheng X, Zhang C, et al. 2017. A new temporal-spatial dynamics method of simulating land-use change. Ecological Modelling, 350: 1-10.

Myers N, Mittermeier R A, Mittermeier C G, et al. 2000. Biodiversity hotspots for conservation priorities. Nature, 403: 853-858.

Olson D M, Dinerstein E. 1998. The Global 200: a representation approach to conserving the Earth's most biologically valuable ecoregions. Conservation Biology, 12: 502-515.

Phillips S J, Anderson R P, Schapire R E. 2006. Maximum entropy modeling of species geographic distributions. Ecological Modelling, 190: 231-259.

Phillips S J, Dudík M. 2008. Modeling of species distributions with Maxent: new extensions and a comprehensive evaluation. Ecography, 31: 161-175.

Tan J B, Li A N, Lei G B, et al. 2019. A SD-MaxEnt-CA model for simulating the landscape dynamic of natural ecosystem by considering socio-economic and natural impacts. Ecological Modelling, 410: 108783.

Von Neumann J, Burks A W. 1966. Theory of self-reproducing automata. IEEE Transactions on Neural Networks, 5: 3-14.

Weng H, Zeng X T, Li S, et al. 2017. Tea Consumption and Risk of Bladder Cancer: A Dose-Response Meta-Analysis. Frontiers in Physiology, 7: 693.

Zhang J, Cao M. 1995. Tropical forest vegetation of Xishuangbanna, SW China and its secondary changes, with special reference to some problems in local nature conservation. Biological Conservation, 73: 229-238.

Zhu H. 1997. Ecological and biogeographical studies on the tropical rain forest of south Yunnan, SW China with a special reference to its relation with rain forests of tropical Asia. Journal of Biogeography, 24: 647-662.

Zhu H, Wang H, Li B G, et al. 2015. Studies on the forest vegetation of Xishuangbanna. Plant Science Journal, 33: 641-726.

Zomer R J, Trabucco A, Wang M, et al. 2014. Environmental stratification to model climate change impacts on biodiversity and rubber production in Xishuangbanna, Yunnan, China. Biological Conservation, 170: 264-273.

Zomer R J, Xu J, Wang M, et al. 2015. Projected impact of climate change on the effectiveness of the existing protected area network for biodiversity conservation within Yunnan Province, China. Biological Conservation, 184: 335-345.

第17章 西南地区生态系统多样性受威胁风险综合评估

17.1 概　　述

生物多样性是生物及其所处环境形成的生态复合体，以及与此相关的各种生态过程的总和，是地球上的生命经过漫长时间进化的结果（蒋志刚等，1997）。在全球气候变化和人类活动的双重干扰下，全球范围内生物多样性水平大幅度下滑（马克平和钱迎倩，1998；Pimm et al.，2014）。随着生物多样性的重要性被不断认识，如何合理评估生物多样性逐渐成为研究热点（Nicholson et al.，2009）。当前，生物多样性评估大多聚焦于物种水平上，伴随着研究与应用的逐步深入，物种水平上评估的局限性开始逐渐显现。例如，野外观测与调查是物种水平上生物多样性评估的主要手段，需要耗费大量人力、物力和财力（万本太等，2007）；评估的地域范围和物种类型均十分有限（Rodríguez et al.，2006；Rodriguez，2010）；评估单纯依靠对各物种数量的简单统计，难以全面刻画生物多样性（马克平和钱迎倩，1998；陈国科和马克平，2012）。此外，生物多样性功能和服务的可持续发挥及生物多样性的保护，还需考虑物种与物种间的生物过程及物种与环境的相互作用（MA，2005；陈国科和马克平，2012），物种水平上的评估难以表达。在此背景下，生态系统水平上的生物多样性研究和评估开始受到关注（马克平，2013）。

生态系统是由生物、环境相互作用与联系，构成的一个动态、复杂的功能单元（Odum，1969；Rapport，1989）。相对于物种，生态系统对于威胁更加敏感（Rodriguez et al.，2011）。根据联合国千年生态系统评估的结果，栖息地的退化是导致全球生物多样性丧失重要且直接的驱动因素之一（MA，2005；Hector and Bagchi，2007）。因此，开展生态系统退化对生物多样性的影响，以及基于生态系统水平的生物多样性评估，逐渐成为评估全球生物多样性水平的重要手段之一（Leemans and Groot，2003；马克平，2016）。

1996年，Edward maltby在第一次世界自然保护大会上首次提出了生态系统红色名录，以此作为物种红色名录的重要补充。生态系统红色名录是受威胁生态系统的目录（Rodríguez et al.，2012），可以描述当前生态系统的状况，刻画近几十年来的发展趋势，以及未来可能要面临的威胁，是评估生态系统水平上生物多样性的重要手段（Raunio et al.，2008；Nicholson et al.，2009）。它已被广泛用于生态系统状况监测和管理，并与物种红色名录一起，综合评估区域生物多样性水平（Keith，2015；朱超等，2015）。

为了科学且规范开展生态系统受威胁状况评估，世界自然保护联盟（International Union for Conservation of Nature，IUCN）提出了 IUCN 生态系统受威胁状况评估标准，作为全球生态系统受威胁状况评估的正式标准（Formal Criterion）（Rodríguez et al.，2012；Keith et al.，2013）。该评估体系从生态系统的四个要素开展生态系统受威胁状况的评估，即利用生境面积、非生物环境、生物过程在过去和未来的退化程度以及生态系统的限制分布程度来评估生态系统崩溃的风险（Keith et al.，2013）。评估体系选取 5 个标准来评估生态系统受威胁的风险，并根据风险最大的原则，取威胁程度最高的评估结果作为该生态系统的受威胁等级。最大风险原则保证了在部分标准缺乏的情况下能够继续开展评估工作，大大提高了评估工作的可操作性（谭剑波等，2017）。

本章以我国西南地区的四川省、重庆市、贵州省和云南省为研究区。西南地区是我国重要的生态功能区域和生态屏障，具有较高的生物多样性水平，是地球上最具有生物价值的生态区域之一，是我国乃至国际上的生物多样性研究的核心区域（Olson and Dinerstein，1998），受到国内外学者的高度关注。本章以西南地区土地利用/覆被遥感监测数据为基础，结合我国 1∶100 万植被类型图，构建模型完成西南地区生态系统类型制图，并以各生态系统类型为研究对象，基于 IUCN 生态系统受威胁状况评估方法，系统评估了西南地区各生态系统受威胁状况（Tan et al.，2017）。这项工作的顺利开展，对于我们了解西南地区各生态系统的状况，提高公众对于西南地区生态系统的保护意识，以及辅助区域生物多样性保护决策至关重要。

17.2　西南地区生态系统类型制图

生态系统类型空间分布图是开展西南地区生态系统受威胁状况评估的基础。长期以来，人们大多采用土地覆被图或植被图开展类似的评估工作。土地覆被图以遥感影像的光谱、纹理特征为基础，采用计算机自动分类算法或人工目视解译得到。一般来说，土地覆被图的空间定位精度较高，图斑边界与实际地物边界吻合度高（Chen et al.，2015；Gong et al.，2016；Lei et al.，2016）。然而，受遥感影像光谱区分能力的限制，它所能区分的土地覆被类型较少，无法提供更详细的生态系统类型信息（Anderson，1976；欧阳志云等，2015）。近年来，高光谱遥感技术的蓬勃发展，有助于提高遥感对更多植被类型信息的识别能力，但当前可大范围利用的卫星平台高光谱数据的波段分辨率和空间分辨率还存在一定的局限，用于植被类型制图的高分辨率高光谱遥感数据大多基于航空平台或无人机平台获得，其数据覆盖能力有限，大区域应用难度大，且成本高。

中国植被图是植物分类学家基于野外实地调查，并结合遥感影像、地形图等辅助数据，勾绘填图获得（中国科学院中国植被图委员会，2007）。它提供了丰富的植被类别信息，但其图斑边界与实际地物吻合性相对遥感识别的精度较差。同时，植被图制图周期长，更新难度大，当前可供使用的中国植被图仅有一期，制图周期大约经历了 30 年，还不能反映生态系统退化面积等动态信息。综上所述，土地覆被图或中国植被图均无法满足生态系统受威胁状况评估对生态系统类型信息和动态变化监测数据的需求。

鉴于此,本研究综合了中国植被图和土地覆被图各自的优势和不足,提出了一套数据融合策略,发展模型融合了这两个数据源,生产出既具有准确边界又具有丰富生态系统类别信息的生态系统类型分布图,服务于西南地区生态系统受威胁状况评估工作(Lei et al.,2016)。

17.2.1 基于多源数据和知识的生态系统类型制图方法

为了实现两种不同尺度、不同生产方式和不同分类系统的空间数据的充分融合,生态系统类型制图方法共设计了三种数据融合策略(直接匹配、缓冲区匹配和合并类别匹配),在融合过程中同时加入了生态系统类型的空间分布知识以提高数据融合的准确性。基于多源数据和知识的生态系统类型制图流程如图 17.1 所示。

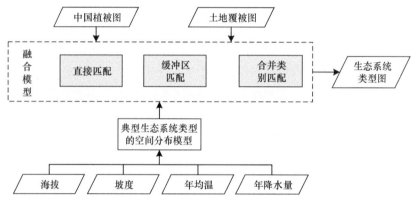

图 17.1 基于多源数据和知识的生态系统类型制图流程

考虑到土地覆被图的图斑边界与实际地物吻合程度更高,最终形成的生态系统类型图的图斑边界以土地覆被图边界为准。中国植被图与土地覆被图的分类系统在详细程度上存在差异。中国植被图包含纲、目、科、属、丛等等级的分类系统,各等级分类系统的类别数从几类到上百类不等,土地覆被图中包含 38 种土地覆被类型。将两种数据的分类系统建立对应关系成为数据融合的基础。通过对比发现,土地覆被图的二级类别与中国植被图的目一级类别较为一致,但也存在部分土地覆被类型未出现在中国植被图目一级类别,但出现在科一级类别上。因此,我们采用土地覆被二级类与中国植被图科一级类别建立对应关系以实现两种数据源的融合。

本研究共设置了三种匹配策略:直接匹配、缓冲区匹配和合并类别匹配。匹配策略执行时本着先易后难、从简单到复杂的原则,即最容易匹配和匹配结果可信度最高的匹配方法被优先执行,执行顺序为:先直接匹配,再缓冲区匹配,最后合并类别匹配。

1. 直接匹配

直接匹配是指根据土地覆被图的二级类与中国植被图科一级类别的对应关系,逐像元地对比土地覆被图与中国植被图的类型信息是否匹配,成功匹配的像元将记录其土地覆被类型和中国植被图更详细的类别信息(属类型)。匹配成功的像元将参与典型生态系统类型空间分布知识的构建。生态系统类型空间分布知识用于表征生态系统类型存在于某一种空间环境的可能性大小。本方法中空间环境要素考虑了海拔、坡度两种地形要素，以及年均温和年降雨量两种气象要素。通过逐一获取成功匹配像元的生态系统类型和空间环境要素值，统计得出每一种生态系统类型在不同的环境梯度上存在的概率大小，得到生态系统类型空间分布知识。

2. 缓冲区匹配

中国植被图采用 1∶100 万比例尺人工填图勾绘得到，土地覆被图采用 30m 尺度的遥感影像自动分类得到。虽然数据融合前已将中国植被图重采样到 30m，但两种数据源先天的尺度差异，必然会存在空间位置偏差、空间表达的详略程度不一致等问题。为了尽可能充分地发挥两种数据源的优势，本研究在直接匹配的基础上，通过扩大搜索范围使更多的像元被成功匹配，也就是缓冲区匹配策略。临近相似规律（即地理学第一定律）在地理现象中普遍存在，并且随着距离的增大/缩小其相似程度随之缩小/增大。利用缓冲区匹配策略时，随着搜索范围的扩大，被成功匹配像元的可信程度也会衰减，我们采用距离衰减函数来表征随着距离的变化匹配信息的可信程度，其计算公式如下：

$$f_d = e^{r/R} \tag{17.1}$$

式中，R 为最大影响距离；r 为搜索距离。

缓冲区匹配过程中，如果仅有一种生态系统类型被搜索到，则直接获取该生态系统类型的属类型信息。当有多种生态系统类型同时被搜索到，如图 17.2 所示，此时则基于距离衰减系数和各生态系统类型的空间分布知识，求取各生态系统类型的可信程度（距离衰减函数）和其在当前空间环境中存在的概率大小的乘积，乘积最大的生态系统类型即是匹配的生态系统类型，并获取其属类型信息。

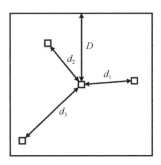

图 17.2　加入距离衰减函数的多生态系统类型综合决策

3. 合并类别匹配

土地覆被图与中国植被图对某些地物类型定义存在差异导致其难以实现匹配。为了尽可能多地实现像元的匹配，本研究按照各土地覆被类型的相似性程度，将部分二级类合并成一级类别，以增加被匹配的概率。类别合并时仅考虑与生态系统类型匹配的 23 种土地覆被类型，按照类别之间的层次关系，这 23 类土地覆被类型将被合并为林地、灌木、草地、湿地、稀疏植被、裸地 6 类，其类别合并的规则见表 17.1。

表 17.1 土地覆被类型类别合并信息

合并类型	土地覆被类型	合并类型	土地覆被类型	合并类型	土地覆被类型
林地	常绿阔叶林 落叶阔叶林 常绿针叶林 落叶针叶林 针阔混交林	草地	草甸 草原 草丛	稀疏植被	稀疏草地 苔藓/地衣
		湿地	森林湿地 灌丛湿地 草本湿地	裸地	裸岩 裸土 沙漠/ 盐碱地 冰川/永久积雪
灌木	常绿阔叶灌木林 落叶阔叶灌木林 常绿针叶灌木林	稀疏植被	稀疏林 稀疏灌木林		

17.2.2 西南地区生态系统类型图

以西南地区 30m 土地覆被数据和中国 1:100 万植被图数据为基础,利用基于多源数据和知识的生态系统类型制图方法,生产得到如图 17.3 所示的西南地区生态系统类型空间分布图。该生态系统图在类别上相对于原始的土地覆被类型有了明显的增加,从之前的 38 个土地覆被类型增加到当前的 134 个生态系统类型,同时,其图斑的边界保留了 30m 土地覆被图的边界,从而大大提高了各生态系统类型空间范围的精确性。

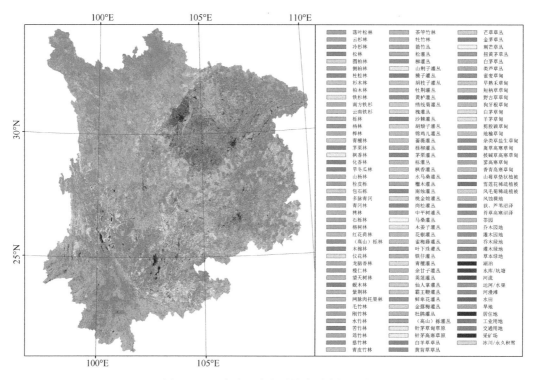

图 17.3 西南地区生态系统类型空间分布

为了更加清晰地展现本方法的优势,选择岷江上游地区的常绿针叶林为例,对比融合后生态系统类型图相对于融合前土地覆被图和植被图的优势,如图 17.4 所示。融合后的生态系统类型图保留了土地覆被图中常绿针叶林的空间分布范围,但其类别由常绿针叶林类型细分为了云杉林、冷杉林和松林。同时,融合后生态系统类型图也保留了植被图中各植被类型大致的空间分布范围,但其分布特征更加细致,更能代表实际情况。

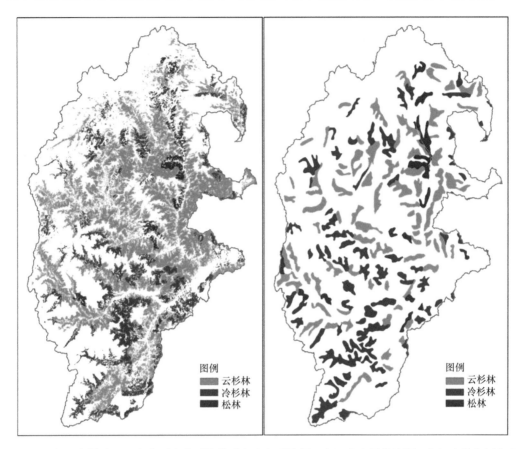

图 17.4　岷江上游地区三个典型生态系统类型在生态系统图(左)和中国植被图(右)中的空间分布

　　为了更加客观地反映生态系统类型图的质量,利用从碳专项森林课题组获取的森林样本,通过逐样点的对比,从而获取植被图、土地覆被图和生态系统类型图三者的相对精度大小。从类型定位和属性的双重验证来看,30m 土地覆被图的制图精度为 87.40%(909/1040),1∶100 万植被图的精度为 17.31%(180/1040),基于多源数据与知识生成的西南地区生态系统类型图总精度为 54.13%(563/1040),生态系统类型图的精度介于植被图和土地覆被图之间。本次评估仅获取了西南地区森林生态系统的野外采样样本,缺乏草地、灌木林地等生态系统类型样本,因此,该评估结果仅是一种参考,无法全面反映生态系统类型图的质量,未来还需进一步完善,以形成科学可信的质量报告。从评估结果来看,松林、杉木林、旱冬瓜林、青冈林、栲林、栎林、冷杉林、桦林和柏木林等生态系统类型误判比例较高,是下一步重点关注的对象。总体来看,生态系统类型图提高了植被类型的空间定位精度,也丰富了土地覆被类型的类别信息,能够服务于生态系统受威胁状况评估的需求。

17.3　基于 IUCN 标准的生态系统多样性
受威胁状况评估方法

17.3.1　IUCN 生态系统受威胁状况评估框架体系

IUCN 生态系统受威胁状况评估方案在已有评估方案的基础上，选取 5 个标准综合评估生态系统受威胁的风险：生境范围退化（标准 A）、生态系统限制分布（标准 B）、非生物环境退化（标准 C）、生物过程退化（标准 D）和定量分析模型（标准 E）。为了与物种红色名录有较好的可比较性，该评估体系中各标准的阈值借鉴了 IUCN 物种红色名录的相关阈值。通过这 5 个标准，结合 IUCN 生态系统受威胁状况评估框架提供的阈值（表 17.2），将生态系统划分为 5 个受威胁等级（Keith et al.，2013）：极危（critically endangered，CR）、濒危（endangered，EN）、易危（vulnerable，VU）、近危（near threatened，NT）、无危（least concern，LC）。最终利用风险最大的原则，选取各标准中表征生态系统受威胁程度最高的等级作为该生态系统最终的威胁状况（图 17.5）。

表 17.2　各 IUCN 生态系统受威胁状况评估标准的阈值

标准 A：生境范围退化	阈值	受威胁等级
A1 生态系统过去 50 年内生境面积衰退幅度	≥80%	CR
	≥50%	EN
	≥30%	VU
A2a 预测生态系统未来 50 年内生境面积衰退幅度 A2b 预测生态系统从过去到未来 50 年内生境面积衰退幅度	≥80%	CR
	≥50%	EN
	≥30%	VU
A3 自 1750 年来生境面积衰退幅度	≥90%	CR
	≥70%	EN
	≥50%	VU

标准 B：生态系统限制分布	阈值	受威胁等级
B1 当前生态系统分布范围，即生态系统斑块组成的最小外包多边形（EOO）	≤2000km²	CR
	≤20000km²	EN
	≤50000km²	VU
B2 当前生态系统占有面积，即生态系统占有 10km×10km 格网的个数（AOO）	≤2	CR
	≤20	EN
	≤50	VU

续表

标准 C: 非生物环境退化	阈值		受威胁等级
C1 过去 50 年来非生物环境退化范围和强度 C2 预测未来 50 年内非生物环境退化范围和强度	严重程度	退化程度	
	≥80%	≥80%	CR
	≥50%	≥80%	EN
	≥30%	≥80%	VU
	≥80%	≥50%	EN
	≥50%	≥50%	VU
	≥80%	≥30%	VU
C3 自 1750 年来非生物环境退化范围和强度	≥90%	≥90%	CR
	≥70%	≥90%	EN
	≥50%	≥90%	VU
	≥90%	≥70%	EN
	≥50%	≥70%	VU
	≥90%	≥50%	VU

标准 D: 生物过程退化	阈值		受威胁等级
D1 过去 50 年来生物过程退化范围和强度 D2 预测未来 50 年内生物过程退化范围和强度	严重程度	退化程度	
	≥80%	≥80%	CR
	≥50%	≥80%	EN
	≥30%	≥80%	VU
	≥80%	≥50%	EN
	≥50%	≥50%	VU
	≥80%	≥30%	VU
D3 自 1750 年来生物过程退化范围和强度	≥90%	≥90%	CR
	≥70%	≥90%	EN
	≥50%	≥90%	VU
	≥90%	≥70%	EN
	≥50%	≥70%	VU
	≥90%	≥50%	VU

标准 E: 定量分析模型	阈值	受威胁等级
建立生态系统模型，预测未来生态系统丧失概率	≥50%（50 年内）	CR
	≥40%（50 年内）	EN
	≥10%（100 年内）	VU

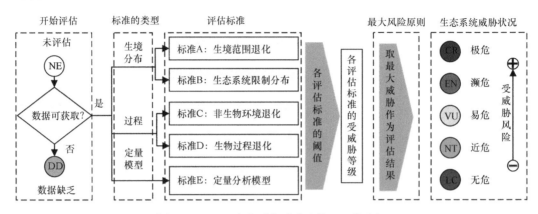

图 17.5　IUCN 生态系统受威胁状况评估流程

对于受到严重威胁的生态系统，不复存在或者完全无法恢复到原来状况的生态系统，则称之为崩溃（Collapsed，CO），未参与评估的初始状态标为未评估（Not Evaluate，NE）状态，而由于数据缺乏导致无法评估的标准则列为数据缺乏（Data Deficient，DD）（Rodríguez et al.，2015）。各标准中，标准 A 和标准 B 与生态系统面积和分布相关，由于此类空间数据相对于其他类型数据的可获得性更高，因此这两个标准是评估中最常用的标准（Boitani et al.，2015）。

17.3.2　标准 A：生境范围退化

生境范围退化标准是生态系统受威胁状况评估中最常用的标准。该标准以生境面积在指定的时间框架下（过去 50 年（A1）、未来 50 年（A2a，A2b）和历史以来（A3））的面积变化率来表征[式（17.2）]。根据物种与生境面积的关系可知，生态系统面积的减少会导致生态位的宽度大幅度收缩，降低生态系统维持生物多样性的能力。同时，生态系统破碎化程度增加，更容易受干扰的影响，使生态系统崩溃的风险增大（Keith et al.，2013）。生态系统面积直接表征了生态系统的承载力，其退化率是指示生态系统受威胁状态的最直观标准。为了解决实际评估中数据时间跨度不足 50 年的情况，IUCN 生态系统受威胁状况评估工作组提出了在两期数据的时间跨度超过 20 年且面积变化规律与模型中变化规律一致的情况下，利用绝对变化量模型（Absolute Rate of Decline，ARD）[式（17.3）和式（17.4）]或绝对变化率模型（Proportional Rate of Decline，PRD）[式（17.5）]，将变化率的时间跨度推广到 50 年（图 17.6）（Rodríguez et al.，2015）。例如，当仅有 1990 年和 2010 年的数据时，评估者可以利用该模型将变化率外推到过去 50 年（1960～2010 年）和未来 50 年（1990～2040 年或 2010～2060 年）。

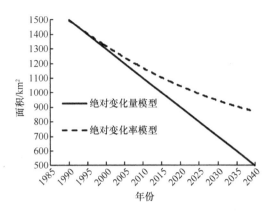

图 17.6 绝对变化量模型与绝对变化率模型示意图

$$\text{LOST} = \frac{\left(\text{Area}_{t1} - \text{Area}_{t2}\right)}{\text{Area}_{t1}} \times 100\% \tag{17.2}$$

$$\text{ARD} = \frac{\left(\text{Area}_{t2} - \text{Area}_{t1}\right)}{\left(\text{year}_{t2} - \text{year}_{t1}\right) \times \text{Area}_{t1}} \times 50 \tag{17.3}$$

$$\text{ARD} = \frac{\left(\text{Area}_{t2} - \text{Area}_{t1}\right)}{\left(\text{year}_{t2} - \text{year}_{t1}\right) \times \text{Area}_{t2} - 50 \times \left(\text{Area}_{t2} - \text{Area}_{t1}\right)} \times 50 \tag{17.4}$$

$$\text{PRD} = \left(\frac{\text{Area}_{t2}}{\text{Area}_{t1}}\right)^{\left(\frac{50}{\text{year}_{t2} - \text{year}_{t1}}\right)} - 1 \tag{17.5}$$

式中，Area_t 和 year_t 分别为时间 t 对应的面积和年份；式（17.3）和式（17.4）分别为 ARD 模型未来 50 年和过去 50 年的外推公式，式（17.5）指 PRD 模型中过去 50 年和未来 50 年的外推公式。

17.3.3 标准 B: 生态系统限制分布

生态系统限制分布标准描述生态系统空间分布的限制程度，表征威胁因子在生境空间中的传播能力。一般来说，斑块之间距离越近，它们之间的物质和能量交流越多，也越容易传播疾病，空间分布带给生态系统的潜在风险也越高。该标准主要借鉴 IUCN 物种红色名录中生境占有面积（area of occupancy，AOO）和生境所占最小外接多边形范围（extent of occurrence，EOO）2 个标准来评估（Nicholson et al.，2009）。

EOO 指生态系统的分布范围，用生态系统所有生境组成的最小外接凸包多边形表示（图 17.7），该标准主要表征生态系统传播风险的能力。AOO 指生态系统占据的面积大小，用生态系统占据 10km × 10km 的有效网格数目来表示（有效网格指生态系统面积大于网格面积 1% 的网格，图 17.7），该标准主要表征适宜生境的大小。标准 B 在实际评估过程中需满足生境斑块限制分布或者生境有持续退化的趋势（Rodríguez et al.，2015）。

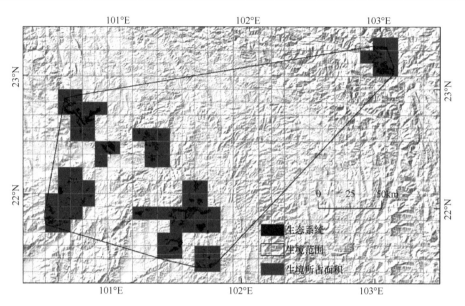

图 17.7　生境限制分布（标准 B）示意图

17.3.4　标准 C：非生物环境退化

生态系统的非生物环境退化标准指生态系统所处的气候及环境退化对生态系统的影响或者胁迫。任何一个生态系统生存都依赖于特定的环境，生态系统赖以生存的非生物环境的退化会通过改变物种生态位的环境质量来削弱生态系统维持生物多样性的能力，导致生态系统受威胁的风险升高（Keith et al.，2013）。随着人类活动的不断加剧及全球变化等环境问题的日益突出，该标准在评估过程的作用越发明显（Keith et al.，2013）。

标准 C 在实际评估过程中，首先需明确直接决定目标生态系统状况的非生物环境，然后利用式（17.6）和式（17.7）获取生态系统受胁迫的严重程度（relative severity）及退化程度（extent of degradation），从而获取生态系统的受威胁情况（Rodríguez et al.，2015）。其中，受胁迫的严重程度、退化程度分别描述了生态系统接近崩溃的程度和威胁影响的范围。

$$\text{relative severity} = \frac{(\text{Var}_t - \text{initial})}{\text{collapse} - \text{initial}} \times 100\% \tag{17.6}$$

$$\text{extent of degradation} = \frac{\text{distribution affected by decline}}{\text{total distribution}} \times 100\% \tag{17.7}$$

式中，Var_t 为时间 t 下的非生物环境相关变量的值；initial 和 collapse 分别为生态系统初始状态（无威胁）和崩溃状态下相关变量的值。

17.3.5　标准 D：生物过程退化

生态系统中的生物过程退化标准指生物个体之间的相互关系和过程退化对生态系

统的影响和威胁。生态系统生物过程是生物链中物质能量循环的基础，是维持生态系统结构、功能、服务的重要过程。生态系统中任何生物体的生存都需要各生物体间的相互作用即生物过程的支持，包括捕食、授粉、互利共生等。一般来说，生物多样性水平高的生态系统有更强的获取能量和资源的能力、更快的物质能量循环速度、更高的生物量和更稳定的生态系统结构（Loreau，2010）；相反，生物过程的阻塞或丧失直接影响生态系统的生物多样性水平（Keith et al.，2013）。

标准 D 在实际评估过程中，同样需要首先明确决定目标生态系统状况的生物过程的相关变量，然后也是利用式（17.6）和式（17.7）获取生态系统受胁迫的严重程度及退化程度，从而描述生态系统的受威胁状况。

17.3.6　标准 E：定量分析模型

生态系统威胁定量分析（标准 E）指用模型定量描述生态系统及干扰过程，模拟生态系统对威胁的响应，并结合威胁的发展情景综合评估生态系统崩溃的风险（Bland et al.，2017）。由于生态系统本身的复杂性及威胁的多样性，精细表征各生态系统干扰过程的模型仍严重缺乏，该标准在实际评估过程中应用较少（Boitani et al.，2015）。

17.4　西南地区生态系统受威胁状况

17.4.1　西南地区生态系统受威胁状况评估过程

IUCN 生态系统受威胁状况评估方法利用 5 个标准及其阈值，将生态系统的受威胁状态划分为 5 个威胁等级。评估方法采用了最大风险原则，从而确保在部分标准缺乏的情况下仍然能够继续开展评估工作。5 个标准中，标准 A 生境面积退化和标准 B 生态系统限制分布所需的数据可以采用 17.2 节所述方法获得。标准 C 非生物环境退化需要各种非生物环境要素数据。温度、降水、酸雨浓度等是影响西南地区植物分布的潜在非生物环境因素，但当前尚不清楚各类非生物环境因子如何作用于生态系统，且许多环境要素数据依然缺乏。标准 D 生物过程退化需要生态过程相关的资料和数据。生物过程本身较为复杂，再加之西南地区各生态系统类型分布广泛且分散，导致很难全面掌握各种生态系统的生态过程。标准 E 定量分析模型当前仍严重缺乏。整体来看，标准 C、D 和 E 要么缺乏可用的数据，要么相应标准采用何种数据和模型尚处于探索中，因此，并未纳入到西南地区生态系统受威胁状况评估工作中。

生境面积退化标准应用时需要至少两期生态系统面积数据，且其时间间隔需要校订到评估体系中标准 A 要求的时间跨度上去（Rodríguez et al.，2015）。基于 17.2 节介绍的方法，研究团队生产了西南地区 1990 年和 2010 年生态系统类型空间分布数据集。基于以上数据集和绝对变率（PRD）、绝对变化量（ARD）模型获取了各生态系统未来的变化量，并将西南地区各生态系统过去 20 年的变化扩展到未来 50 年（标准 A2b，2010～2060 年）和过去 50 年（标准 A1，1960～2010 年）。同时，根据过去 20 年各生态系统转入转出情况，耦合预测模型，获取了各生态系统未来 50 年生境范围的空间分布。标准 B 选择 EOO 和 AOO 两个指标（Rodríguez et al.，2015），在应用该标准开展评估之前，生态系统生境面积需满足有持续退化趋势的条件。

基于以上两个标准，研究团队设计了西南地区生态系统受威胁状况评估流程（图 17.8）。在两期生态系统类型空间分布数据集的基础上，在不同的尺度分别开展评估。

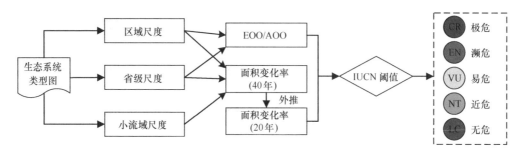

图 17.8　西南地区生态系统受威胁状况评估流程

由于小流域的范围相对于 EOO 和 AOO 来说过小，因此仅在区域尺度和省级尺度的评估中采用了标准 B。最后根据各评估标准的阈值，获取各尺度下生态系统的受威胁等级（谭剑波，2018）。

17.4.2　西南地区受威胁生态系统的数量统计特征

西南地区各自然生态系统受威胁状况的评估结果如表 17.3 所示。几乎所有的濒危植物栖息的生态系统均列为威胁类型（表中蓝色字体），如杜松林、望天树林、青檀林和蚬木林等（Fu，1992；Wang，2004）。这说明评估的结果与实际状况比较吻合，IUCN 生态系统受威胁状况评估体系比较稳健。然而评估结果中灌丛和草地生态系统与实际状况偏差较大，例如山荆子灌丛、金茅草丛和沙棘灌丛广泛分布在我国其它区域，但在西南地区分布较少，被列为了受威胁生态系统。这也说明评估结果会受到评估范围（或尺度）大小的影响。

表 17.3　西南地区各自然生态系统类型受威胁状况评估结果

类型名称	威胁等级	类型名称	威胁等级	类型名称	威胁等级	类型名称	威胁等级
	CR	金茅草丛	VU	山莓草垫状植被	LC	青冈林	LC
旱冬瓜林	CR	桃金娘灌丛	VU	荻、芦苇沼泽	LC	栲林	LC
槠栲林	CR	中平树灌丛	VU	绣线菊灌丛	LC	石栎林	LC
		雪莲花稀疏植被	VU	白羊草草丛	LC	（高山）栎林	LC
	CR	岗松灌丛	VU	雀麦草甸	LC	水竹林	LC
篌竹竹	CR	木姜子灌丛	VU	剪股颖草甸	LC	慈竹林	LC
	CR	霸王鞭灌丛	VU	杂类草盐生草甸	LC	柳灌丛	LC
枫香林	CR	牡荆灌丛	VU	叶下珠灌丛	LC	蔷薇灌丛	LC
沙棘灌丛	CR	白茅草甸	NT	黄背草草丛	LC	茅栗灌丛	LC
	EN	青檀灌丛	NT	金露梅灌丛	LC	栎灌丛	LC

续表

类型名称	威胁等级	类型名称	威胁等级	类型名称	威胁等级	类型名称	威胁等级
木棉林	EN	胡枝子灌丛	NT	披碱草高寒草甸	LC	南烛灌丛	LC
	EN	侧柏林	NT	香青高寒草甸	LC	马桑灌丛	LC
	EN	山杨林	NT	类芦草丛	LC	雀梅藤灌丛	LC
仪花林	EN	铁仔灌丛	NT	箭竹丛	LC	鲜卑花灌丛	LC
网脉肉托果林	EN	圆柏林	NT	槐灌丛	LC	杜鹃灌丛	LC
刚竹林	EN	松灌丛	NT	檵木灌丛	LC	芒草丛	LC
箭竹林	EN	铁杉	NT	花椒灌丛	LC	刺芒草丛	LC
牡竹林	EN	栎林	NT	余甘子灌丛	LC	扭黄茅草丛	LC
	EN	榛子灌丛	NT	仙人掌灌丛	LC	白茅草丛	LC
山荆子灌丛	EN	红花荷林	NT	黄栌灌丛	LC	羊茅草甸	LC
		锦鸡儿灌丛	NT	高山栎灌丛	LC	嵩草高寒草甸	LC
针茅高寒草原	EN	云杉林	NT	松林	LC	蓼高寒草甸	LC
早熟禾草甸	EN	冷杉林	NT	杉木林	LC	风毛菊稀疏植被	LC
栓皮栎	VU	柽柳灌丛	LC	柏木林	LC	苔草高寒沼泽	LC
茅栗林	VU	荚蒾灌丛	LC	桦林	LC		
毛竹林	VU	短柄草草甸	LC	包石栎	LC		
胡颓子灌丛	VU	地榆草甸	LC	多脉青冈	LC		

注：表中颜色代表自然生态系统类型所受到的威胁状况，各颜色所代表的意义与图 17.8 一致。

　　经统计，无论采用何种标准，评估得到的西南地区各生态系统受威胁等级中，处于无危（LC）状况的生态系统类型的数目最多[图 17.9（a）]。随着中国天然林保护工程以及退耕还林还草工程的实施，区域自然生态系统的生境面积退化率在 1990 年到 2010 年显著减缓，甚至有些耕地向林地和草地转变（Xu and Melick，2007；Ren et al.，2015），从而降低了部分生态系统类型的受威胁等级。根据评估框架，生态系统最终受威胁等级由各标准评估结果中威胁等级最高的标准决定，因此，我们统计了各标准决定的受威胁生态系统最终评估结果的数量[图 17.9（b）]。从结果发现，标准 B1 决定的生态系统最终受威胁等级的数量最大；同时，标准 B1 和标准 B2 评估结果的一致性相对最高。

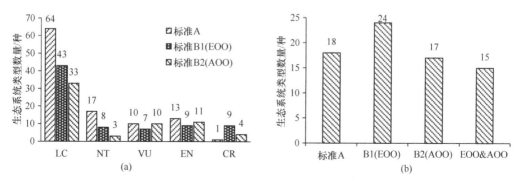

图 17.9　西南地区不同威胁等级的生态系统类型数量统计直方图（a）和
各评估标准所决定的生态系统受威胁等级的数量统计直方图（b）

统计处于不同威胁等级的生态系统类型的数量和面积发现：在数量上，西南地区有将近有 33.33%的自然生态系统类型受到了不同程度的威胁，但受威胁生态系统所占的面积仅为 1.55%（表 17.4）。统计处于不同受威胁等级的生态系统平均面积和面积退化率后表明，受威胁的等级越高，其生境的面积越小。其中，24 种生态系统处于威胁等级是由于生境面积退化过快引起，26 种生态系统处于威胁状态是由于生境面积分布较小导致的。生态系统分布限制和生境面积退化是西南地区生态系统处于受威胁状态的主要因素之一。

表 17.4　西南地区不同威胁等级的生态系统数量、面积及比例统计

受威胁等级	LC	NT	VU	EN	CR
数目/种	55	15	12	14	9
数目比例/%	52.38	14.29	11.43	13.33	8.57
总面积/km^2	545897.1	58218.37	6162.52	3183.15	174.58
平均面积/km^2	9925.40	3881.23	513.54	227.37	19.40
总面积比例/%	88.96	9.49	1.00	0.52	0.03

17.4.3　西南地区主要生态系统受威胁状况分析

生态系统面积与生态系统类型受威胁状况的关系如图 17.10 所示。灌丛和阔叶林生态系统类型的生境面积变化幅度大，不同的威胁等级中均有其分布。沼泽、草丛、草甸、高山植被等生态系统间的生境面积差异大，导致这些生态系统类型并非各个威胁程度中均存在（图 17.10）。处于极危状态的生态系统的生境面积均小于 300km^2，处于濒危状态的生态系统的生境面积处于 200～1200km^2，处于近危和无危状态的生态系统的生境面积较分散。总体来说，处于威胁等级较高的生态系统分布的生境面积均较小。

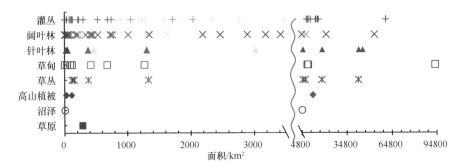

图 17.10　生态系统面积分布散点图（红色：CR，橙色：EN，黄色：VU，浅绿：NT，深绿：LC）

在所有受威胁的生态系统类型中，包含 9 种灌丛、19 种阔叶林、3 种针叶林，分别占各自类型总数 26.47%、55.88%和 8.82%（图 17.11 和图 17.12）。另外，草原、草丛、草甸和高山植被生态系统各包含 1 种。草原和阔叶林生态系统中受威胁生态系统的占比最大，分别达到了 100%和 59.38%。阔叶林和灌丛生态系统的类型较多，各生态系统类型的平均面积相对较小，且处于聚集状态，导致其受威胁的程度较高。

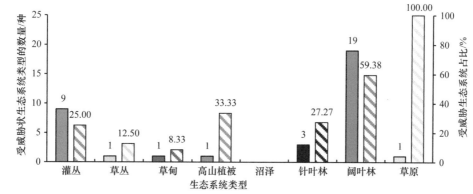

图 17.11　各生态系统中处于威胁状态的生态系统类型数目及占比

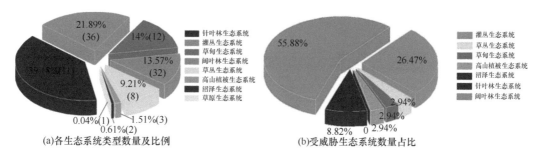

图 17.12　各类生态系统类型数目和面积占比以及受威胁数目占比

阔叶林、针叶林和灌丛生态系统，处于极危状态的生态系统数量分别为 7 种、1 种和 1 种(图 17.13)，处于濒危状态的生态系统分别有 9 种、2 种和 1 种。草原和高山植被生态系统，受威胁生态系统占各自生态系统的比例较大，但他们本身拥有的生态系统数目较少，其受威胁生态系统总数的比例较小（图 17.12）。

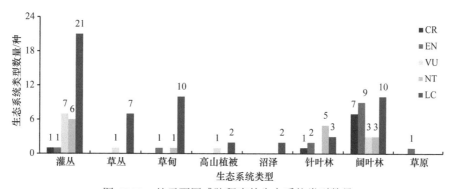

图 17.13　处于不同威胁程度的生态系统类型数量

17.4.4　西南地区受威胁生态系统空间分布格局

西南地区生态系统受威胁状况空间分布格局如图 17.14 所示。受威胁生态系统主要分布在西双版纳自治州、黔西南地区以及攀西地区。这些区域的生物多样性丰富但退化严重（李文华，2000），评估结果与前人用传统方法研究的结论相符。

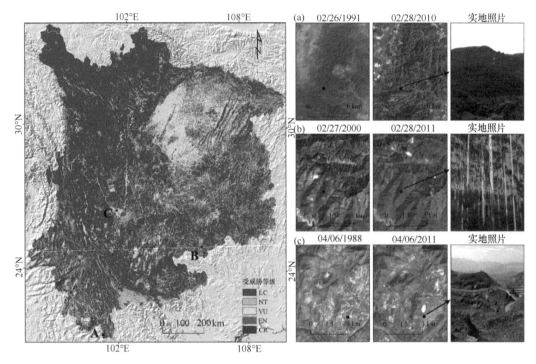

图 17.14　西南地区生态系统受威胁状况空间分布

西双版纳位于云南省南部[图 17.14（a）]，是我国热带雨林分布区之一，生物多样性丰富，区域内分布了多种特有种和稀危种，如望天树、桫椤、版纳青梅、羯布罗香、木姜叶暗罗等在内的一系列国家保护植物和濒危物种（Zhang and Cao，1995）。随着橡胶产业的经济效益的攀升以及区域内人口的持续增加，该区域轮歇式耕地的面积从 1949 年的 362.42 km² 增加到 1998 年的 1147.74 km²，同时，大量天然林转变为橡胶林和耕地。据统计，从 1949~1998 年，西双版纳地区橡胶林面积从不到 400 km² 发展到 1200 km² 以上（Guo et al.，2002）。这种转变导致区域热带雨林面积大幅度减少，生物多样性急剧降低，区域生态系统受到威胁的风险攀升。

黔西南地区坐落于我国喀斯特地貌集中分布区[图 17.14（b）]，境内森林资源丰富，是贵州省重要的森林资源库，但也是我国典型的生态脆弱区之一。近年来，区域石漠化、水土流失程度不断加深，区域生态环境脆弱性风险上升（兰安军等，2003）。此外，桉树的大量引种，进一步加剧了区域水土资源的冲突，对该区域脆弱的生态系统增加了新的风险（黄秀忠，2011）。

攀西地区[图 17.14（c）]以苏铁闻名，该区域植被丰富，是四川省重要天然林分布区，也是长江上游重要的水源涵养地。近年来攀西地区大面积种植芒果、石榴等果树，大力发展工矿业，导致该区域面临水土流失、山火频发等一系列生态环境问题，森林覆盖率自 20 世纪 60 年代以来减少了 30%，森林生态系统结构与功能受损严重，生态环境变化剧烈，生物多样性明显下降，生态系统受威胁状况呈恶化趋势（宫阿都等，2002）。

综上所述，经济林的发展、耕地和工矿用地扩张是西南地区生态系统当前面临的主要威胁。生态系统受威胁状况的空间分布格局较好地反映了当前西南地区面临的主要生态环境问题，评估结果与客观事实较为吻合。

17.4.5　省级尺度生态系统受威胁状况

1. 数量统计特征

评估区域的不同，会导致同一生态系统的空间分布格局和生境面积产生差异。因此，多尺度评估结果必然会存在差异。以整个西南地区作为评估区与以省级行政区作为评估区比较，生态系统在前者分布更广，生境面积相对更大，通常情况下基于生境限制标准评估得到的威胁等级要低于省级尺度评估结果（Wiens，1989），如表 17.5 所示。例如，侧柏林、多脉青冈林等生态系统，其在西南地区尺度评估得到的威胁等级为无危或近危，但在省级尺度中评估结果为受威胁类型。另外，一些生态系统集中分布在一些省份，而其他省份则几乎没有分布，也会导致同一生态系统在不同省份之间的评估结果中存在差异。例如包石栎林、侧柏林等，集中分布在某一些省份，导致其他省份评估结果中受威胁的等级较高。

表 17.5　区域尺度和省级尺度生态系统受威胁状况统计

区域	自然生态系统面积/km²	LC	NT	VU	EN	CR	累计	受威胁生态系统数目和面积及其比例			
								数量	面积/km²	数量占比/%	面积占比/%
西南	613635	55	15	12	14	9	105	35	9520	33.3	1.55
四川	295804	30	19	14	12	5	80	31	13527	38.8	4.57
重庆	25752	13	10	7	1	1	32	9	6063	28.1	23.54
贵州	90350	15	10	11	6	3	45	20	11008	44.4	12.18
云南	201729	21	8	15	11	5	60	31	36764	51.7	18.22

云南省受威胁生态系统数量占比最大，达到了 51.70%，其次是贵州省为 44.4%。云南省和贵州省是我国生物多样性丰富的区域之一，有多种珍稀物种分布，但受生态系统的生境分布的限制以及人类活动的干扰，生态系统受威胁水平较高。

2. 空间分布格局

省级尺度生态系统受威胁状况的评估结果如图 17.15 所示。各省级行政区边缘部分生态系统受威胁程度明显高于内部区域。各省级行政区划边界区的生态系统往往地跨多个省级行政区，省级尺度评估势必会造成生态系统在各省的生境面积减少，导致受威胁程度等级增大。通过对比省级尺度和区域尺度生态系统受威胁状况的空间分布格局（图 17.15），我们发现，省级尺度评估的生态系统受威胁程度明显高于区域尺度。这一方面与评估方法有关，但也可以从侧面反映不同省份在生态环境保护方面的投入不同，也将为各个省级行政区制定生态环境保护方案提供数据支撑。

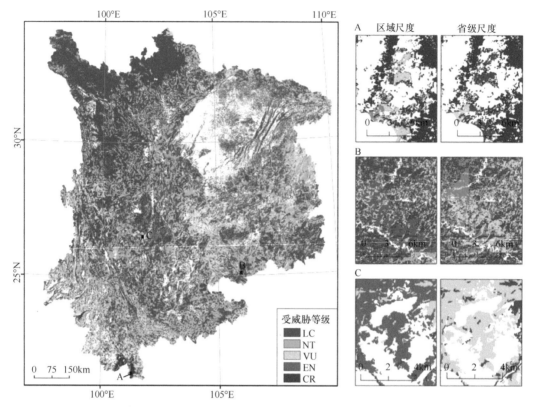

图 17.15　省级尺度生态系统受威胁状况空间分布

17.4.6　小流域尺度生态系统受威胁状况

　　限于数据的可获取性,小流域尺度的评估中仅考虑了标准 A。因此,该尺度下的评估结果仅能表征各生态系统生境面积退化的风险。小流域尺度评估中对于退化率威胁等级的划分方式与其他尺度一致。基于小流域尺度的评估结果,评估者和决策者可以根据小流域的编号确定各生态系统生境发生退化区域的空间位置,并结合生态系统类型转移信息,分析每个生境斑块受威胁的因素,如耕地扩张、果园扩张、建设用地扩张等(图 17.16)。通过小流域尺度的评估,决策者可以设计具体的生态系统保护方案,开展有

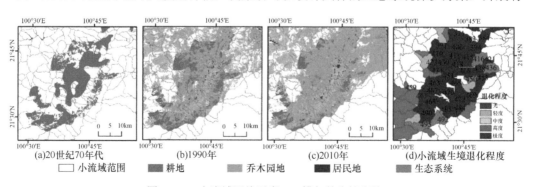

图 17.16　小流域评估示意——榄仁林生境斑块

针对性的生物多样性保护工作，如确定优先保护的生境斑块。同时，基于小流域尺度评估结果可以为受威胁生态系统的保护措施提供支持。比如，如果受威胁生态系统的生境斑块转为居民地，将难以开展生态系统的修复；如果受威胁生态系统的生境斑块部分转为耕地或果园，我们可以通过封山育林、育草等方式，在自然条件下实现受威胁生态系统的恢复；如果受威胁生态系统的生境斑块保存完好，就给决策者提供就地保护的机会。因此小流域尺度评估结果为制定区域尺度下的受威胁生态系统保护策略提供了具体的空间信息。

17.4.7　多指标遥感综合评估展望

西南地区生态系统受威胁状况评估工作是 IUCN 生态系统受威胁状况评估框架在全球范围内的一次成功的应用案例，它促进了 IUCN 评估框架的落地与推广。我们提出的区域尺度、省级尺度和小流域尺度的多尺度评估框架，进一步丰富和完善了 IUCN 评估框架，同时也能满足不同层级决策者的需求。然而，受数据缺乏以及西南地区生态系统的复杂性和多样性制约，我们仅利用生境面积相关的标准（标准 A 和标准 B）开展西南地区生态系统受威胁状况多尺度评估，这使得评估结果主要反映了区域生态系统生境面积变化方面的威胁，导致评估结果可能低估了区域生态系统受威胁的风险。针对标准 C 和标准 D 难以量化的问题，我们在西双版纳地区（西南地区生物多样性最为丰富的地区之一）开展了评估方法的探索。

对于标准 C：非生物环境退化，我们从生态系统对环境的响应机制出发，发展了基于遥感和生态系统响应曲线的非生物环境退化指标构建方法（Tan et al.，2019）。该方法根据生态系统响应曲线与标准 C 中退化严重程度指数的关系，将生态系统响应曲线中的适宜范围和耐受范围分别与指标中的 initial（最佳状态）值和 collapse（濒临崩溃）值一一对应（图 17.17），进而提出了利用环境因子在响应曲线中的位置获取环境对生态系统胁迫风险的方法（图 17.18）。响应曲线的融入加强了该评估标准的生态学机制，提升了该标准的通用性和一致性。由于生态系统是宏观动态的，传统的基于地面试验获取生态系统响应曲线的方法很难满足区域尺度上的评估，我们又提出了基于遥感获取生态系统的响应曲线的框架，为信息有限区域开展区域尺度上的非生物环境退化风险评估提供了有效途径。

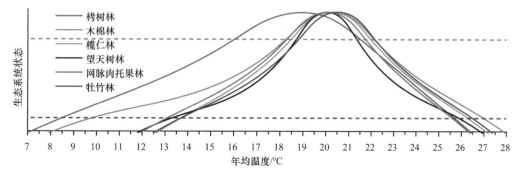

图 17.17　西双版纳地区各种天然林生态系统年均温响应曲线

红色和绿色虚线分别为濒临崩溃和最佳状态下生态系统的临界值

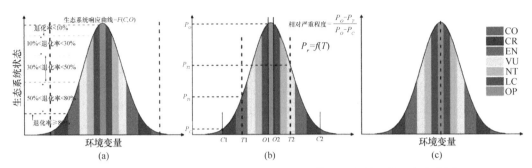

图 17.18　生态系统响应曲线中各种受威胁状况等级对应的环境要素的范围
图（b）中横坐标 O 表示最优环境变量值，C 表示导致生态系统崩溃的环境变量值

对于标准 D：生物过程退化，我们以西双版纳天然林退化为例，发展了 SD-MaxEnt-CA 耦合模型（Tan et al.，2019），从而全面考虑社会经济和自然环境对天然林退化的影响，模拟并预测了西双版纳地区天然林的退化风险，本书第 16 章已做了全面介绍，本节不再赘述。

评价指标的缺乏大大限制了多尺度评估方法功能的发挥，虽然我们针对部分标准做了方法上的探索，但是否适用于更大尺度的生态系统受威胁状况评估还有待进一步的验证与研究。

17.5　小　　结

生态系统受威胁状况评估是从生态系统水平了解区域生物多样性状况的重要手段，是物种红色名录的重要补充。西南地区生态系统受威胁状况评估工作是我国第一次基于 IUCN 生态系统红色名录 2.1 框架评估陆地生态系统。在评估过程中并非完全照搬 IUCN 官方标准，更多借助遥感、GIS 手段，并结合西南地区当前可利用的土地利用/覆被遥感监测数据情况和生态系统类型的特征，对部分指标进行了调整和优化，是土地利用/覆被遥感监测数据的重要应用之一。同时，提出了多尺度评估框架，弥补生态系统受威胁状况评估中难以体现受威胁生态系统空间分布信息的不足，促进了生态系统受威胁状况评估工作的进一步完善，也为更大区域乃至全国的评估工作积累了宝贵经验。

当前，IUCN 生态系统受威胁状况评估工作更多停留在评估框架完善、评估标准体系细化阶段，仅在全球局部区域开展试验性评估工作。西南地区生态系统受威胁状况评估是该评估框架的一次有益尝试，其中仍然存在不少科学问题有待未来进一步完善：①如何借助遥感、GIS 等空间信息技术手段获取更多评估标准的数据；②评估结果的可靠性和不确定性如何科学有效地评估；③评估工作如何更好地服务于生物多样性的保护与管理等。展望未来，融合多学科及多种手段，完善生态系统受威胁状况评估体系是研究的重点和关键。随着遥感多源多尺度及星-机-地协同观测能力的增强，更加科学的生态系统模型将不断涌现，耦合多种技术手段协同监测生态系统，为 IUCN 生态系统受威胁状况评估中部分问题的解决，以及实现全球评估提供了新的契机。

参 考 文 献

陈国科, 马克平. 2012. 生态系统受威胁等级的评估标准和方法. 生物多样性, 20: 66-75.

宫阿都, 彭奎, 杨清伟, 等. 2002. 攀西地区实施退耕和天保工程的问题及对策. 长江流域资源与环境, 11: 128-132.

黄秀忠. 2011. 黔西南州桉树速丰林与人造板工业发展思考. 贵州林业科技, 39: 57-60.

蒋志刚, 马克平, 韩兴国. 1997. 保护生物学. 杭州: 浙江科学技术出版社.

兰安军, 张百平, 熊康宁, 等. 2003. 黔西南脆弱喀斯特生态环境空间格局分析. 地理研究, 22: 733-741, 811.

李文华. 2000. 我国西南地区生态环境建设的几个问题. 林业科学, 36: 10-11.

马克平. 2013. 生物多样性与生态系统功能的实验研究. 生物多样性, 21: 247-248.

马克平. 2016. 生物多样性科学的热点问题. 生物多样性, 24: 1-2.

马克平, 钱迎倩. 1998. 生物多样性保护及其研究进展. 应用与环境生物学报, 4: 95-99.

欧阳志云, 张路, 吴炳方, 等. 2015. 基于遥感技术的全国生态系统分类体系. 生态学报, 35: 219-226.

谭剑波. 2018. 基于遥感的我国西南地区 IUCN 生态系统红色名录研究. 北京: 中国科学院大学.

谭剑波, 李爱农, 雷光斌, 等. 2017. IUCN 生态系统红色名录研究进展. 生物多样性, 25: 453-463.

万本太, 徐海根, 丁晖, 等. 2007. 生物多样性综合评价方法研究. 生物多样性, 15: 97-106.

中国科学院中国植被图委员会. 2007. 中华人民共和国植被图 1 : 1 000 000. 北京: 地质出版社.

朱超, 方颖, 周可新, 等. 2015. 生态系统红色名录: 一种新的生物多样性保护工具. 生态学报, 35: 2826-2836.

Anderson J R. 1976. A land use and land cover classification system for use with remote sensor data. Washington, US Government. Print. Off.

Bland L M, Regan T J, Dinh M N, et al. 2017. Using multiple lines of evidence to assess the risk of ecosystem collapse. Proceedings of the Royal Society B: Biological Sciences, 284.

Boitani L, Mace G M, Rondinini C. 2015. Challenging the scientific foundations for an IUCN Red List of Ecosystems. Conservation Letters, 8: 125-131.

Chen J, Chen J, Liao A P, et al. 2015. Global land cover mapping at 30 m resolution: A POK-based operational approach. ISPRS Journal of Photogrammetry and Remote Sensing, 103: 7-27.

Fu L. 1992. China plant red data book-rare and endangered plants. Volume 1, Science Press.

Gong P, Yu L, Li C, et al. 2016. A new research paradigm for global land cover mapping. Annals of GIS, 22: 87-102.

Guo H, Padoch C, Coffey K, et al. 2002. Economic development, land use and biodiversity change in the tropical mountains of Xishuangbanna, Yunnan, Southwest China. Environmental Science & Policy, 5: 471-479.

Hector A, Bagchi R. 2007. Biodiversity and ecosystem multifunctionality. Nature, 448: 188-190.

Keith D A. 2015. Assessing and managing risks to ecosystem biodiversity. Austral Ecology, 40: 337-346.

Keith D A, Rodríguez J P, Rodríguez-Clark K M, et al. 2013. Scientific foundations for an IUCN Red List of Ecosystems. PloS one, 8: e62111.

Lei G, Li A, Tan J, et al. 2016. Ecosystem Mapping in Mountainous Areas by Fusing Multi-Source Data and the Related Knowledge. 2016 IEEE Geoscience and Remote Sensing Symposium. Beijing, IEEE. 2016: 1344-1347.

Lei G B, Li A N, Bian J H, et al. 2016. Land Cover Mapping in Southwestern China Using the HC-MMK Approach. Remote Sensing, 8: 305.

Loreau M. 2010. Linking biodiversity and ecosystems: towards a unifying ecological theory. Philosophical Transactions of the Royal Society B: Biological Sciences, 365: 49-60.

MA. 2005. Ecosystems and human well-being: biodiversity synthesis. Washington, DC: World Resources

Institute.

Nicholson E, Keith D A, Wilcove D S. 2009. Assessing the threat status of ecological communities. Conservation Biology, 23: 259-274.

Odum E P. 1969. The strategy of ecosystem development. Sustainability: Sustainability, 164: 58.

Olson D M, Dinerstein E. 1998. The Global 200: a representation approach to conserving the Earth's most biologically valuable ecoregions. Conservation Biology, 12: 502-515.

Pimm S L, Jenkins C N, Abell R, et al. 2014. The biodiversity of species and their rates of extinction, distribution, and protection. Science, 344: 1246752.

Rapport D J. 1989. What constitutes ecosystem health? Perspectives in biology and medicine, 33: 120-132.

Raunio A, Schulman A, Kontula T. 2008. Assessment of threatened habitat types in Finland. The Finnish Environment, 8: 2008.

Ren G, Young S S, Wang L, et al. 2015. Effectiveness of China's National Forest Protection Program and nature reserves. Conservation Biology, 29: 1368-1377.

Rodriguez J P. 2010. Threatened Ecosystems Join a global network for developing an IUCN Red List for imperiled ecosystems. Society for Conservation Biology Newsletter, 17: 2-3.

Rodríguez J P, Balch J K, Rodríguez-Clark K M. 2006. Assessing extinction risk in the absence of species-level data: quantitative criteria for terrestrial ecosystems. Biodiversity and Conservation, 16: 183-209.

Rodríguez J P, Keith D A, Rodríguez-Clark K M, et al. 2015. A practical guide to the application of the IUCN Red List of Ecosystems criteria. Philosophical Transactions of the Royal Society B: Biological Sciences, 370: 20140003.

Rodriguez J P, Rodriguez-Clark K M, Baillie J E, et al. 2011. Establishing IUCN Red List criteria for threatened ecosystems. Conservation Biology, 25: 21-29.

Rodríguez J P, Rodríguez-Clark K M, Keith D A, et al. 2012. IUCN red list of Ecosystems. SAPI EN. S. Surveys and Perspectives Integrating Environment and Society.

Tan J B, Li A N, Lei G B, et al. 2017. Preliminary assessment of ecosystem risk based on IUCN criteria in a hierarchy of spatial domains: A case study in Southwestern China. Biological Conservation, 215: 152-161.

Tan J B, Li A N, Lei G B, et al. 2019. A novel and direct ecological risk assessment index for environmental degradation based on response curve approach and remotely sensed data. Ecological Indicators, 98: 783-793.

Tan J B, Li A N, Lei G B, et al. 2019. A SD-MaxEnt-CA model for simulating the landscape dynamic of natural ecosystem by considering socio-economic and natural impacts. Ecological Modelling, 410: 108783.

Toth F L. 2003. Ecosystems and human well-being: a framework for assessment. Island Press, 4: 199-213.

Wang S. 2004. China species red list, Higher Education Press.

Wiens J A. 1989. Spatial scaling in ecology. Functional ecology: 385-397.

Xu J, Melick D R. 2007. Rethinking the effectiveness of public protected areas in southwestern china. Conservation Biology, 21: 318-328.

Zhang J, Cao M. 1995. Tropical forest vegetation of Xishuangbanna, SW China and its secondary changes, with special reference to some problems in local nature conservation. Biological Conservation, 73: 229-238.

后　记

　　山地土地利用/覆被遥感监测面临从数据处理、分类系统、样本采集、自动制图、变化检测、精度验证等方面的诸多挑战。本书系统介绍了作者研究团队近 10 年在该领域的一些思考、创新和实践案例，对山地土地利用/覆被遥感监测技术进展和西南山地特色应用成果做了阶段性总结和集成，以供相关领域科研同行交流互鉴。

　　随着气候变化和社会经济的高速发展，国土空间精细化管理对土地利用/覆被变化监测也提出了更高的需求。比如：①高山区地表覆被发生了渐变性或周期性变化（如冰川、湖泊、湿地、草地等），②经济林（果园、茶园等）和人工林（桉树、橡胶等）大面积扩张、农田种植结构的高频变化，③耕地撂荒、大棚种植、风能-太阳能开发等特色土地利用方式的出现，④城市黑臭水体、土地盐碱化、石漠化、沙漠化等环境响应变化，⑤自然灾害，特别是地震灾害和山地灾害，导致地表覆被突然变化等。如何在多云、多雨、多阴影山地条件下，对这些或新出现、或突然、或渐进、或高频的局部变化进行准确定义和定量表征？如何实现高精度、高分辨率、高实时的变化监测和风险评估？这些都是新的挑战。近年来，特别是"高分"遥感数据源实现了商业化应用，数据立方体、人工智能、深度学习、超算、云平台、5G 等高新技术迅猛发展，为土地利用/覆被遥感监测技术发展提供了新的动能。

　　正值此书出版之际，国家自然科学基金重大项目"陆表智慧化定量遥感的理论与方法研究"（42090010）获批启动，致力于攻克智慧化定量遥感的关键科学问题，多尺度长时序地表覆盖智慧制图的理论方法是重要研究课题之一。清华大学宫鹏教授在《遥感学报》发文，提出了智慧遥感制图的概念（iMap）。与此同时，国家重点研发计划"全球变化及应对"重点专项项目"山地生态系统全球变化关键参数立体观测与高分辨率产品研制"（2020YFA0608700）也启动实施，研制覆盖全球山地、具有自主知识产权的长时序、高时空分辨率、精度可靠的遥感数据集产品。本书作者有幸承担了上述项目相关研究内容。

　　未来 5 年，我们将沿着智慧制图（iMap）新理念，从制图目的灵活性、制图知识可迁移性、数据多源性、多算法集成性和制图系统易用性等方面深入利用大数据和人工智能技术，探索山地解决新方案，继续丰富山地土地利用/覆被遥感监测方法和数据体系；并结合气候变化和社会经济发展情景，跟踪联合国 2030 年可持续发展目标（SDG）监测，开展有针对性的对策研究，力争把研究成果写在大地上，服务于"青山绿水""美丽乡村""碳中和"等国家战略，为全球环境治理和政府决策提供科学依据。是为后记！

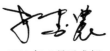

2021 年 6 月于成都